服装工业打板技术全编

王兴平　王兴黎　编著

上海文化出版社

图书在版编目(CIP)数据

服装工业打板技术全编/王兴平,王兴黎编著. -上海:
上海文化出版社,2008.7(2018.8重印)
ISBN 978-7-80740-292-3

Ⅰ.服… Ⅱ.①王…②王… Ⅲ.服装-设计 Ⅳ.TS941.2

中国版本图书馆CIP数据核字(2008)第065908号

责任编辑　何智明
封面设计　许　菲

书　　名	服装工业打板技术全编
出版发行	上海文化出版社
地　　址	上海市绍兴路7号
电子信箱	cslcm@public1.sta.net.cn
网　　址	www.slcm.com
邮政编码	200020
印　　刷	上海天地海设计印刷有限公司
开　　本	787×1092　1/16
印　　张	18.5
图　　文	296面
版　　次	2008年7月第1版　2018年8月第9次印刷
国际书号	ISBN 978-7-80740-292-3/TS·383
定　　价	38.00元

告读者　本书如有质量问题请联系印刷厂质量科
T：021-64366274

目 录

第一章 服装打板基础知识 1

第一节 人体构成与服装号型规格 1
一、人体的构成 1
二、服装规格的确立与服装号型系列的设置 5
三、人体测绘 11

第二节 工业制板基础 11
一、服装打板所需工具 11
二、服装制图各部位的英语名称和字母代号 12
三、常用制板专用图表线和符号 13
四、服装打板常用术语 14
五、服装打板各部位线条的名称 15

第二章 女装结构和打板实例 18

第一节 裙装结构及打板实例 18
一、裙片与人体的关系 18
二、裙装的分类及特点 19
三、裙下摆宽与裙衩位的确定 20
四、裙装的基本型 21
五、裙装打板实例 24

第二节 女裤结构及打板实例 42
一、女裤的分类及特点 42
二、直裆深的构成 42
三、窿门宽的构成与落裆的形成 44

1

四、后缝困势的构成 …………………………………………… 44

　　五、后裆起翘量的确定 …………………………………………… 45

　　六、女裤打板实例 …………………………………………… 46

第三节　女上装基本型结构构成

　　一、女人体结构特点与上装平面结构基本图 …………………………………………… 60

　　二、衣身基本型省量的确立与分配 …………………………………………… 61

　　三、常用型衣身基本型制图 …………………………………………… 62

　　四、上装衣身结构变化 …………………………………………… 63

　　五、女上装省道变化 …………………………………………… 64

第四节　女装打板实例

　　一、传统旗袍 …………………………………………… 78

　　二、方领口无袖连衣裙 …………………………………………… 81

　　三、二节无袖连衣裙 …………………………………………… 83

　　四、二件套吊带裙 …………………………………………… 85

　　五、无领衬衫 …………………………………………… 88

　　六、无领插肩短袖衬衫 …………………………………………… 89

　　七、休闲宽松衬衫 …………………………………………… 91

　　八、抽褶女衬衫 …………………………………………… 93

　　九、无领针织套衫 …………………………………………… 95

　　十、低胸无袖针织衫 …………………………………………… 97

　　十一、喇叭袖抽褶针织衫 …………………………………………… 99

　　十二、领圈抽褶针织衫 …………………………………………… 102

　　十三、泡泡袖针织衫 …………………………………………… 104

　　十四、领口垂荡针织衫 …………………………………………… 106

　　十五、三开身女西服 …………………………………………… 108

　　十六、休闲拉链衫 …………………………………………… 110

　　十七、小方领拉链衫 …………………………………………… 112

　　十八、抽褶式圆摆装 …………………………………………… 114

十九、小圆角休闲外套……………………………………………116
二十、叠驳领休闲套装……………………………………………118
二十一、半连身立领拉链外套……………………………………120
二十二、宽袖紧身短外套…………………………………………122
二十三、偏襟暗门襟套装…………………………………………124
二十四、直刀分割连立领套装……………………………………125
二十五、三扣休闲女西装…………………………………………127
二十六、偏襟休闲外套……………………………………………129
二十七、低领口休闲外套…………………………………………131
二十八、偏襟拉链茄克衫…………………………………………133
二十九、牛仔外套…………………………………………………135
三十、立驳领休闲外套……………………………………………137
三十一、七分袖松身长外套………………………………………139
三十二、镶毛饰领圆摆外套………………………………………141
三十三、登驳领双排扣外套………………………………………143
三十四、暗门襟长外套……………………………………………145
三十五、叠驳领中长大衣…………………………………………147
三十六、连立领休闲大衣…………………………………………149
三十七、女西装马夹………………………………………………151
三十八、立领对折背心……………………………………………152
三十九、青果领插肩袖衫…………………………………………153
四十、弯驳领冒肩袖外套…………………………………………155
四十一、插肩袖衫…………………………………………………157
四十二、前连后装袖衣……………………………………………158
四十三、脱衣身连身袖衣…………………………………………160
四十四、脱衣身三角插袖衫………………………………………161
四十五、扇形披肩…………………………………………………162
四十六、连帽长风衣………………………………………………163

附：女装各部位尺寸加放参考表 …… 165

第三章 男装结构和打板实例 …… 166

第一节 男裤结构及打板实例 …… 166

一、男裤各部位尺寸的设定 …… 166

二、直裆深的构成 …… 166

三、窿门宽的所占比例与前后窿门宽的分配 …… 166

四、后缝困势与后起翘量的确定 …… 167

五、腰围与臀围的分配 …… 167

六、男裤结构及打板实例 …… 167

第二节 男上装基本型结构构成 …… 174

一、无劈门上装基型（图 3-1） …… 174

二、有劈门男西装基型（图 3-2） …… 175

第三节 男装打板实例 …… 176

一、男衬衫 …… 176

二、二扣西装 …… 178

三、四扣休闲西服 …… 180

四、西装马夹 …… 181

五、中山装 …… 182

六、燕尾服 …… 184

七、工装茄克衫 …… 185

八、断育克休闲茄克衫 …… 187

九、直开分割茄克衫 …… 189

十、立领肘省袖茄克衫 …… 191

十一、立领镶拼茄克衫 …… 193

十二、二节罗纹领休闲外套 …… 195

十三、中长休闲棉衣 …… 197

十四、前圆后插肩大衣 …… 199

十五、插肩袖风衣 ·· 201
　　附：男装各部位尺寸加放参考表 ·································· 204

第四章　领袖结构和打板实例 ················· 205

第一节　衣领结构设计及打板实例 ·············· 205
　　一、无领 ·· 206
　　二、袒领 ·· 206
　　三、立领 ·· 209
　　四、翻折领 ·· 212
　　五、其他领型介绍 ··· 214

第二节　衣袖结构设计及打板实例 ·············· 216
　　一、衣身与袖的关系 ··· 216
　　二、衣袖基本型的制板 ··· 220
　　三、衣袖样板制图实例 ··· 223

第五章　服装工业制板和推板 ··················· 229

第一节　工业制板 ····························· 229
　　一、工业制板的含义和特点 ····································· 229
　　二、工业样板的制作顺序及方法 ································· 230
　　三、服装工业样板种类 ··· 233
　　四、服装工业制板流程 ··· 235

第二节　工业推板 ····························· 240
　　一、工业推板的基础知识 ······································· 240
　　二、工业推板操作步骤 ··· 245
　　三、工业推板实例 ··· 246

第三节　工业制板（外贸）实例 ················· 270
　　一、女西装 ·· 270
　　二、女短外套 ··· 272

三、大翻领女便装·················274
四、收腰式女装·················276
五、分割式女装·················278
六、女风衣···················281
七、女牛仔装··················284

后记···················286

第一章 服装打板基础知识

第一节 人体构成与服装号型规格

一、人体的构成

1. 人体比例

人体比例是服装结构设计最基本的依据,人体各个部位之间比例和位置的准确与协调,是判断一个人体形美与不美的重要标准。人体比例是指人体各个部位的对比值,可以局部对比局部,也可以整体对比局部,能否精确地掌握和了解人体比例对于服装的打板和制作有着非常重要的意义。

一般来说,中国人的男、女人体身高比例为 7～7 个半头(这里所说的是 18 岁以上成年男女的比例)。在比较理想的身体比例中,女性肩宽约为 1.7～1.8 个头长,男性约为 2 个头长;女性腰宽约为 1 个头长,男性约为 1.2～1.5 个头长;女性臀宽约为 1.5～1.8 个头长,男性则为 1.4～1.6 个头长(如图 1—1、1—2)。

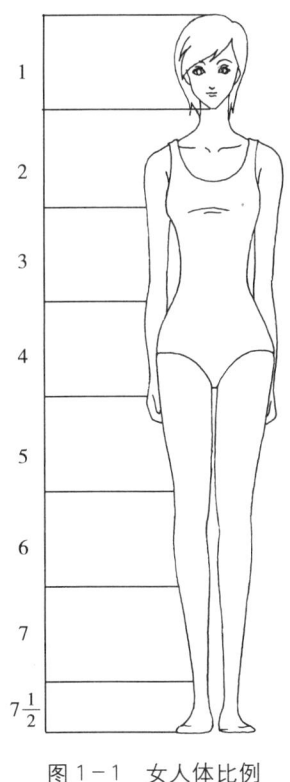
图 1-1 女人体比例

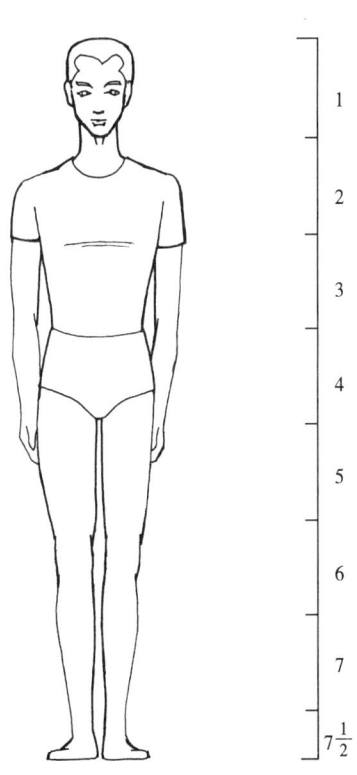
图 1-2 男人体比例

2. 人体与服装

人体是服装样板制作的基础,服装打板必须通过对人体各部位的了解和把握才能行之有效地裁制出符合人体穿着需要的服装。从服装打板的角度来看人体的结构构成,我们首先要关注人体的主要基准线(图1-3),其次是人体的主要基点(图1-4),最后是人体的主要体表形态(图1-5)。

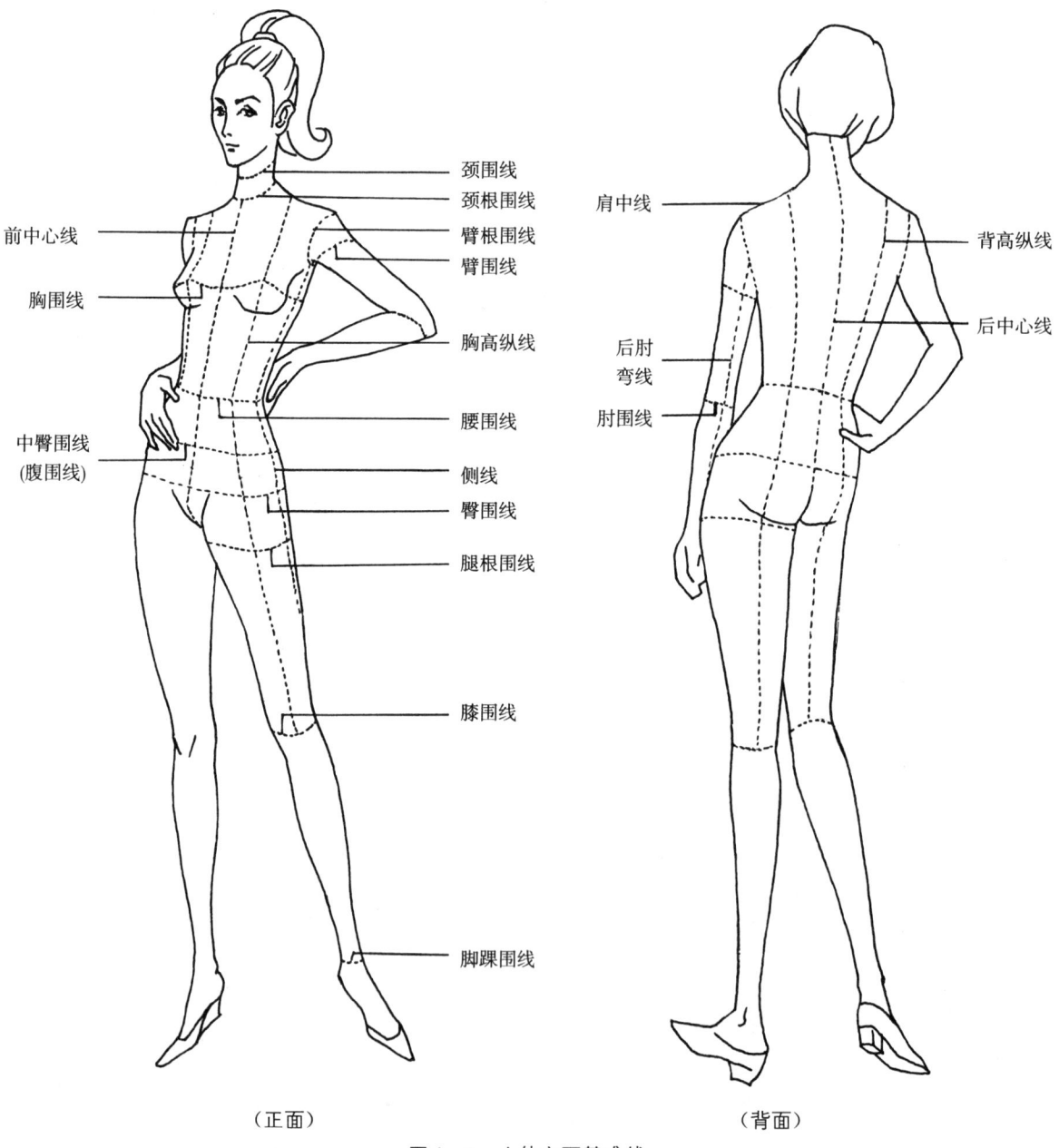

图1-3 人体主要基准线

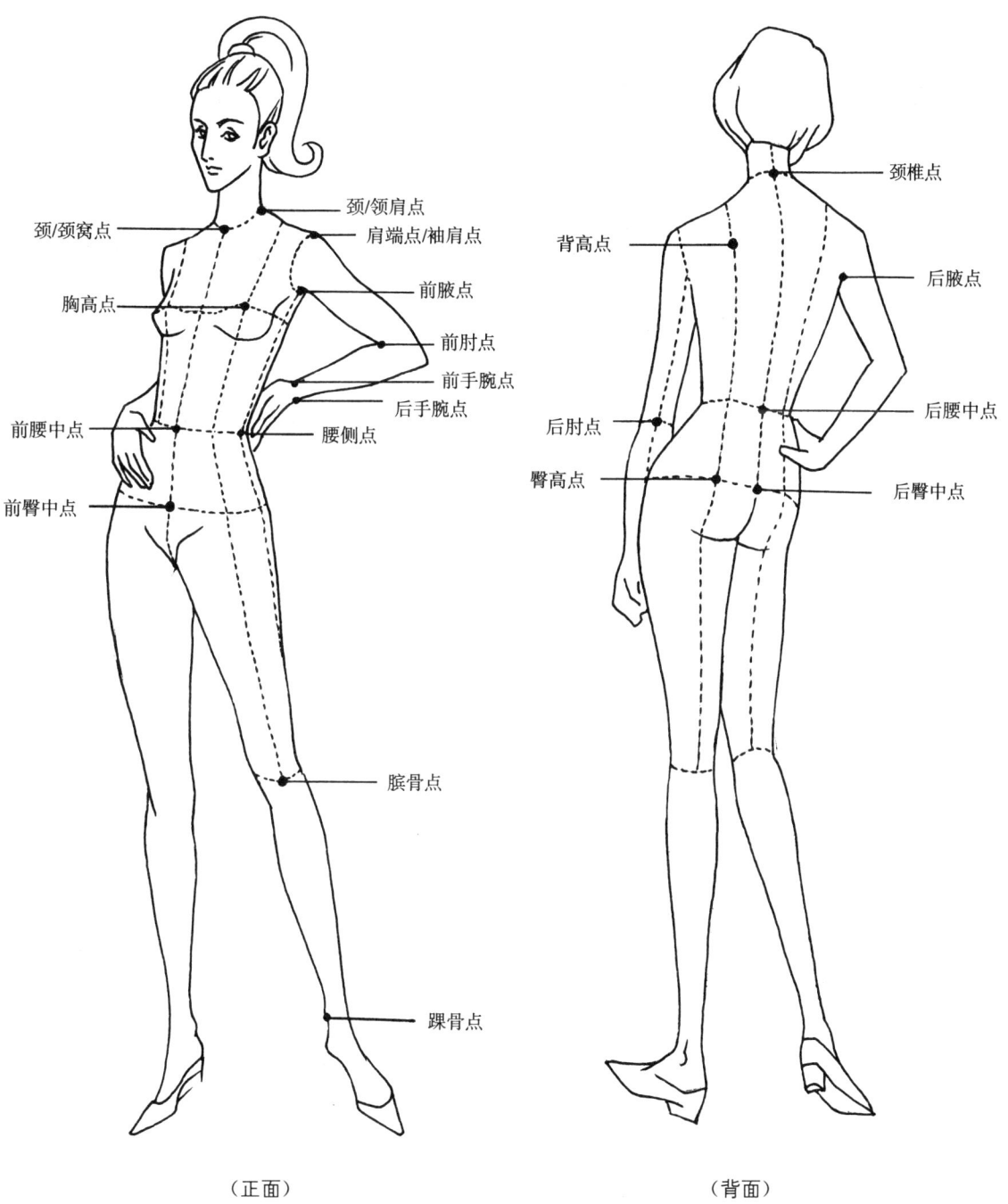

图1-4 人体主要基点

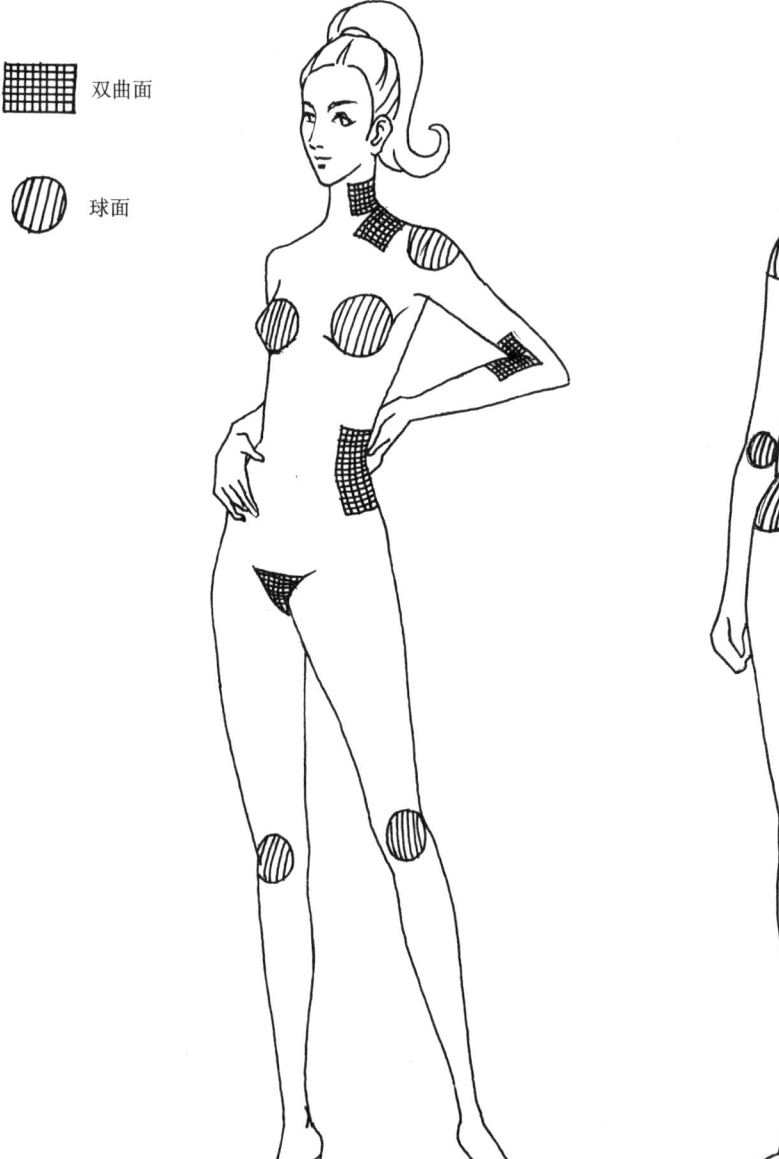

（正面） （背面）

图1-5 人体体表形态

二、服装规格的确立与服装号型系列的设置

1. 服装规格的确立

服装规格是指服装各部位的实际尺寸。通常,服装规格是以人体净尺寸为基础的,再加上一定的放松量。例如:人的净胸围一般为86cm,根据具体的款式风格再加上10cm左右的放松量,那么胸围的规格尺寸就应该是96cm。另外,一些其他部位的规格(例如:肩宽、领围、袖长……)也可以依照相应的公式推算得出,具体的服装规格设计应根据服装的款式特点、季节变化、穿着对象以及面料特性等因素综合考虑,并在实践中不断总结和积累经验。

现时,成衣生产在整个服装产业中占了很大比重,服装号型的建立就是为了适应工业化的成衣生产。由于在工业化生产中,不可能采取低效率的单件量体裁衣,故需要通过建立服装号型系列来适应各式服装和不同体态的人的需要,按服装号型规格进行生产的成衣一般可适合每一个类别的人群,而不仅仅是一个人或者一种体型的人。所以说,服装号型的建立不仅大大地方便了现代化工业的设计与生产,而且还扩大了人们挑选衣服的范围,这同时也为人们选购服装提供了有效的穿着参考依据。

2. 服装的号型标准

我国早在1981年就实施了服装号型标准(GB1335-81)。后随着我国服装生产与消费市场的不断变化,这一标准在1991年重新制定,新推出了服装号型标准(GB1335-91),新标准弥补了旧标准的诸多不足之处,同时首次根据人体的胸腰差将人体划分为:Y(纤瘦)、A(标准)、B(较胖)、C(肥胖)四种体型。(见图表1-1)

图表1-1　我国人体四种体型的分类　　　　　　　(单位:cm)

体型分类代号	男(胸围与腰围差)	女(胸围与腰围差)
Y(纤瘦)	17～22	19～24
A(标准)	12～16	14～18
B(较胖)	7～11	9～13
C(肥胖)	2～6	4～8

新标准采用科学的测量、取样和统计分析方法,具有较强的准确性和权威性。然而,由于近几年我国服装行业的迅猛发展,服装的款式风格不断更新,人们对服装的生产和消费又有了更高的要求,故1997年国家又颁布了经过重新修订的服装

号型标准(GB1335-97)。该标准是我国服装生产领域的一大科技进步,它标志着我国的服装号型标准进入了世界先进行列。此标准既为服装生产企业提供了重要而又可靠的服装制作依据,又为我国服装产业的工业化生产提供了更有效的帮助。

(1) 什么是服装号型

服装号型是服装工业化生产的参照标准,也是服装设计师与打板师判断服装尺寸并进行制作的主要依据。

"号"是指人的身高,是服装长度设计的依据。身高与人体的颈椎点高、腰节长、手臂长、直裆深等部位密切相关,这些部位的量变会随着"号"的变化而变化。

"型"是指人体的净胸围或净腰围,是服装围度设计的依据。"型"与人体的臀围和颈围等密切相关,它们会随着"型"的变化而产生变化。

(2) 号型表示

"号"与"型"通常用"/"分开。后面是体型的分类代号,如:男 170/88A 中,"170"是指人的身高,说明此号型适用于身高在 168~172cm 的人群,"88"是指人的净胸围,说明此号型适合净胸围在 86~89cm 的人群。"A"是指胸腰差在 12~16cm 的人群。

(3) 号型系列设置

号型系列的设置是以各体型的中间体为中心,两边依次递增或递减。在号型标准中规定身高以 5cm 分档,上装胸围以 4cm 分档,身高与胸围组成 5.4 系列。下装腰围以 4cm、2cm 分档,身高与腰围组成 5.4 系列与 5.2 系列。在 A 号型系列中,一个数值的胸围可以搭配三个数值的腰围,而在 Y、B、C 三种号型系列中,一个数值的胸围只能搭配两个数值的腰围。

(4) 男女 4 种体型的中间体设置(见图表 1-2)

图表 1-2　男女四种体型的中间体设置　　　　(单位:cm)

体型		Y	A	B	C
女	号	160	160	160	160
	型	84	84	88	88
男	号	170	170	170	170
	型	88	88	92	96

(5) 服装号型男女各系列控制数值(见图表 1-3)

服装号型男装各系列控制部位数值

图表1－3a　男装5·4、5·2Y号型系列控制部位数值表　　　　单位:cm

Y													
部位	数　值												
身高	155		160		165		170		175		180		185
颈椎点高	133.0		137.0		141.0		145.0		149.0		153.0		157.0
坐姿颈椎点高	60.5		62.5		64.5		66.5		68.5		70.5		72.5
全臂长	51.0		52.5		54.0		55.5		57.0		58.5		60.0
腰围高	94.0		97.0		100.0		103.0		106.0		109.0		112.0
胸围	76		80		84		88		92		96		100
颈围	33.4		34.4		35.4		36.4		37.4		38.4		39.4
总肩宽	40.4		41.6		42.8		44.0		45.2		46.4		47.6
腰围	56	58	60	62	64	66	68	70	72	74	76	78	80	82
臀围	78.8	80.4	82.0	83.6	85.2	86.8	88.4	90.0	91.6	93.2	94.8	96.4	98.0	99.6

图表1－3b　男装5·4、5·2A号型系列控制部位数值表　　　　单位:cm

A																							
部位	数　值																							
身高	155				160				165				170				175				180				185
颈椎点高	133.0				137.0				141.0				145.0				149.0				153.0				157.0
坐姿颈椎点高	60.5				62.5				64.5				66.5				68.5				70.5				72.5
全臂长	51.0				52.5				54.0				55.5				57.0				58.5				60.0
腰围高	93.5				96.5				99.5				102.5				105.5				108.5				111.5
胸围	72				76				80				84				88				92				96				100
颈围	32.8				33.8				34.8				35.8				36.8				37.8				38.8				39.8
总肩宽	38.8				40.0				41.2				42.4				43.6				44.8				46.0				47.2
腰围	56	58	60	60	62	64	64	66	68	68	70	72	72	74	76	76	78	80	80	82	84	84	86	88
臀围	75.6	77.2	78.8	78.8	80.4	82.0	82.0	83.6	85.2	85.2	86.8	88.4	88.4	90.0	91.6	91.6	93.2	94.8	94.8	96.4	98.0	98.0	99.6	101.2

图表1-3c 男装5·4、5·2B号型系列控制部位数值表　　　　单位:cm

B																			
部位	数　值																		
身高	155		160		165		170		175		180		185						
颈椎点高	133.5		137.5		141.5		145.5		149.5		153.5		157.5						
坐姿颈椎点高	61		63		65		67		69		71		73						
全臂长	51		52.5		54		55.5		57		58.5		60						
腰围高	93		96		99		102		105		108		111						
胸围	72		76		80		84		88		92		96		100		104		108
颈围	33.2		34.2		35.2		36.2		37.2		38.2		39.2		40.2		41.2		42.2
总肩宽	38.4		39.6		40.8		42		43.2		44.4		45.6		46.8		48		49.2
腰围	62	64	66	68	70	72	74	76	78	80	82	84	86	88	90	92	94	96	98	100
臀围	79.6	81	82.4	83.8	85.2	86.6	88	89.4	90.8	92.2	93.6	95	96.4	97.8	99.2	100.6	102	103.4	104.8	106.2

图表1-3d 男装5·4、5·2C号型系列控制部位数值表　　　　单位:cm

C																			
部位	数　值																		
身高	155		160		165		170		175		180		185						
颈椎点高	134		138		142		146		150		154		158						
坐姿颈椎点高	61.5		63.5		65.5		67.5		69.5		71.5		73.5						
全臂长	51		52.5		54		55.5		57		58.5		60						
腰围高	93		96		99		102		105		108		111						
胸围	76		80		84		88		92		96		100		104		108		112
颈围	34.6		35.6		36.6		37.6		38.6		39.6		40.6		41.6		42.6		43.6
总肩宽	39.2		40.4		41.6		42.8		44		45.2		46.4		47.6		48		50
腰围	70	72	74	76	78	80	82	84	86	88	90	92	94	96	98	100	102	104	106	108
臀围	81.6	83	84.4	85	87.2	88.6	90	91.4	92.8	94.2	95.6	97	98.4	99.8	101.2	102.6	104	105.4	106.8	108.2

服装号型女装各系列控制部位数值

表1－3e 女装5·4、5·2Y号型系列控制部位数值表　　　　　　　　　单位:cm

Y														
部位	数　值													
身高	145		150		155		160		165		170		175	
颈椎点高	124.0		128.0		132.0		136.0		140.0		144.0		148.0	
坐姿颈椎点高	56.5		58.5		60.5		62.5		64.5		66.5		68.5	
全臂长	46.0		47.5		49.0		50.5		52.0		53.5		55.0	
腰围高	89.0		92.0		95.0		98.0		101.0		104.0		107.0	
胸围	72		76		80		84		88		92		96	
颈围	31.0		31.8		32.6		33.4		34.2		35.0		35.8	
总肩宽	37.0		38.0		39.0		40.0		41.0		42.0		43.0	
腰围	50	52	54	56	58	60	62	64	66	68	70	72	74	76
臀围	77.4	79.2	81.0	82.8	84.6	86.4	88.2	90.0	91.8	93.6	95.4	97.2	99.0	100.8

表1－3f 女装5·4、5·2A号型系列控制部位数值表　　　　　　　　　单位:cm

A																				
部位	数　值																			
身高	145			150			155			160			165			170			175	
颈椎点高	124.0			128.0			132.0			136.0			140.0			144.0			148.0	
坐姿颈椎点高	56.5			58.5			60.5			62.5			64.5			66.5			68.5	
全臂长	46.0			47.5			49.0			50.5			52.0			53.5			55.0	
腰围高	89.0			92.0			95.0			98.0			101.0			104.0			107.0	
胸围	72			76			80			84			88			92			96	
颈围	31.2			32.0			32.8			33.6			34.4			35.2			36.0	
总肩宽	36.4			37.4			38.4			39.4			40.4			41.4			42.4	
腰围	54	56	58	58	60	62	62	64	66	66	68	70	70	72	74	74	76	78	78	80	84
臀围	77.4	79.2	81.0	81.0	82.8	84.6	84.6	86.4	88.2	88.2	90.0	91.8	91.8	93.6	95.4	95.4	97.2	99.0	99.0	100.8	102.6

表 1-3g 女装 5·4、5·2B 号型系列控制部位数值表   单位：cm

部位	B 数值																	
身高	145		150		155		160		165		170		175				
颈椎点高	124.5		128.5		132.5		136.5		140.5		144.5		148.5				
坐姿颈椎点高	57		59		61		63		65		67		69				
全臂长	46		47.5		49		50.5		52		53.5		55				
腰围高	89		92		95		98		101		104		107				
胸围	68			72			76			80			84			88			92			96			100		104
颈围	30.6			31.4			32.2			33			33.8			34.6			35.4			36.2			37		37.8
总肩宽	34.8			35.8			36.8			37.8			38.8			39.8			40.8			41.8			42.8		43.8
腰围	56	58	60	62	64	66	68	70	72	74	76	78	80	82	84	86	88	90	92	94
臀围	78.4	80	81.6	83.2	84.8	86.4	88	89.6	91.2	92.8	94.4	96	97.6	99.2	100.8	102.4	104	105.6	107.2	108.8

表 1-3h 女装 5·4、5·2C 号型系列控制部位数值表   单位：cm

部位	C 数值																				
身高	145		150		155		160		165		170		175								
颈椎点高	124.5		128.5		132.5		136.5		140.5		144.5		148.5								
坐姿颈椎点高	56.5		58.5		60.5		62.5		64.5		66.5		68.5								
全臂长	46		47.5		49		50.5		52		53.5		55								
腰围高	89		92		95		98		101		104		107								
胸围	68			72			76			80			82			84			92			96			100			104			108
颈围	30.8			31.4			32.4			33.2			34			34.8			35.6			36.4			37.2			38			38.8
总肩宽	34.2			35.2			36.2			37.2			38.2			39.2			40.2			41.2			42.2			43.2			44.2
腰围	60	62	64	66	68	70	72	74	76	78	80	82	84	86	88	90	92	94	96	98	100	102
臀围	78.4	80	81.6	83.2	84.8	86.4	88	89.6	91.2	92.8	94.4	96	97.6	99.2	100.8	102.4	104	105.6	107.2	108.8	110.4	112

三、人体测绘

人体测绘包括测量和描绘两大部分。测量一般是长度、围度和宽度的测量。被测量者与绘测人的间距在 0.6~1m 之间。通过测量,再根据对人体结构的理解和观察,便可运用服装绘制技术,描绘出人体在平视状态下直立静止的图形。图形可以通过正面、背面和侧面来绘制。测绘时应该注意以下几点:

1. 一般测量长度尺寸时,量尺最好在保持自然下垂的状态下量取。

2. 测量围度时,应以水平紧身(被测者穿一件内衣)量取,然后根据款式造型的要求添加放松量。围度加放松量一般要考虑三方面的因素:人的呼吸量、活动量、款式造型(宽松、合体或紧身)。

3. 长度可以身高的等分值加上款式造型来确定。

以下是女装的量体方法:

(1) 背长(BAL):由颈椎点量至后腰节线。
(2) 前腰节长(FWL):由前颈肩点经过胸高点量至前腰节线。
(3) 胸围(BP):沿胸部最丰满处量一周。
(4) 裙长(SL):由侧缝腰口量至所需长度处。
(5) 肩宽(S):由左肩端点量至右肩端点。
(6) 颈围(N):在颈脖与颈根的中间部位量一周。
(7) 乳宽(BPW):乳高点之间的距离,从右乳高点量至左乳高点。
(8) 背宽(BW):由肩端点往下 7cm 量水平宽度。
(9) 胸宽(FW):在两臂弯点间量水平宽度。
(10) 袖长(SL):由肩端起量经过肘点量至手腕。
(11) 腰围(W):在人体腰部的最细部位量一周。
(12) 腹围(MH):在腰线与臀线的中间部位量一周。
(13) 臀围(H):在人体臀部最饱满的部位量一周。

第二节 工业制板基础

一、服装打板所需工具

1. 直尺:直尺是服装样板制作的必须工具,用于测量和制图,长度一般采用 50~100cm。

2. 角尺:两边相互垂直成 90°的尺子,用于绘制垂直相交的线段。

3. 软尺:一种为皮尺,量体时用;另一种为聚酯材料尺,用于测量样板的曲线部位。

4. 弯尺:两侧呈弧线状的尺子。用于绘制衣服中的曲线部位,尤其适合绘制臀部曲线和袖弯线。

5. 曲线板：制板专用尺，较适合绘制袖窿、袖山弧线和前后窿门等曲线部位。
6. 圆规：画圆或圆弧线时所用的工具。
7. 绘图铅笔：一般以 HB 或 B 型的铅笔为好。
8. 绘图橡皮：用于擦拭或修改线条。
9. 锥子：在纸样中用于钻孔做记号，以锥头尖锐为好。
10. 复制轮(滚轮)：用于复制样板中重叠的衣片部位，一般采用不锈钢或铁皮材质的。
11. 刀眼器：用于各部位的打眼刀口，刀眼平滑圆顺为好。
12. 打孔钳：在样板边缘打穿一个圆洞，样板保存时穿连在一起。
13. 剪刀：一般需要配备服装专用的布料剪刀和裁纸刀各一把。

二、服装制图各部位的英语名称和字母代号（见图表1—4）

图表1—4　服装制图主要部位的英文名以及字母代号

序　号	中　文　名	英　文　名	代　号
1	线长度	Line/Length	L
2	胸围	Bust Girth	B
3	腰围	Waist Girth	W
4	臀围	Hip Girth	H
5	腹围	Middle Hip	MH
6	颈围	Neck Girth	N
7	胸高点	Bust Point	BP
8	胸围线	Bust Line	BL
9	腰围线	Waist Line	WL
10	臀围线	Hip Line	HL
11	领围线	Neck Line	NL
12	膝围线	Knee Line	KL
13	肘线	Elbow Line	EL
14	袖窿弧长	Arm Hole	AH
15	肩端点	Shoulder Point	SP
16	颈肩点	Side Neck Point	SNP
17	背长	Back Length	BAL
18	背宽	From Bust Width	FW
19	袖口宽	Cuff Width	CW
20	后颈椎点	Back Neck Point	BNP

三、常用制板专用图表线和符号

图表1-5 常用打板制图专用图表线和符号

序号	名称	符号形式	说明
1	轮廓线（粗实线）	▬▬▬▬▬▬	组成部件的外轮廓线
2	辅助线（细实线）	———————	制图结构的基本线、引出线
3	连折线（点画线）	— · — · — · —	对折连接不可剪开
4	双点划线	— ·· — ·· —	折转线（不对称部位）
5	褶裥	▨▨ ▦▦	要折叠的部分
6	省缝	◁	要省略缝去的部分
7	闭合	⊐⊏	两个部分要拼接组合成一个整体
8	直角	⌐ ⌐	两条相互垂直的线，夹角成90°
9	等分线	⌒⌒⌒⌒	该线段距离平均等分
10	等量	⊘ ⊠ △ ■ ★	几个部位的量是相同的
11	丝绺	←————→	直丝绺线（表示布料经向）
12	皱裥	∽∽∽∽∽	表示要抽皱折的部分
13	钻眼	⊕	表示裁剪时需要钻眼的位置

(续表)

序号	名称	符号形式	说明
14	重叠		表示结构图中样片重合的部位
15	拔伸		熨烫时该部位拉伸
16	归拢		熨烫时该部位归缩
17	等长		表示两段长度相等
18	拉链		表示该部位装拉链
19	对格		表示该部位对格纹裁制
20	对条		表示该部位对条纹裁制

四、服装打板常用术语

1. 止口：指各部位的边缘。
2. 门、里襟：衣片的上面一层称为门襟，下面一层称为里襟。
3. 挂面：指上装中门、里襟的反面一层比叠门宽的贴边。
4. 叠门：指上装中门、里襟重叠的部分。
5. 省缝：在服装制作中需要缝去的部分布料。
6. 褶裥：褶裥与省缝类似，区别在于褶裥是活口的，而省缝是缝合的。
7. 劈门：指胸围至领口处呈弧形的侧斜状态，也称劈胸。
8. 劈势：指臀围至腰口处呈弧形的倾斜状态。
9. 驳头：指翻驳领中挂面向外翻折的部分。
10. 驳角：指驳头角的形态。
11. 领角：指驳领的领角形状。
12. 串口：指领面与驳头面的缝合处。
13. 驳口：指驳口线之间重叠后所形成的状态。
14. 覆势：指后育克的组合形态。
15. 育克：指衣片上端所分割的部分，也称过肩。

16. 克夫：指袖口的装饰袖头边。
17. 吃势：指两层衣片中的某一层需要归缩的部分。
18. 困势：指后裤片后缝的倾斜度。
19. 丝绺：指布料的经纬向。经向称直丝绺，纬向称横丝绺。
20. 搅盖：指衣片因为工艺等方面的问题造成门襟相互重叠呈交叉状。
21. 豁盖：指因为工艺方面的问题导致门襟下端相互拉开呈"八"字形。

五、服装打板各部位线条的名称

1. 裤装各部位名称（如图 1-6）

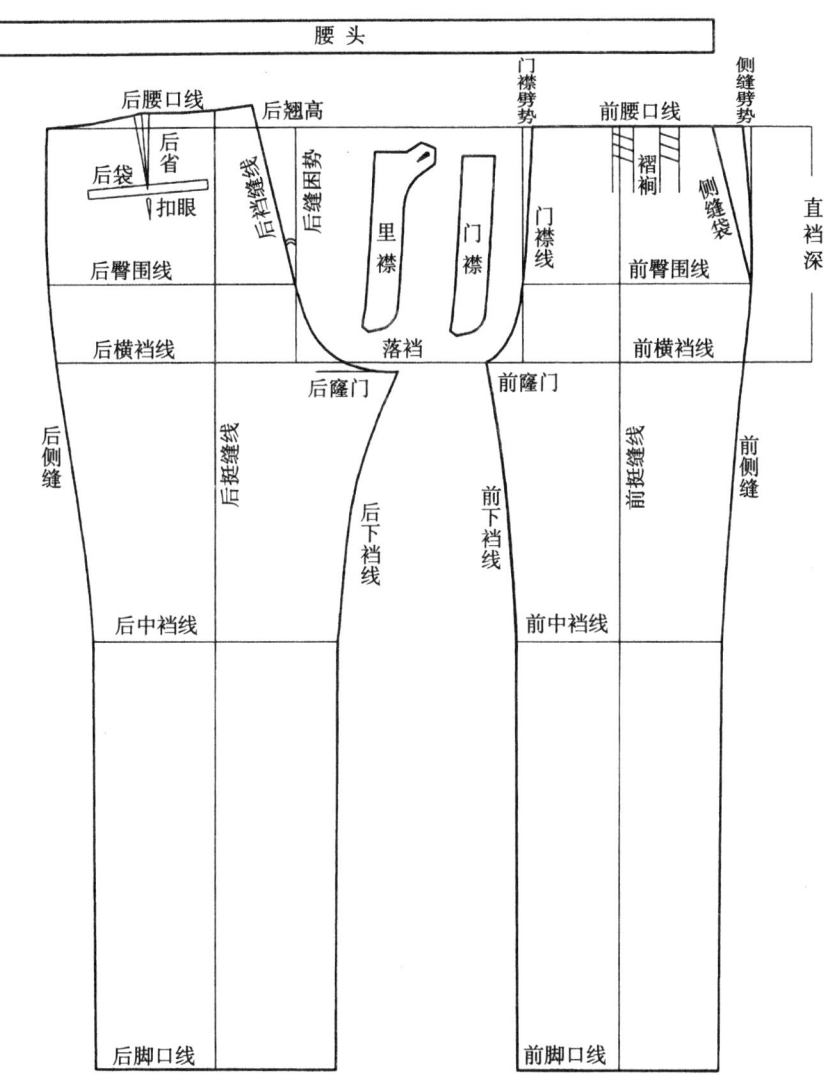

图 1-6 裤装各部位名称

2. 上装基型各部位名称(如图1—7)

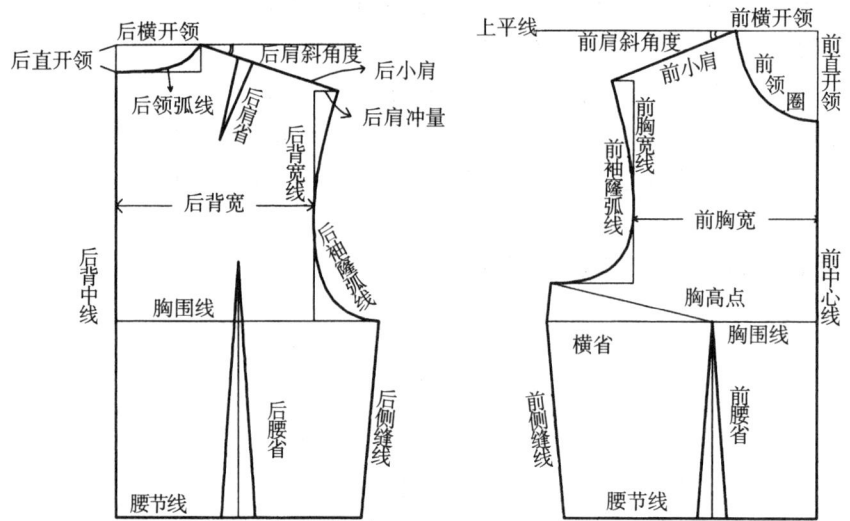

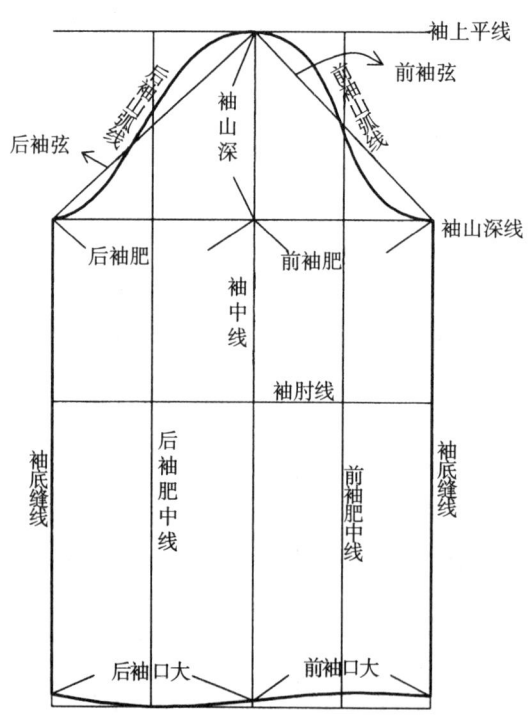

图1-7 上装基型各部位名称

3. 上装样板各部位名称(如图1-8)

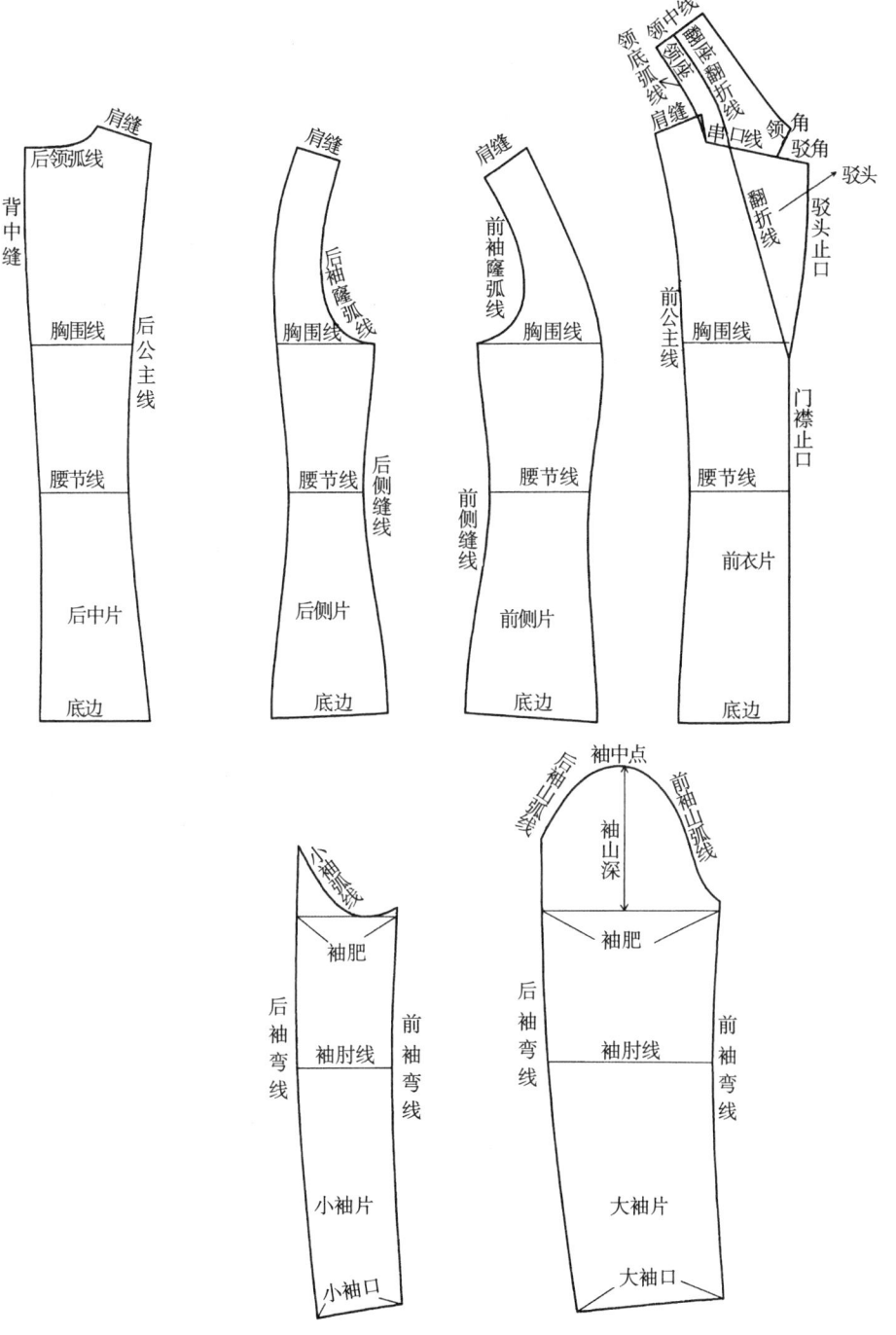

图1-8 上装样板各部位名称

第二章 女装结构和打板实例

第一节 裙装结构及打板实例

裙装是女装中的一个重要组成部分,也是结构变化相对简单的一种。在服装结构中,根据不同人的体型特征,通过对裙长、裙摆等部位的细节进行设计,可使裙装富有个性,更适合女性穿着者的体型和气质。

一、裙片与人体的关系

从图2-1中可以看出,当裙身较紧贴近臀部时,腰口上会出现多余的量,这些多余的量就是要作为腰省的一部分。人体的肋线与腰口点的倾斜角一般在10°左右,臀围的加放值通常要大于腰围的放松值,当然,这同时也要考虑衣料的斜向伸缩性。从图2-2中可以看出,如果保持布料与腰部合体,且腰部不使用省道,那么臀围会出现较大的松量,裙摆围也相应变大。由此可以得出,无省的裙装臀围放松量要比有省的稍大一点。

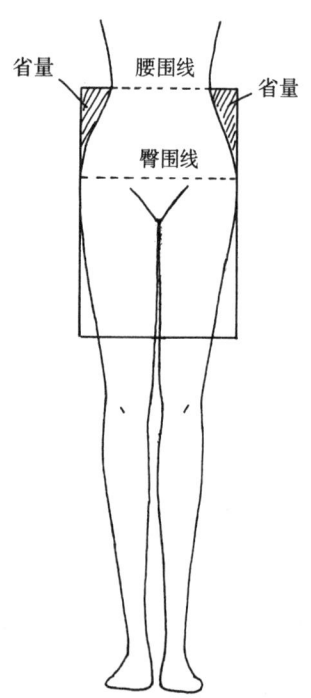

图2-1 裙片与人体关系

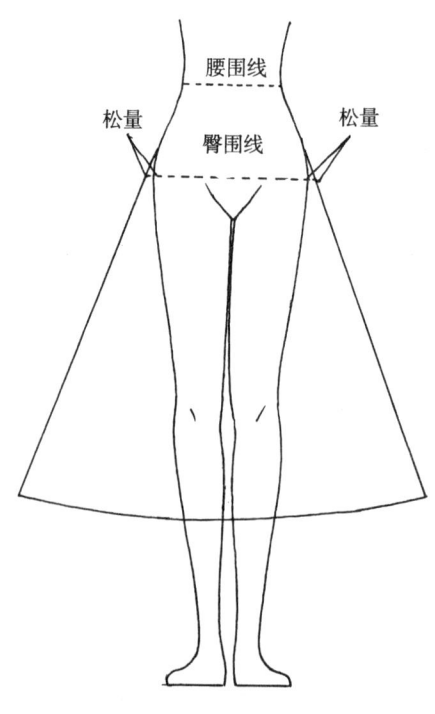

图2-2 裙片与人体关系

二、裙装的分类及特点

裙装的款式和分类很多,现按照以下两个方面进行分类介绍。

1. 按照裙装摆围的宽窄来分类可以分为:直筒裙(H型)、宽摆裙(A型)和窄摆裙(V型)。(如图2—3)

直筒裙(H型)　　　宽摆裙(A型)　　　窄摆裙(V型)

图2—3

2. 按照裙装的长短来分类可以分为:超短裙、短裙、齐膝裙、中长裙、长裙和超长裙。(如图2—4)

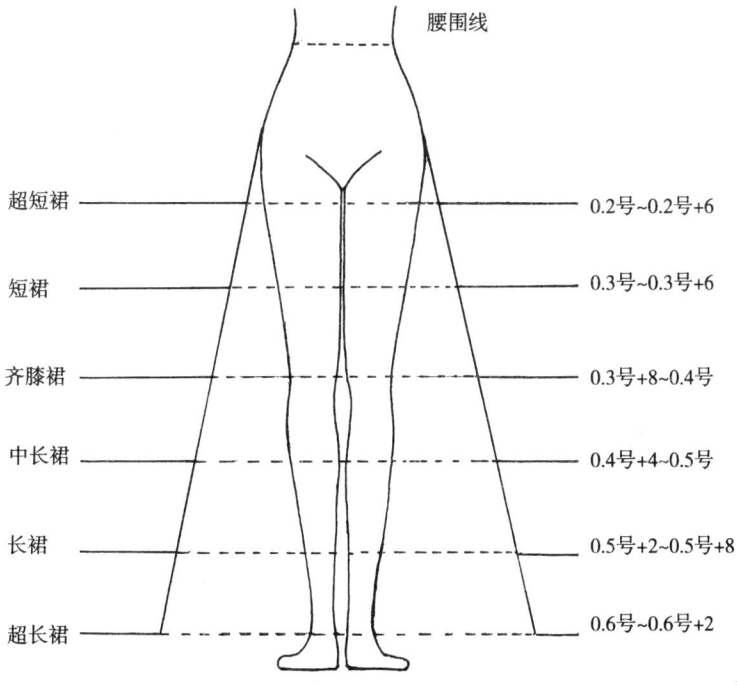

图2—4　裙装长短分类

3. 按照腰部造型可以分为：装腰裙、低腰裙、超低腰裙、连腰裙和连身裙。（如图 2-5）

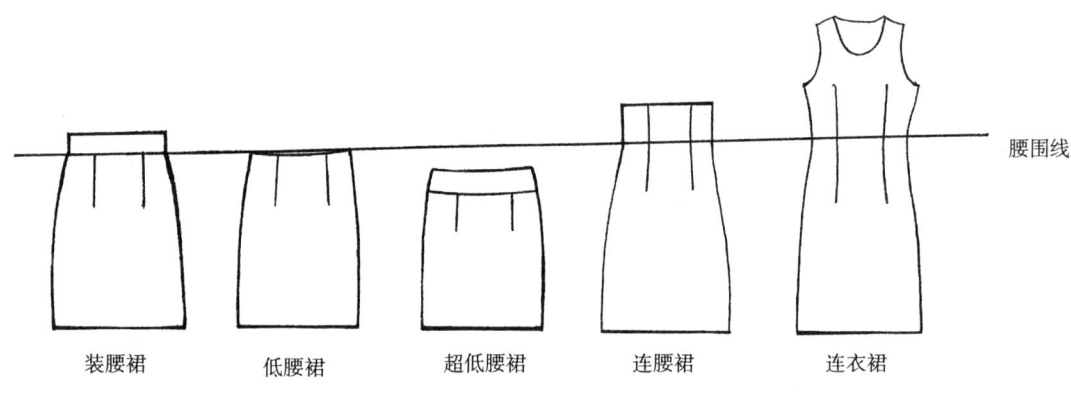

图 2-5

三、裙下摆宽与裙衩位的确定

裙装的造型千变万化，但是裙摆的收进量有一定的尺寸限制。例如，齐膝裙的裙长两肋线只能收进 0.7cm，裙下摆开衩约 5～6cm。如肋线收进 2.3cm，则要在后中臀线下 18cm 处开衩至裙底边，这是因为穿裙子不仅要考虑静态的造型，还要考虑到穿着者动态的情况。一般而言，人体的下肢膝盖处的伸曲度最大，在结构设计时，至少要考虑穿着者能跨一个台阶的活动量。再如，上文所说的 A 型裙也是同理，尽管 A 型裙的下摆是呈放射状的，但同样会受到角度的限制，既不能无限放大下摆的角度，使下摆产生波浪，影响造型，也不能使下摆过小，这样会使活动不方便。因此，在结构设计中要将放射角度定在臀围线以下约 5～7cm。差量可以依照裙的长短而定，裙短放射角度小，裙长放射角度大。

四、裙装的基本型

1. 直筒裙基本型（H型）

选用号型：160/66A

部位	规格	设计依据
裙长	54cm	0.4号－10cm
臀围	92cm	净臀围＋4cm
腰围	68cm	净腰围＋2cm
腰宽	3cm	

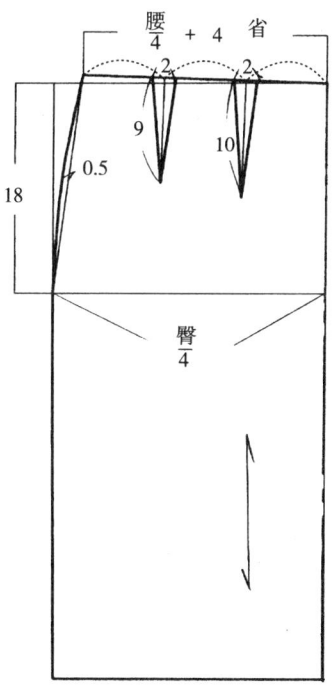
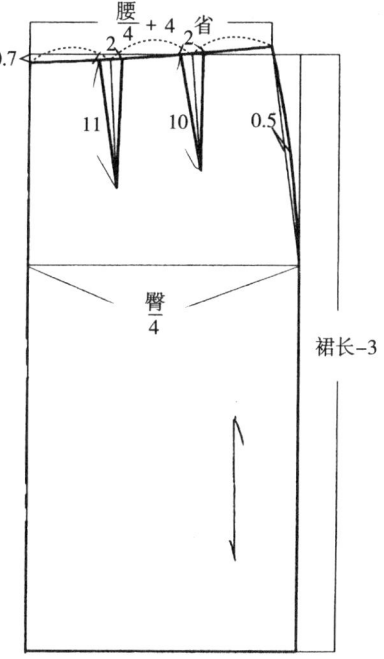

2. 宽摆裙基本型（A型）

选用号型：160/66A

部位	规格	设计依据
裙长	54cm	0.4号－10cm
臀围	90cm	净臀围＋2cm
腰围	68cm	净腰围＋2cm
腰宽	3cm	

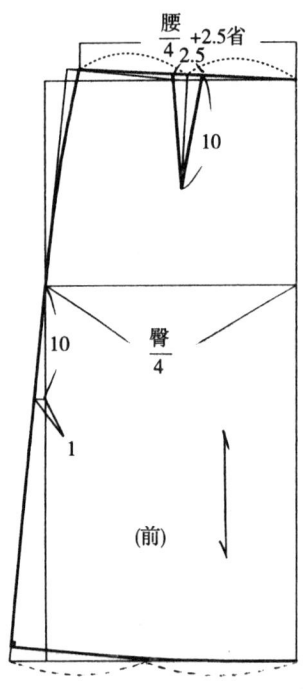
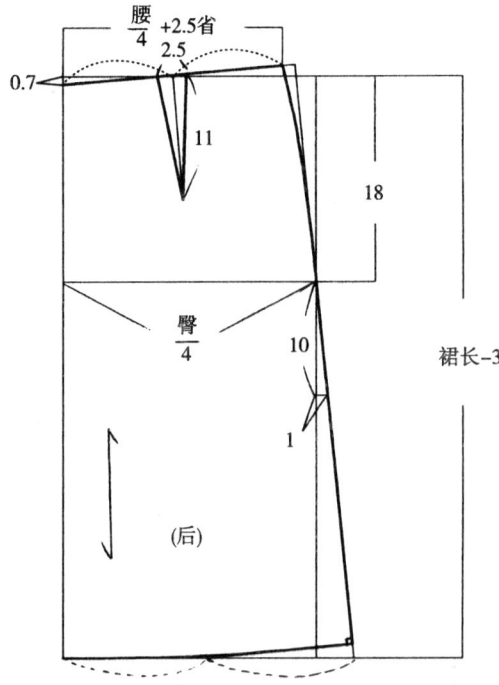

3. 窄摆裙基本型（V型）

选用号型 160/66A

部位	规格	设计依据
裙长	54cm	0.4号－10cm
臀围	92cm	净臀围＋4cm
腰围	68cm	净腰围＋2cm
腰宽	3cm	

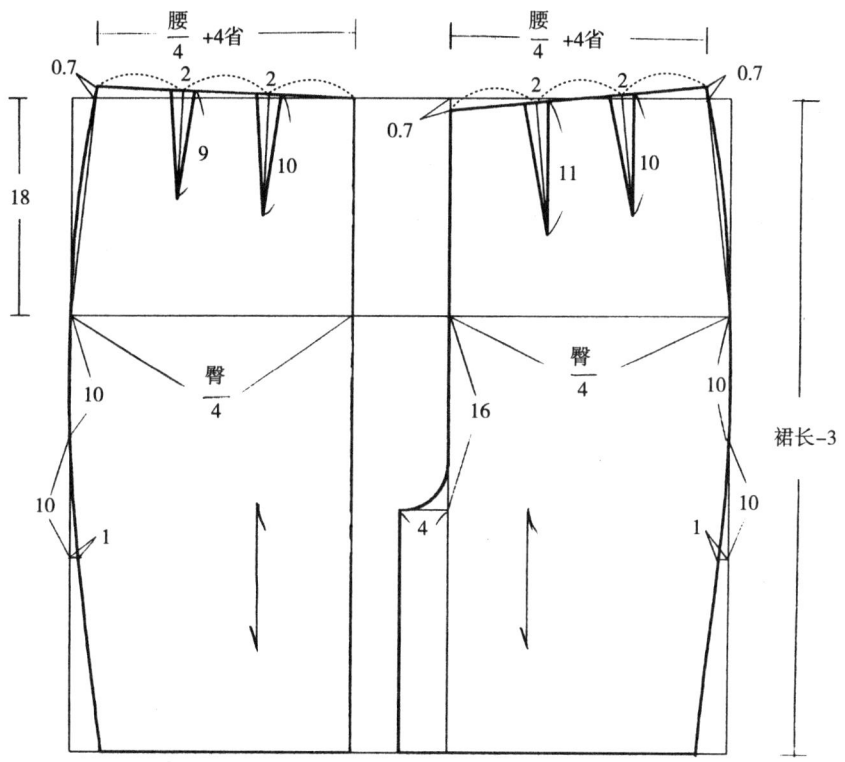

五、裙装打板实例

1. 二节百褶裙

选用号型：160/66A

部位	规格	设计依据
裙长	36cm	0.2号＋4cm
臀围	92cm	净臀围＋4cm
腰围	68cm	净腰围＋2cm

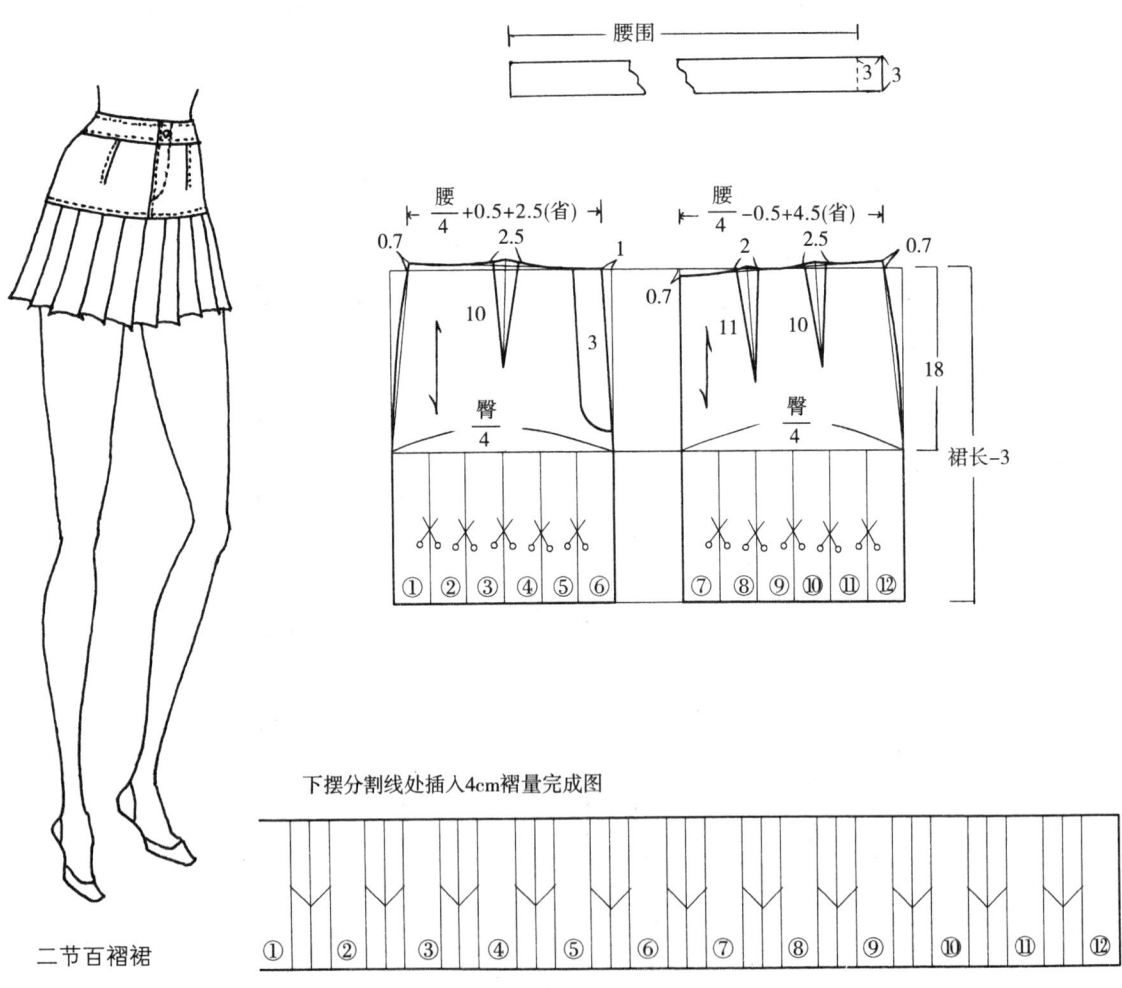

二节百褶裙

2. 六片喇叭裙

选用号型：160/66A

部位	规格	设计依据
裙长	64cm	0.4号
臀围	92cm	净臀围＋4cm
腰围	68cm	净腰围＋2cm

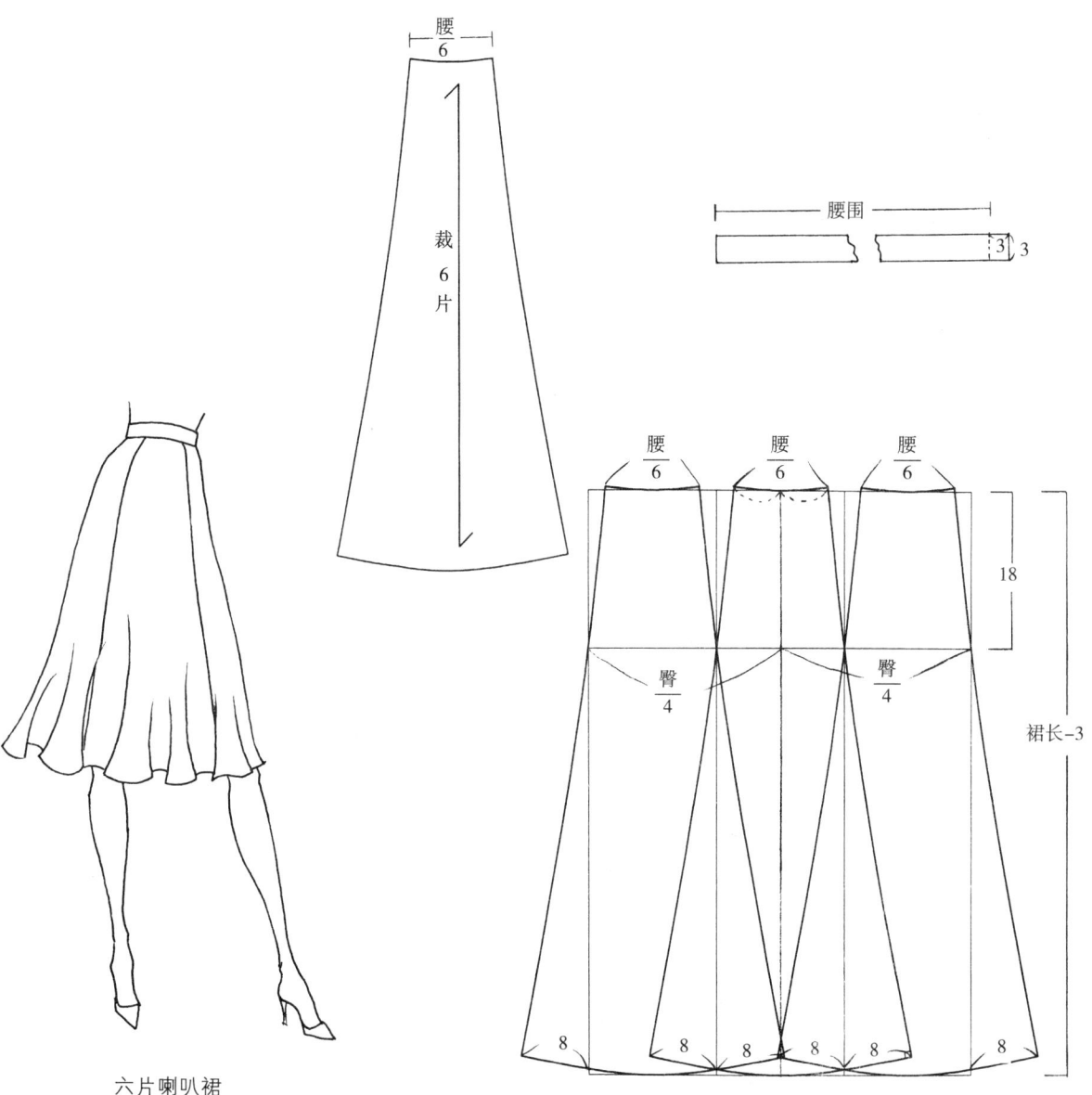

六片喇叭裙

3. 斜分割牛仔裙

选用号型：160/66A

部位	规格	设计依据
裙长	52cm	0.3号＋4cm
臀围	90cm	净臀围＋2cm
腰围	68cm	净腰围＋2cm

省道闭合完成图 （前后片方法相同）

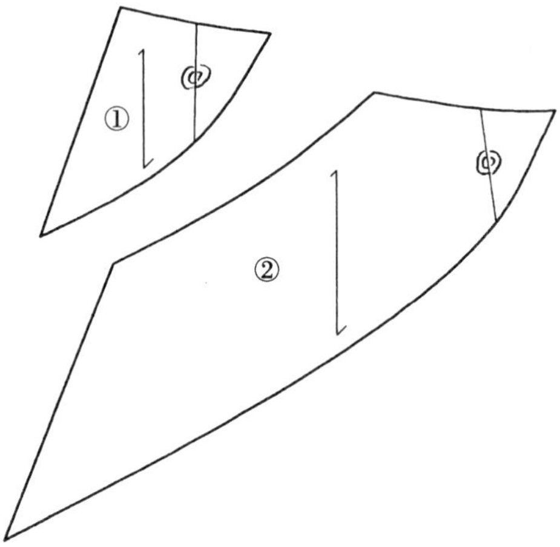

斜分割牛仔裙

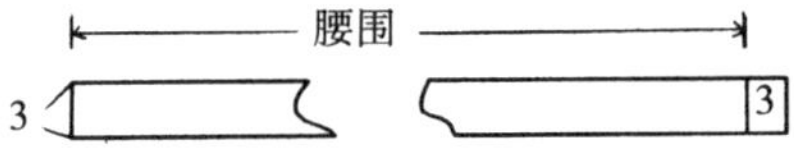

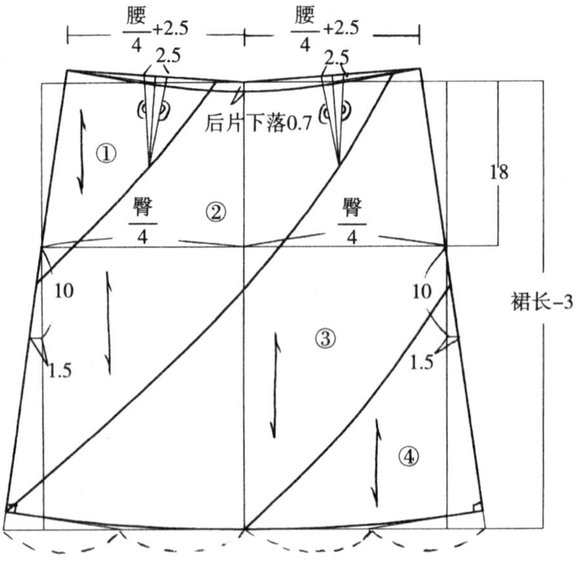

4. 二节无腰裙

选用号型：160/66A

部位	规格	设计依据
裙长	54cm	0.3号＋6cm
臀围	90cm	净臀围＋2cm
腰围	68cm	净腰围＋2cm

二节无腰裙

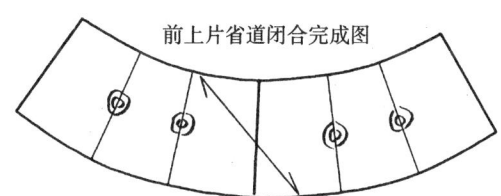

前上片省道闭合完成图

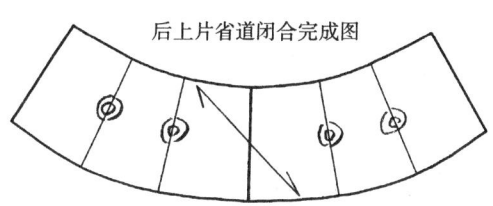

后上片省道闭合完成图

前下片剪开线处插入6cm褶量完成图(后片方法同前片)

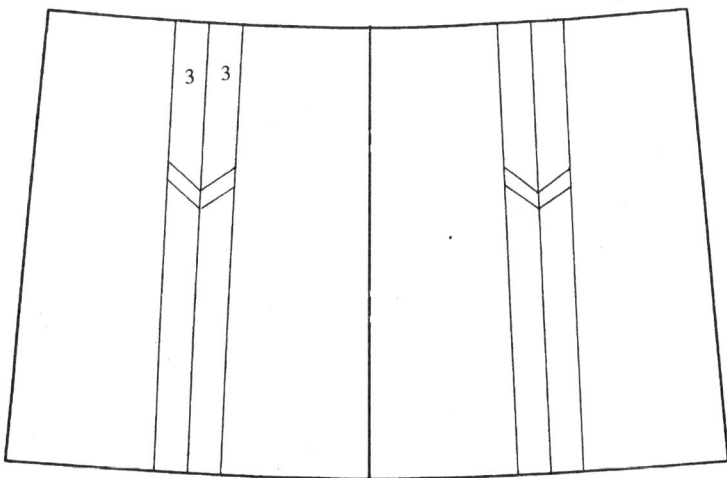

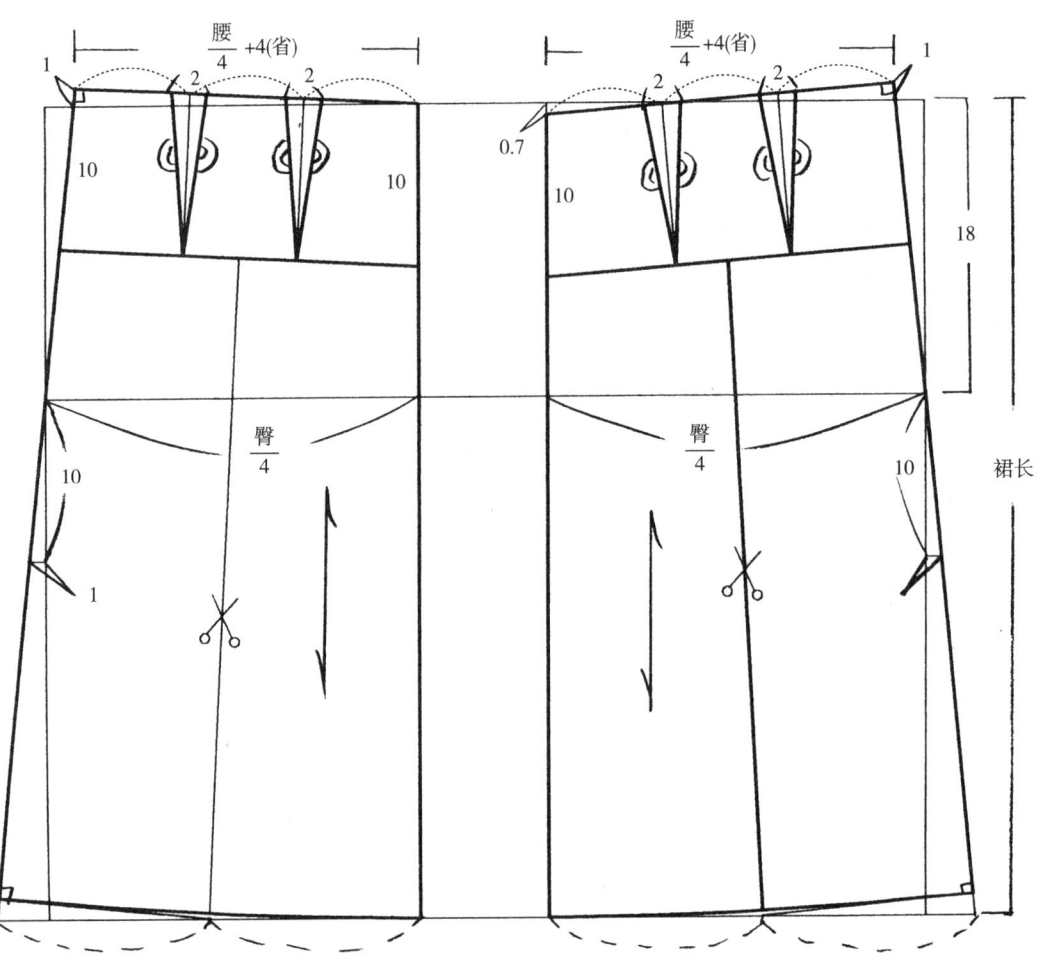

5. 双层无腰裙

选用号型：160/66A

部位	规格	设计依据
裙长	48cm	0.3号
臀围	90cm	净臀围＋2cm
腰围	68cm	净腰围＋2cm

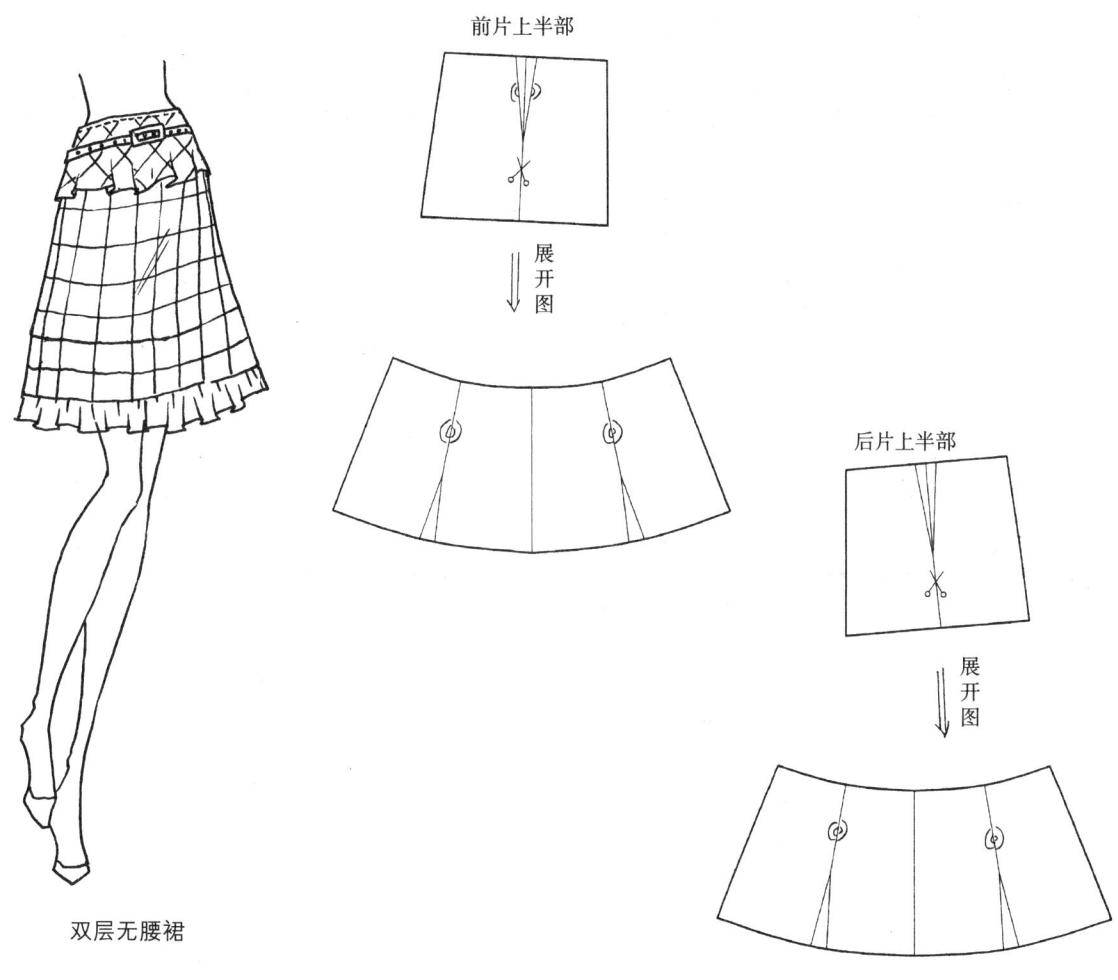

双层无腰裙

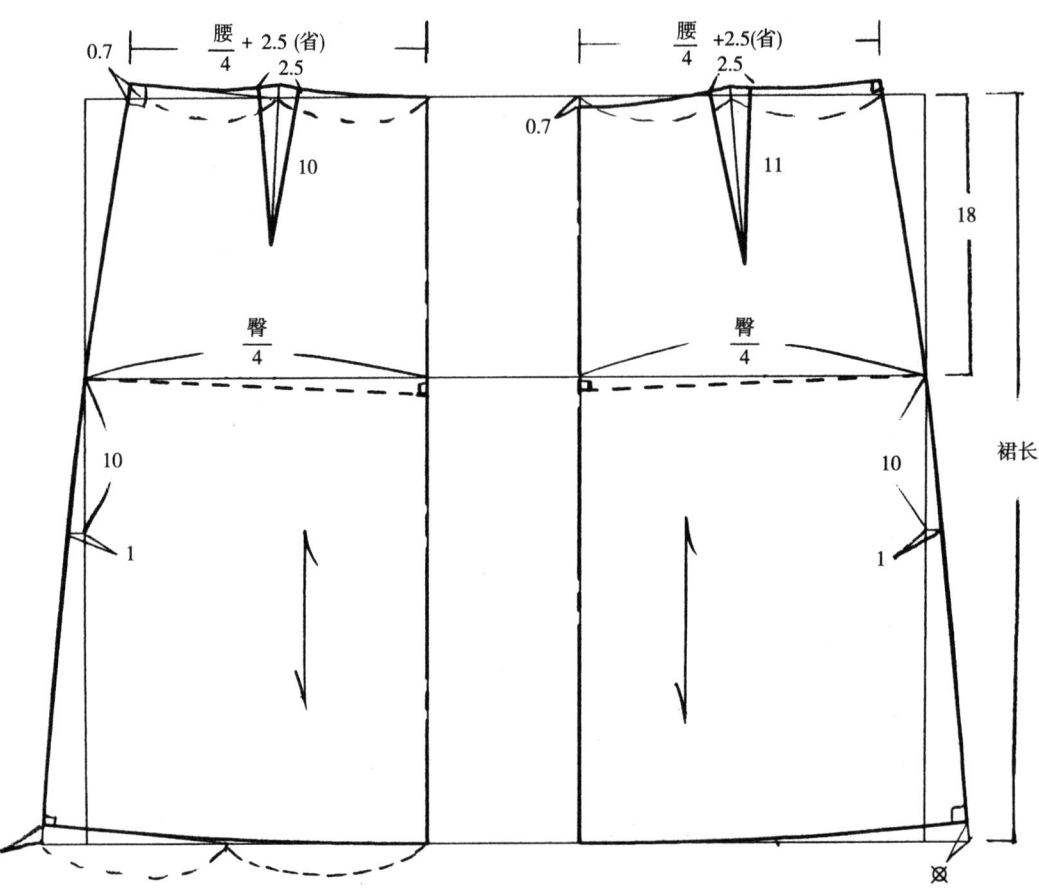

6. 四片无省裙

选用号型：160/66A

部位	规格	设计依据
裙长	75cm	0.4号＋11cm
腰围	68cm	净腰围＋2cm

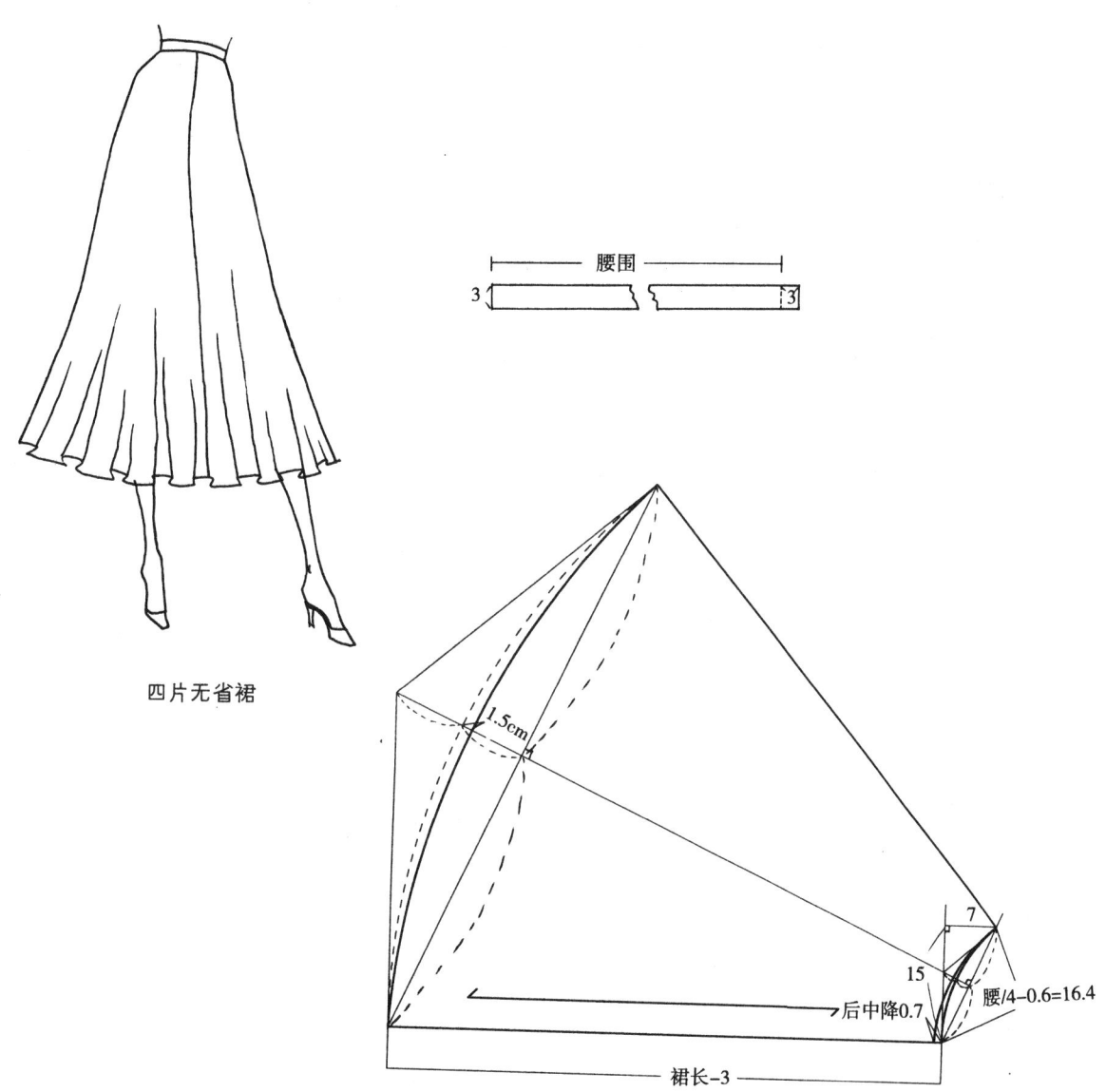

四片无省裙

7. 休闲直筒阴裥裙

选用号型：160/66A

部位	规格	设计依据
裙长	54cm	0.3号+6cm
臀围	90cm	净臀围+2cm
腰围	68cm	净腰围+2cm
腰宽	3cm	

休闲直筒阴裥裙

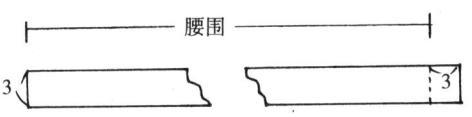

前片剪开处插入10cm褶裥完成图

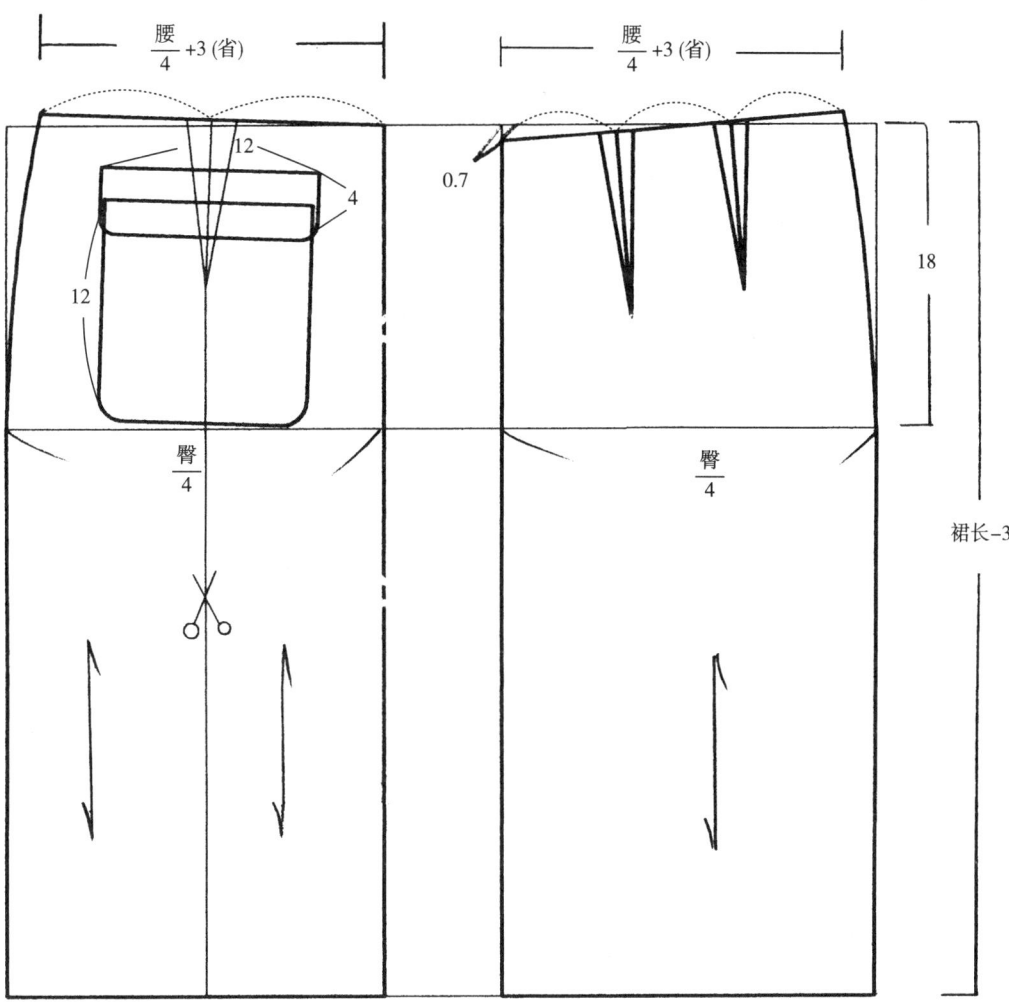

8. 弯刀分割裙

选用号型：160/66A

部位	规格	设计依据
裙长	54cm	0.4号＋6cm
臀围	90cm	净臀围＋2cm
腰围	68cm	净腰围＋2cm

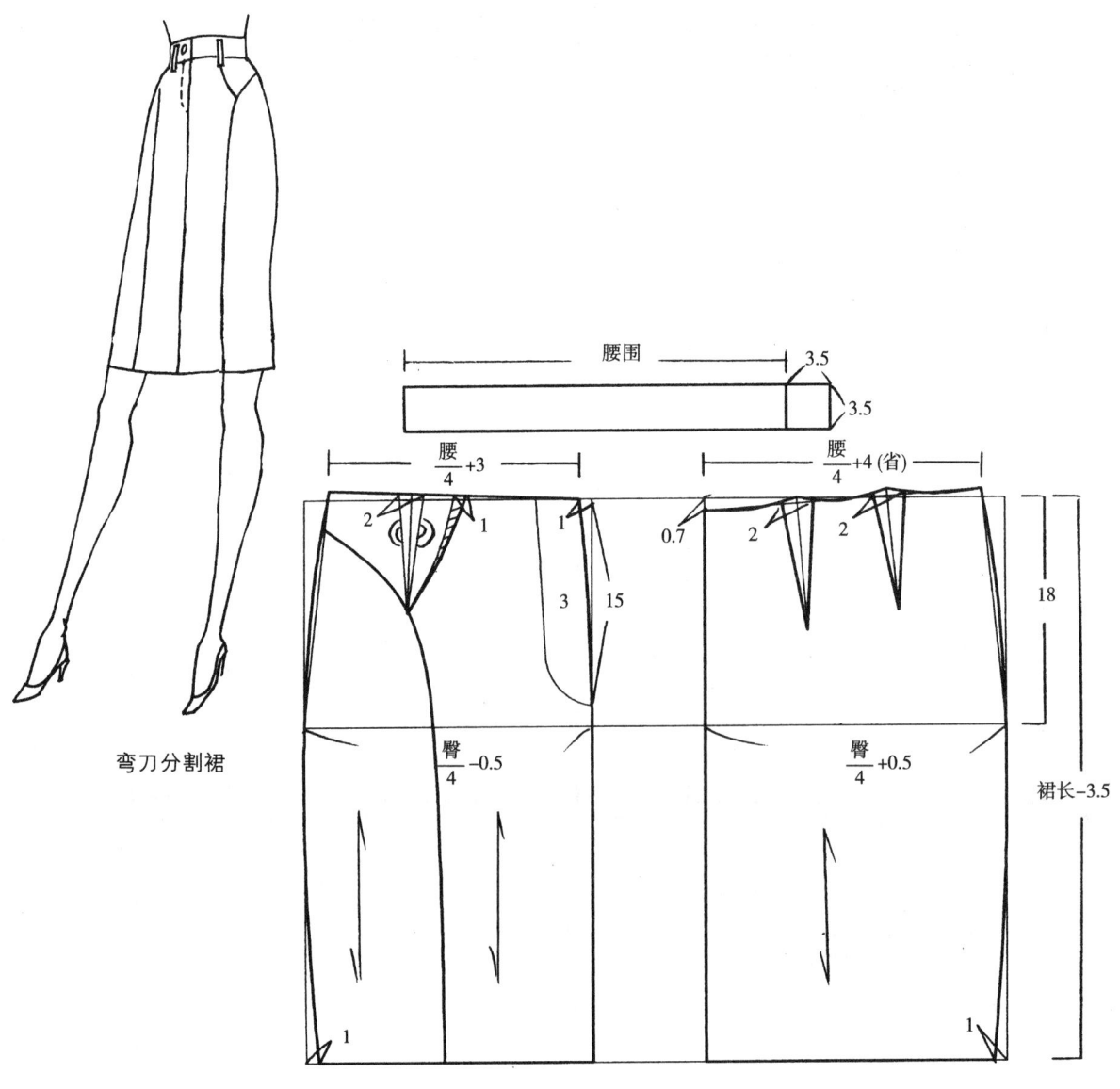

弯刀分割裙

9. 插角牛仔裙

选用号型：160/66A

部位	规格	设计依据
裙长	54cm	0.3号+6cm
臀围	92cm	净臀围+4cm
腰围	68cm	净腰围+2cm

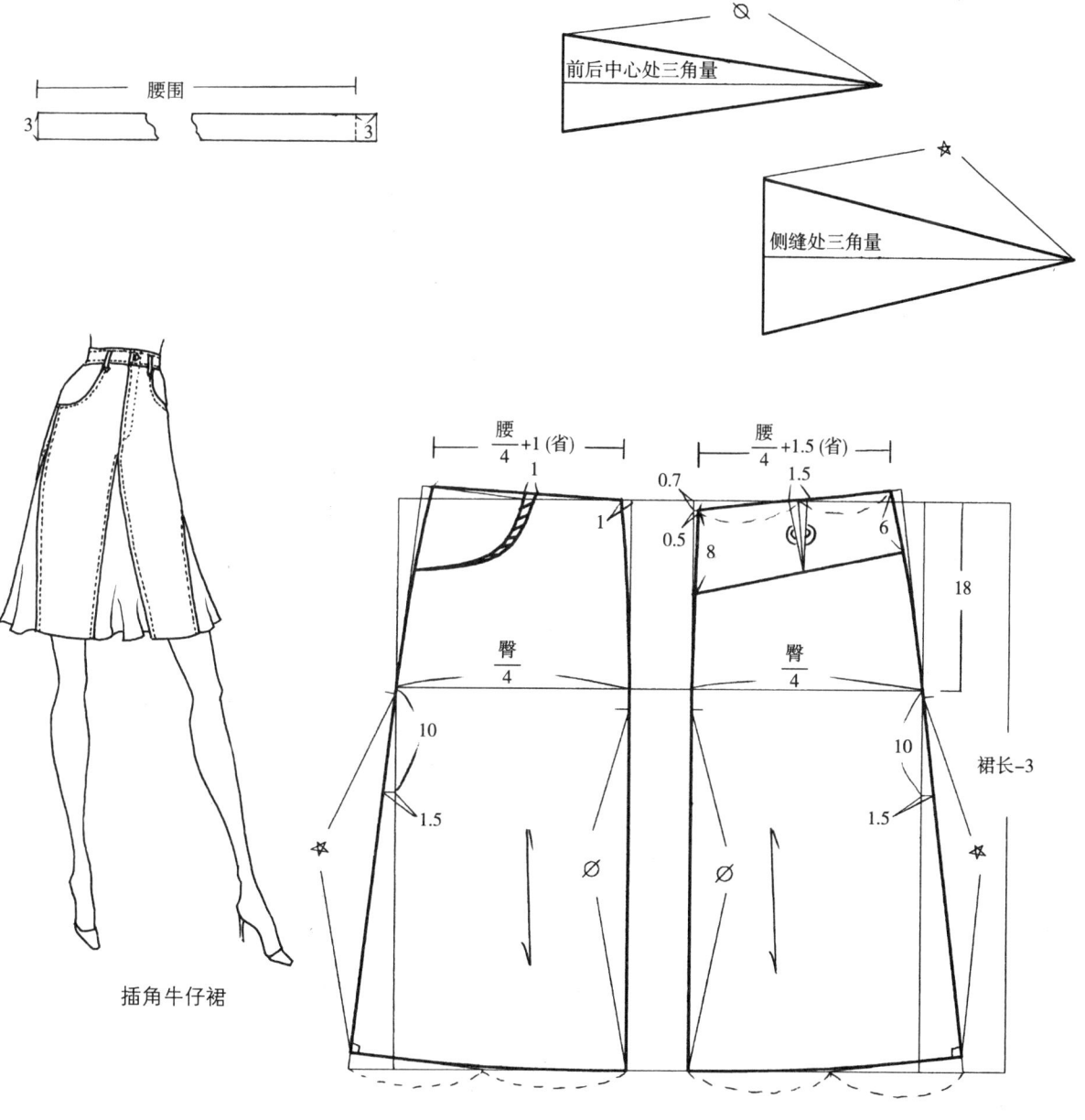

插角牛仔裙

10. 二节鱼尾裙

选用号型：160/66A

部位	规格	设计依据
裙长	68cm	0.4号＋4cm
臀围	92cm	净臀围＋4cm
腰围	68cm	净腰围＋2cm

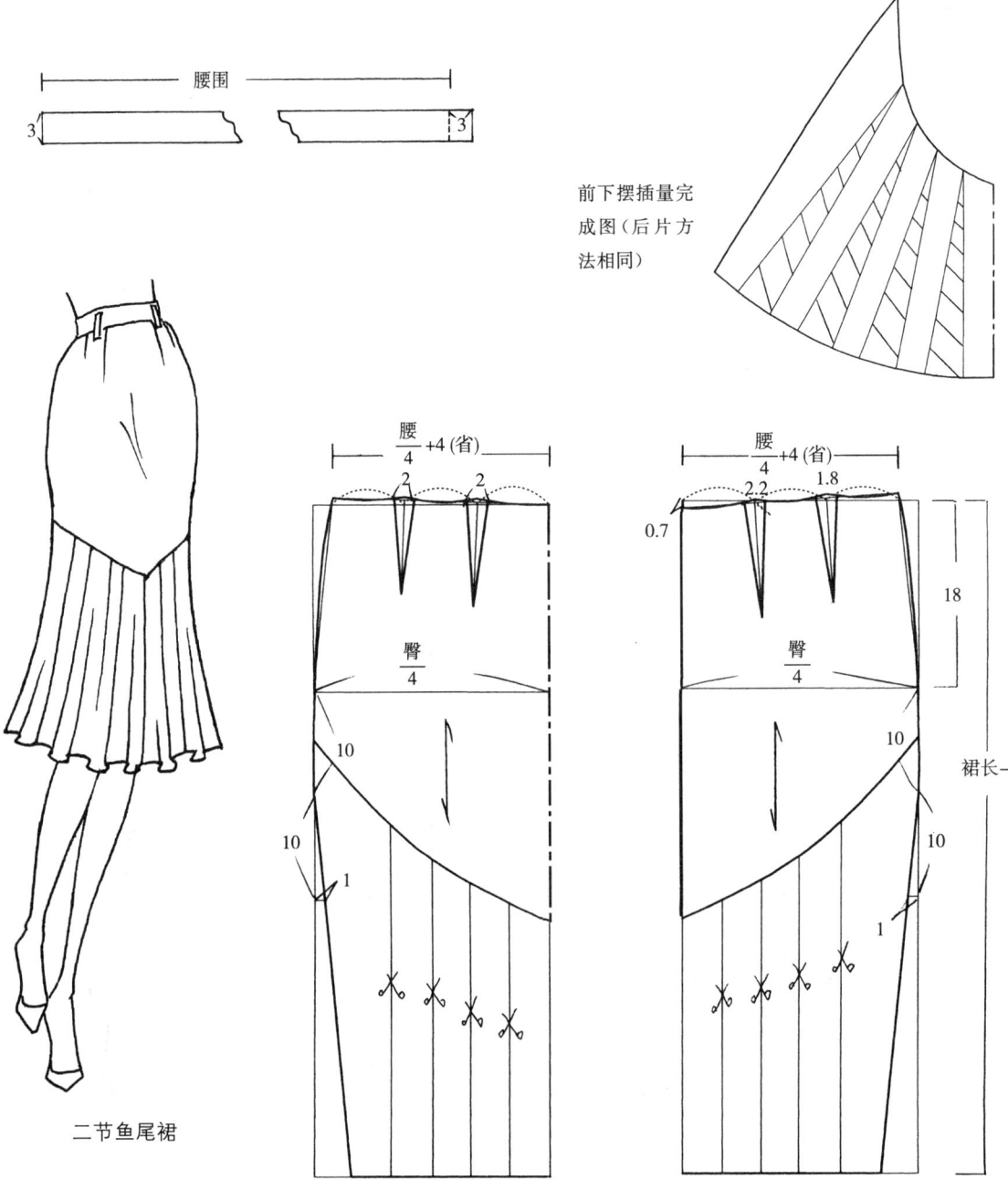

前下摆插量完成图（后片方法相同）

二节鱼尾裙

11. 八片鱼尾裙

选用号型：160/66A

部位	规格	设计依据
裙长	72cm	0.4号＋8cm
臀围	92cm	净臀围＋4cm
腰围	68cm	净腰围＋2cm
腰宽	3cm	

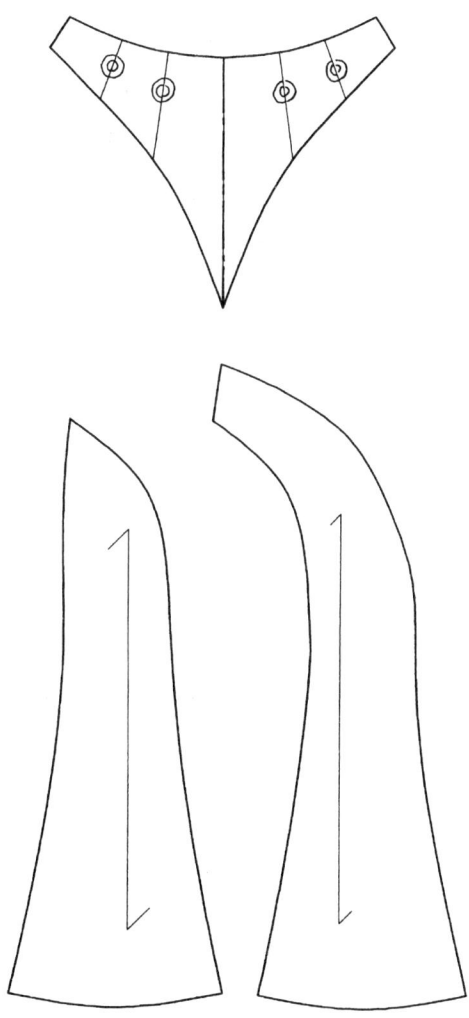

前片腰部分割片省道闭合完成图，后片方法同前片

八片鱼尾裙

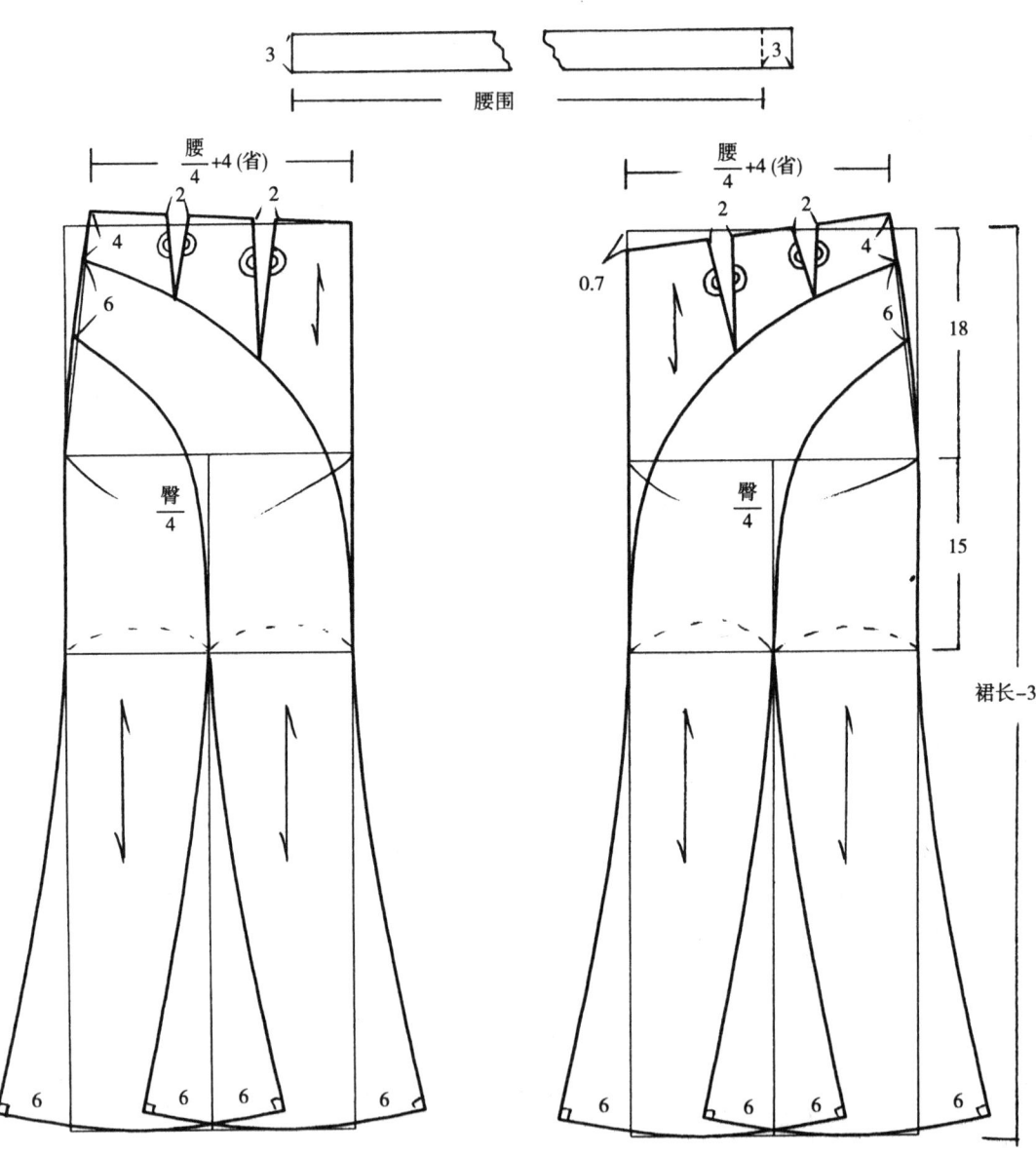

12. 马面形褶裥裙

选用号型：160/68A

部位	规格	设计依据
裙长	75cm	0.5号－5cm
臀围	94cm	净臀围＋4cm
腰围	70cm	净腰围＋2cm
腰宽	3.5cm	

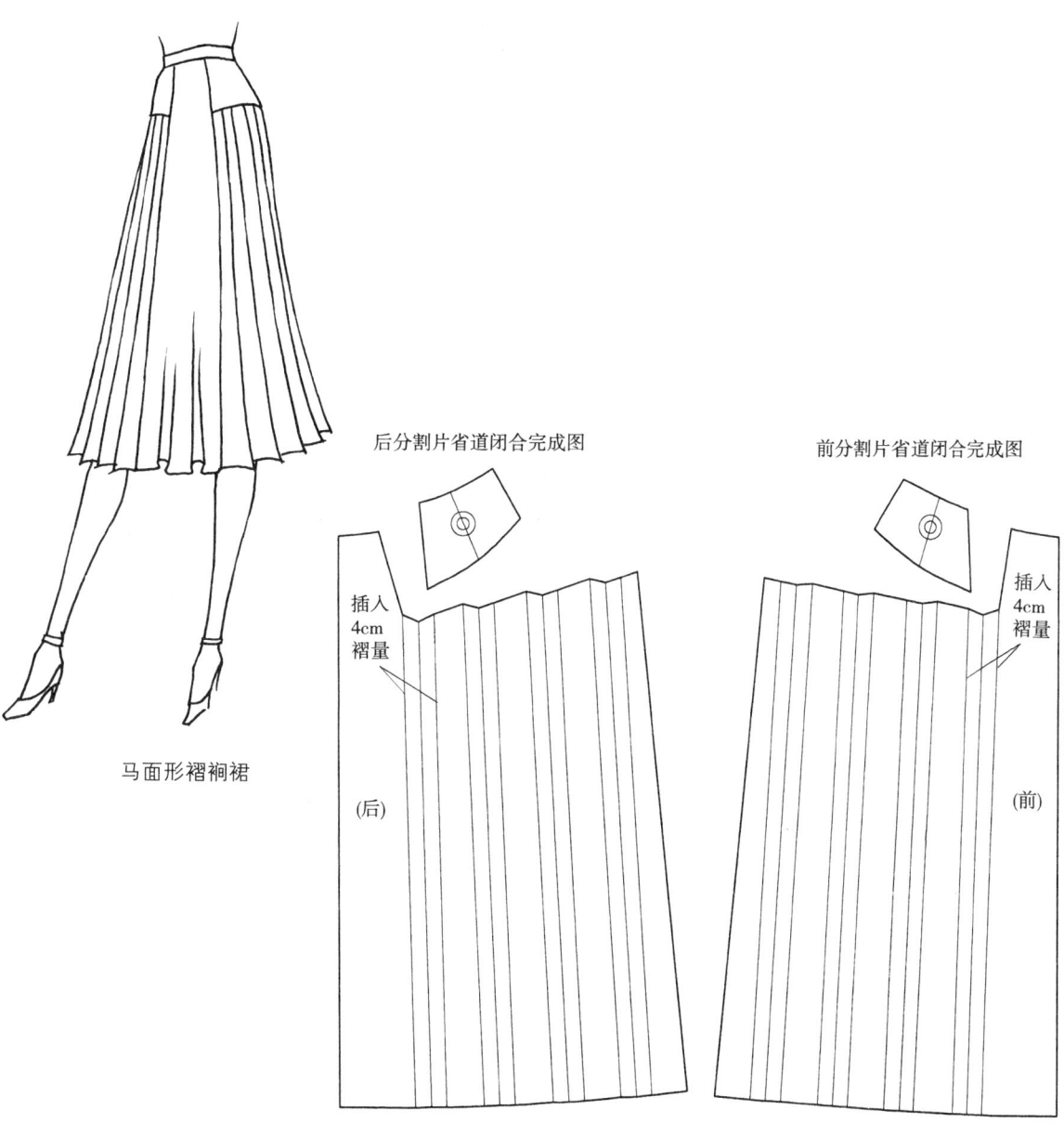

马面形褶裥裙

后分割片省道闭合完成图　　前分割片省道闭合完成图

插入4cm褶量　　插入4cm褶量

(后)　　(前)

39

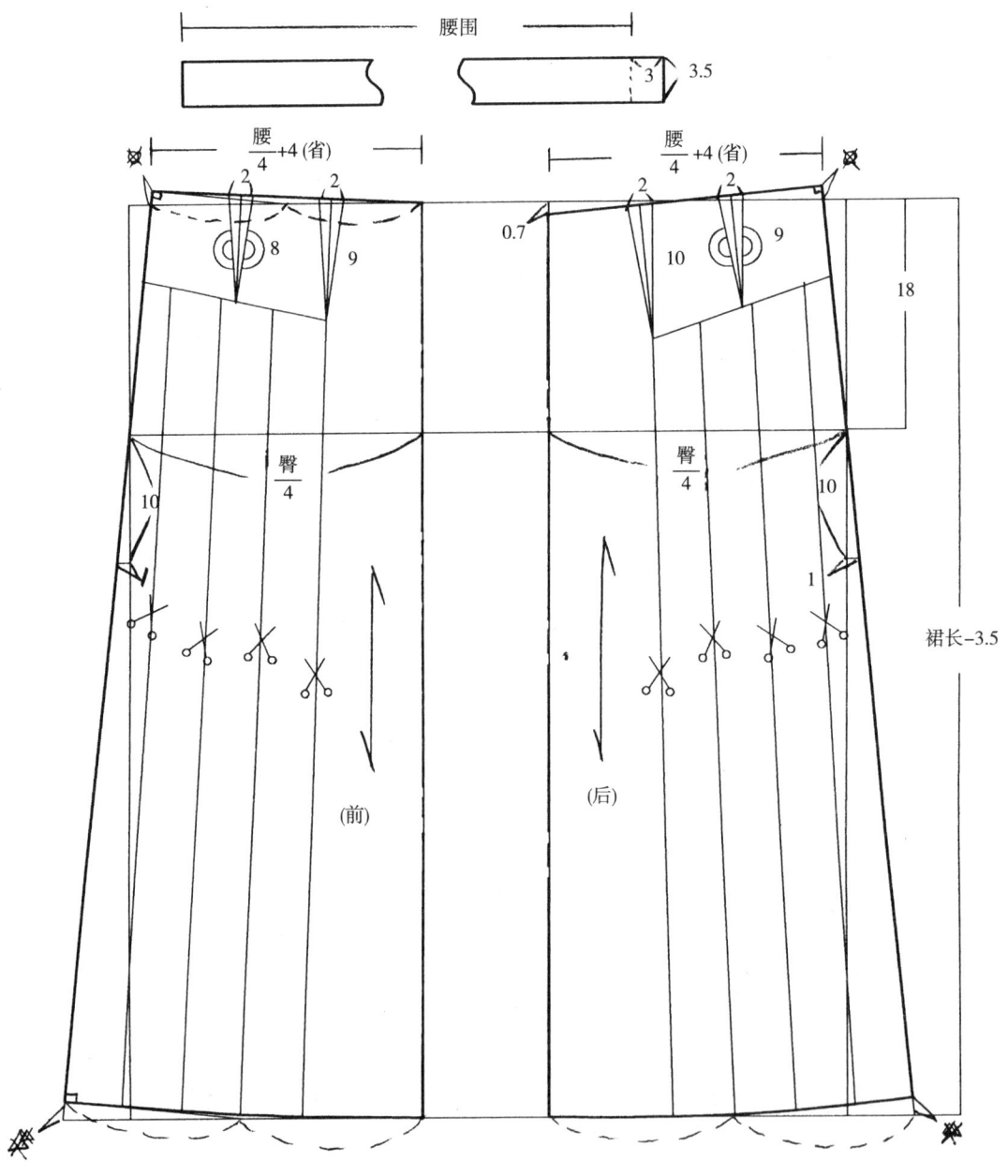

13. 十片旋转裙

选用号型：160/66A

部位	规格	设计依据
裙长	60cm	0.3号＋12cm
臀围	90cm	净臀围＋2cm
腰围	68cm	净腰围＋2cm

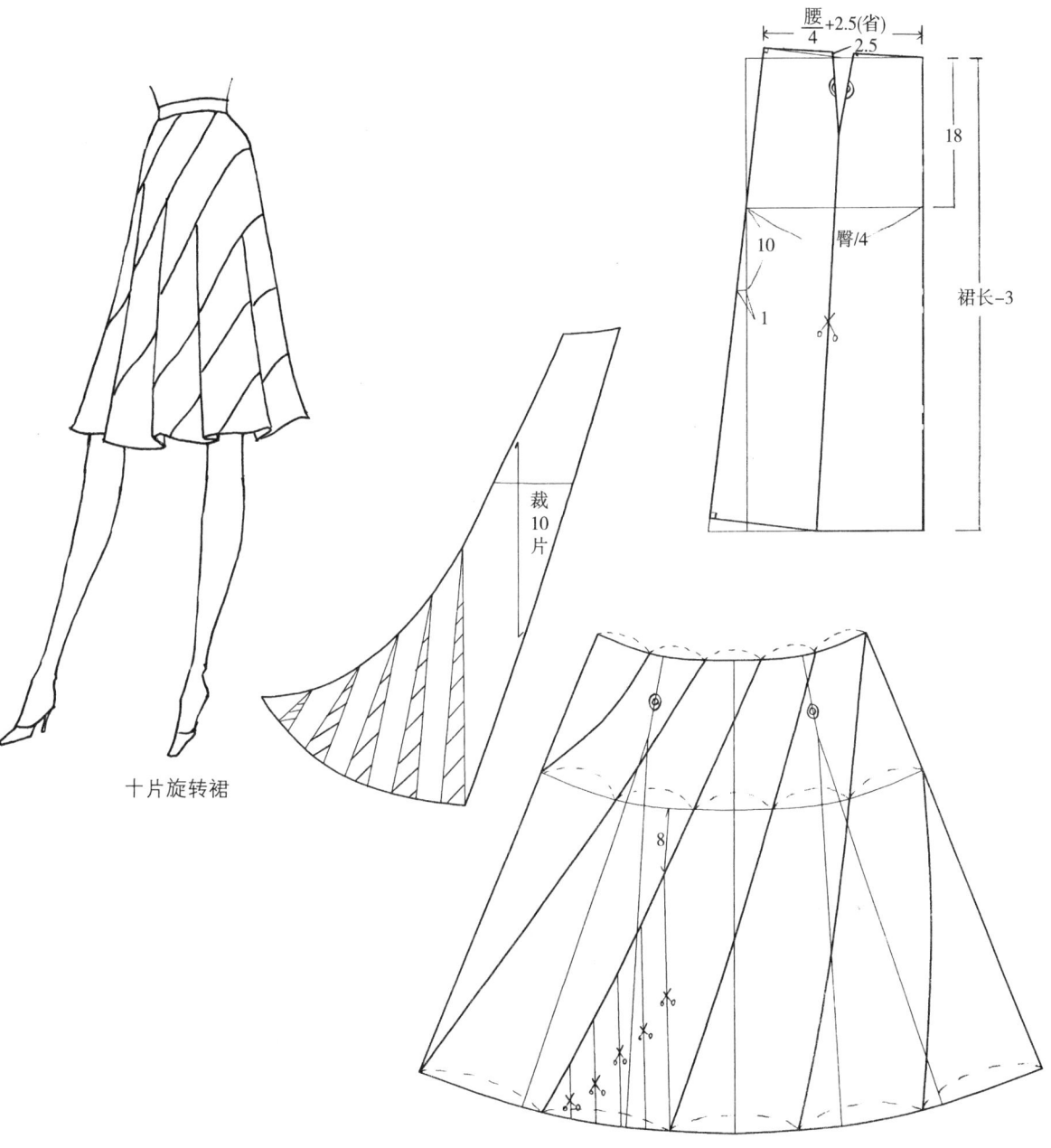

十片旋转裙

第二节　女裤结构及打板实例

裤装与裙装同属下装类，但是裤装的结构相对于裙装较为复杂，在解决好腰围与臀围的同时还要考虑直裆深与窿门宽。而且，男女裤装之间有着比较明显的差别。

一、女裤的分类及特点

1. 按长短造型分类可以分为：热裤（超短裤）、牙买加短裤、及膝裤（长短裤）、中裤（三骨裤）、中长裤（小腿裤）和长裤。各种裤装的长短结构设计尺寸之依据如图2—6：

热裤：0.2号～0.2号+6cm

牙买加短裤：0.3号+2cm～0.3号+6cm

及膝裤：0.3号+8cm～0.4号

中裤：0.4号+4cm～0.5号

中长裤：0.5号+2cm～0.5号+6cm

长裤：0.6号～0.6号+6cm

2. 按裤装的贴体程度可以分为：贴体类裤、合体类裤、小宽松裤和大宽松裤。各种类型裤装臀围的放松量如图2—7：

贴体类裤：净臀围+(0～4cm)

合体类裤：净臀围+(5～9cm)

小宽松类裤：净臀围+(10～14cm)

大宽松类裤：净臀围+(14cm以上)

二、直裆深的构成

直裆深又称为立裆深，是裤装结构的关键部位。直裆的深浅直接影响到裤装活动量的大小与穿着的舒适性。在裤装制板中，一般直裆不宜过深，否则行走时会受到牵制，影响活动量。但是直裆也不能过浅，不然会导致横裆线以下部分过长，腰口无法提至腰口线。下面就介绍几种控制直裆的方法。

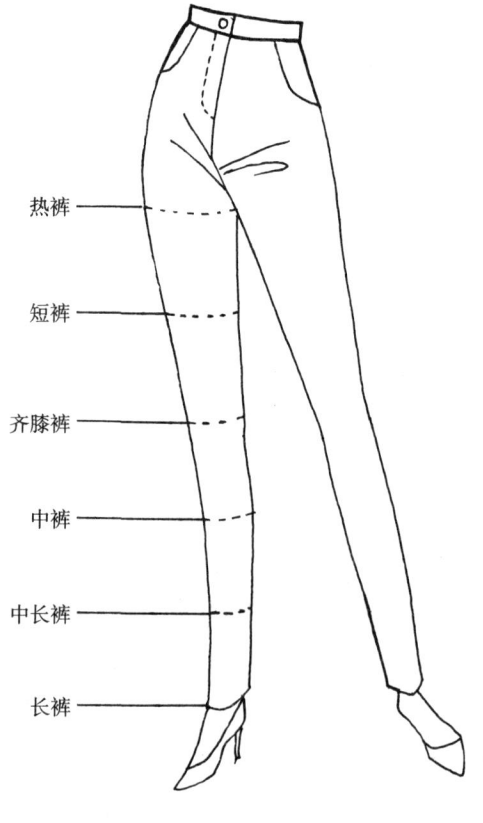

图2—6

图 2-7 （贴体裤 合体裤 小宽松裤 大宽松裤）

1. 测量法：即测量人体的坐姿。如图 2-8 测量腰节线至椅面的垂直距离，即为人体的净立裆深。制板中可根据裤装的款式特点，由净立裆深值再加上一定的放松量。

2. 臀围计算法：打板师在确立直裆深时可按照净臀围（H）/4 的计算方法，这种方法在标准裤板中运用相对比较准确，但是如果遇到非标准体（如胖体或瘦体）时，使用这种方法计算会出现直裆过深或过浅的现象。例如，两个人身高相同，而臀围不同：

（1）身高 160cm、净臀围 88cm，直裆深为：净臀围/4+2～2.5=24.5

（2）身高 160cm、净臀围 94cm，直

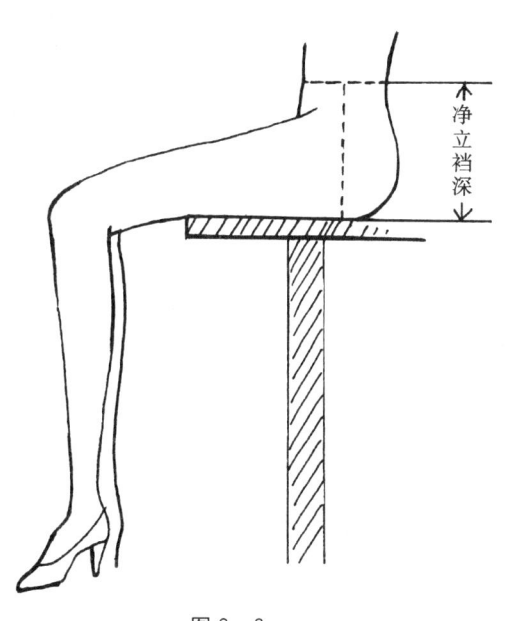

图 2-8

裆深为：净臀围/4+2～2.5＝26

从以上情况中可以反映出，即使身高相同，但由于臀围相差较大，根据这种方法计算出来的直裆深误差也会较大。所以当对象是个非标准体时，就不能再简单地用净臀围/4来计算立裆深。而净臀围/4之所以目前还在工业制板中得以应用，是由于绝大多数的服装是以标准体为主进行生产的。

3. 身高与臀围的计算方法（含腰头宽）：由于直裆深与人的身高和臀围有着很直接的联系。所以，可用身高和臀围的关系来算出直裆深，并且这种算法比较精准，误差值较小。具体公式为：号/10＋H/10＋0.5～1.5cm（具体情况根据款式而定）。

三、窿门宽的构成与落裆的形成

从图2—9中可看出窿门宽能够反映人体下肢的侧面厚度（正常体约占14%H～15%H）。并且从图中不难看出，人体臀部形状（如扁臀体或突臀体）会影响窿门宽的大小。此外，也可以根据号型分类中集中体型的结构作出相应的调整。

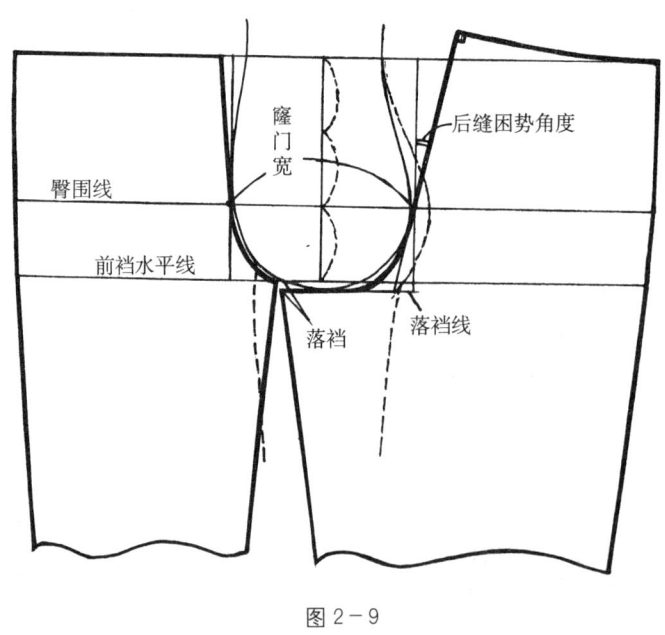

图2-9

四、后缝困势的构成（图2—9）

后缝困势是指人体后臀部突起量至后腰中点的倾斜角度，它是根据人体的臀腰差来决定的，另外还要考虑到通过收省来解决一部分的量。后缝困势的大小除了受到人体臀部形状的影响会发生变化外，同时还可以根据裤装造型的变化作出相应的调整。

五、后裆起翘量的确定

后裆起翘量主要是由后缝困势的产生而形成的(如图 2—10)。图中可以看出角 α>90°,若两个大于 90°的角缝制后产生凹角,则需要补上一定的量来达到水平状态(如图 2—11)。

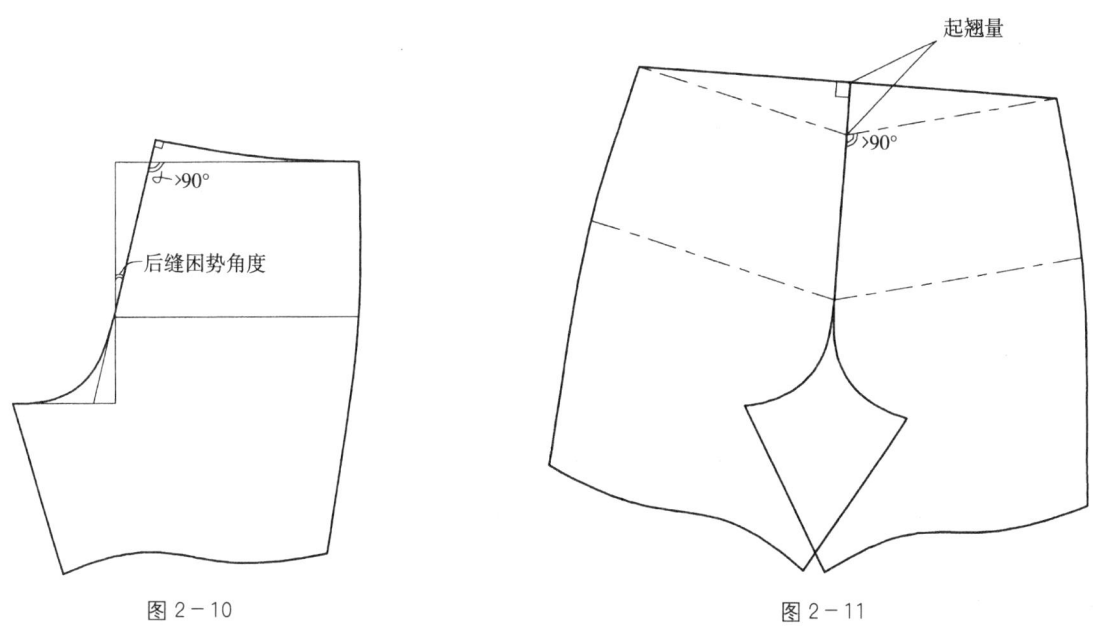

图 2—10　　　　　　　　　　　图 2—11

此外,后起翘量的大小一般是由两方面因素决定的,第一是后困势的大小(如图 1—12);第二是要考虑到人体在活动过程中,下蹲或向前弯曲时需要增加一定的裆缝长度,因此也就需要增加起翘量。这是因为,倘若后裆缝过短会牵制人体的活动,会产生吊紧的感觉,使人感觉不舒服(如图 2—13)。

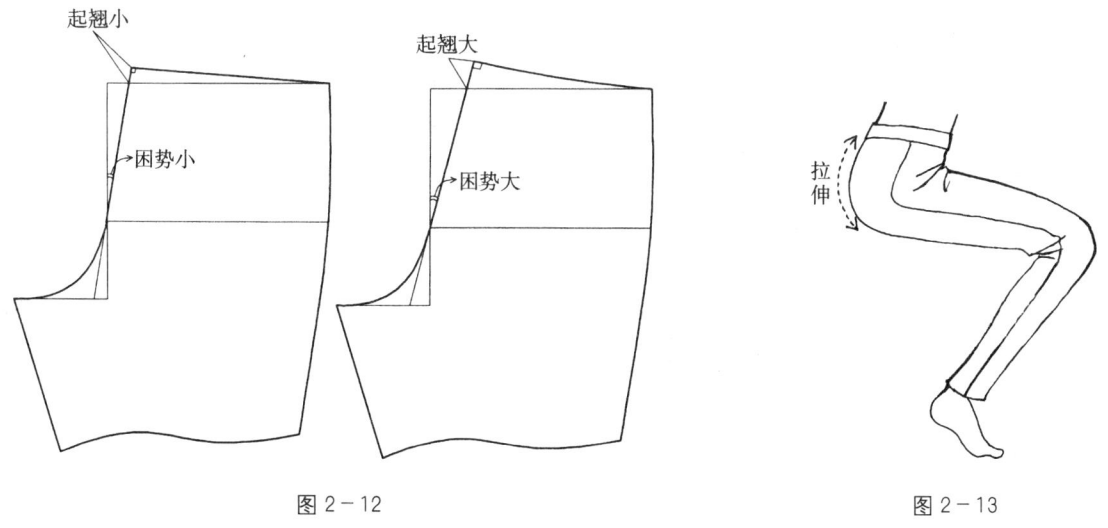

图 2—12　　　　　　　　　　　图 2—13

六、女裤打板实例

1. 女裤基本型

选用号型：160/66A

部位	规格	设计依据
裤长	102cm	0.6号＋6cm
臀围	94cm	净臀围＋6cm
腰围	68cm	净腰围＋2cm
脚口	22cm	0.2臀围＋3.2cm

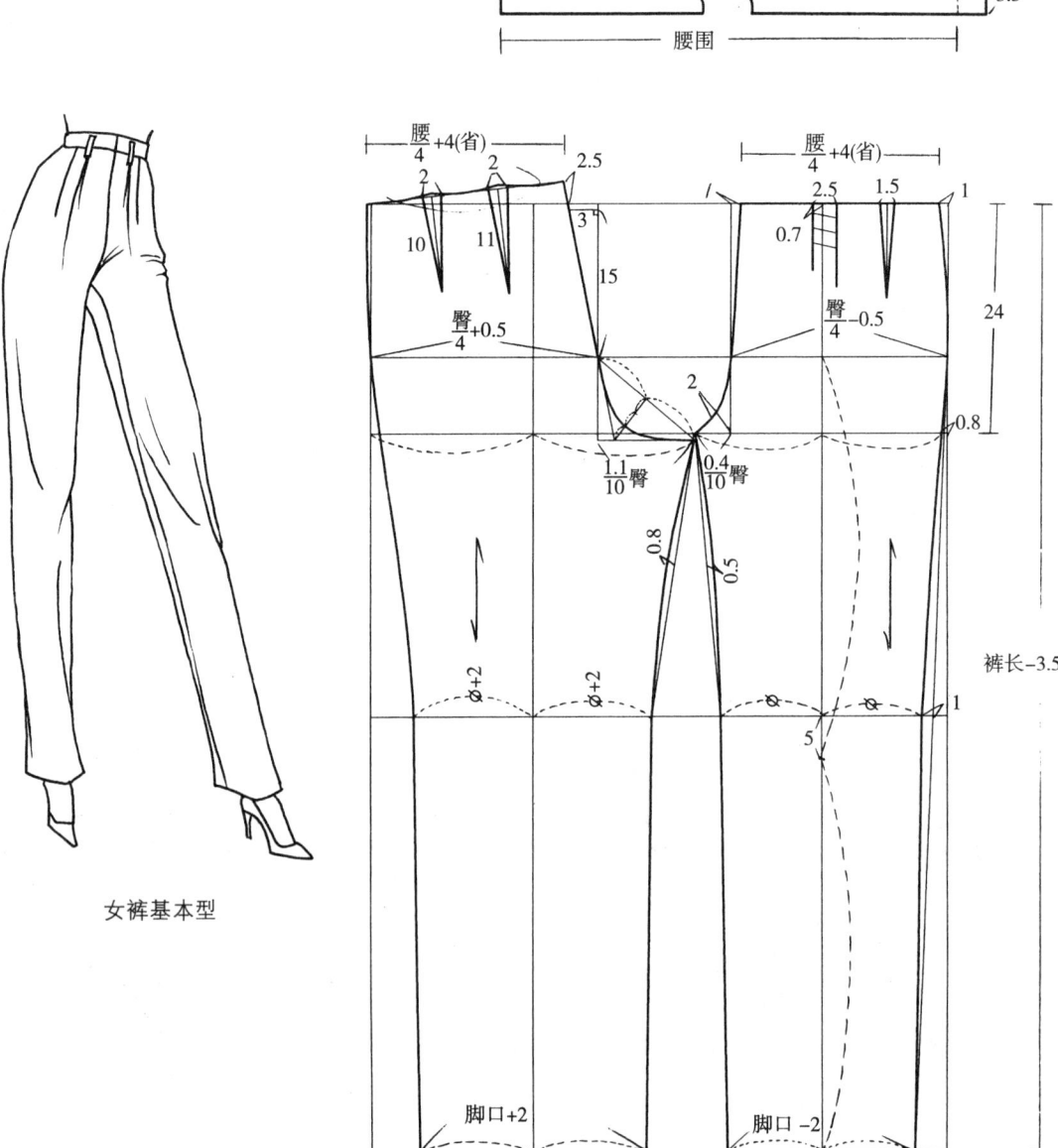

女裤基本型

2. 前分割无腰裤

选用号型：160/66A

部位	规格	设计依据
裤长	96cm	0.6号
臀围	88cm	净臀围
腰围	67cm	净腰围＋1cm
脚口	22cm	0.2臀围＋2～3cm
中裆	19cm	脚口－3cm

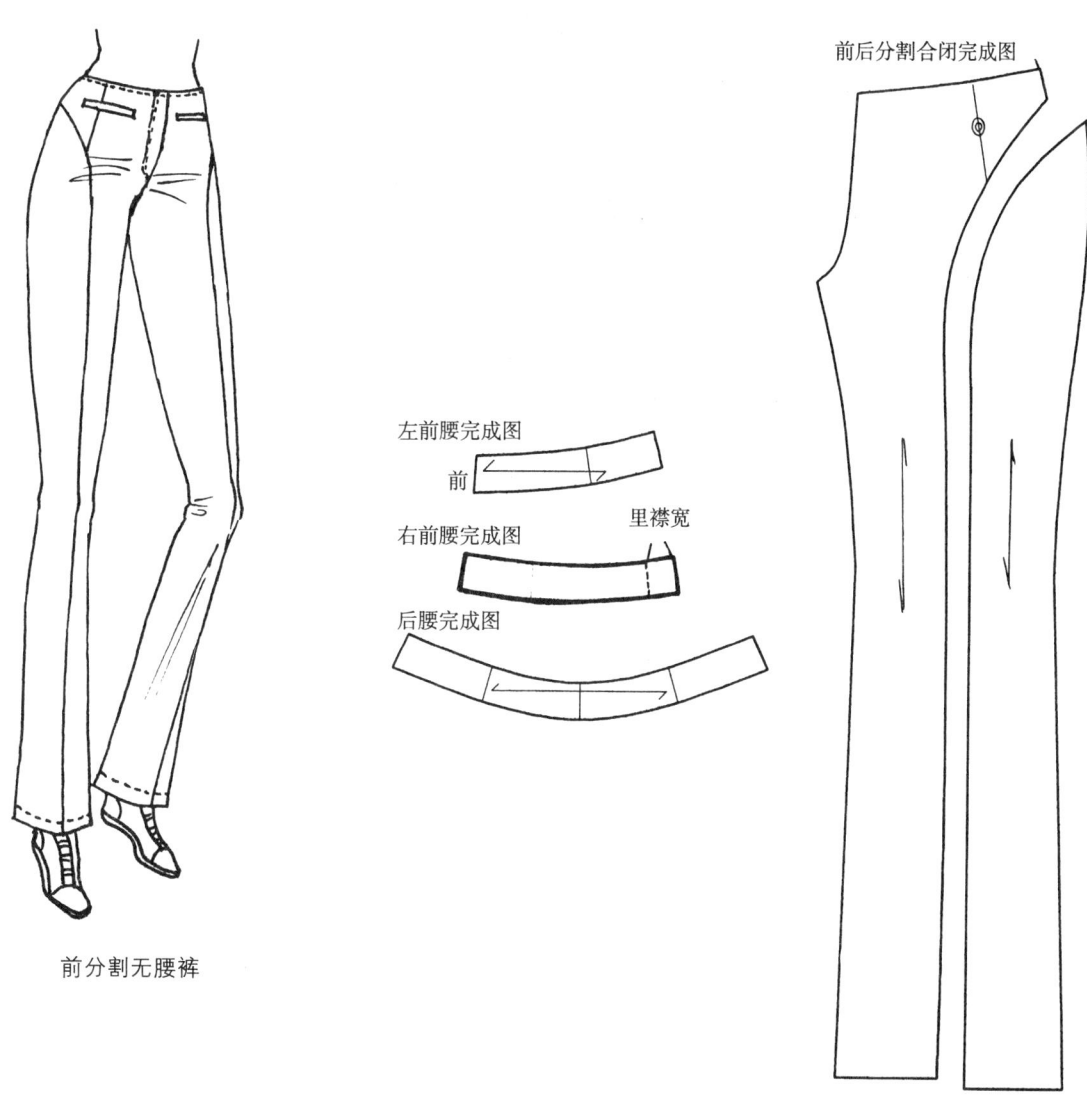

前分割无腰裤

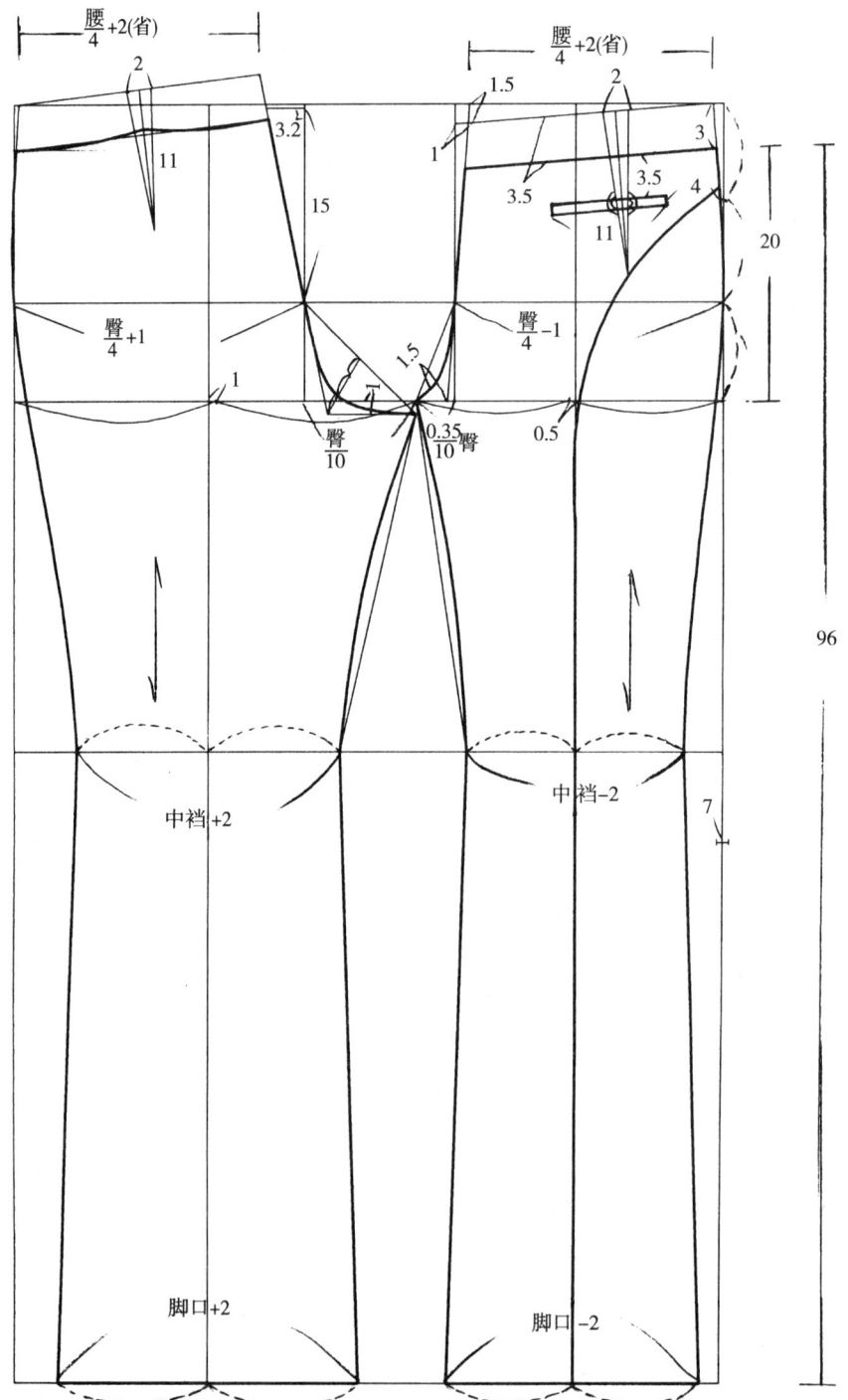

3. 七分裤

选用号型：160/66A

部位	规格	设计依据
裤长	80cm	0.5号
臀围	92cm	净臀围+4cm
腰围	68cm	净腰围+2cm
脚口	22cm	0.2臀+2~3cm

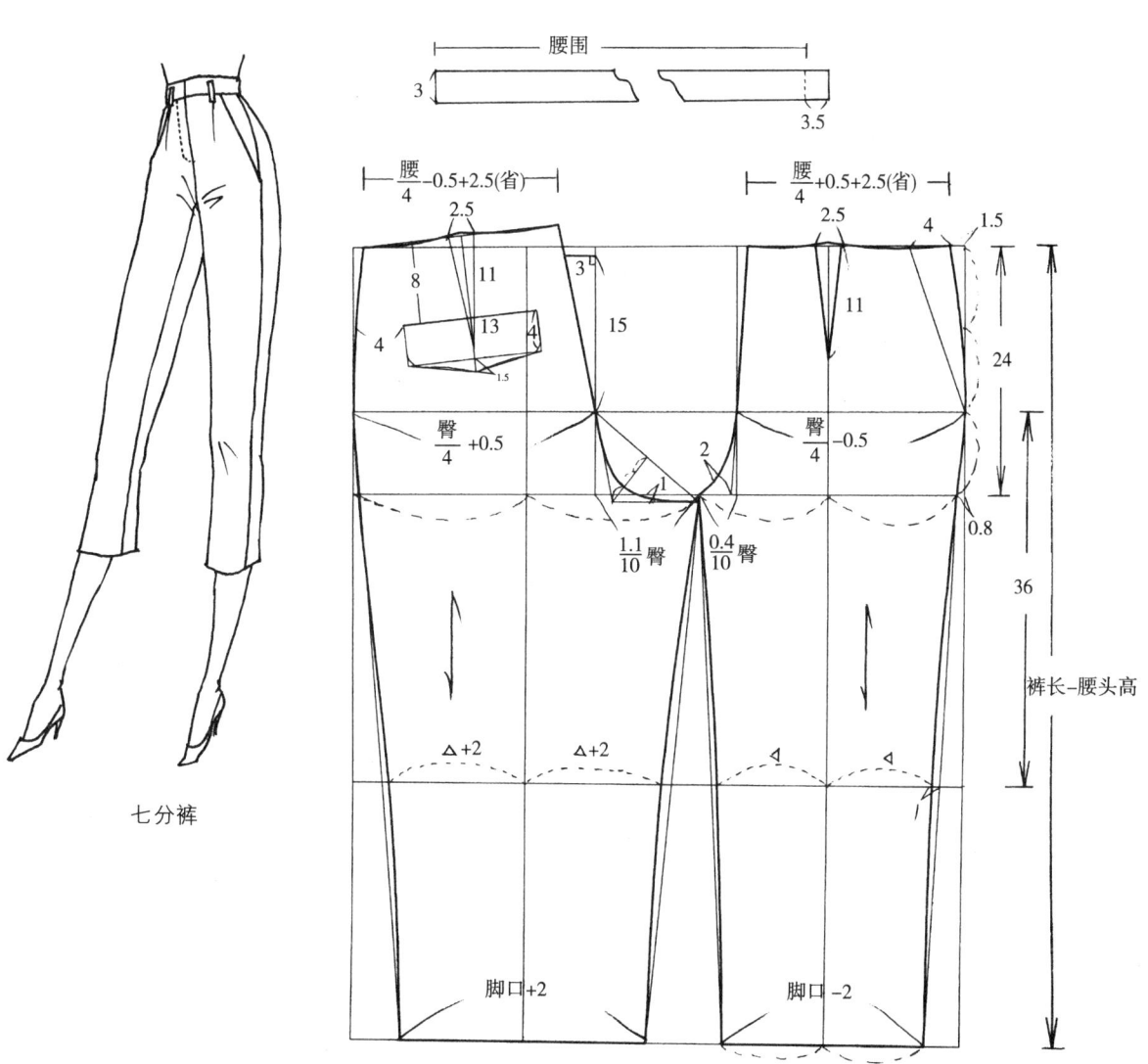

七分裤

4. 镶三角牛仔裤

选用号型：165/68A

部位	规格	设计依据
裤长	105cm	0.6号+6cm
臀围	92cm	净臀围+2cm
腰围	70cm	净腰围+2cm
脚口	25cm	0.2臀+6～7cm
中裆	20cm	脚口-5cm

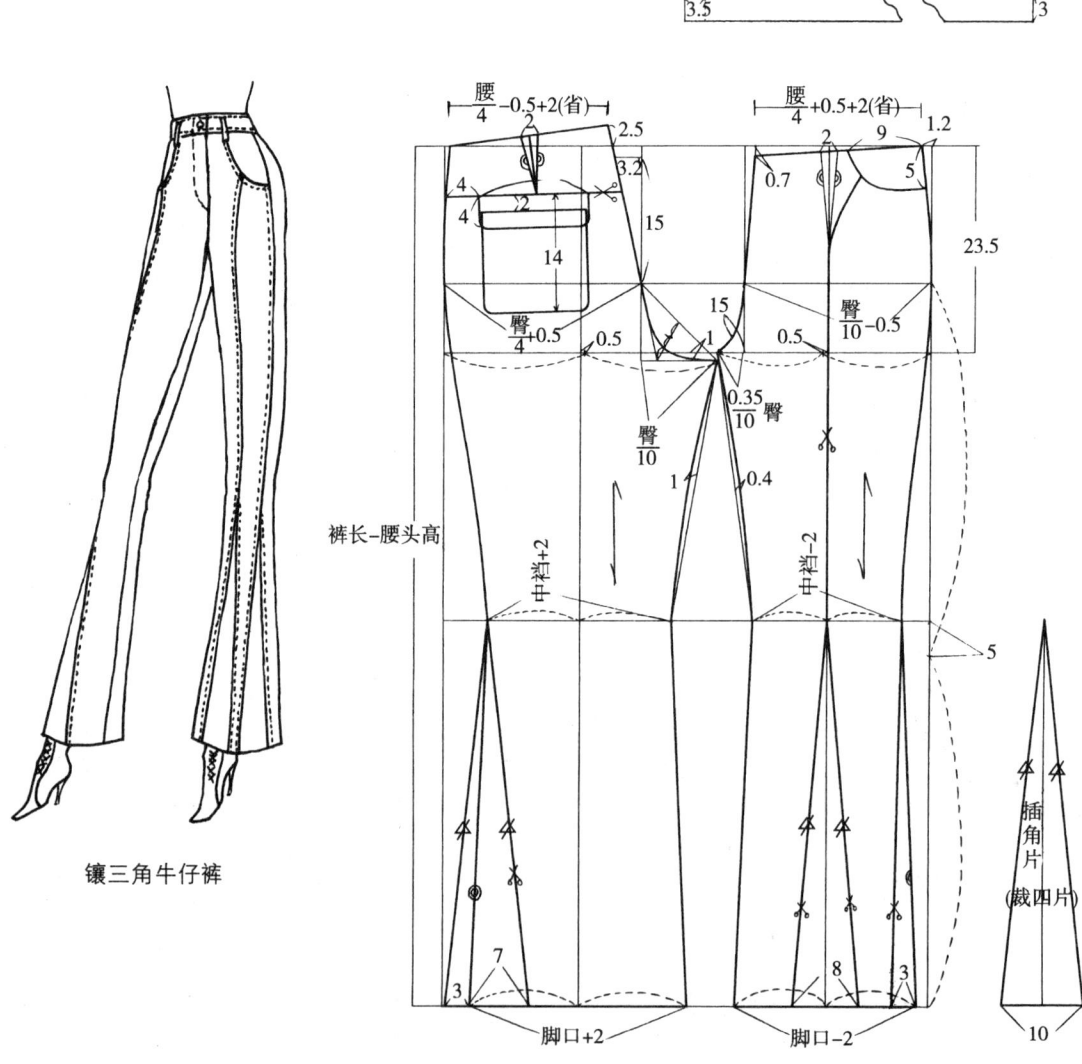

镶三角牛仔裤

5. 女曲膝裤

选用号型：160/66A

部位	规格	设计依据
裤长	102cm	0.6号＋6cm
臀围	90cm	净臀围＋2cm
腰围	68cm	净腰围＋2cm
脚口	19cm	0.2臀＋1cm
中裆	21cm	0.2臀＋3cm

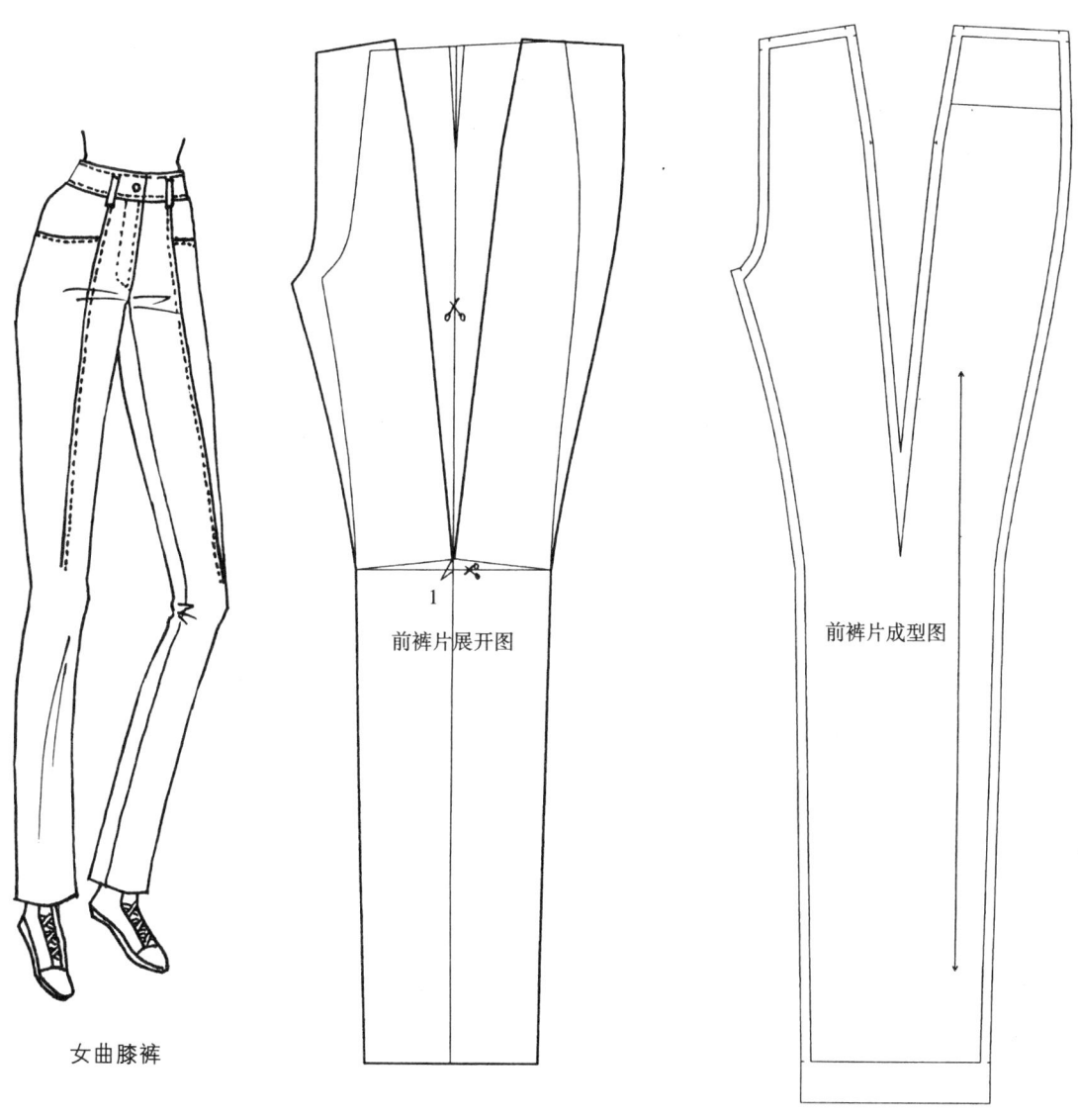

女曲膝裤

前裤片展开图

前裤片成型图

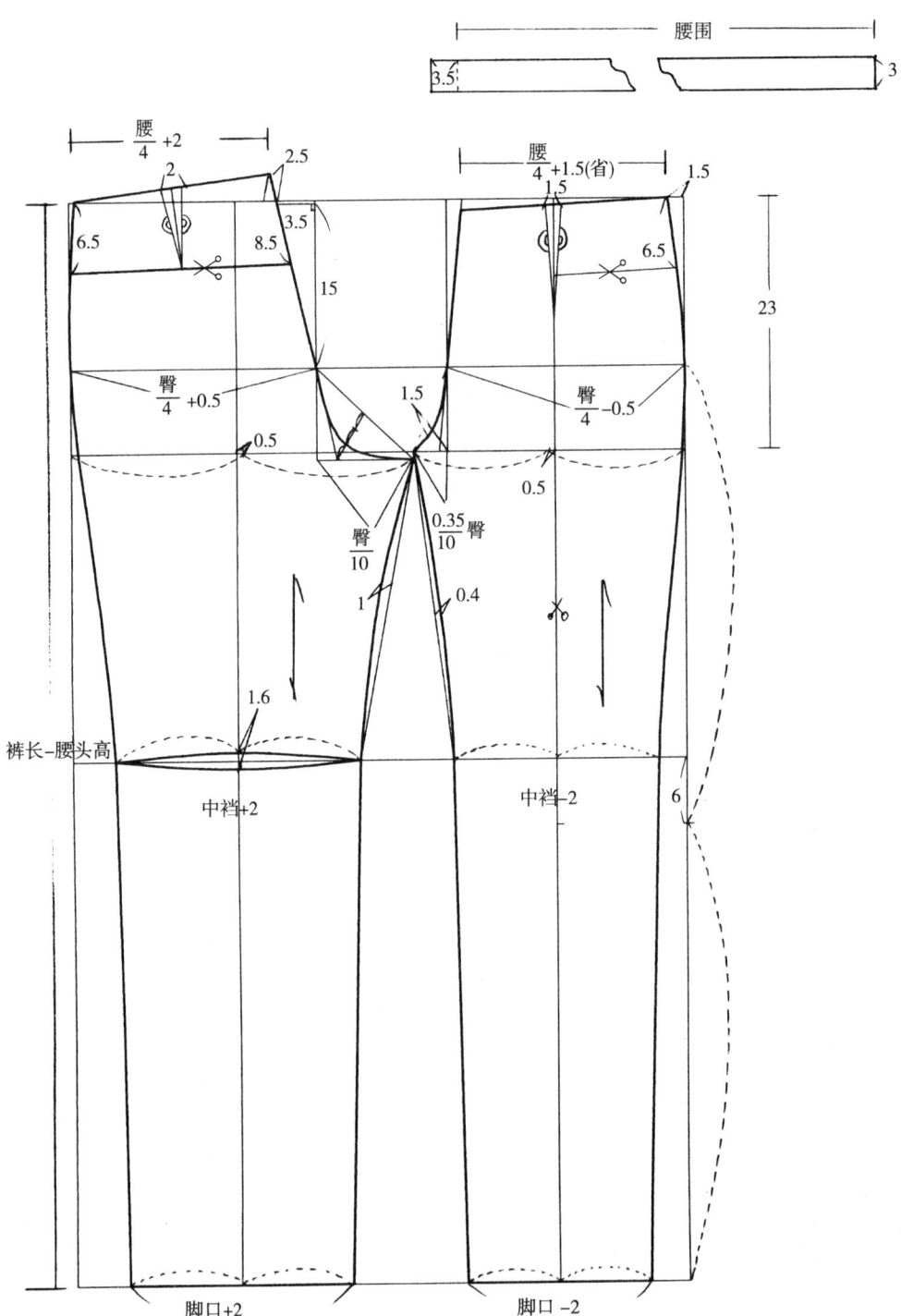

6. 后分割紧臀裤

选用号型：160/68A

部位	规格	设计依据
裤长	102cm	0.6号+6cm
臀围	90cm	净臀围
腰围	70cm	净腰围+2cm
中裆	19cm	0.2臀+1cm
脚口	25cm	0.2臀+7cm

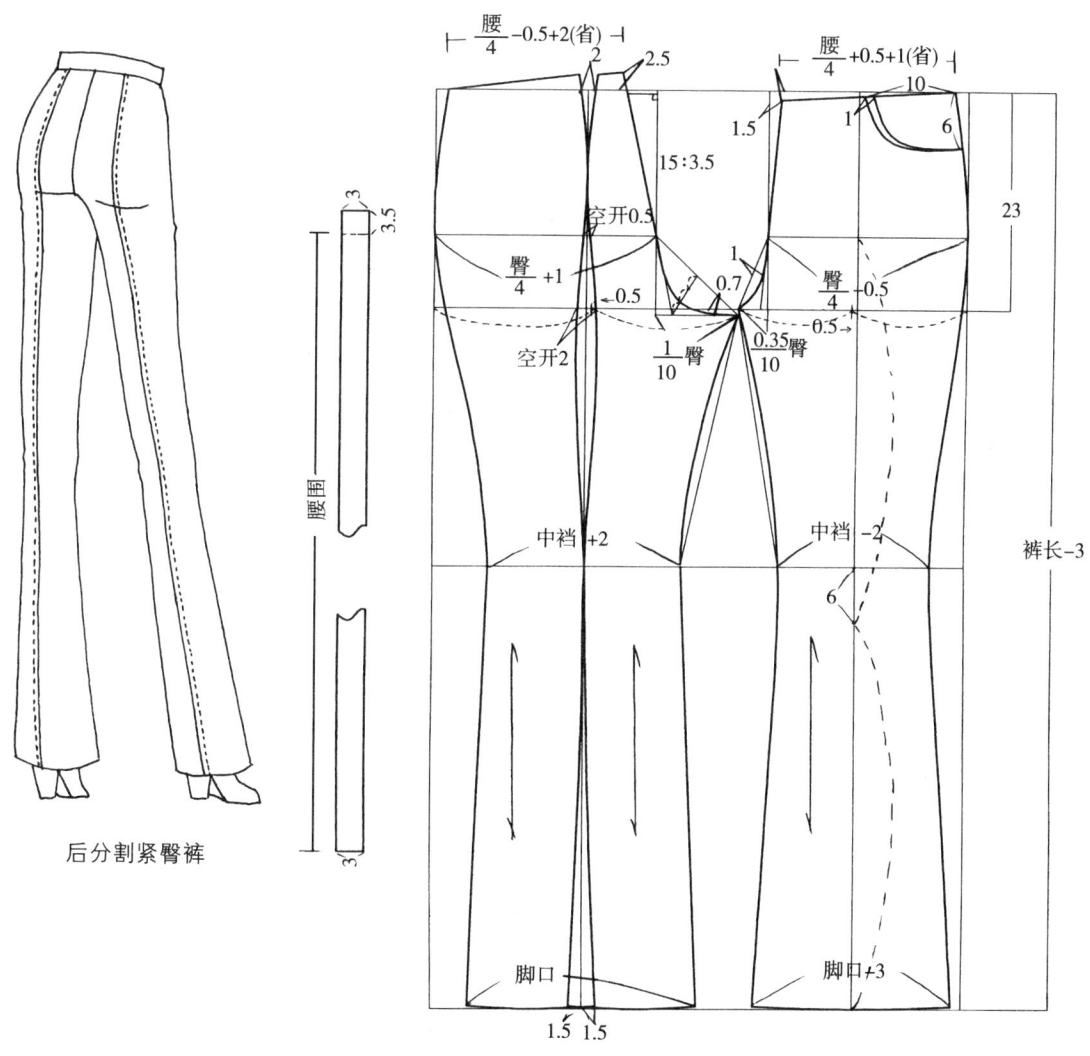

后分割紧臀裤

7. 灯笼裤(中裤)

选用号型：160/68A

部位	规格	设计依据
裤长	70cm	0.4号＋6cm
臀围	106cm	净臀围＋16cm
腰围	70cm	净腰围＋2cm

灯笼裤(中裤)

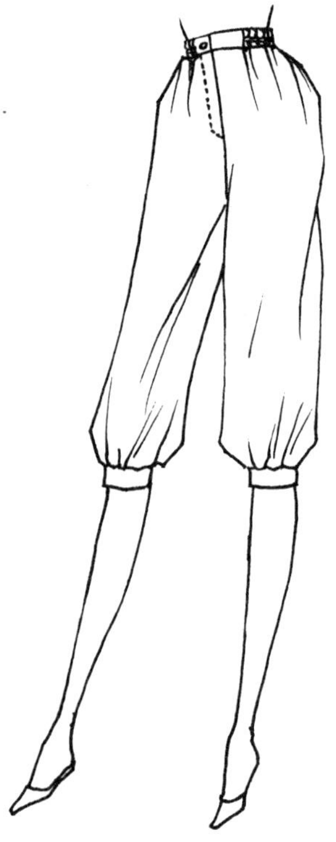

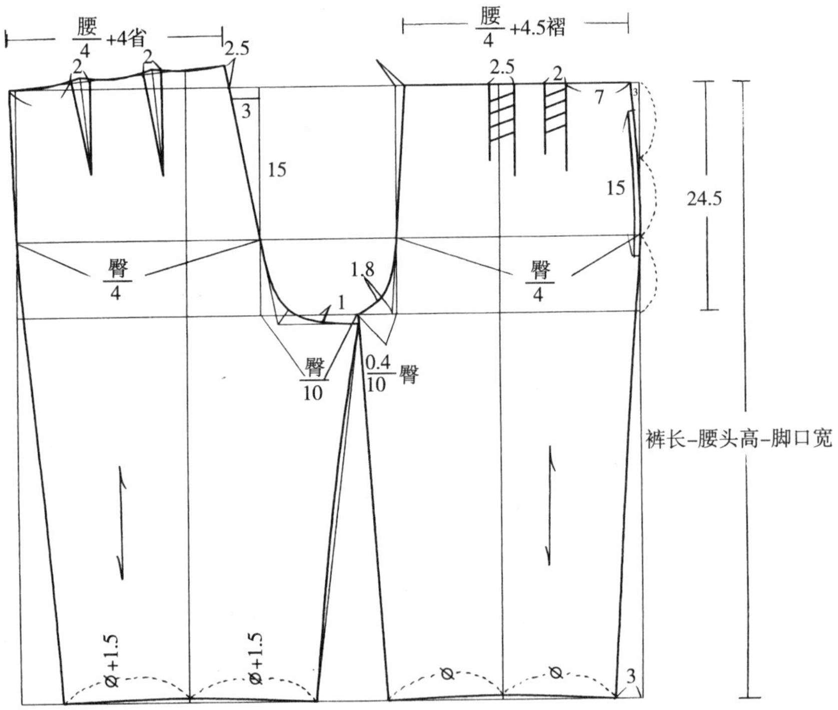

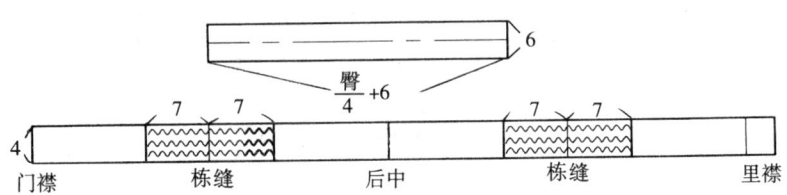

8. 无腰休闲中裤

选用号型：160/66A

部位	规格	设计依据
裤长	60cm	0.4号－4cm
臀围	92cm	净臀围＋4cm
腰围	70cm	净腰围＋2cm
脚口	23cm	0.2臀＋4～5cm

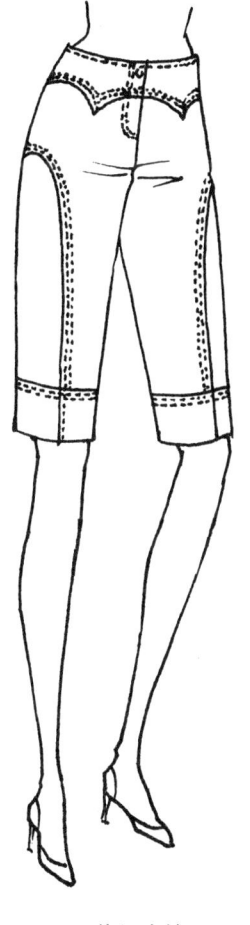

无腰休闲中裤

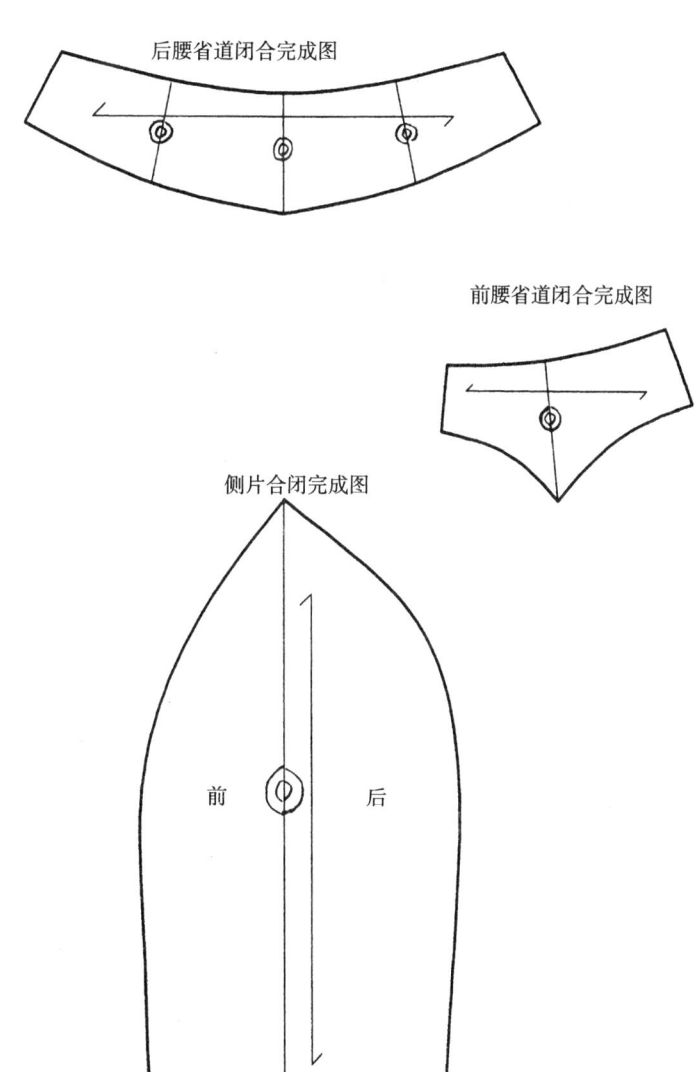

后腰省道闭合完成图

前腰省道闭合完成图

侧片合闭完成图

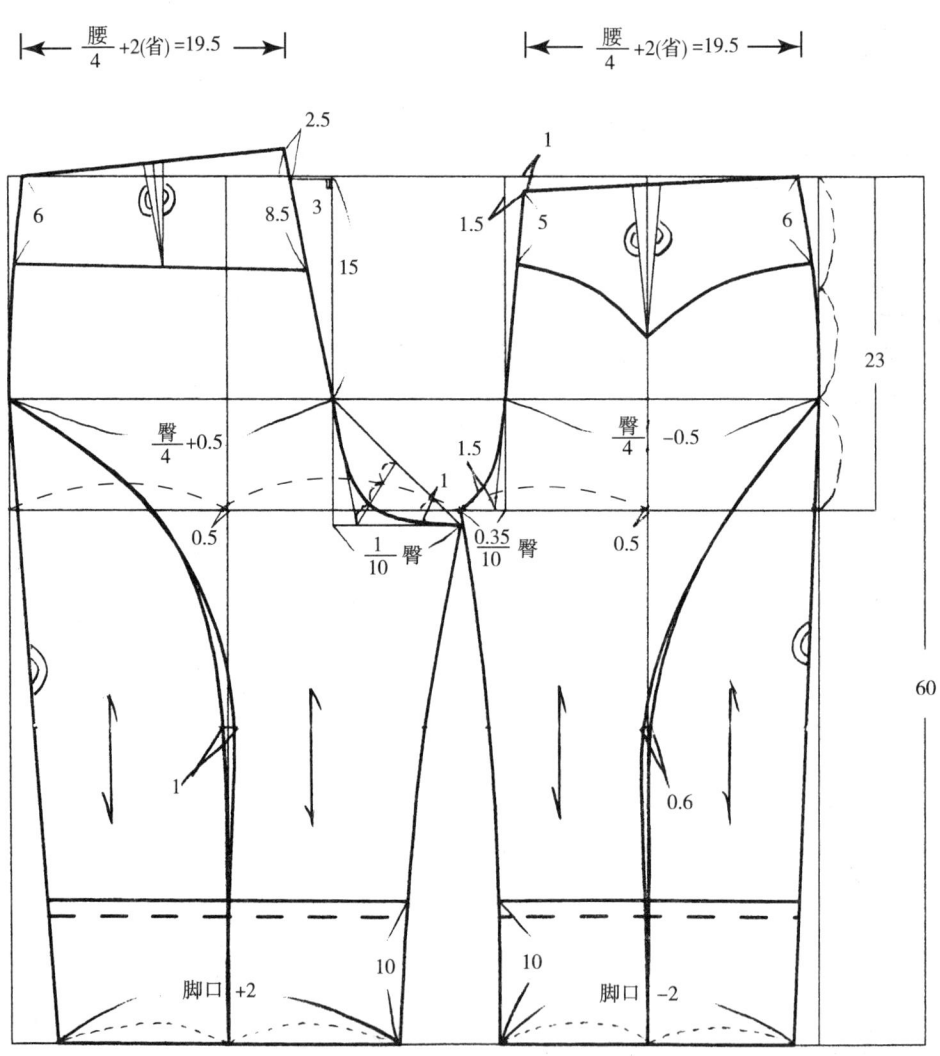

9. 无省裙裤

选用号型：160/66A

部位	规格	设计依据
裙裤长	60cm	0.4号－4cm
腰围	68cm	净腰围＋2cm

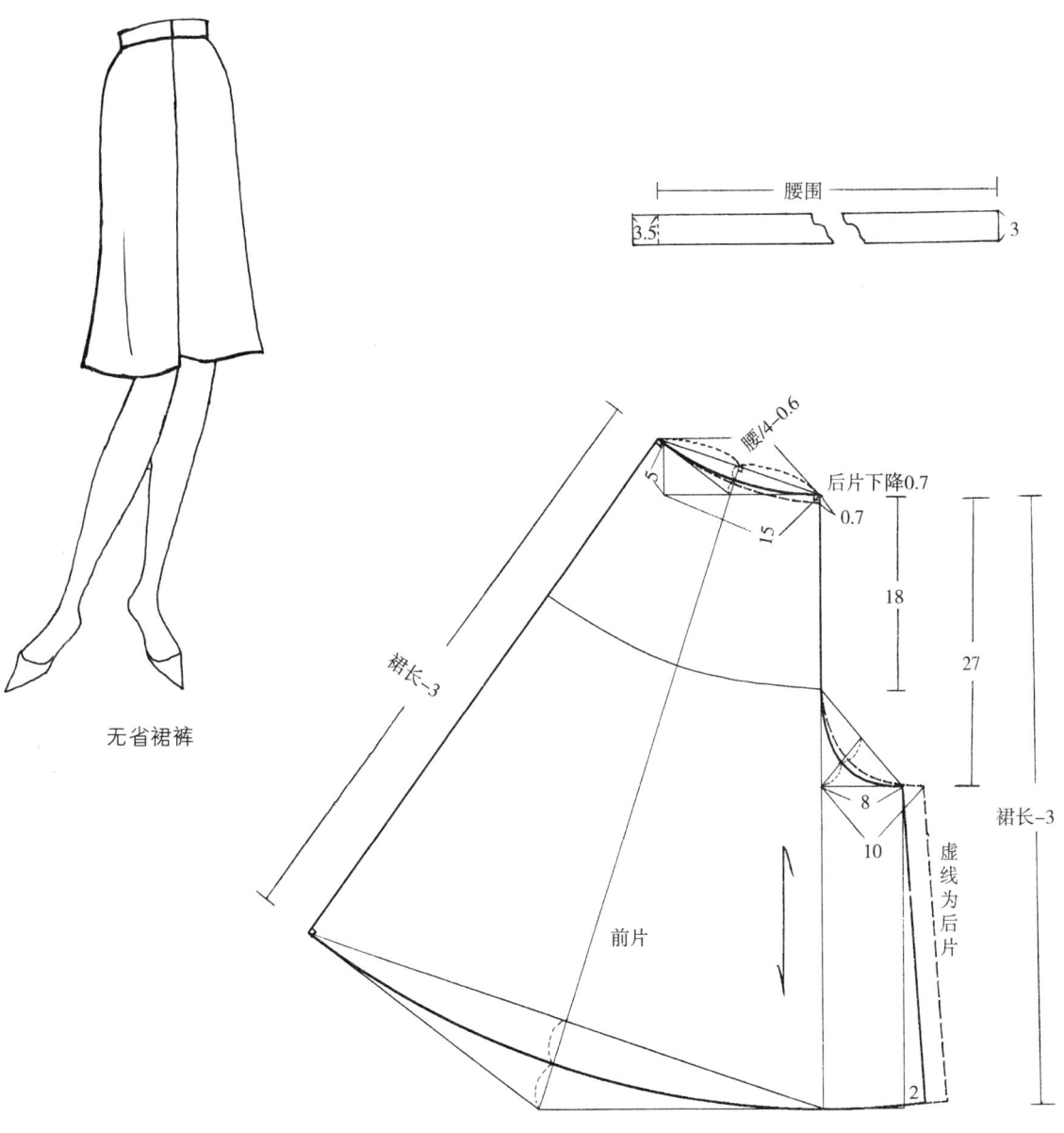

无省裙裤

10. 有省裙裤

选用号型：160/66A

部位	规格	设计依据
裙裤长	60cm	0.4号－4cm
臀围	94cm	净臀围＋6cm
腰围	68cm	净腰围＋2cm

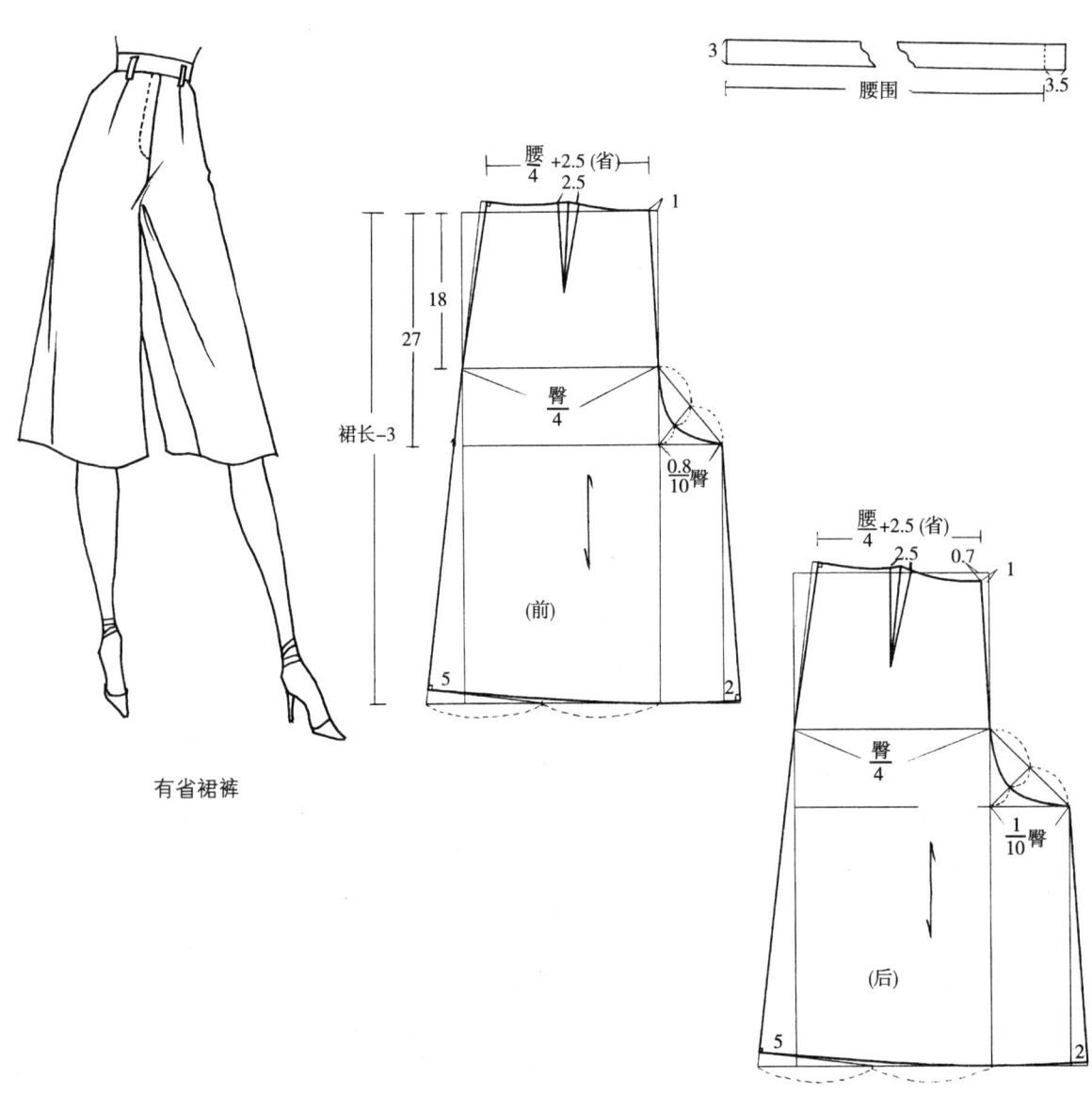

有省裙裤

11. 无腰裙裤

选用号型：160/68A

部位	规格	设计依据
裙裤长	80cm	0.5号
臀围	96cm	净臀围＋6cm
腰围	69cm	净腰围＋1cm

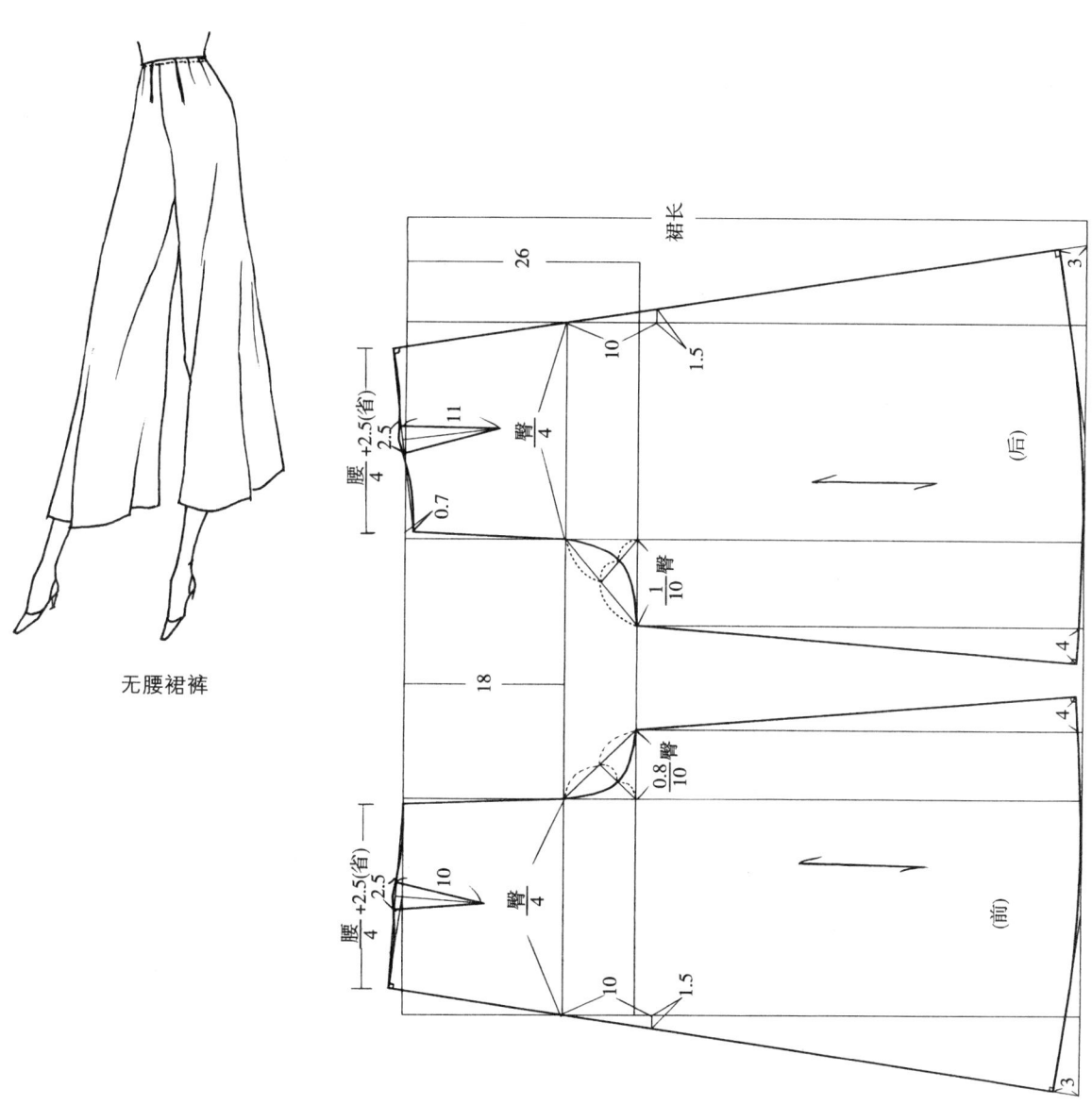

无腰裙裤

第三节 女上装基本型结构构成

一、女人体结构特点与上装平面结构基本图

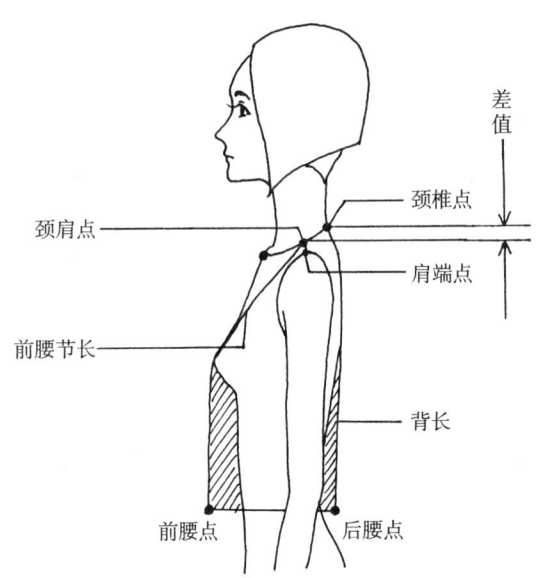

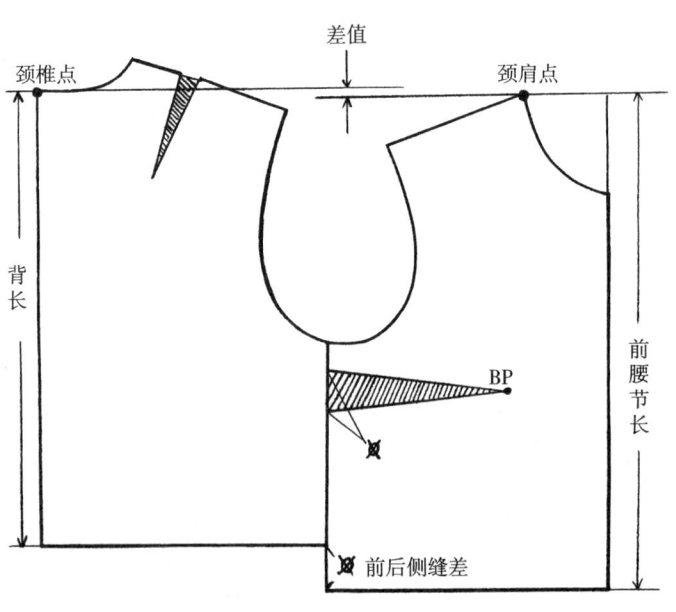

图 2-14

从图2—14中,我们可以看出女人体基本胸省的大小,是通过前后侧缝差来确定的,而侧缝差的大小是由前腰节与背长的差值所决定的,差值越大,省量也越大。一般来说,服装企业里模架的前腰节长与背长的差值为3.5~4cm,也称为3.5~4cm体型。

二、衣身基本型省量的确立与分配

选用号型：160/84A,胸围＝92cm,肩宽＝38.8cm,领围＝37cm,背长＝37cm(图2—15)

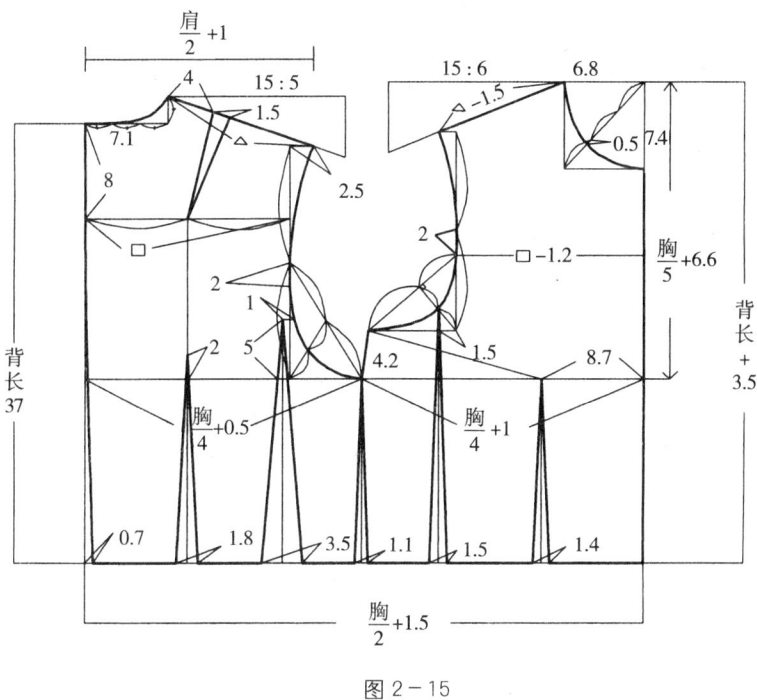

图2—15

在实际制板中,为了满足服装造型的需要,基本型也可以根据衣服的款式特点加以调整,比如,女装后肩省的调整,可以将后肩省折叠1/2左右的省量放入后袖窿中,剩余的1/2省量可以通过归缩来处理。有时为了使前后衣身保持平衡,当后袖窿增长后,前袖窿也要相应增大,于是胸省量就要相对变小(图2—16)。

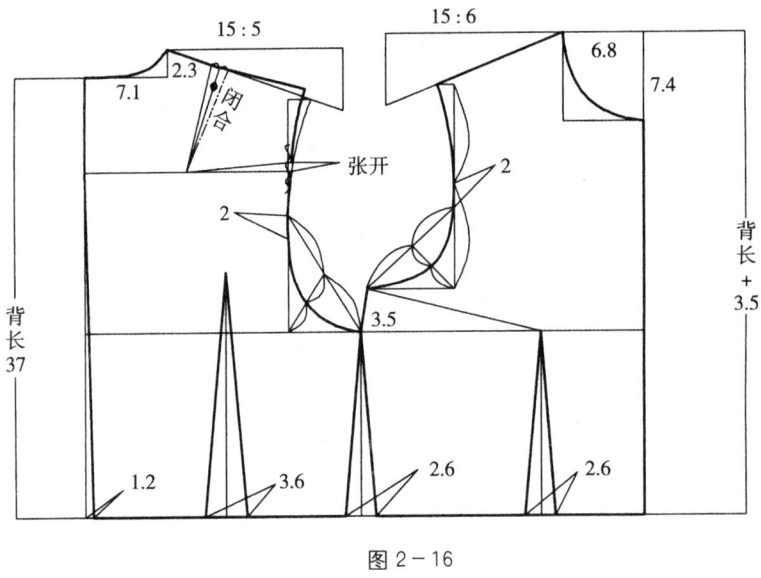

图2-16

三、常用型衣身基本型制图

选用号型：160/84A，胸围＝净胸围＋8＝92cm，肩宽＝38.8cm，领围＝37cm，背长＝37cm（图2-17）

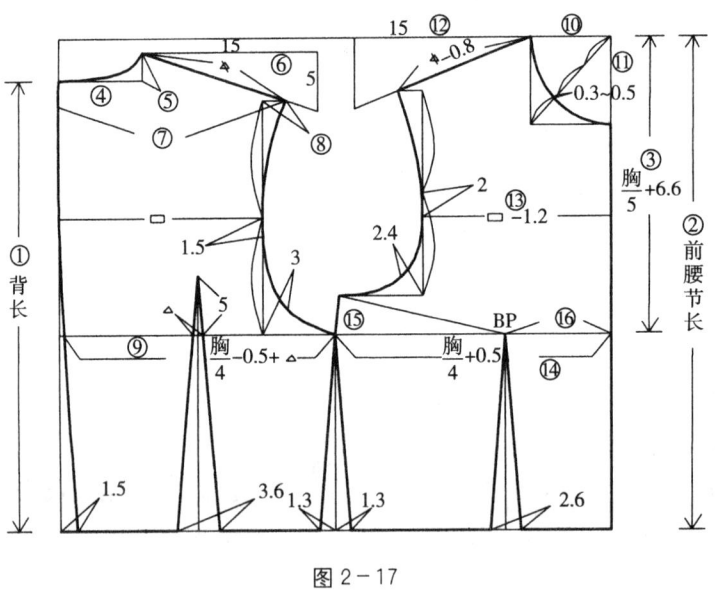

图2-17

制作步骤：

1. 背长：37cm
2. 前腰节长：背长＋体型数值（3.5～4cm）＝40.5～41.5cm

3. 袖窿深：胸围/5＋6.6cm＝25cm
4. 后横开领：0.2领围－0.3＝7.1cm
5. 后直开领：取后横开领的1/3量＝2.3cm
6. 后肩斜度：15∶5(18°)
7. 后肩宽：肩宽/2＝19.4cm
8. 后肩冲量：取2cm
9. 后胸围大：胸/4－0.5cm～0.7cm＋▲
10. 前胸开领：后横开领－0.3cm＝6.8cm
11. 前直开领：0.2领围＝7.4cm
12. 前肩斜度：15∶6(22°)
13. 前胸宽：后背宽■－1.2cm～1.5cm
14. 前胸围大：胸围/4＋0.5cm～0.7cm＝23.5cm
15. 胸围省：1.5∶3.5～4
16. 胸高点：距离肩点24.5cm左右,乳间距/2＝8.5～9cm

四、上装衣身结构变化

在前一节中,已经详细介绍了女上装基本型的结构构成,但在实际制板中,有时也会受到某一特定的款式风格、穿着需要等因素的影响,此时就必须在基本型上进行变化。

这里,我们着重介绍"适体风格"结构,关注衣身结构产生哪些变化。"适体风格"顾名思义就是指衣服穿在人体上的合适程度。简单地说就是指衣身胸围放松量的大小,女装整体的适体程度大致可分为贴体型、合体型、较宽松型与宽松型四种类型。

1. 贴体型对前后衣身框架的影响(如图2—18)

贴体型对基本型的影响较小,胸省与腰省可以做到最大值,前腰节长与背长差为3.5cm,前衣片长于后衣片。

2. 合体型对前后衣身框架的影响(如图2—19)

在合体型框架中,后背长可以起翘0.5cm左右,前腰节长与背长差为3cm,胸省量相应减小,腰省量可以略小于贴体型的腰省量,前衣片略长于后衣片。

3. 较宽松型对前后衣身框架的影响(如图2—20)

在较宽松型框架中,后背长起翘1cm左右,前腰节长与背长差为2.5cm,胸省量相应减少,腰省量小于合体型,可运用劈门调整。

4. 宽松型对前后衣身框架的影响(如图2—21)

在宽松型框架中,后背长起翘量可以增大至1.5cm左右,前腰节长与背长差为2cm,胸省量相应减小,腰省量较小或无腰省,可以用劈门让剩余的胸省量附在

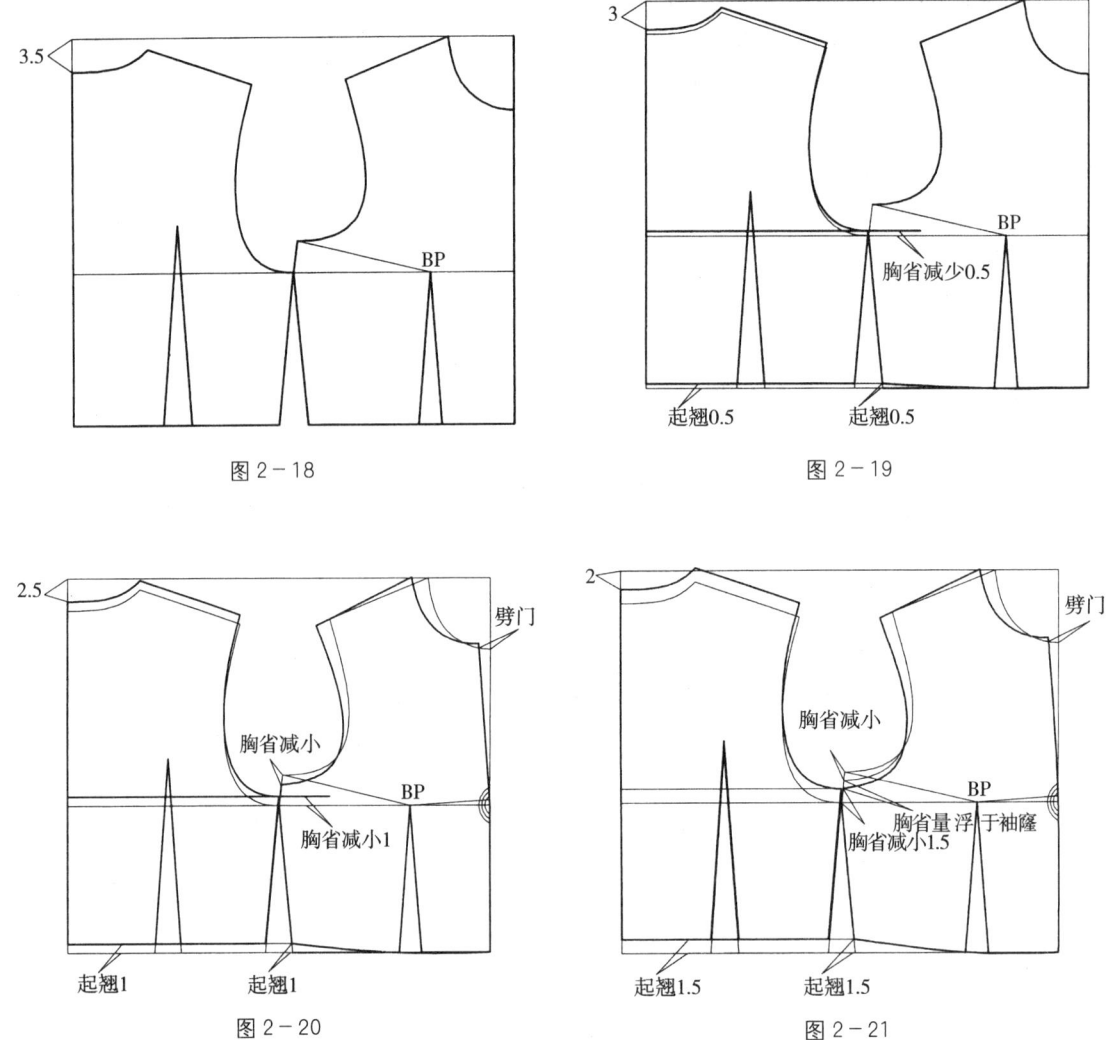

图 2-18　　图 2-19

图 2-20　　图 2-21

袖窿里,处理成无胸省框架,后衣片长于前衣片。

五、女上装省道变化

在样板制作中,如何把平面的布料转化成符合人体形态的服装,来满足复杂的人体曲面要求?收省、打褶等方法应该是结构处理的主要方法。它们能有效地将原本覆于人体表面的布料上所出现的一些不平整的褶皱去除,让布料贴合人体曲线并且变得富有立体效果(如图 2-22)。服装打板中通常利用不同的省道形式,从不同的角度来改变衣片的形状,从而塑造出各式各样的造型,达到美化人体的穿着作用。

在女上衣的基本结构中,有几种不同的省道,它们在衣片中所起的作用各不相

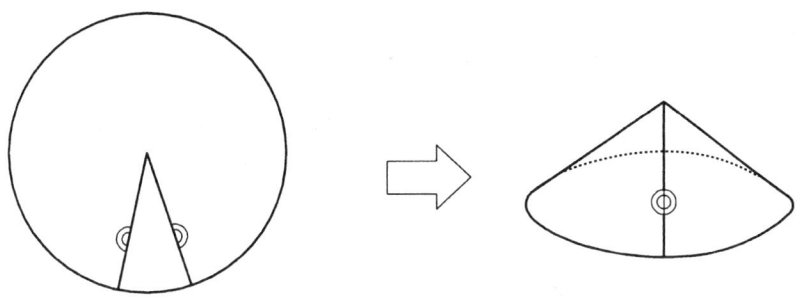

图 2-22

同。例如胸省,它是为了使衣片更好地贴合女人体胸部隆起的球面形态;腰省是解决人体的胸腰差,使腰部衣片达到合体的效果,而后肩省则是为了满足人体后肩胛骨突出的球面状态。

1. 省道分类

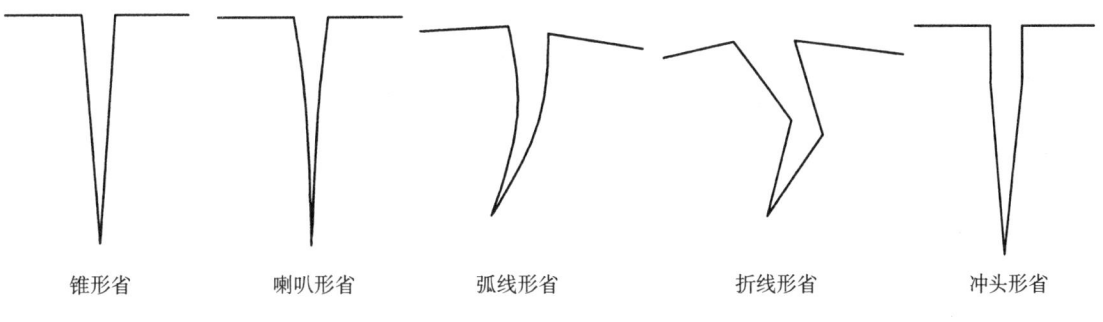

锥形省　　喇叭形省　　弧线形省　　折线形省　　冲头形省

图 2-23

省道可以按照它们的形态以及在衣身上所处的位置来进行分类。

(1) 按省道的形态分类(图 2-23)

(2) 按省道所处衣身的位置分类(图 2-24)

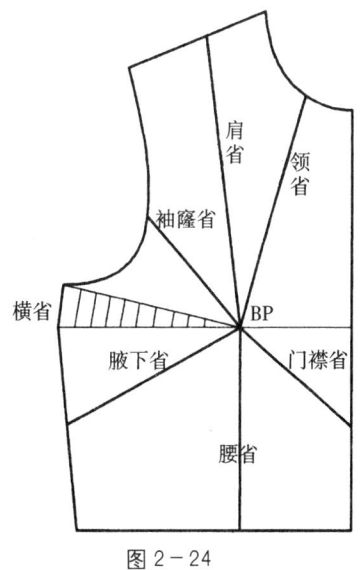

图 2-24

2. 省道转移的规律

省道转移就是将一个省道围绕着某个最高点转移到同一个衣片的其他部位,同时,省道在转移后,省量应该与先前的省量是相同的,不能影响服装的规格尺寸。(如图2-25)

在图2-25A中,省道是从左侧收进的,而在图2-25B中省道则是从左侧移至右侧,因为转移前省道的角度和转移后省道的角度是一样的,那么毫无疑问,这两个省道虽然在不同位置,但是省道成型以后的效果是一样的,这就是省道转移最直观的说明。

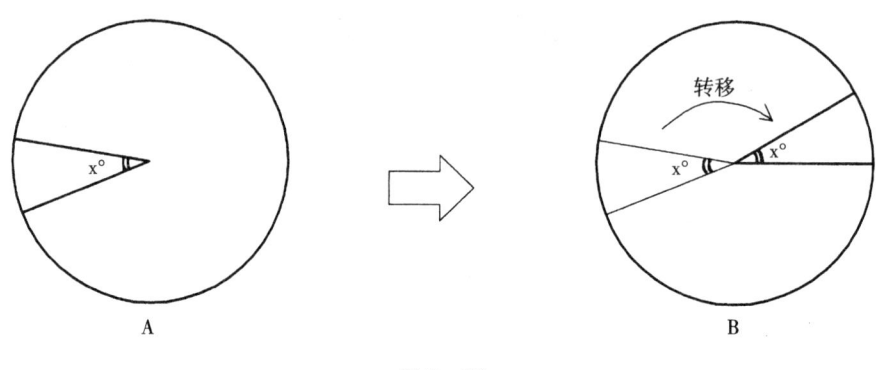

图2-25

由于女人体胸部是呈球面状的,所以前衣片所有的省道在缝制时不能缝到胸高点,但是在省道转移时,所有的省道则必须以胸高点为中心来转移。在省道转移时,一个省可以转化为两个或两个以上的省(如图2-26),也可以把两个省合并成一个省(如图2-27)。

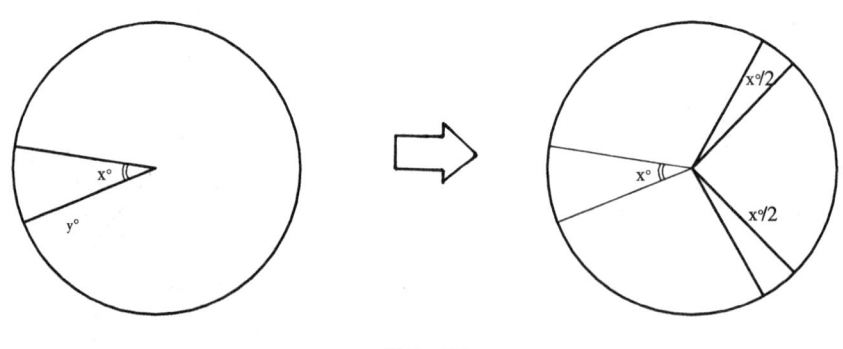

图2-26

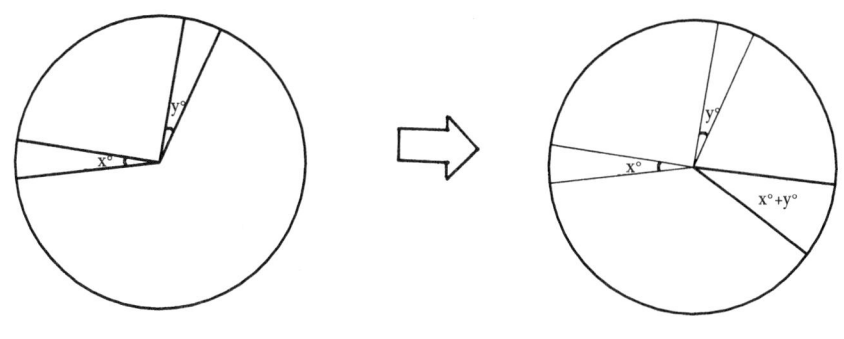

图 2-27

3. 省道转移的方法

（1）截取法。把前侧缝线长出来的量作为省量，省尖对准 BP 点，截取省边长（如图 2-28）。

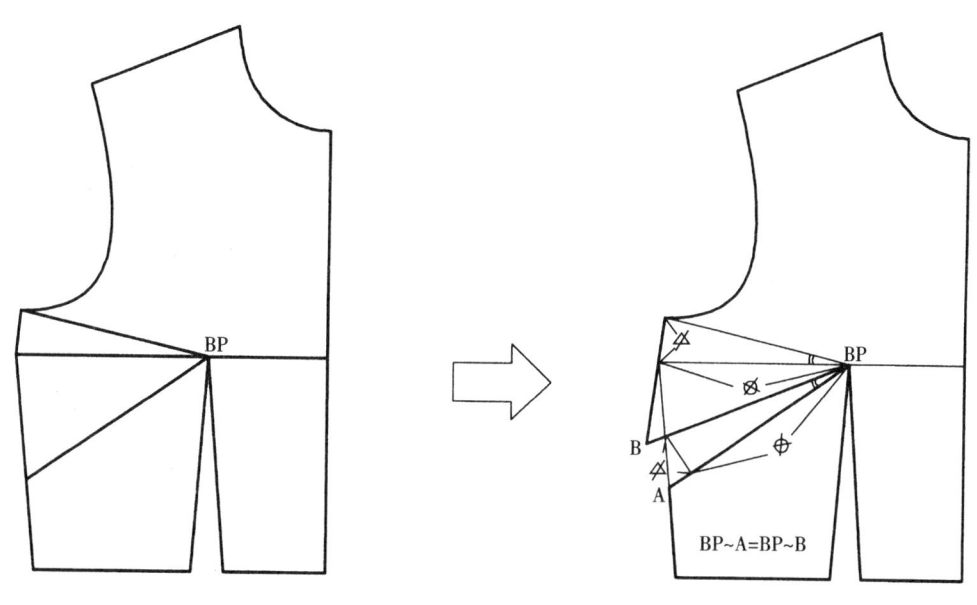

图 2-28

（2）样板转移。以 BP 点为圆心点，衣身旋转一个省量的角度，将省道转移至所需位置（如图 2—29）。

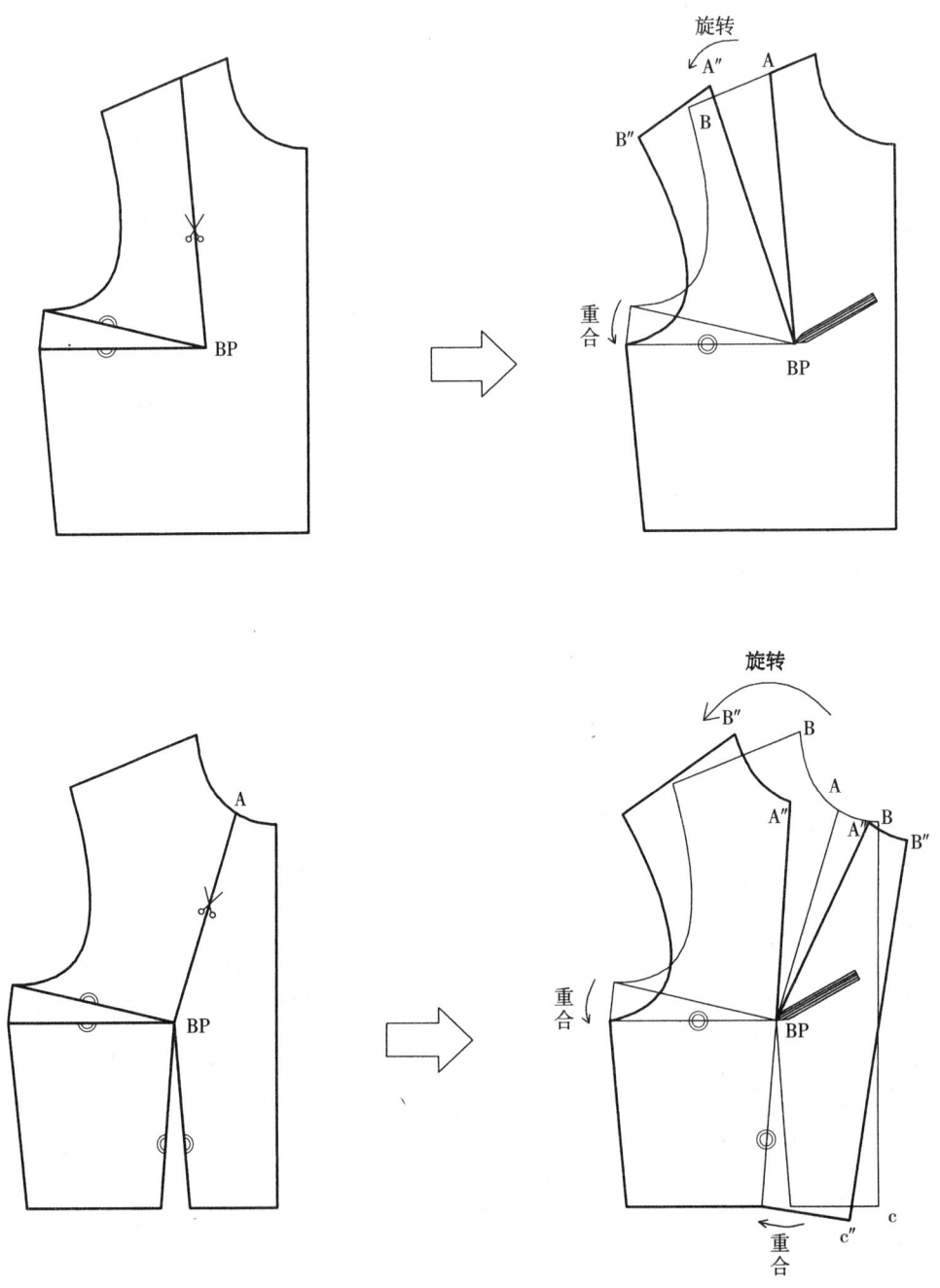

图 2—29

（3）折叠法。在基本框架上确立所需的省道位置，然后沿省道位置剪开。将原有的省道进行折叠，于是剪开的部位即会张开，张开的量就是原先折叠的量，新的省道就此形成。这种方法在工业制板中应用较广，精确度较高（如图 2—30）。

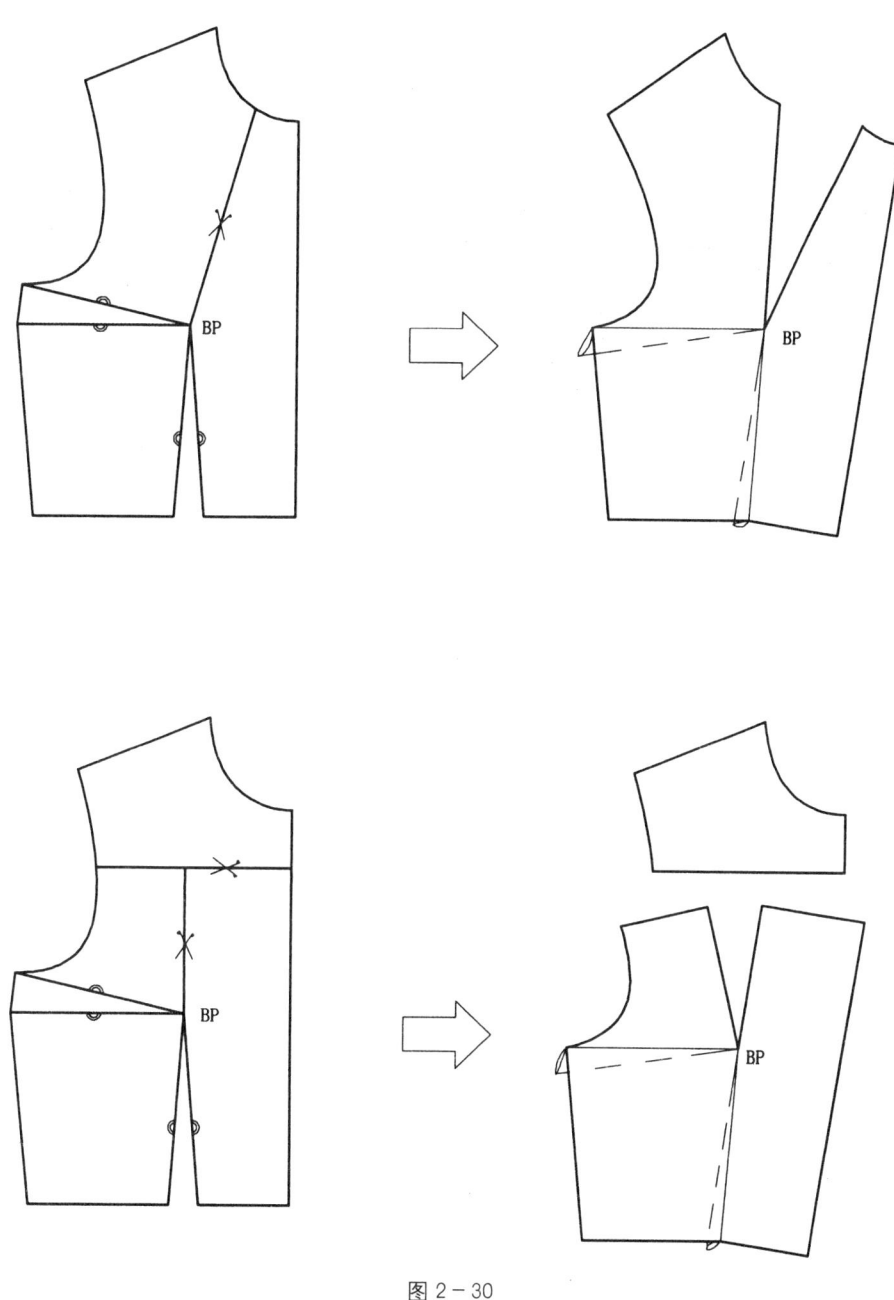

图 2—30

4. 省道变化实例

(1) 折线型袖窿省(图2—31)

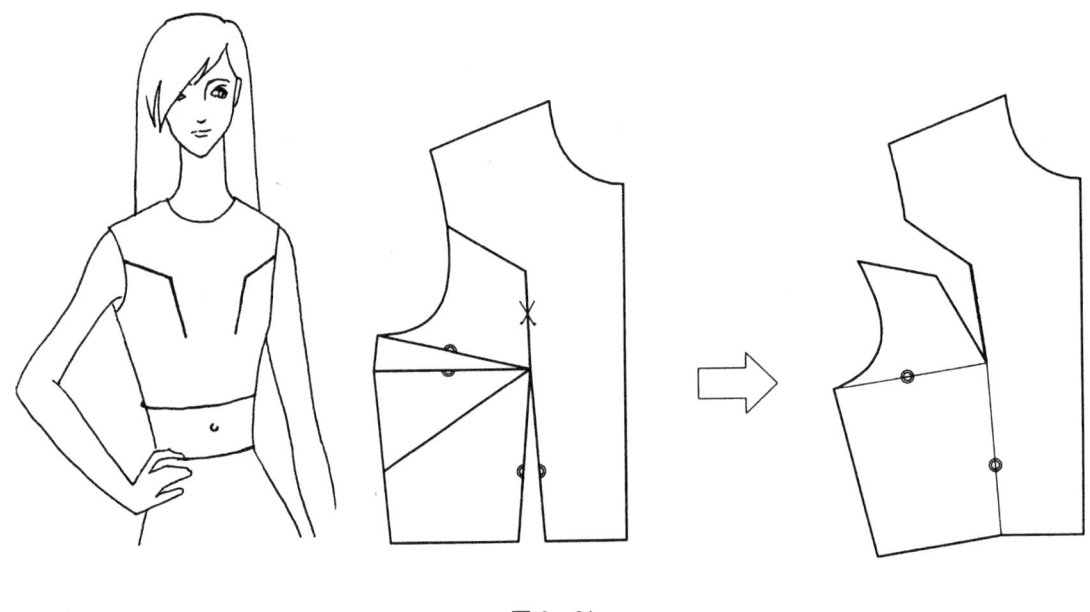

图2—31

(2) 弧线型领省(图2—32)

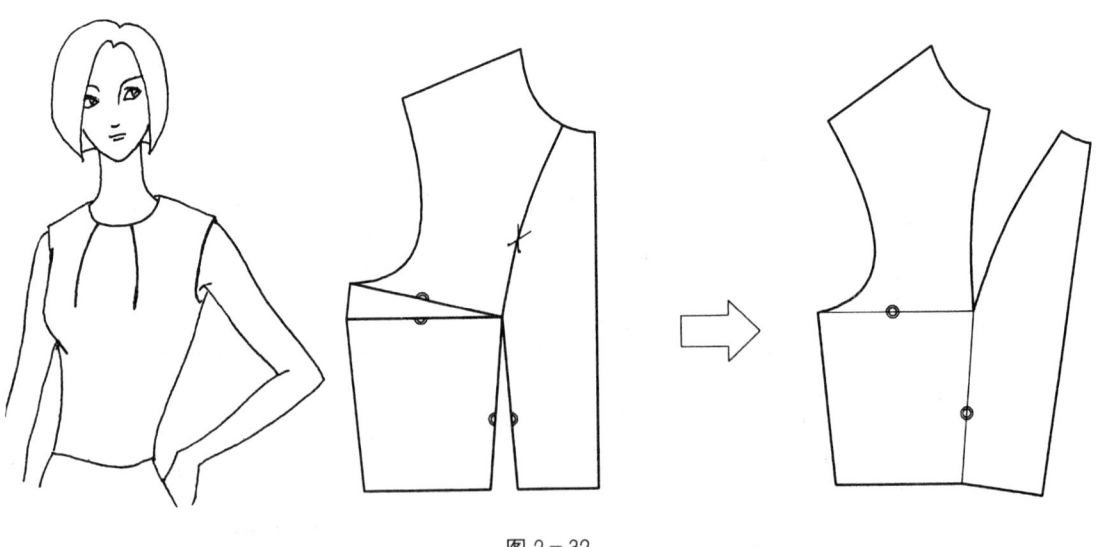

图2—32

（3）腋下省（图2-33）

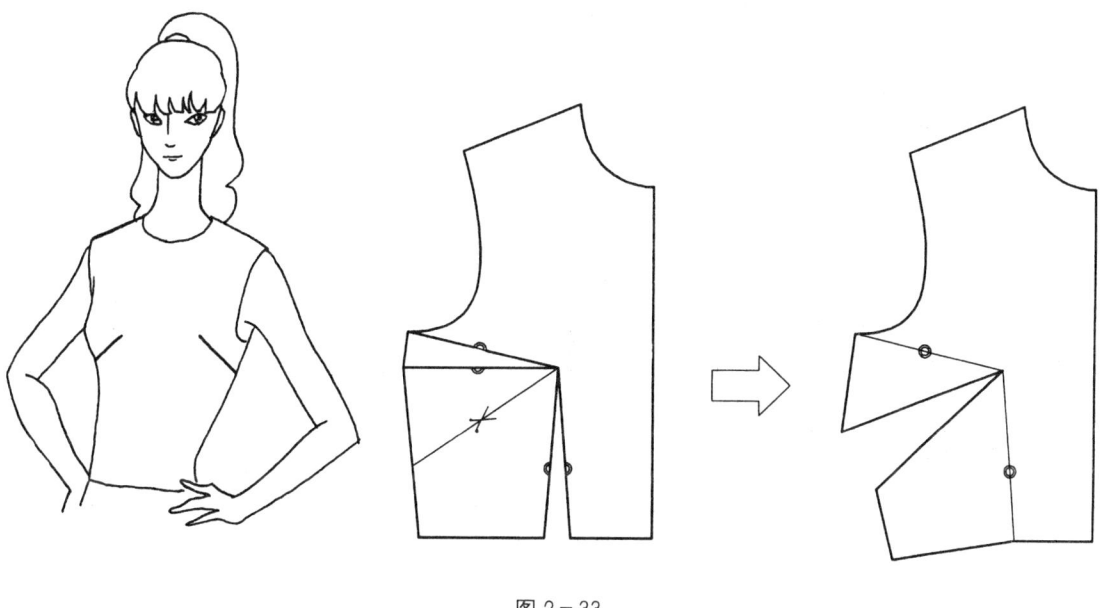

图2-33

（4）腋下省变化（图2-34）

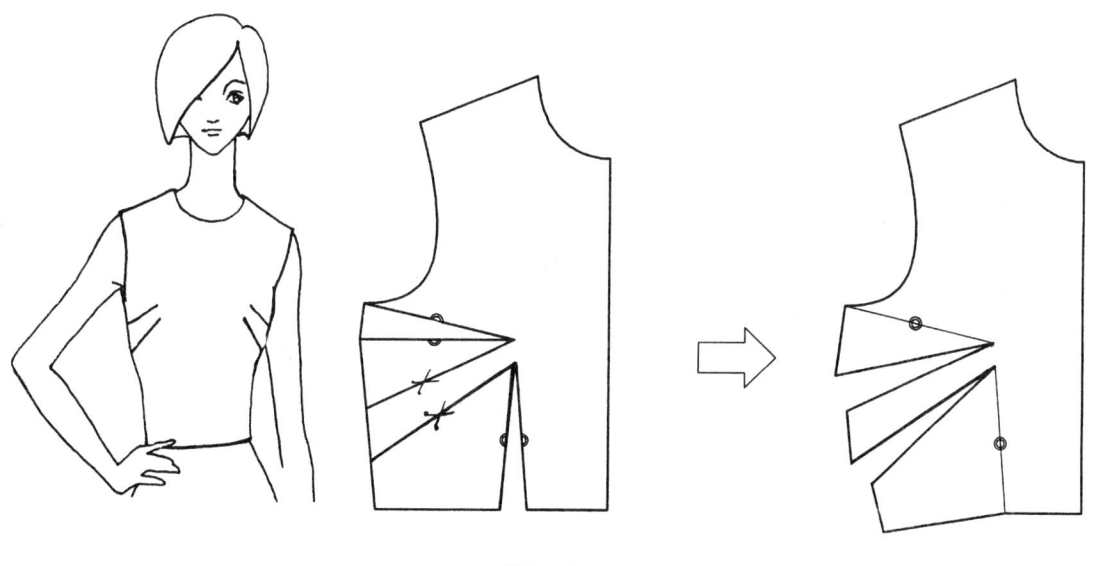

图2-34

(5) 肩省连腰省(图 2—35)

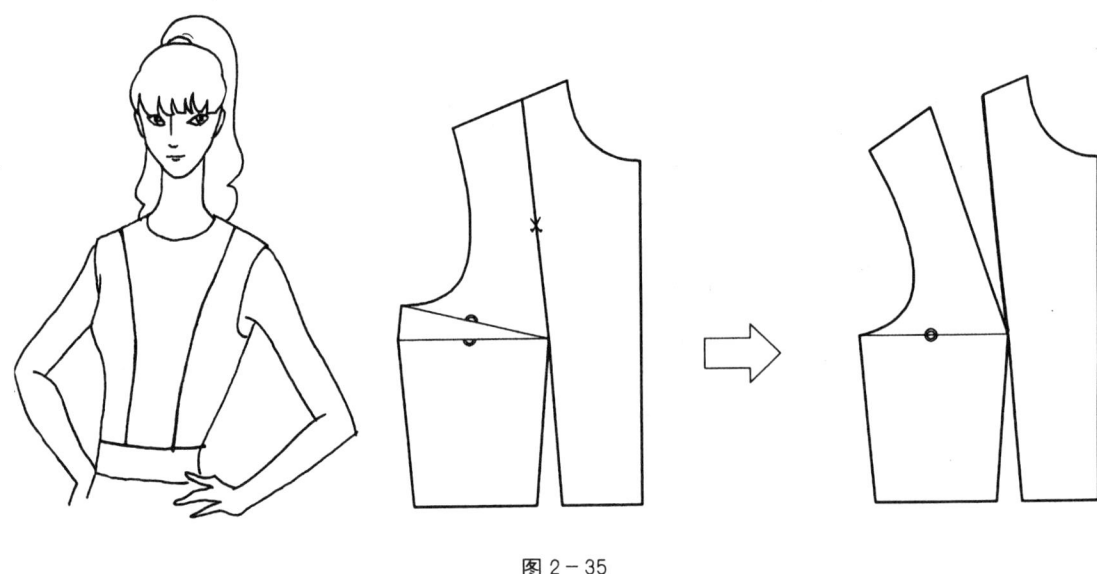

图 2—35

(6) 袖窿省连腰省(图 2—36)

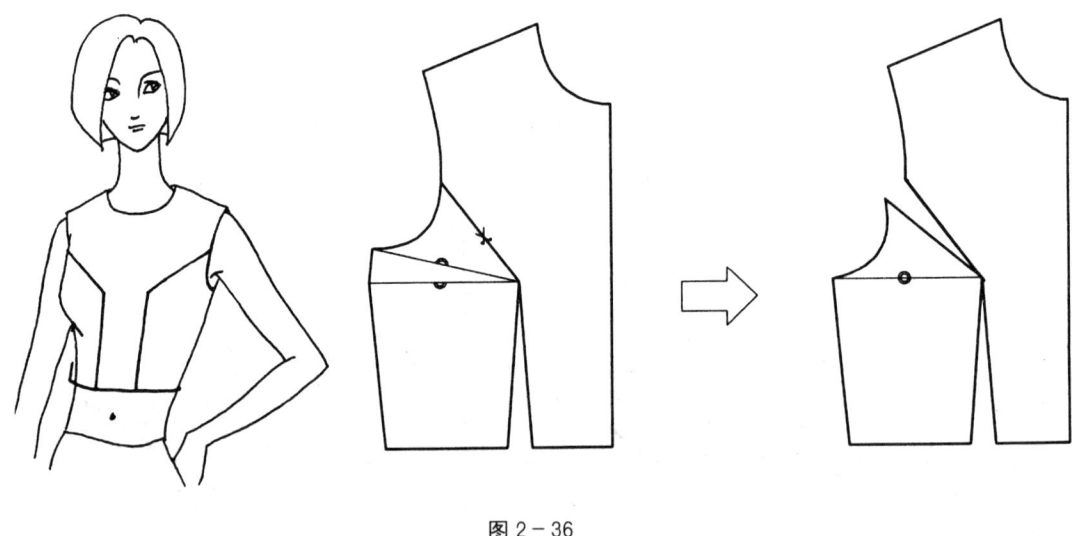

图 2—36

(7) 后肩省转后领圈(图2-37)

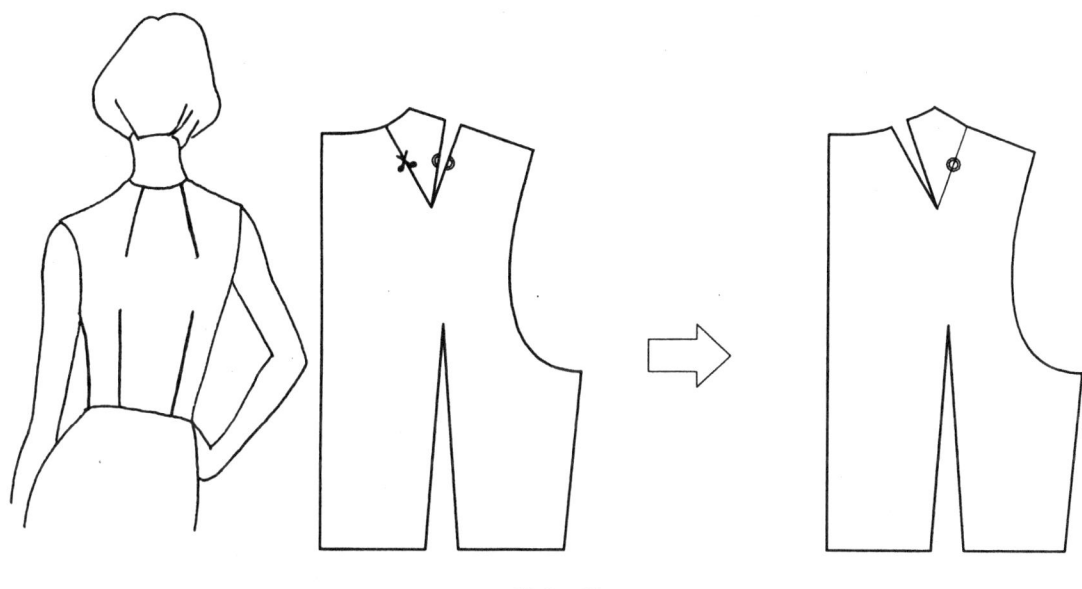

图2-37

(8) 后肩省转入分割线(图2-38)

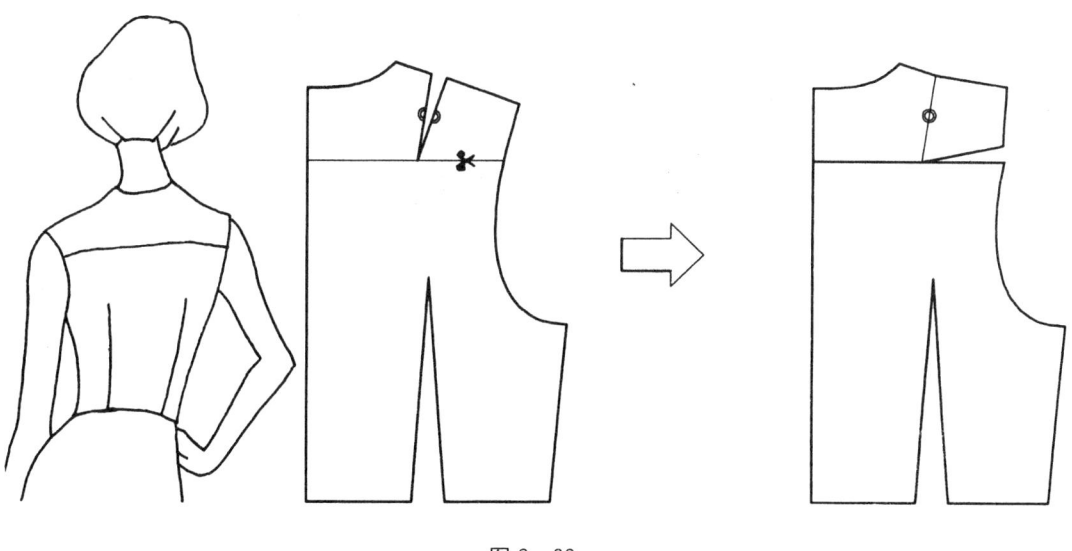

图2-38

(9) 腋下省转装饰线(图2-39)

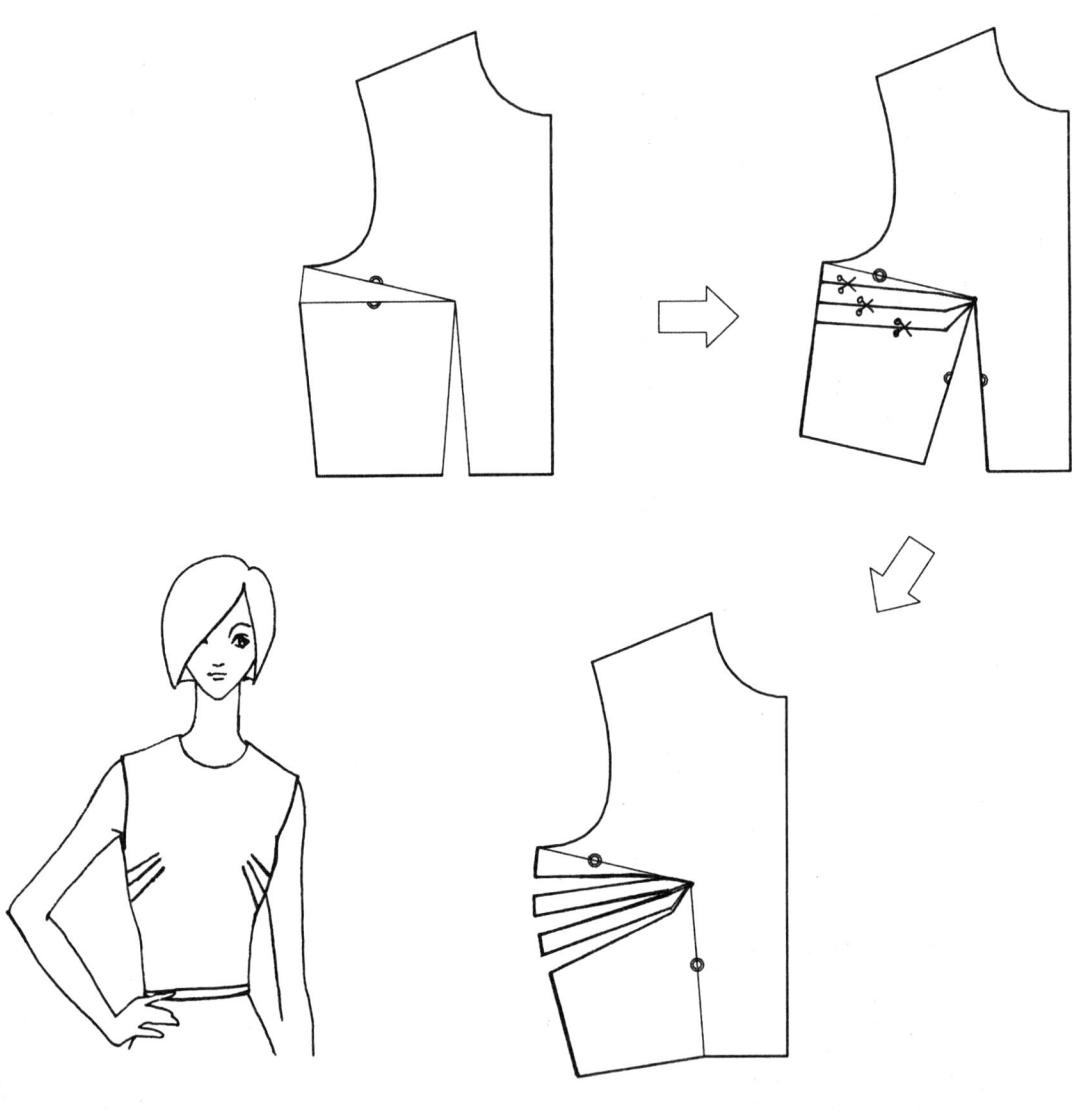

图2-39

（10）前胸抽褶（图2—40）

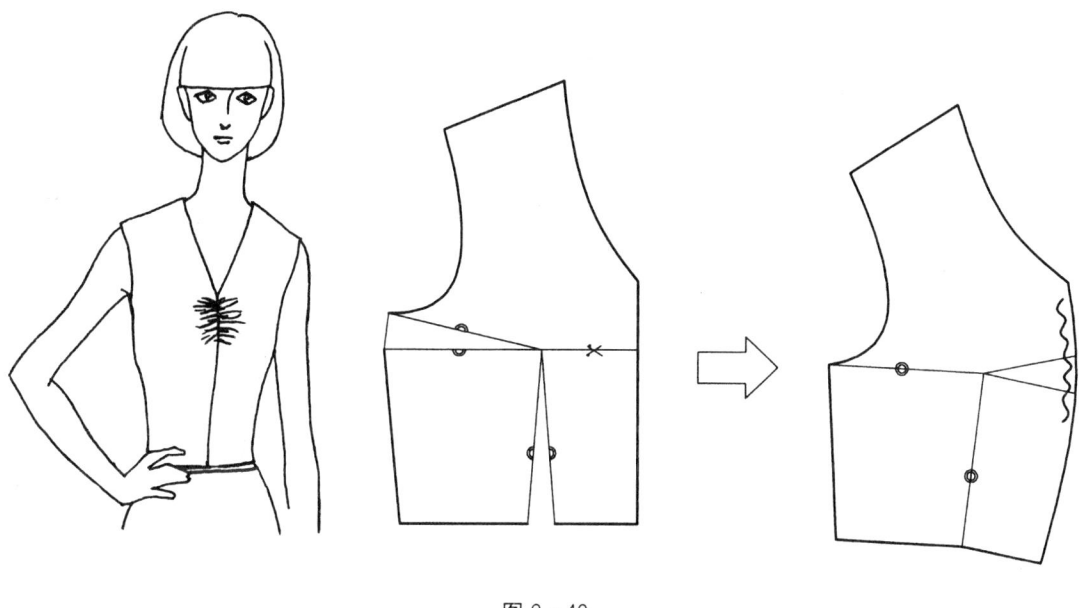

图2—40

（11）收省抽褶（图2—41）

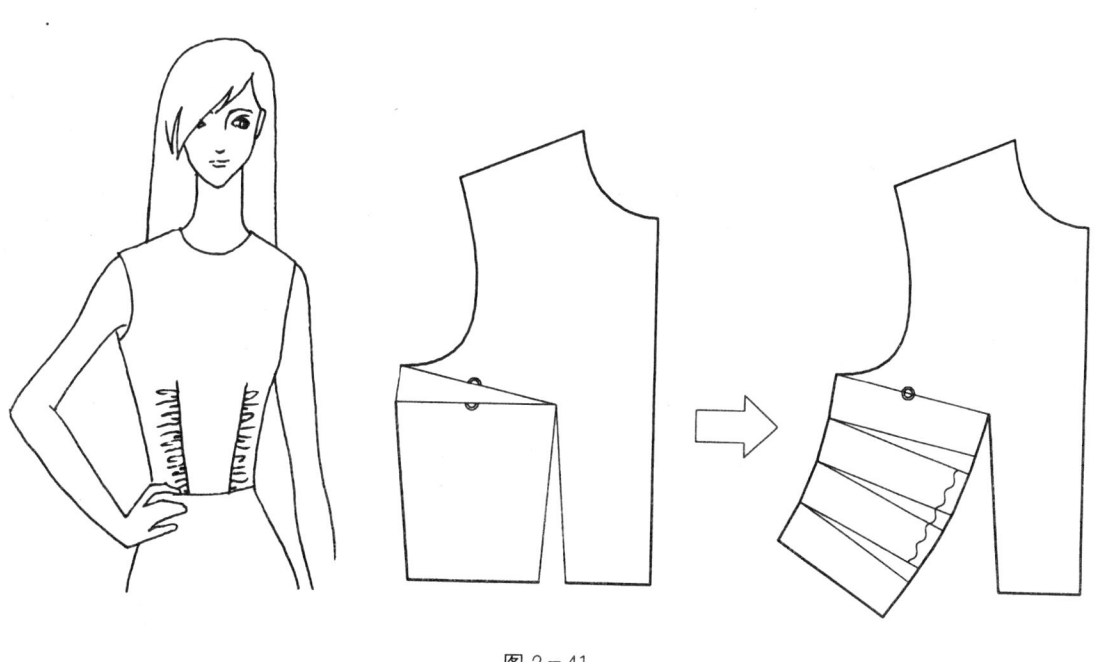

图2—41

(12) 分割抽褶（图2-42）

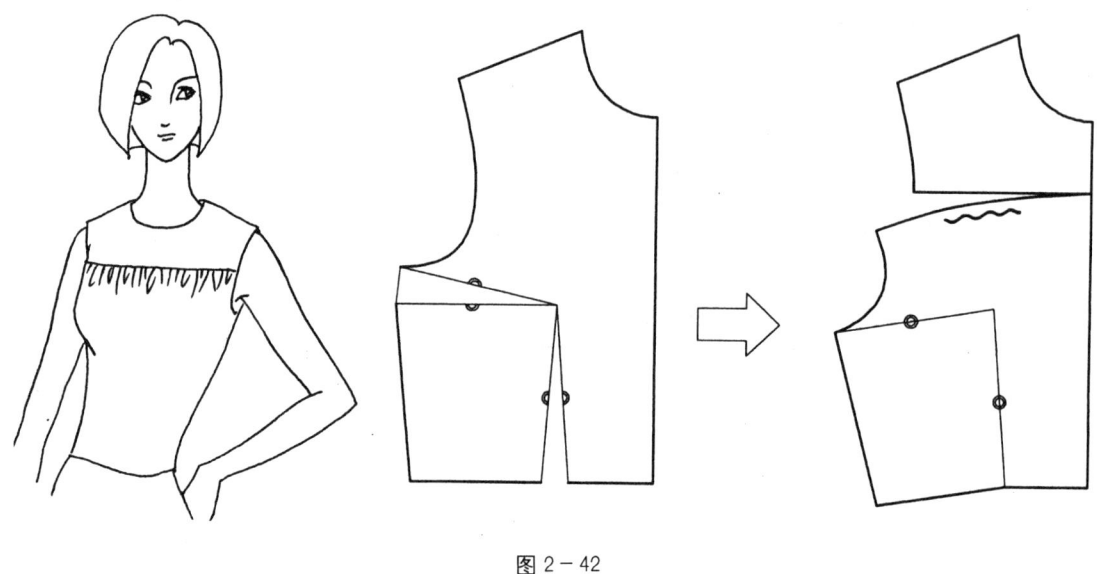

图2-42

(13) 非断开抽褶（图2-43）

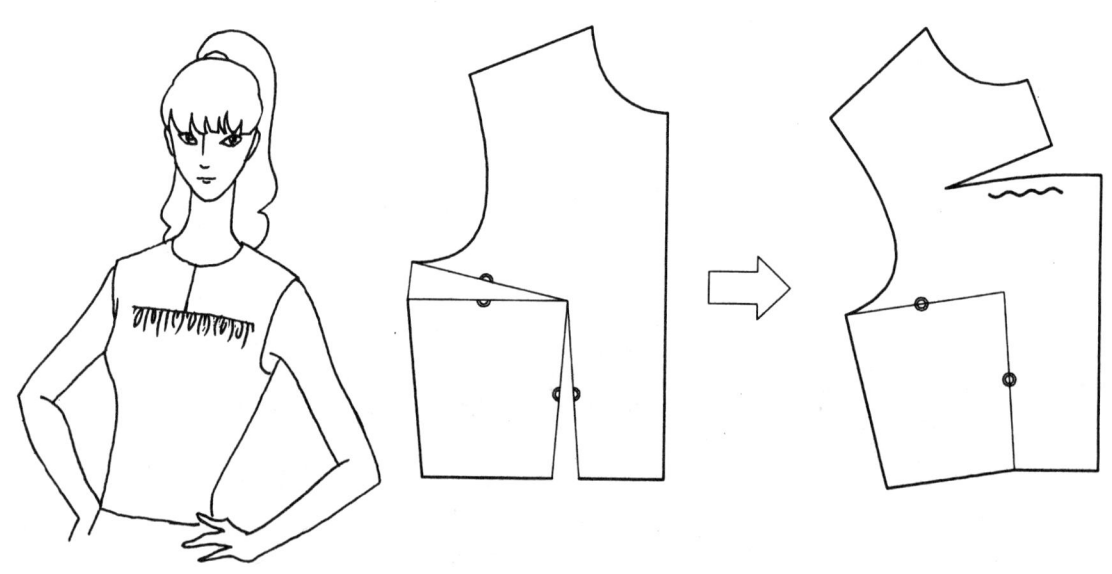

图2-43

(14) 不对称省(图 2-44)

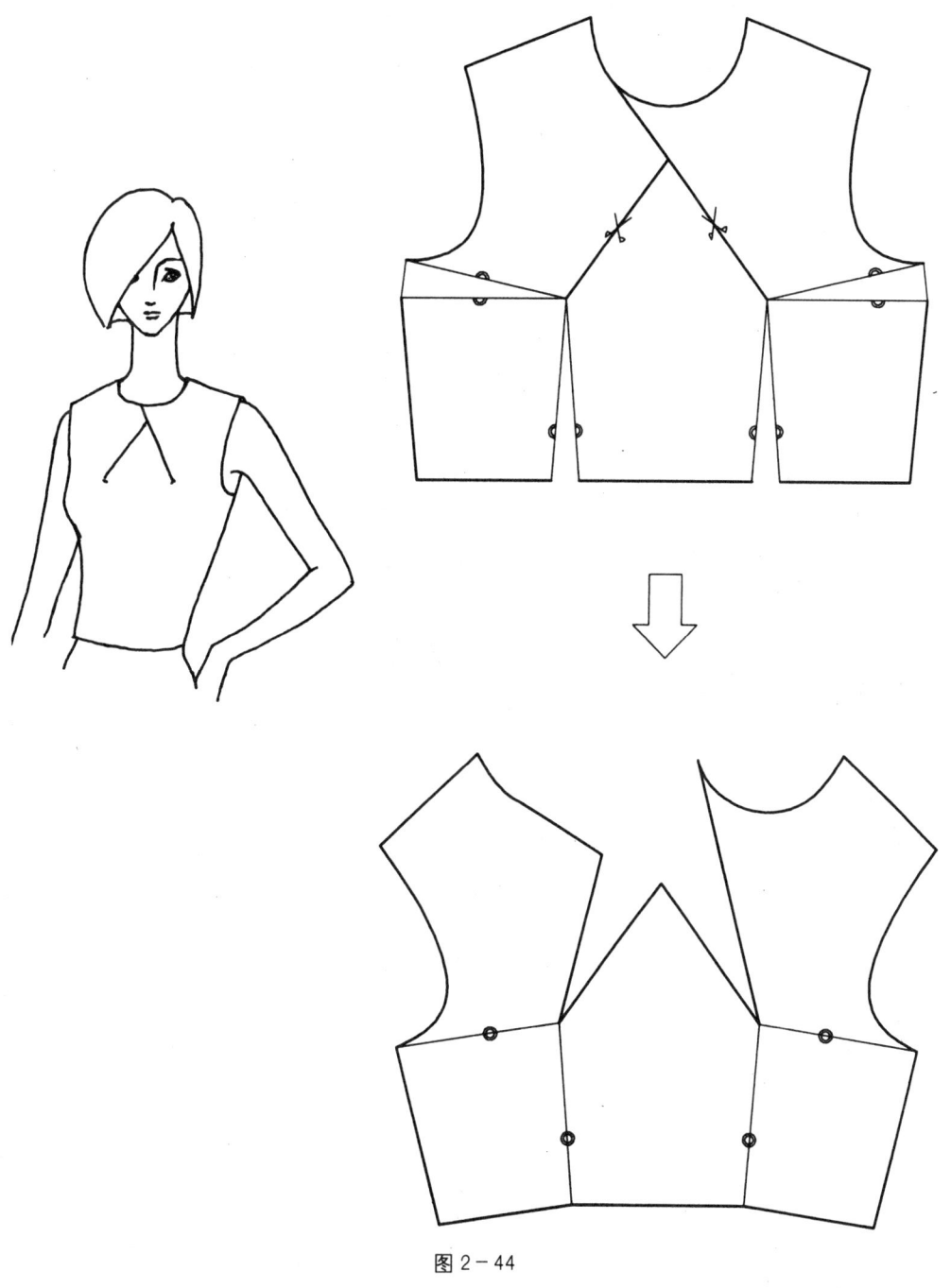

图 2-44

第四节 女装打板实例

一、传统旗袍

选用号型 165/86A

部位	规格	设计依据
衣长	125cm	0.7号＋9.5cm
胸围	92cm	净胸围＋6cm
肩宽	39cm	0.25胸围＋16cm
袖长	57.5cm	0.3号＋8cm
袖口	11.6～12.6cm	0.1胸围＋3～4cm
腰围	75cm	净腰围＋5cm
臀围	95.8cm	净臀围＋4cm
领围	40cm	颈围＋5～6cm

注：面料选用真丝、织锦缎、绢。

传统旗袍

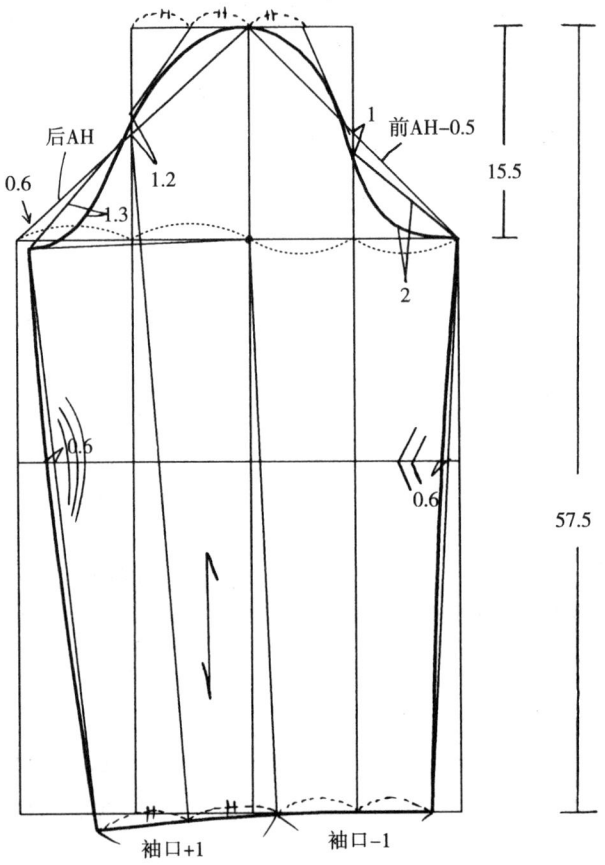

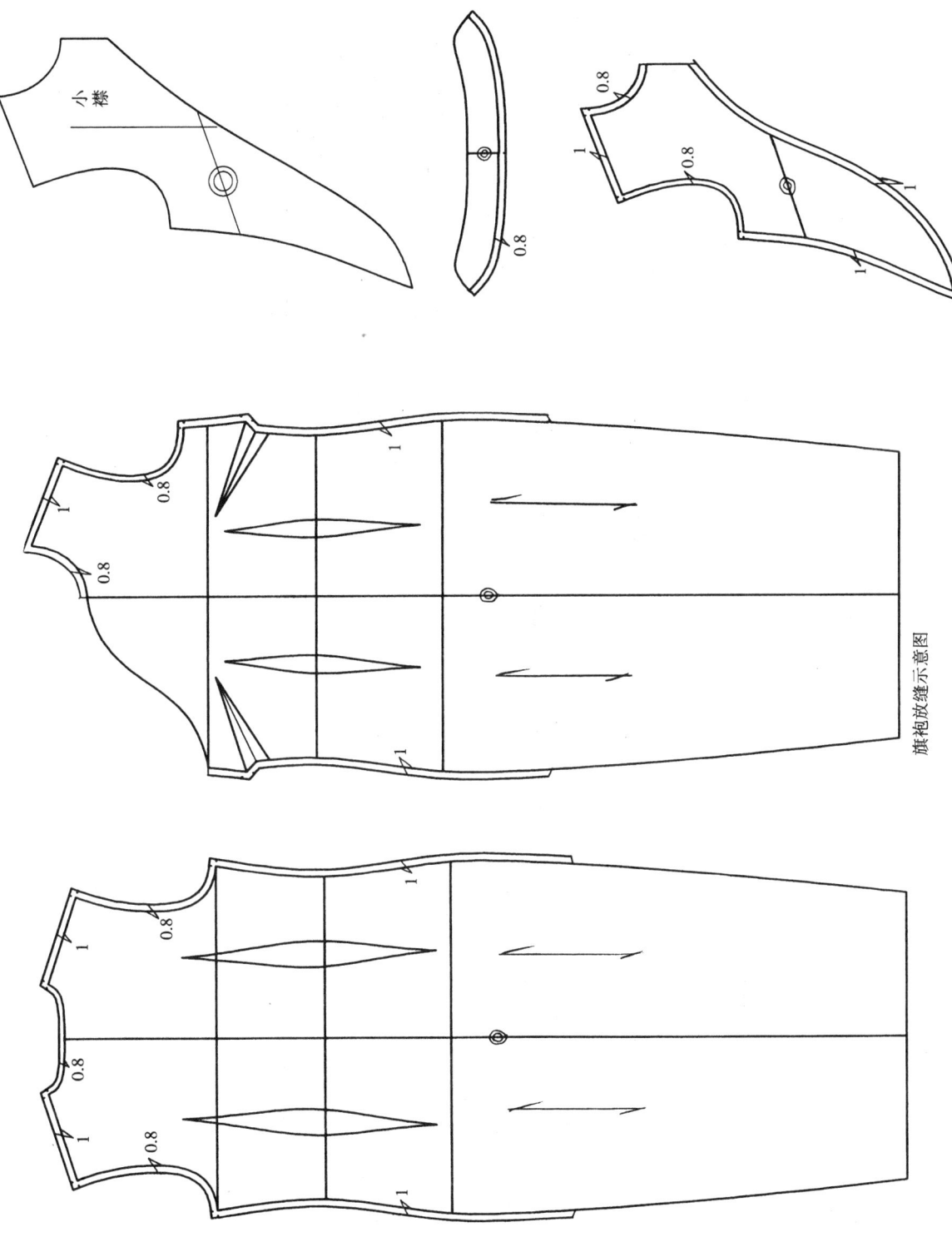

旗袍放缝示意图

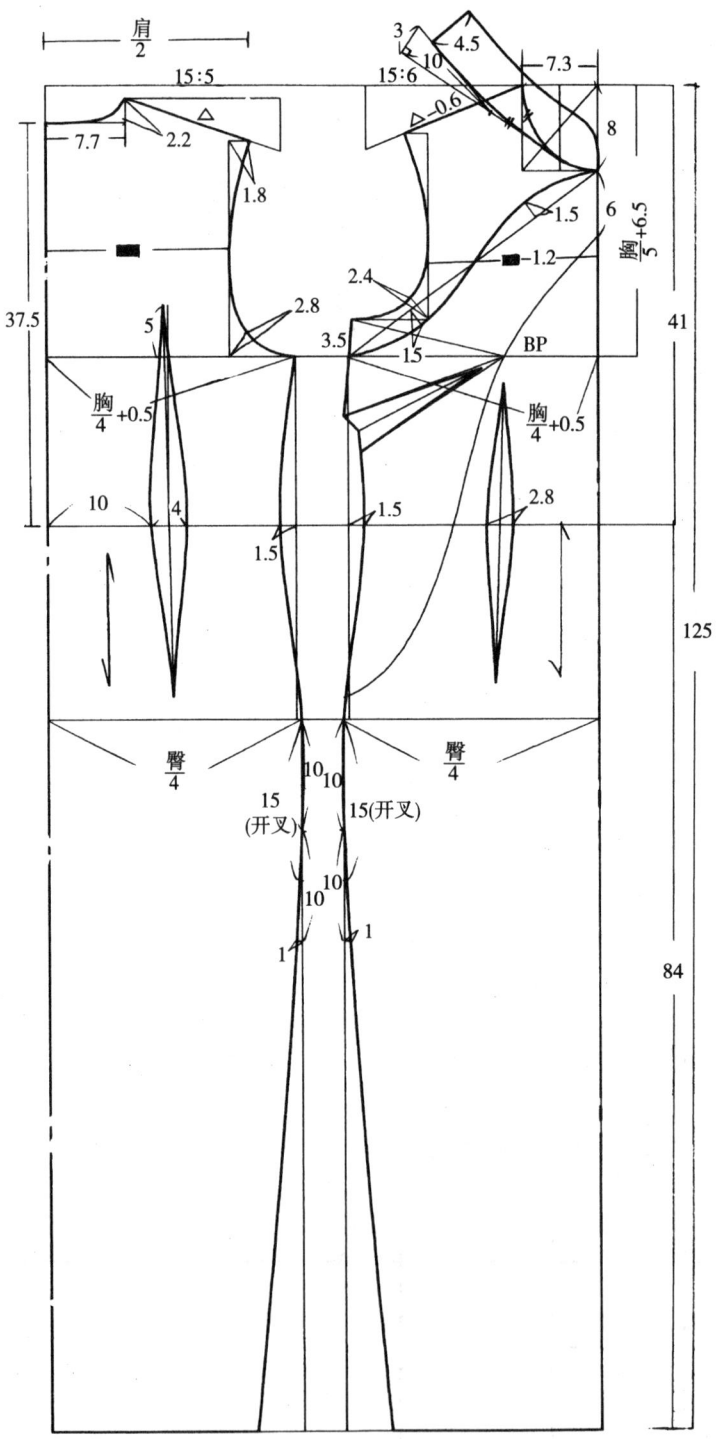

二、方领口无袖连衣裙

选用号型 160/84A

部位	规格	设计依据
衣长	80cm	0.5号
胸围	88cm	净胸围＋4cm
肩宽	36cm	0.25胸＋14cm
腰围	72cm	胸围－16cm
臀围	92.2cm	净臀围＋4cm

注：面料选用真丝。

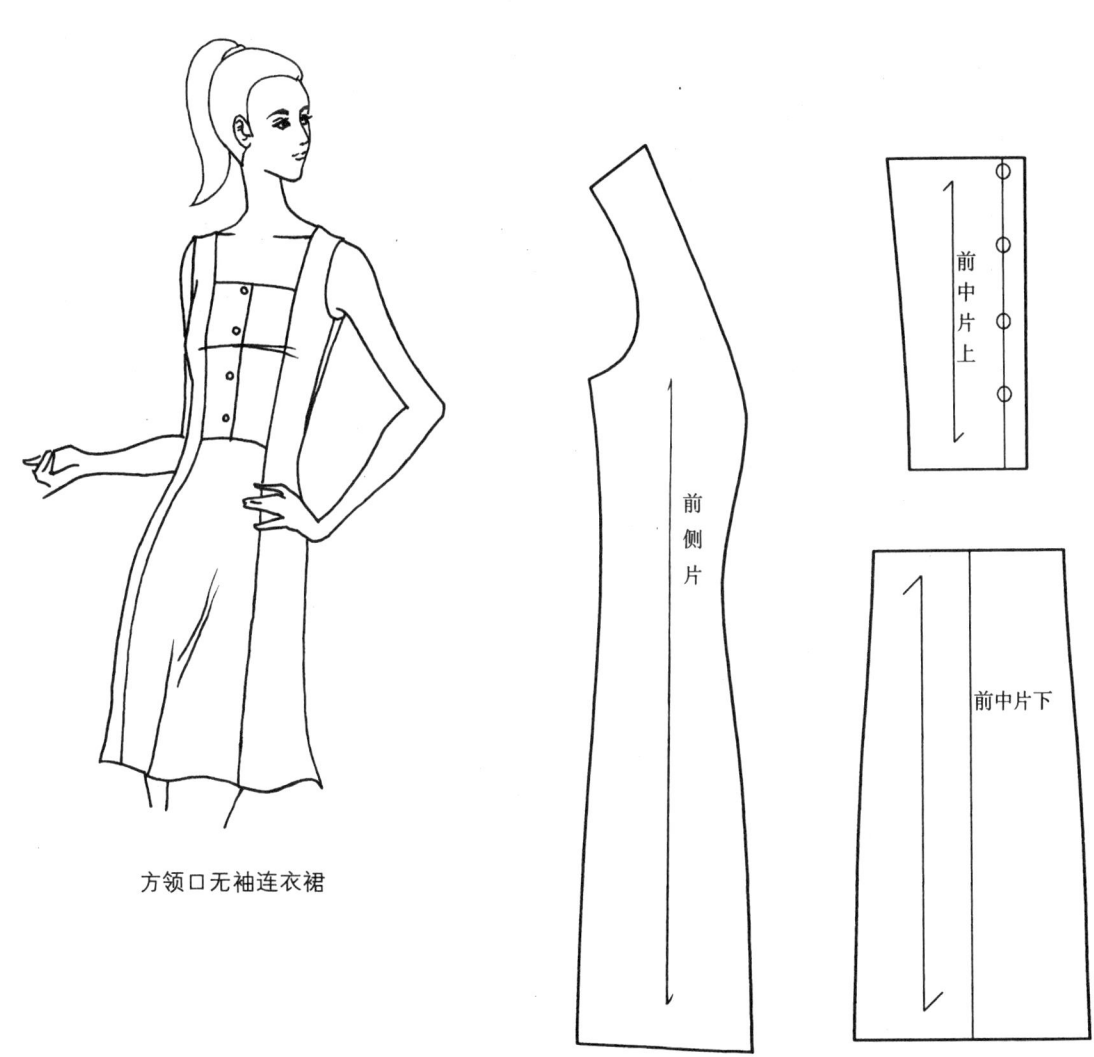

方领口无袖连衣裙

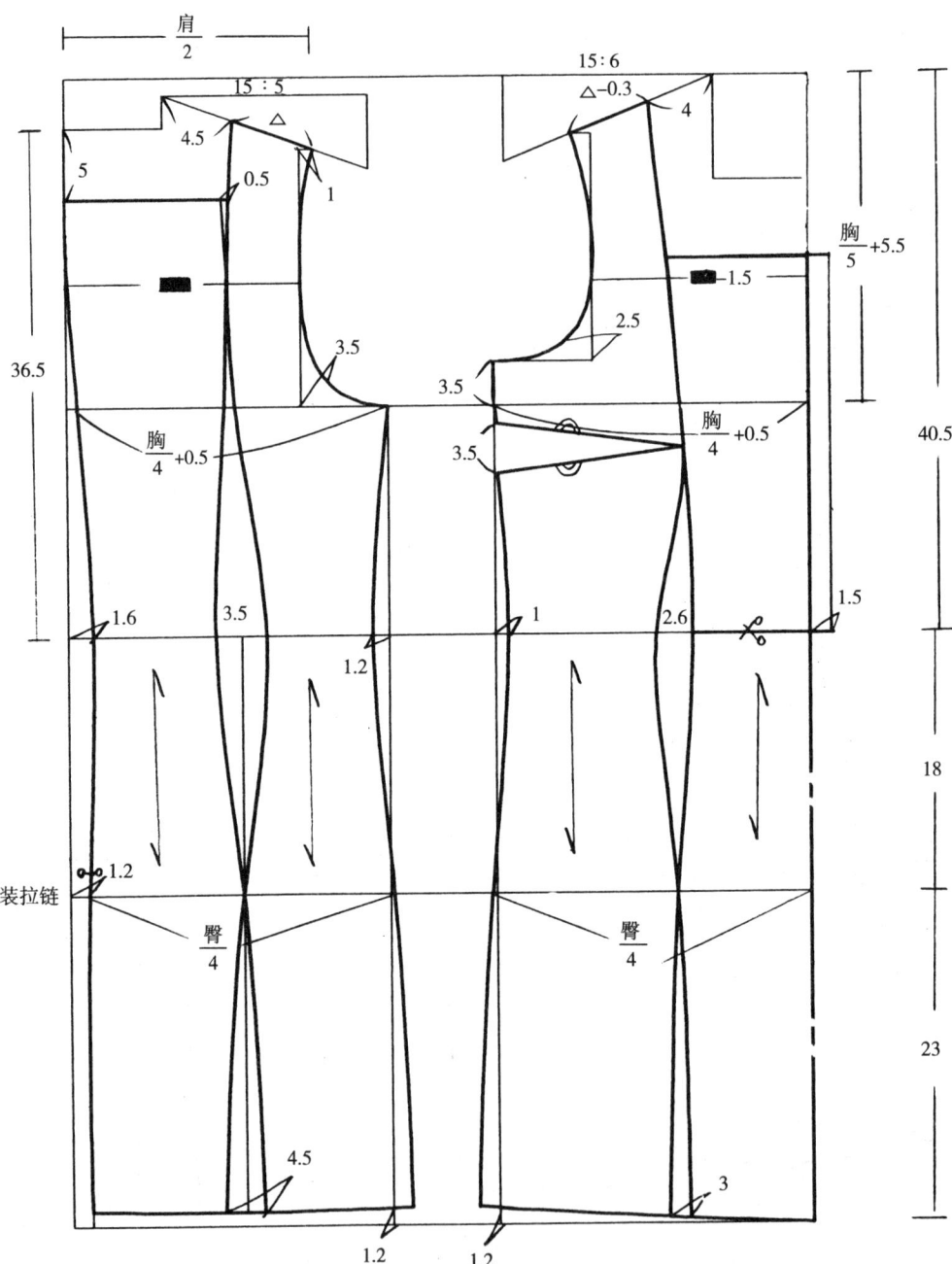

三、二节无袖连衣裙

选用号型 160/84A

部位	规格	设计依据
衣长	110cm	0.7 号＋8cm
胸围	88cm	净胸围＋4cm
腰围	72cm	胸围－16cm
臀围	94cm	净臀围＋4cm

注：面料选用乔其纱、丝、绢。

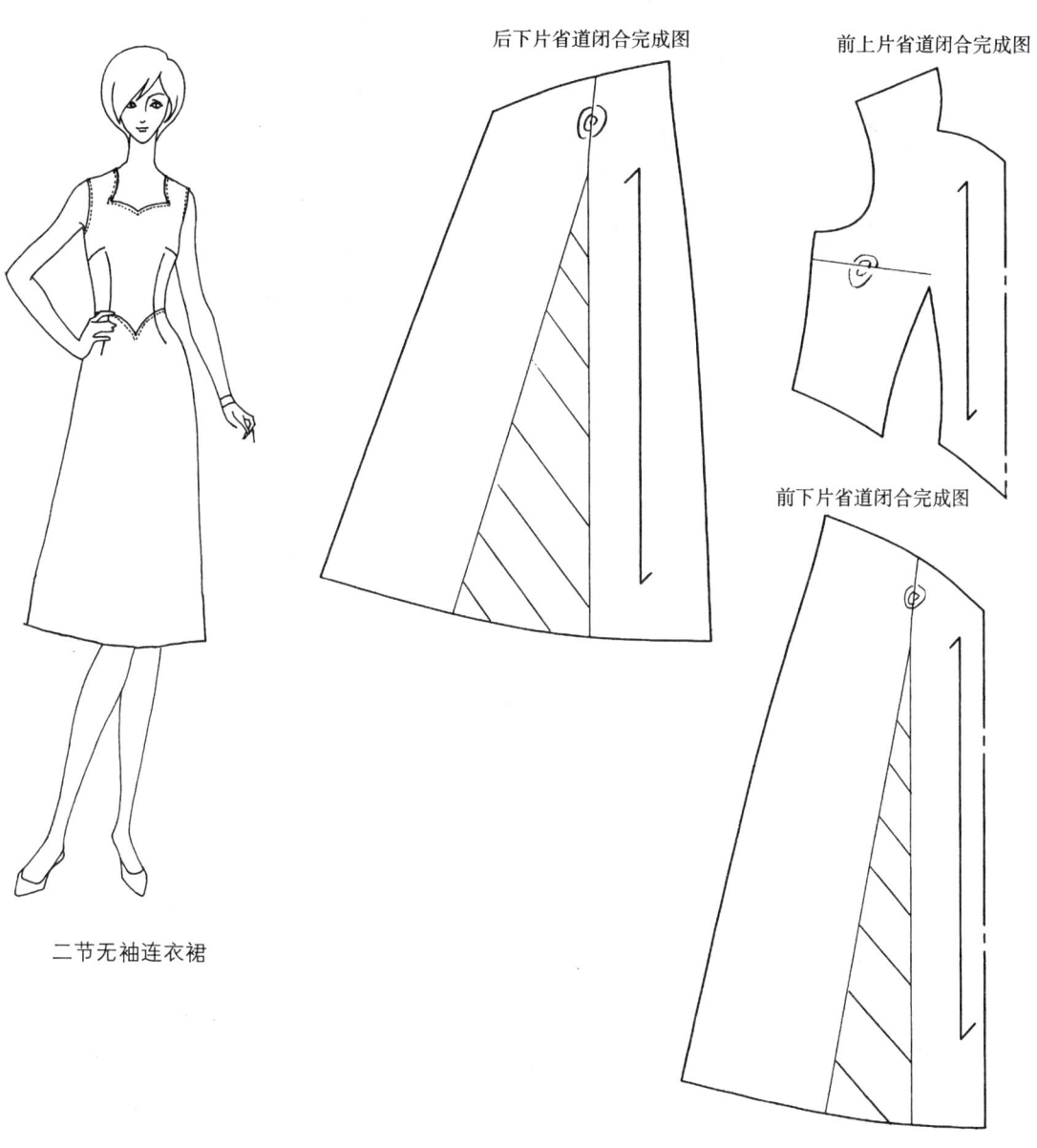

二节无袖连衣裙

后下片省道闭合完成图

前上片省道闭合完成图

前下片省道闭合完成图

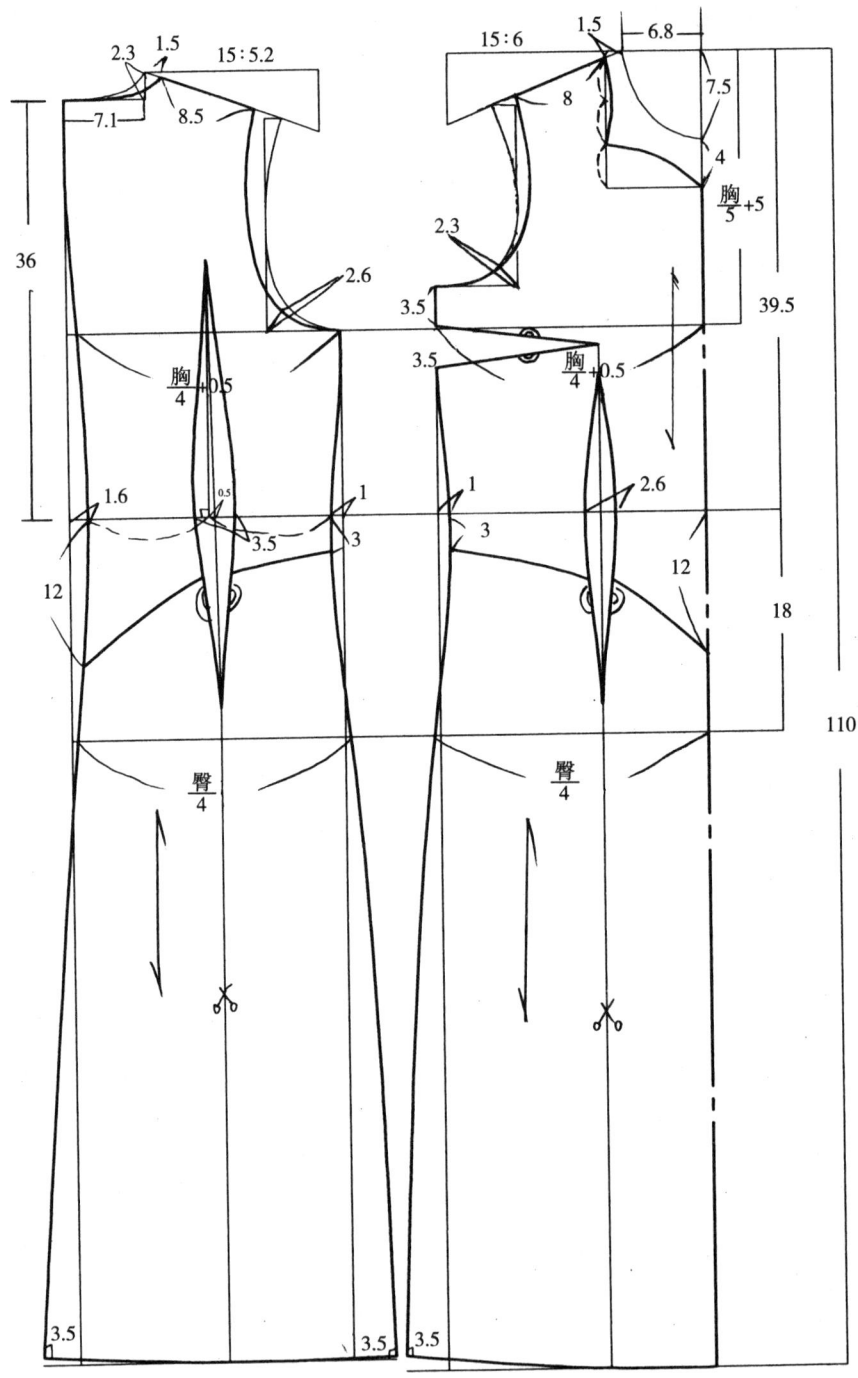

四、二件套吊带裙

选用号型 165/84A

部位	规格	设计依据
衣长	41cm	0.2号+8cm
胸围	92cm	净胸围+8cm
肩宽	38.5cm	0.25胸围+15.5cm
腰围	80cm	胸围-12cm

注：面料选用真丝、乔其纱、丝、绢。

选用号型 165/84A

部位	规格	设计依据
裙长	120cm	0.7号+4.5cm
胸围	86cm	净胸围+2cm
腰围	70cm	胸围-16cm
臀围	92cm	净臀围+4cm

（正面） （反面）

二件套吊带裙

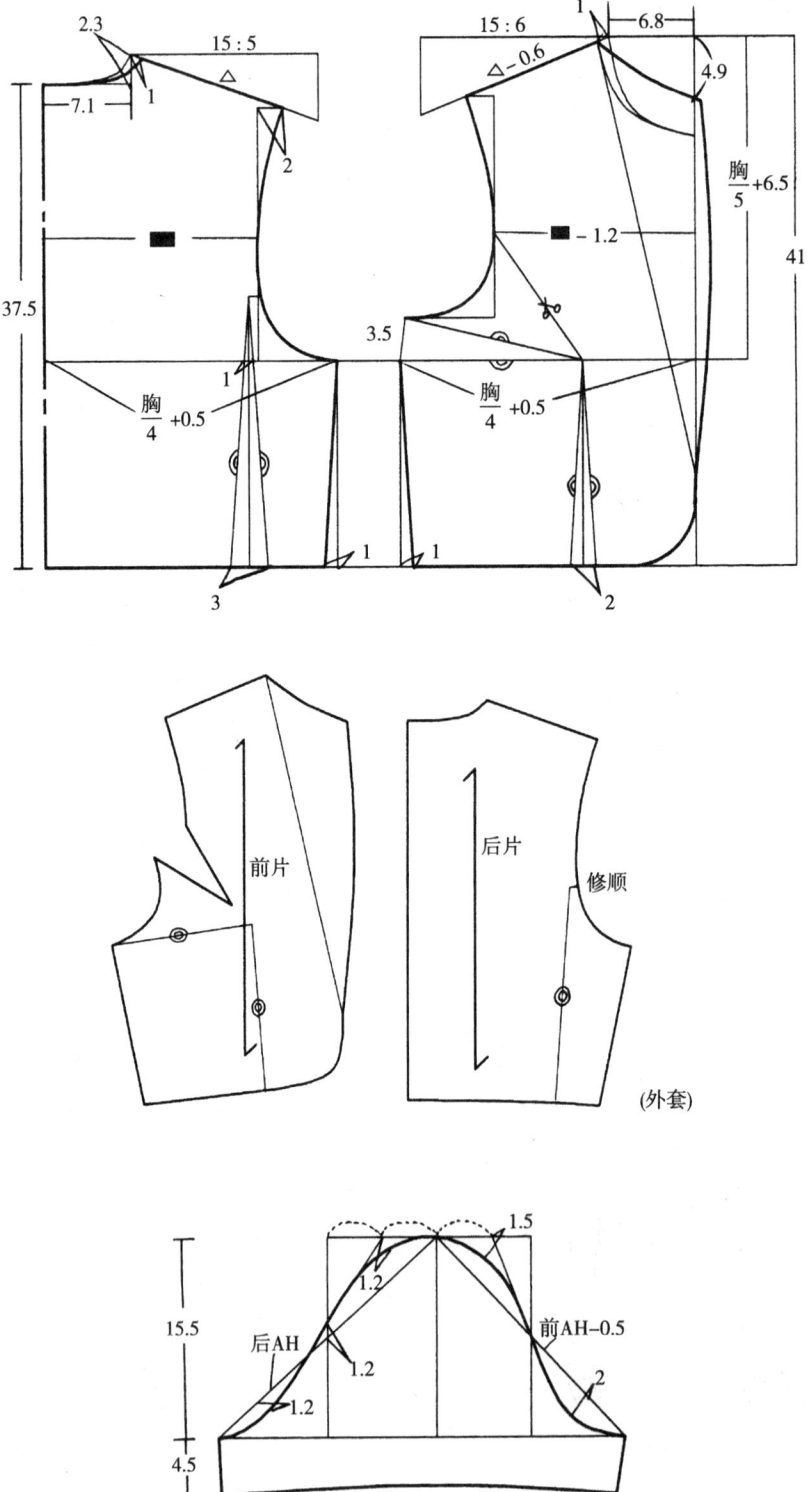

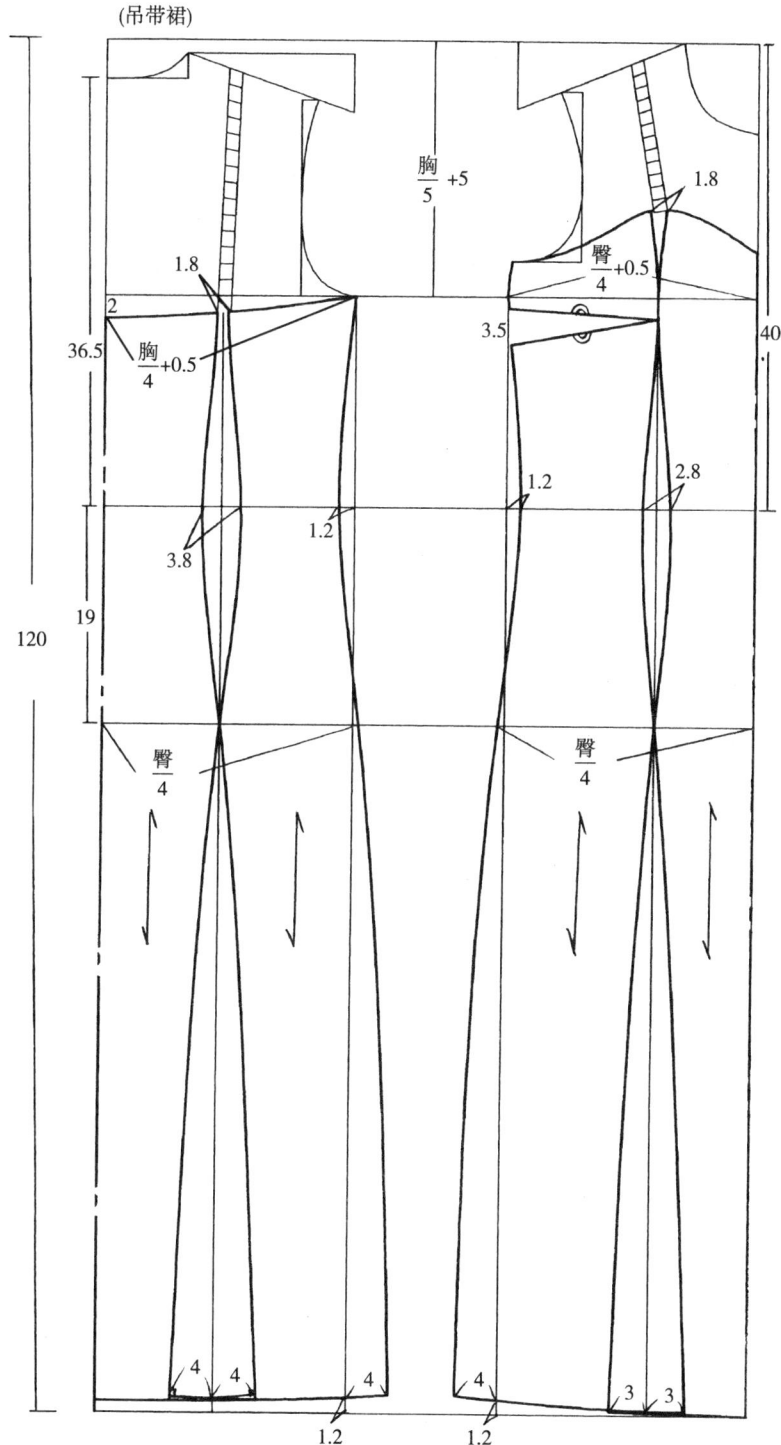

五、无领衬衫

选用号型 160/84A

部位	规格	设计依据
衣长	66cm	0.4号+2cm
胸围	94cm	净胸围+10cm
肩宽	39cm	0.25胸+15.5cm
袖长	20cm	
袖肥	16.3cm	0.2胸−2.5cm

注：面料选用乔其纱。

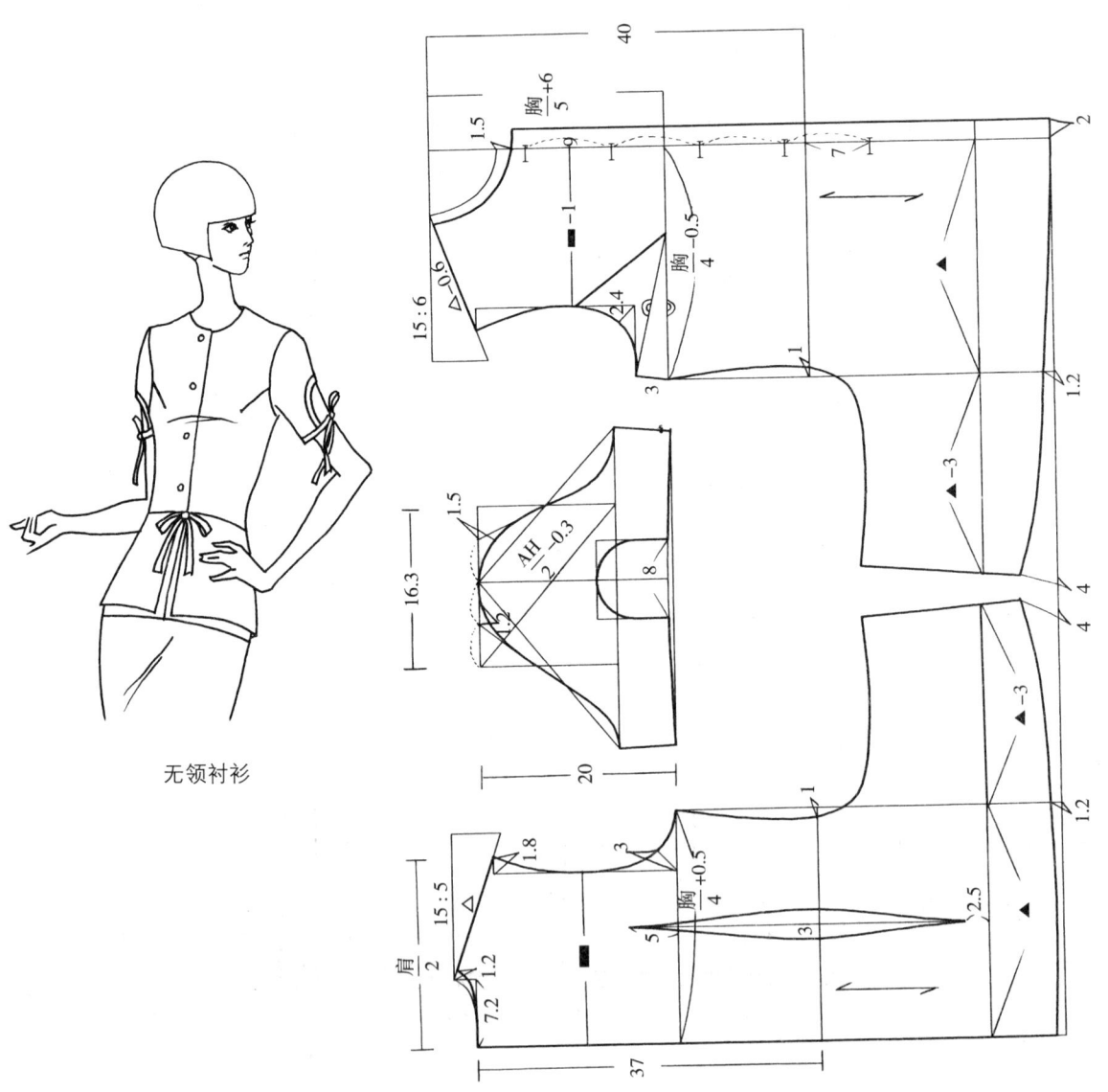

无领衬衫

六、无领插肩短袖衬衫

选用号型 160/84A(上衣)

部位	规格	设计依据
衣长	55cm	0.3号＋7cm
胸围	90cm	净胸围＋6cm
肩宽	38cm	0.25胸＋15.5cm
袖肥	18cm	0.2胸

选用号型 160/66A(裙装)

部位	规格	设计依据
裙长	55cm	0.3号＋7cm
臀围	92cm	净臀围＋4cm
腰围	68cm	净腰围＋2cm

注：无领插肩短袖衬衫廓型较强，因此应使用较粗硬面料。

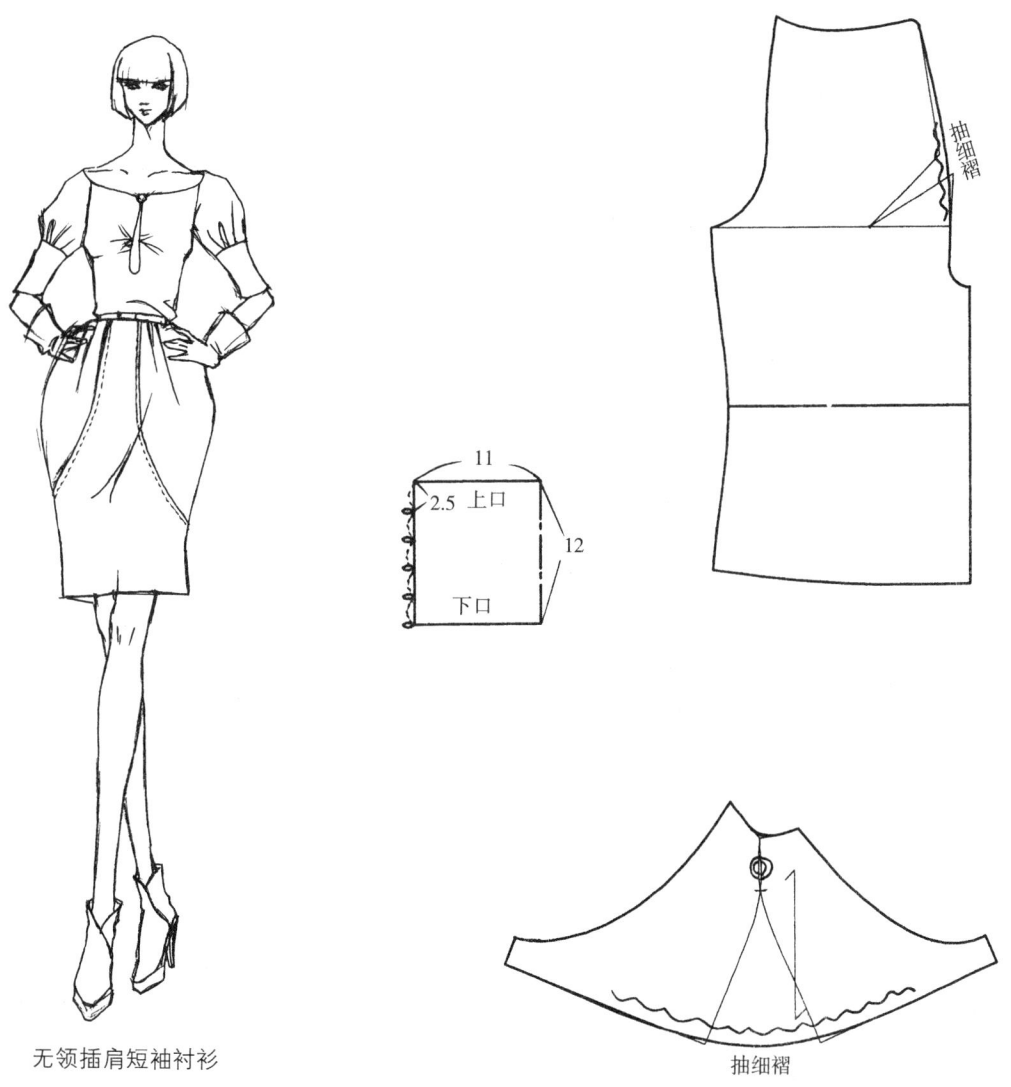

无领插肩短袖衬衫

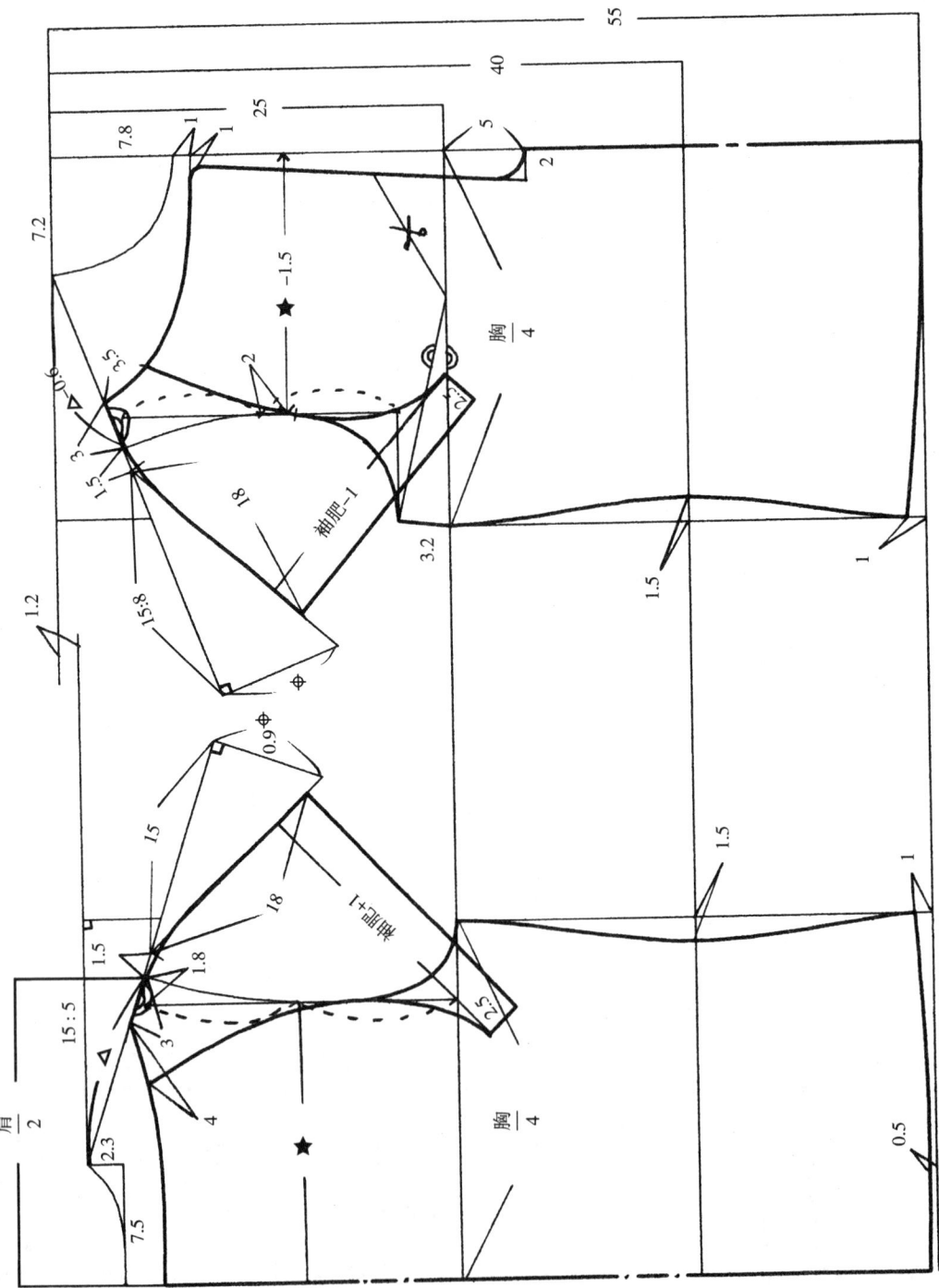

七、休闲宽松衬衫

选用号型 165/84A

部位	规格	设计依据
后中长	56cm	0.4号－10cm
胸围	100cm	净胸围＋16cm
肩宽	42cm	0.25胸围＋17cm
袖长	58cm	0.3号＋8.5cm
领围	41cm	颈围＋7cm

注：面料选用棉、麻、丝。

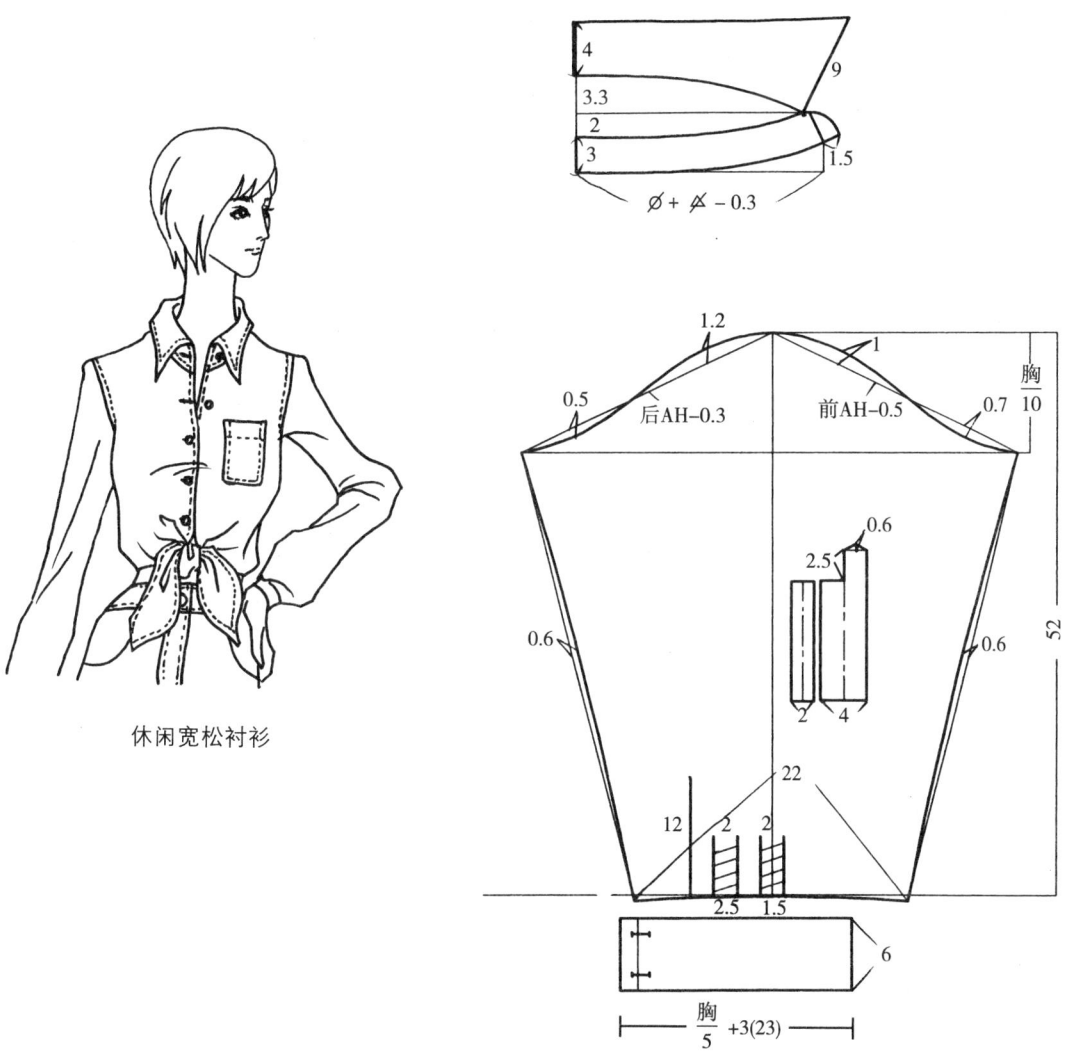

休闲宽松衬衫

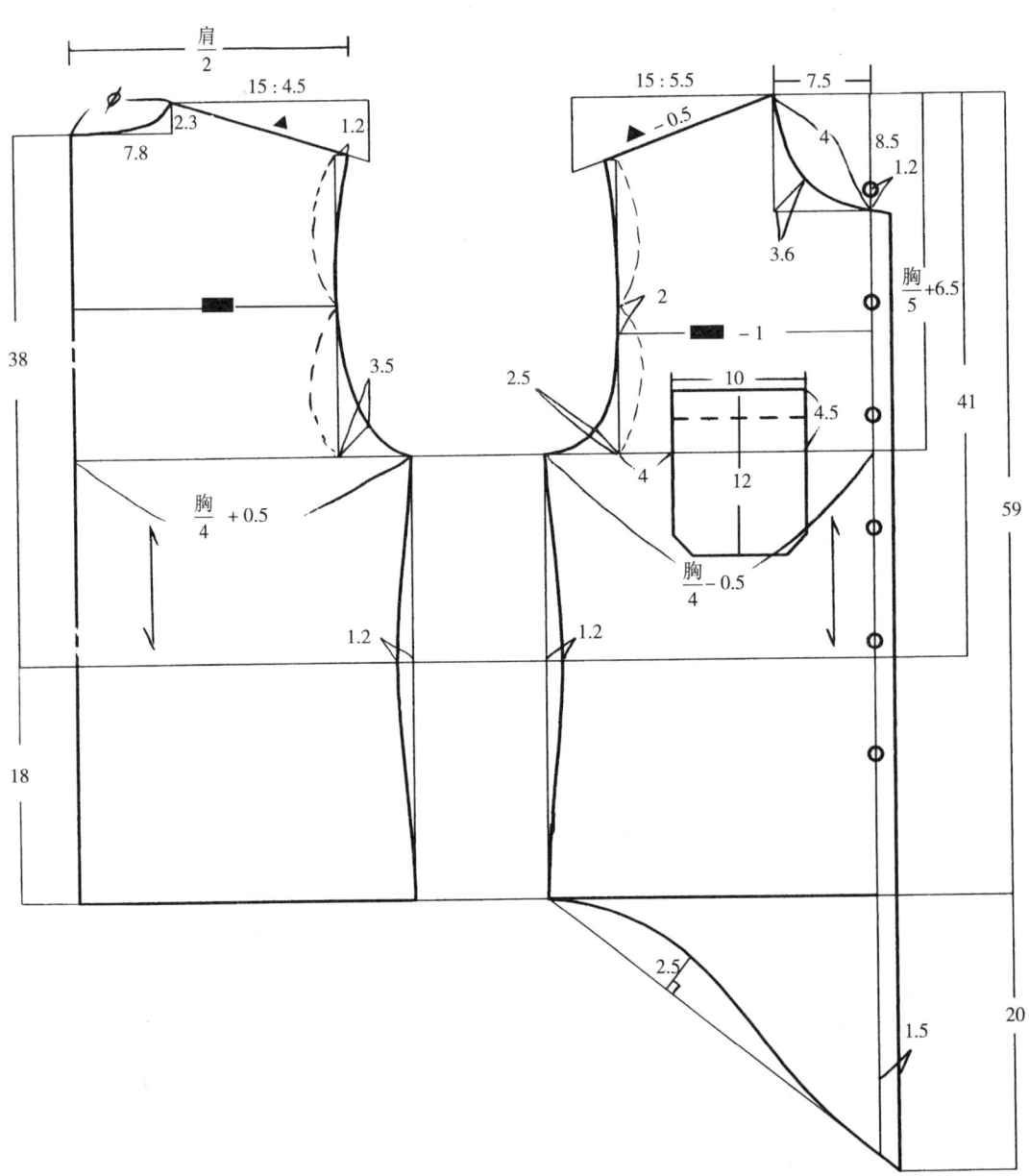

八、抽褶女衬衫

选用号型 165/86A

部位	规格	设计依据
衣长	62cm	0.4号－4cm
胸围	92cm	净胸围＋6cm
肩宽	38.5cm	0.25胸＋15.5cm
腰围	78cm	胸围－14cm
领围	40cm	颈围＋5～6cm

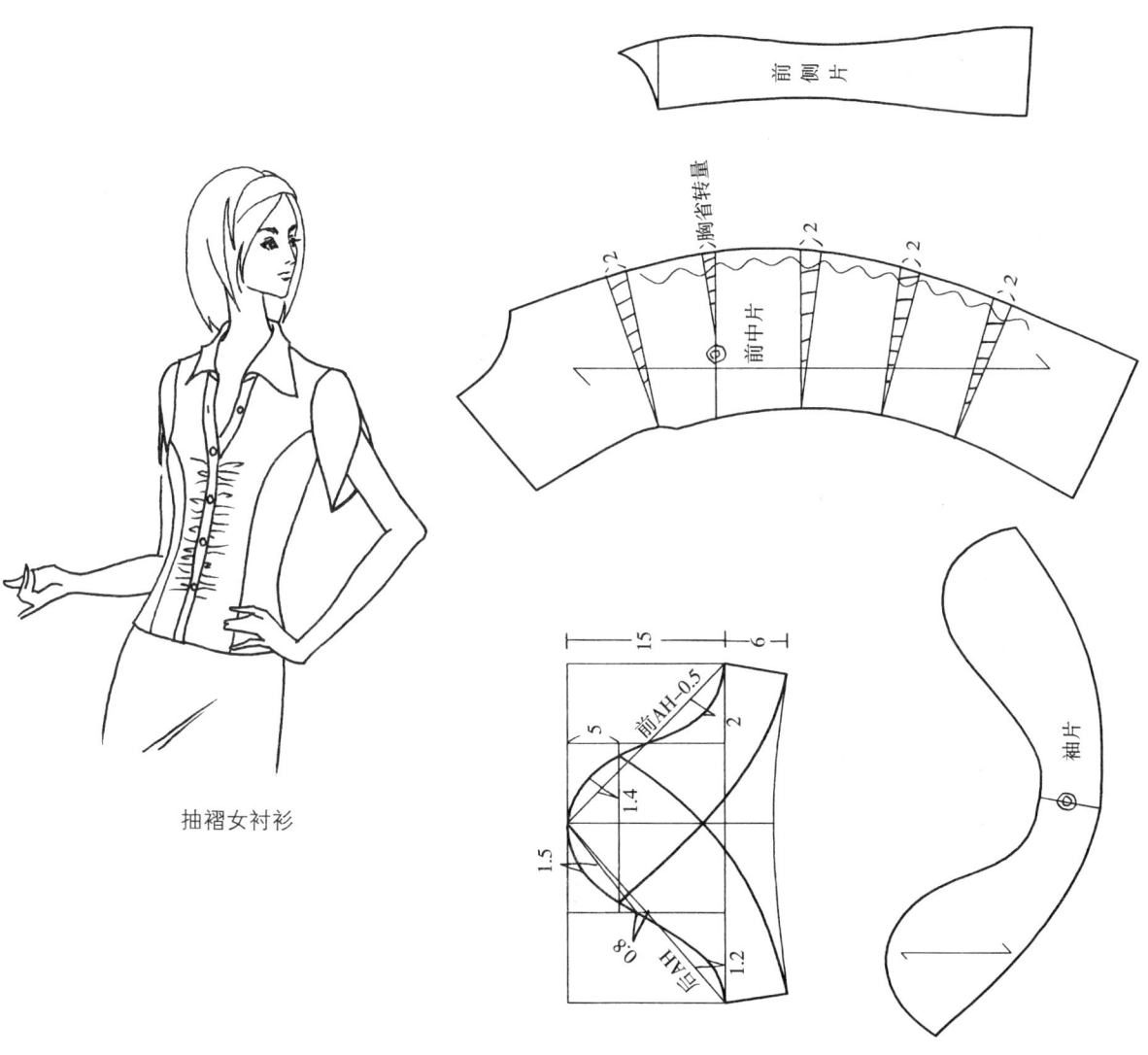

抽褶女衬衫

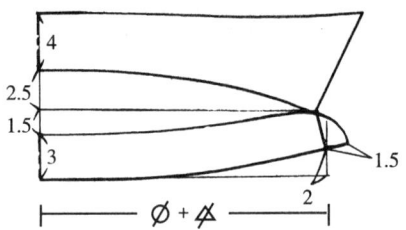

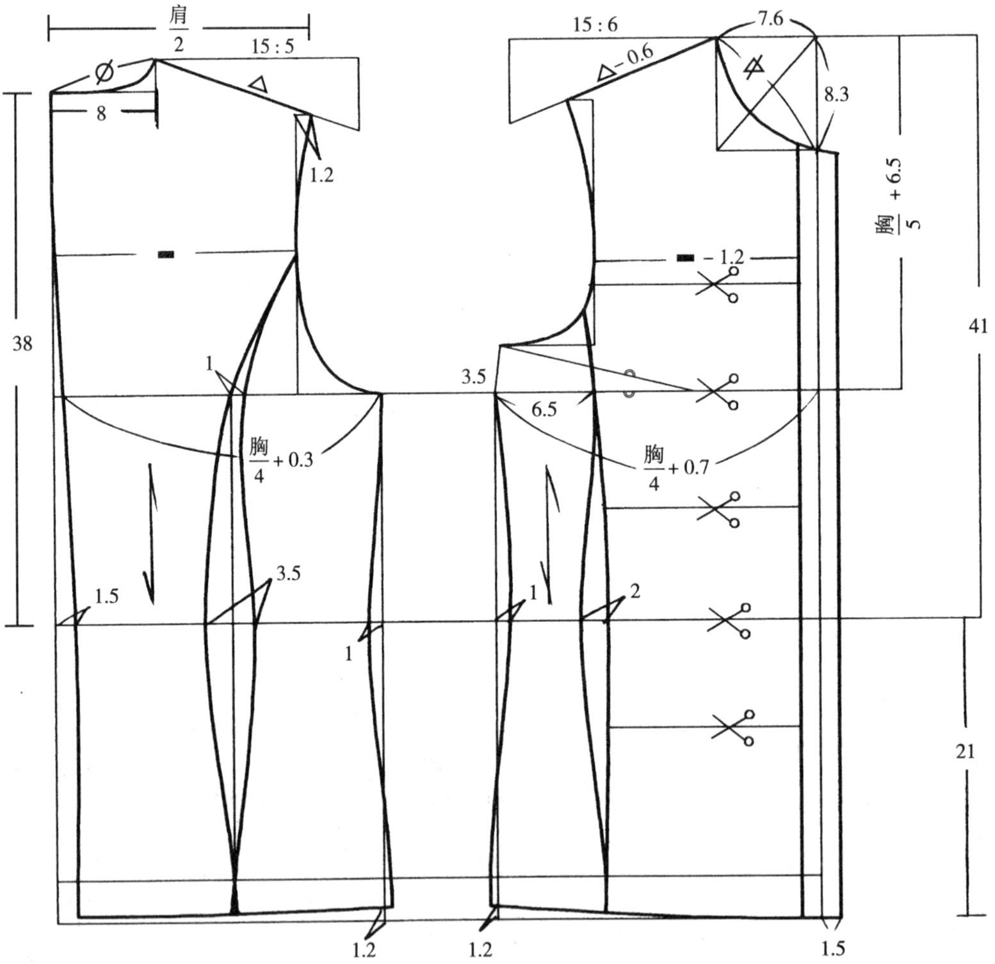

九、无领针织套衫

选用号型：160/84A

部位	规格	设计依据
衣长	54cm	0.4号－10cm
胸围	88cm	净胸围＋4cm
肩宽	37cm	0.25胸＋15cm
腰围	75cm	

注：面料选用针织类。

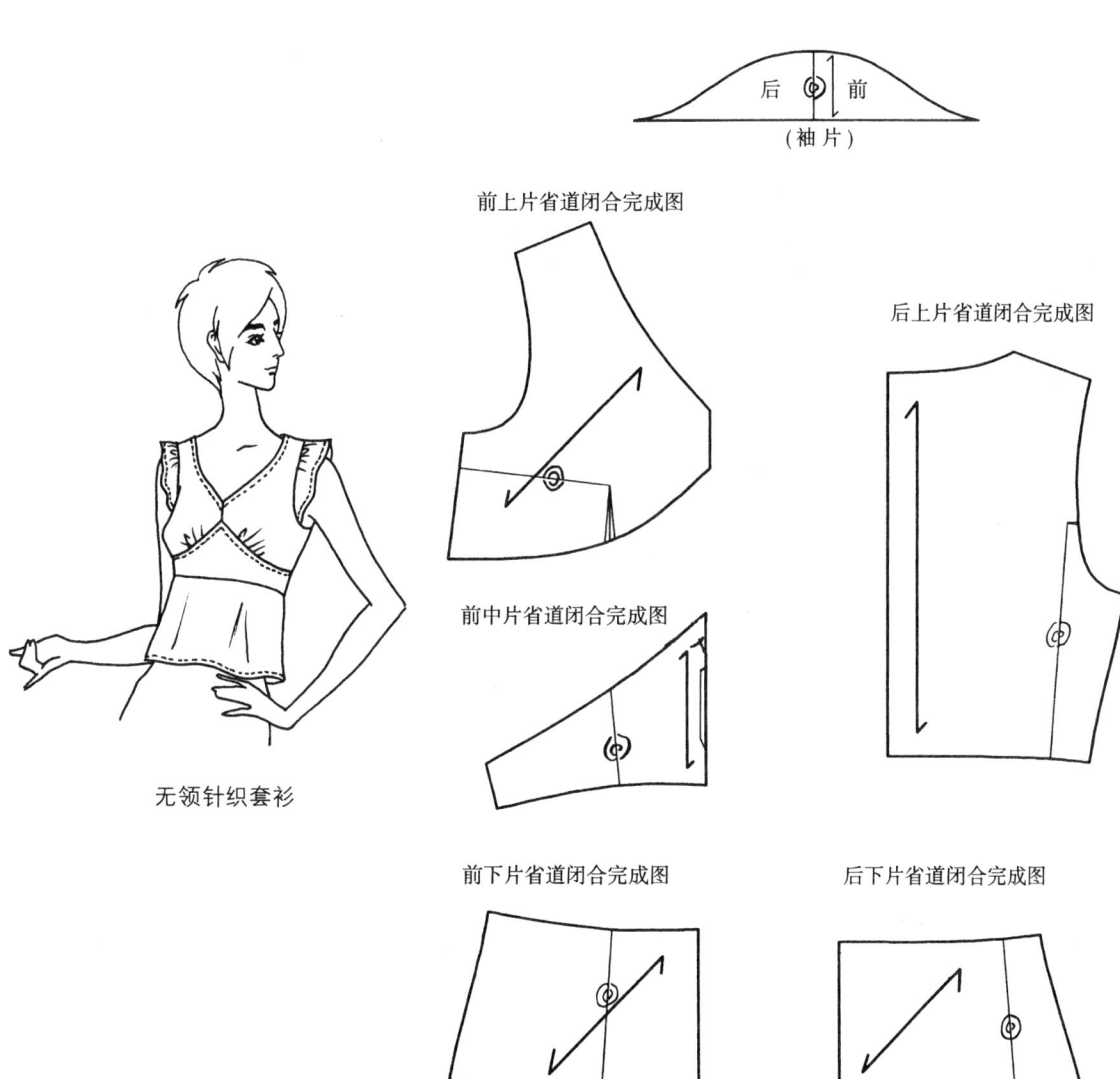

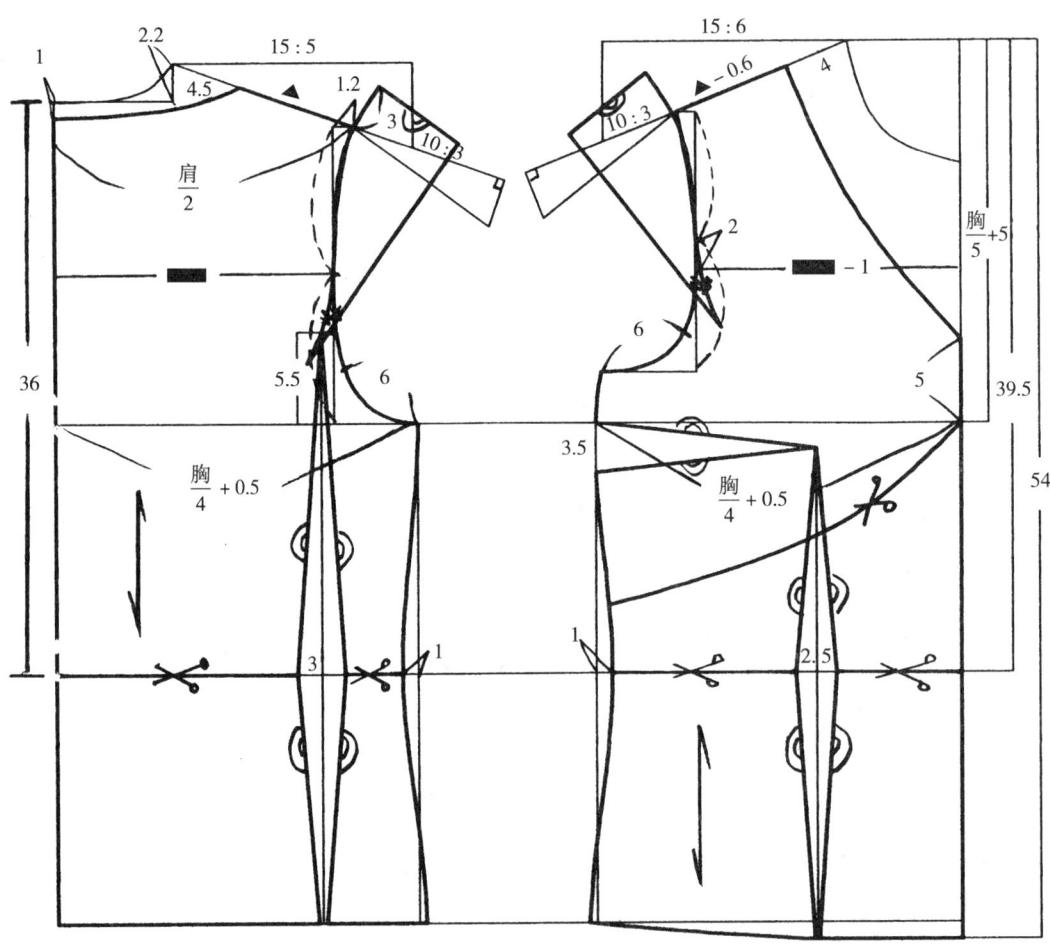

十、低胸无袖针织衫

选用号型：160/84A

部位	规格	设计依据
衣长	54cm	0.4号－10cm
胸围	82cm	净胸围－2cm
腰围	72cm	胸围－10cm

注：面料选用针织类。

低胸无袖针织衫

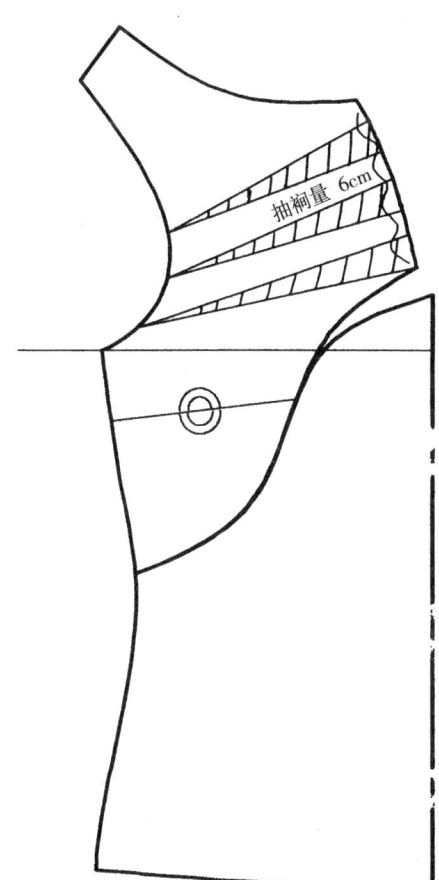

抽褶量6cm

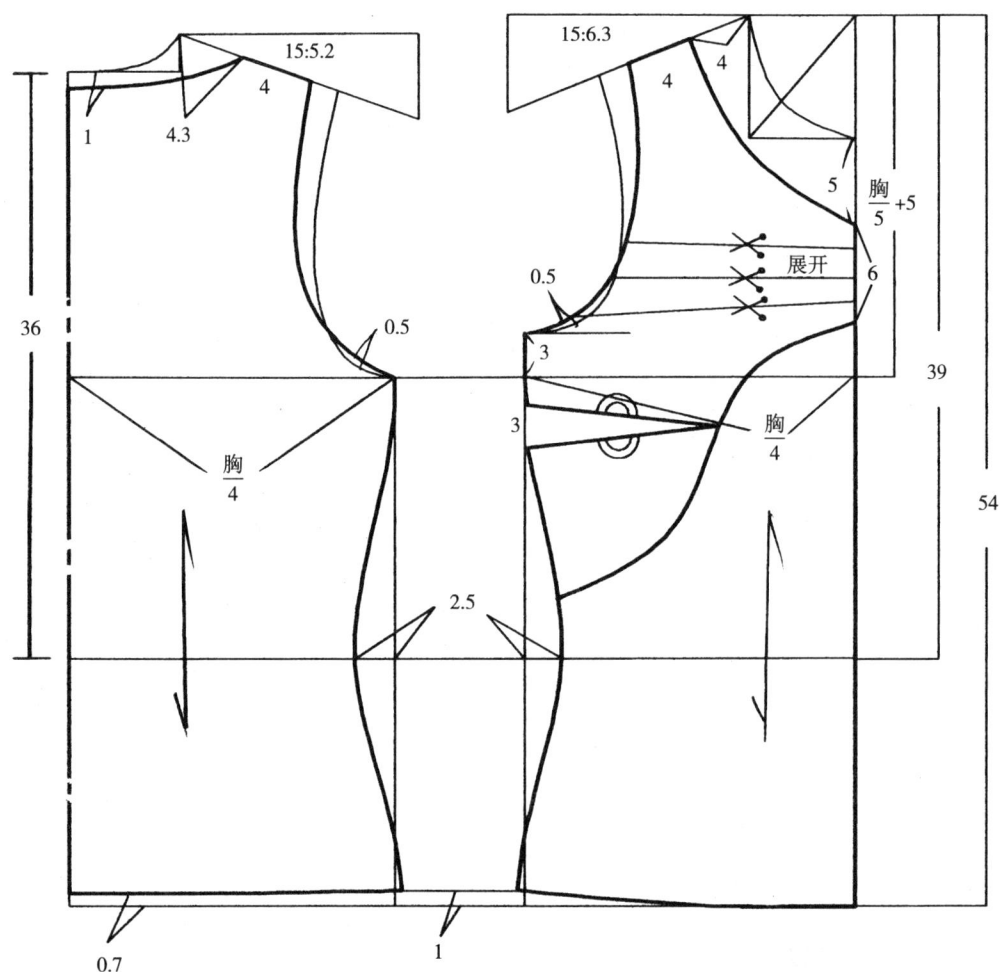

十一、喇叭袖抽褶针织衫

选用号型 160/84A

部位	规格	设计依据
衣长	60cm	0.4号－4cm
胸围	84cm	净胸围
肩宽	36cm	0.25胸围＋15cm
袖长	59cm	0.3号＋11cm

注：面料选用莱卡针织、全棉针织、丝。

喇叭袖抽褶针织衫

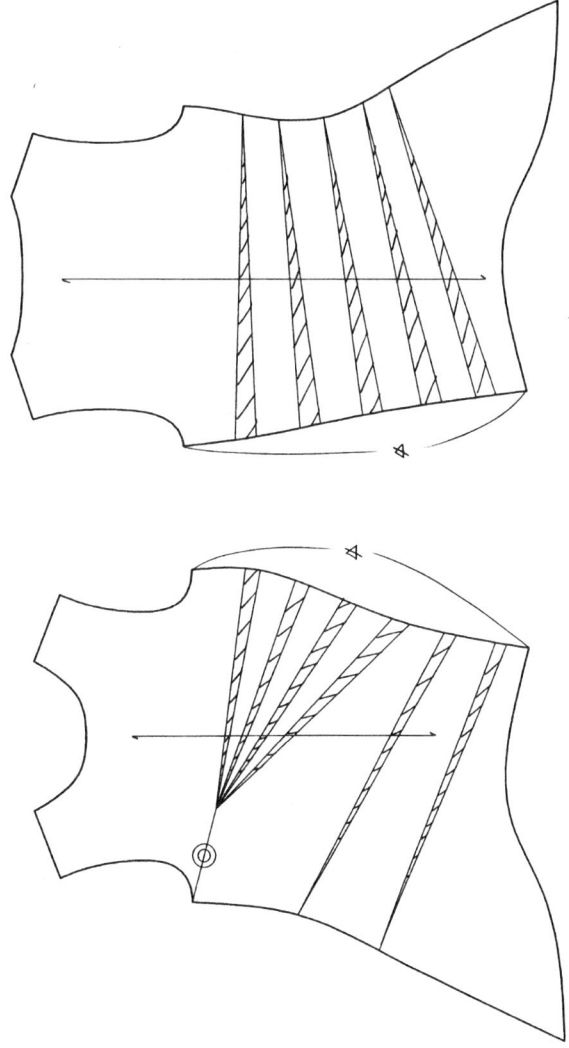

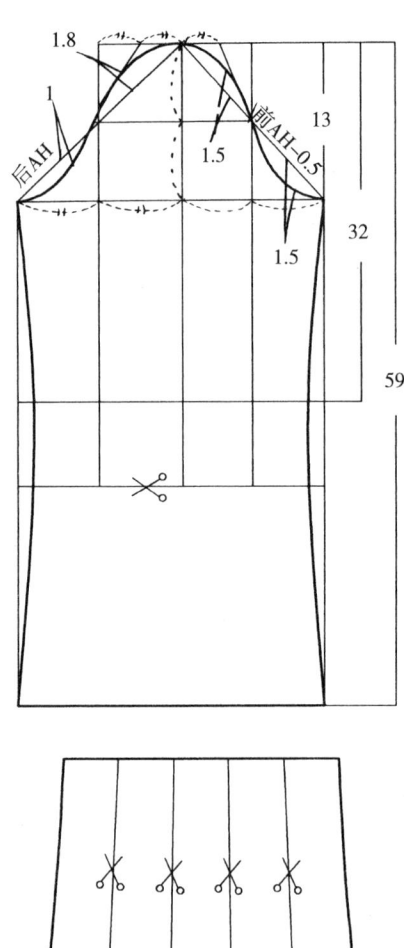
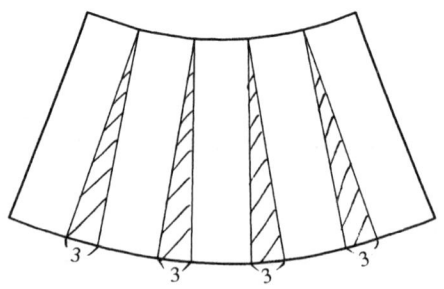

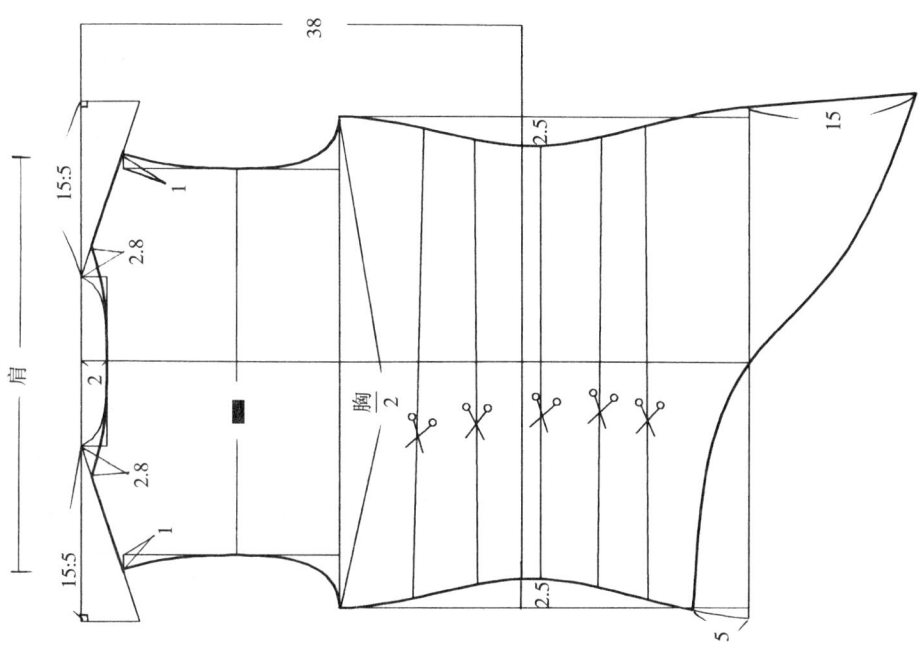
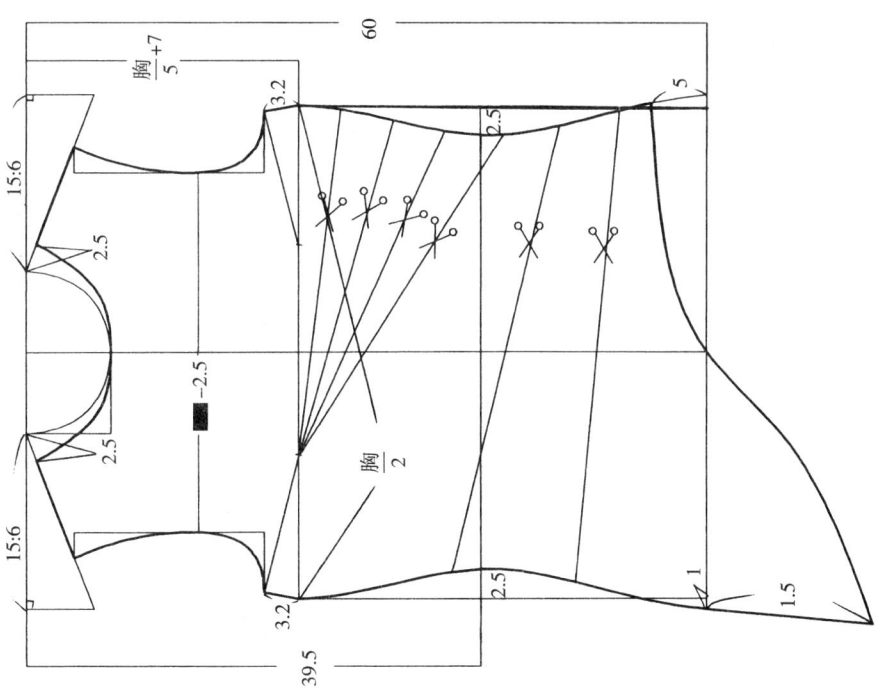

十二、领圈抽褶针织衫

选用号型 160/84A

部位	规格	设计依据
衣长	75cm	0.5号－5
胸围	86cm	净胸围＋2cm
腰围	70cm	净腰围＋4cm
臀围	90cm	净臀围＋2cm
领围	38cm	

注：面料选用针织、丝、绢。

领圈抽褶针织衫

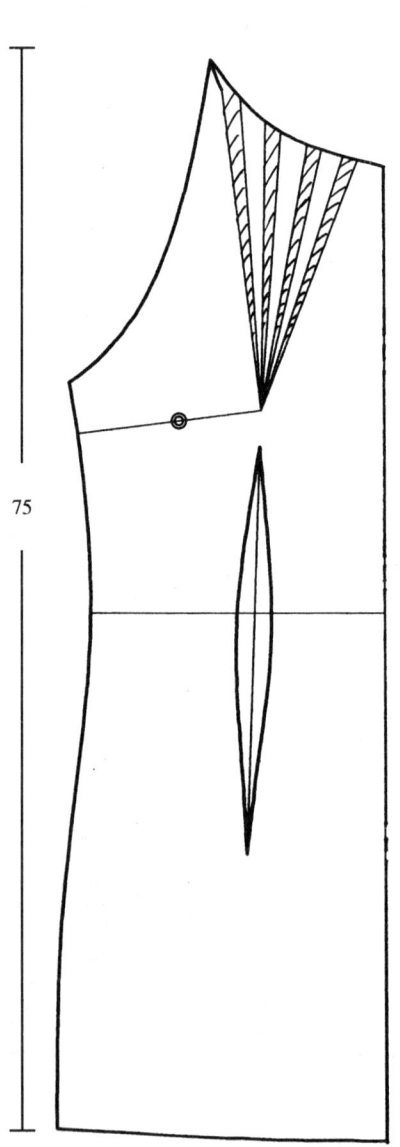

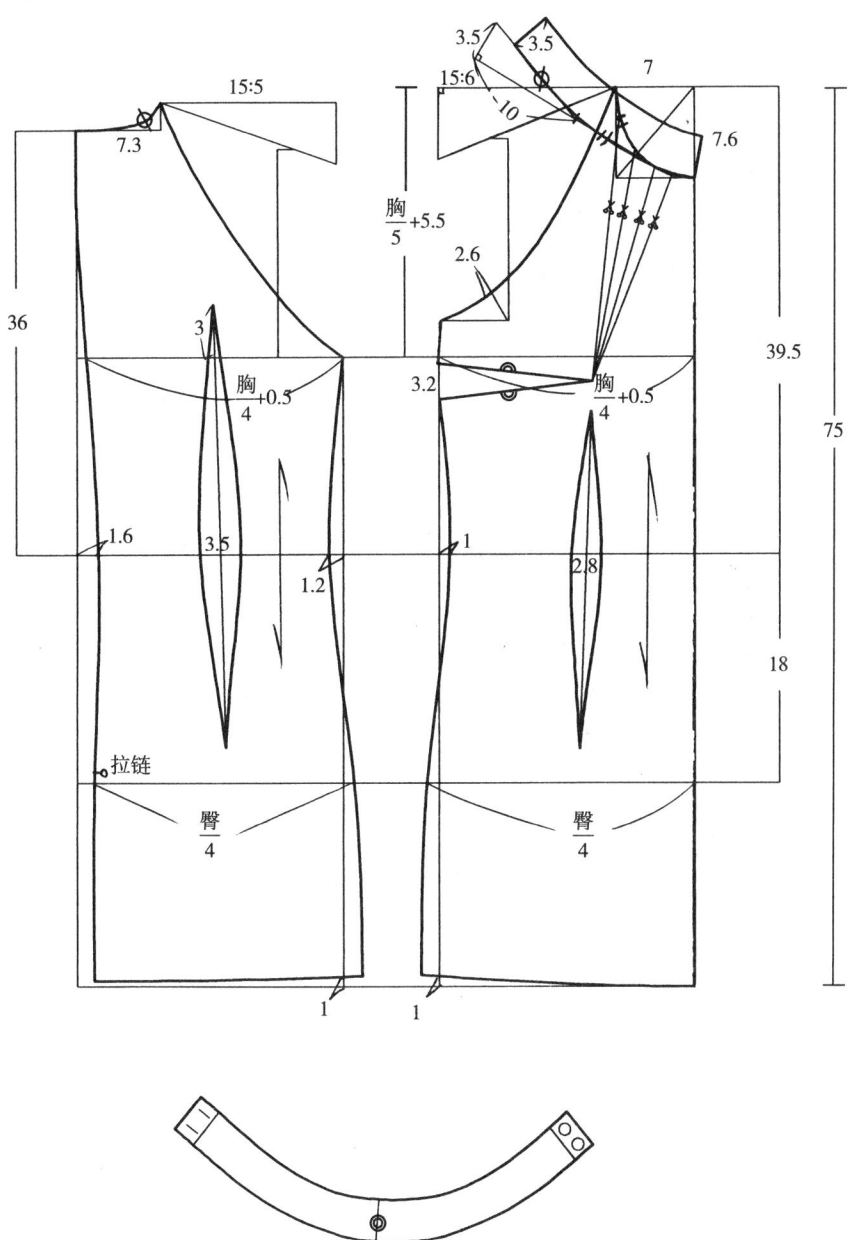

十三、泡泡袖针织衫

选用号型 160/84A

部位	规格	设计依据
衣长	58cm	0.4号－6cm
胸围	82cm	净胸围－2cm
肩宽	35cm	0.25胸围＋14.5cm
腰围	72cm	胸围－10cm
袖长	20cm	

注：面料选用针织类。

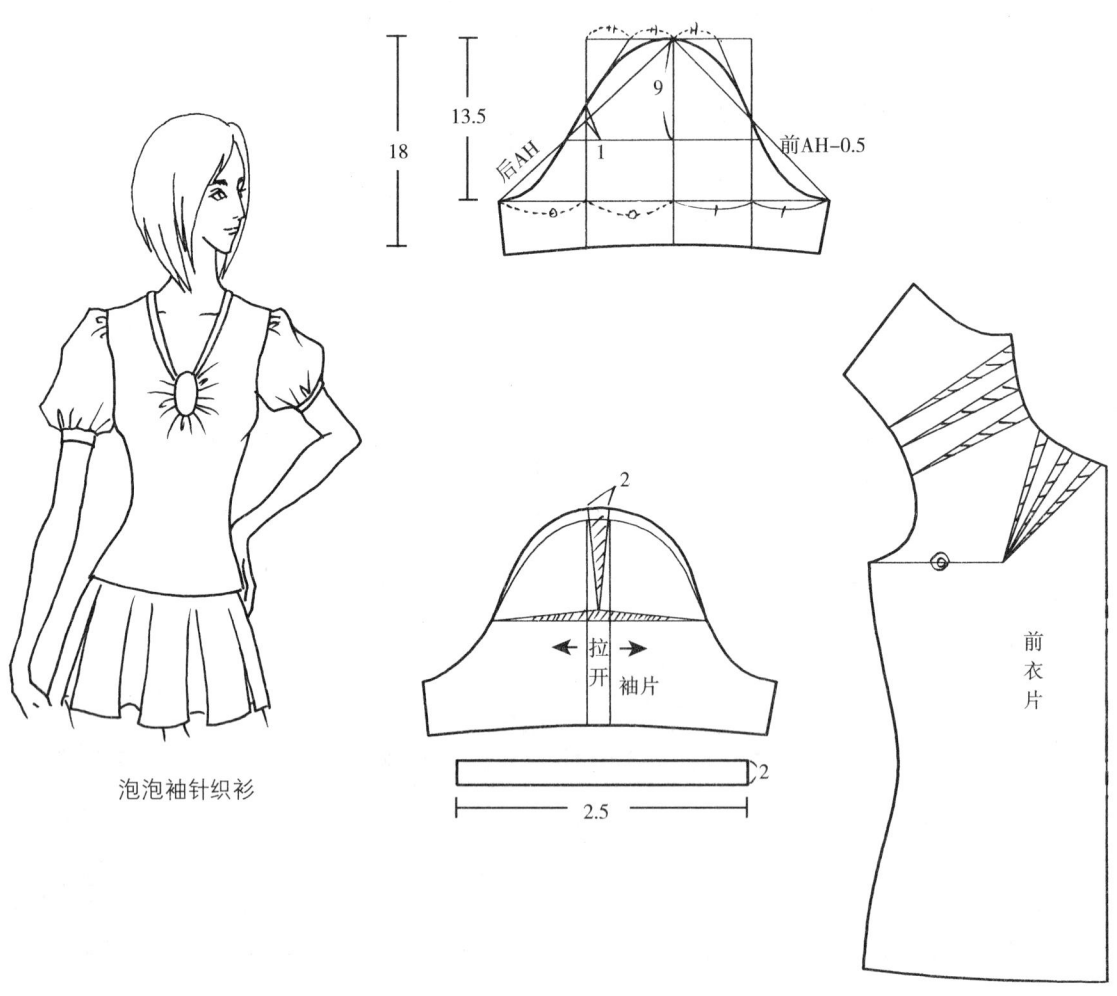

泡泡袖针织衫

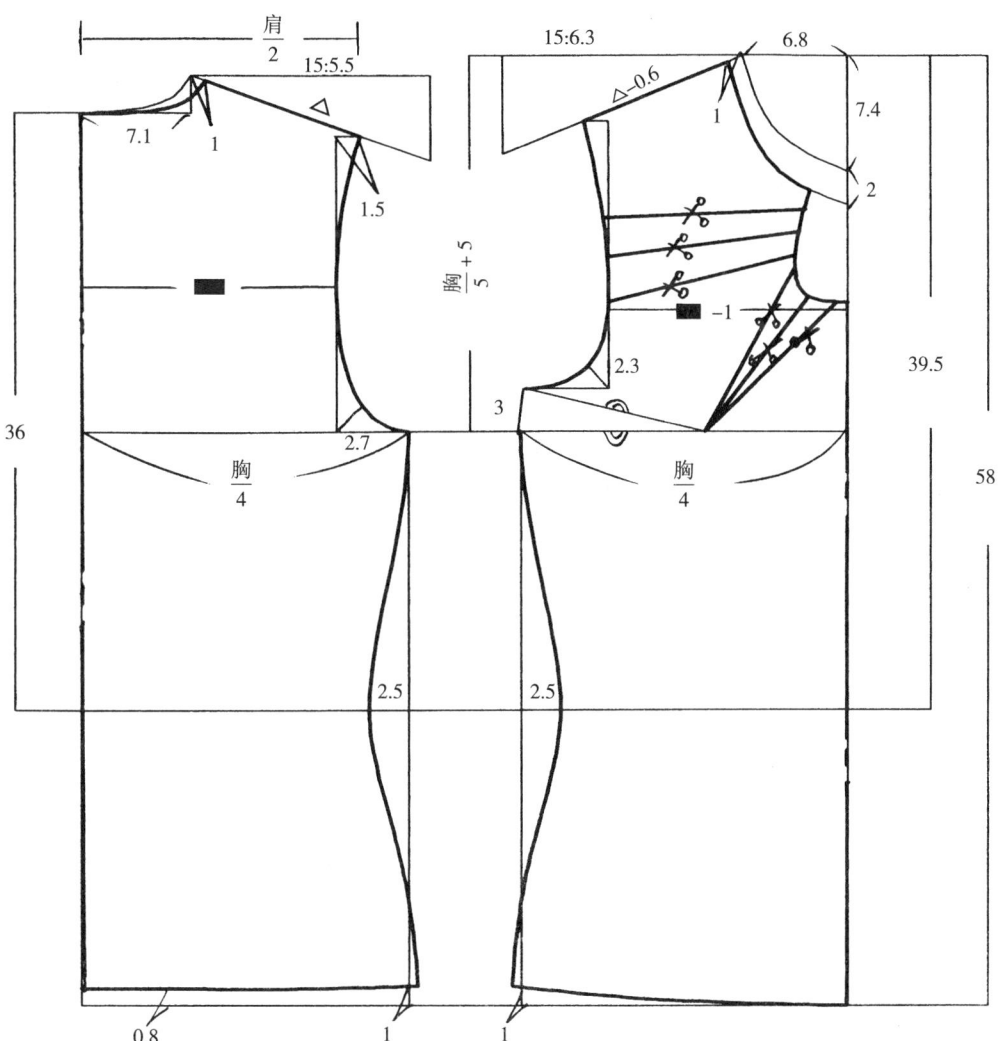

十四、领口垂荡针织衫

选用号型 160/84A

部位	规格	设计依据
衣长	56cm	0.4号－8cm
胸围	84cm	净胸围
肩宽	35cm	0.25胸围＋14cm
腰围	74cm	胸围－10cm

注：面料选用莱卡针织。

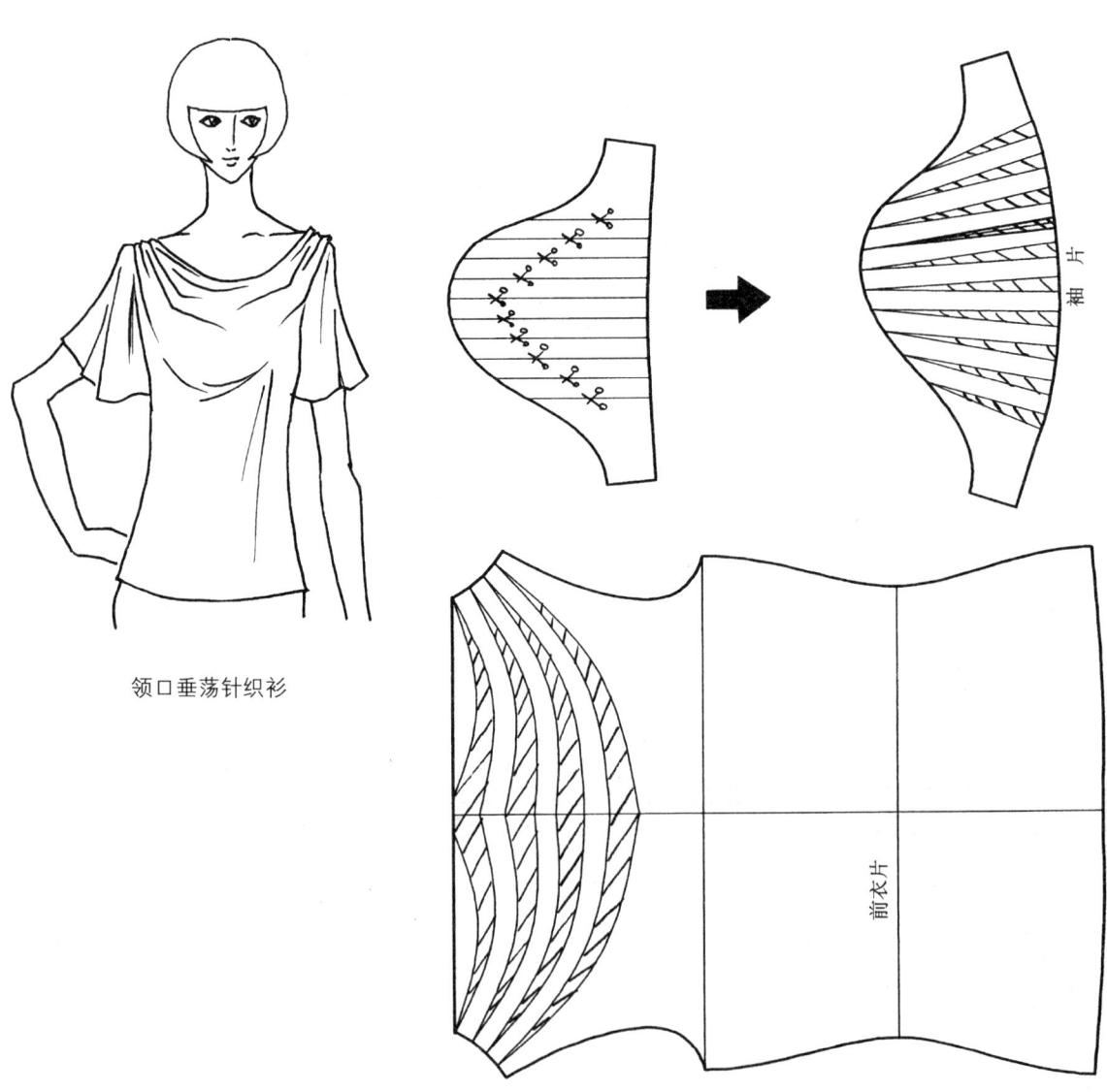

领口垂荡针织衫

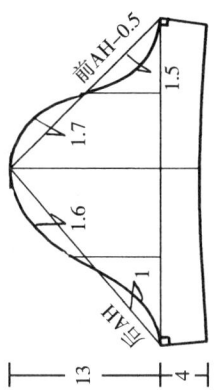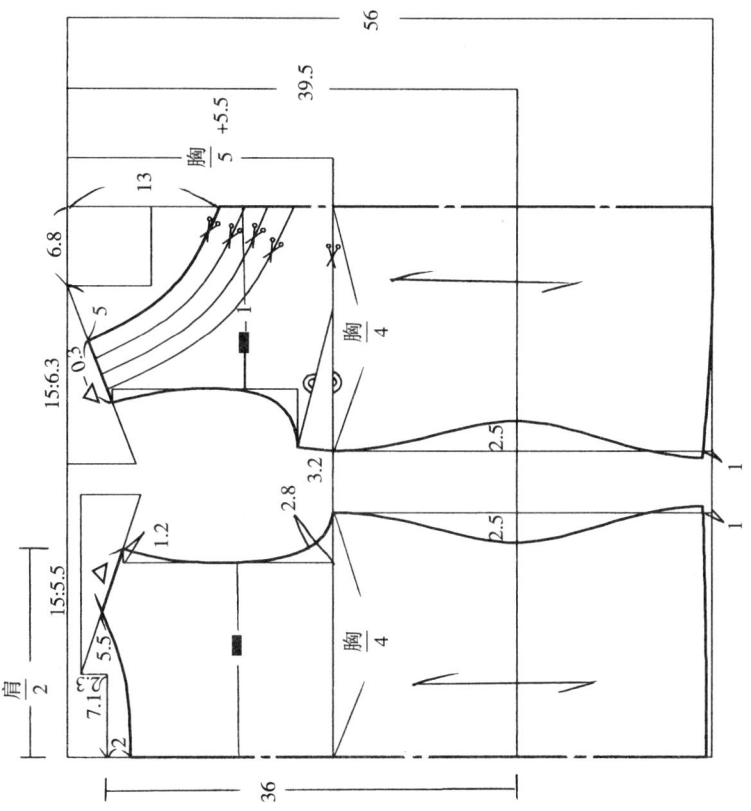

十五、三开身女西服

选用号型 160/84A

部位	规格	设计依据
衣长	66cm	0.4号+2cm
胸围	96cm	净胸围+12cm
肩宽	40.5cm	0.25胸围+15.5cm
袖长	57.5cm	0.3号+8.5+1cm垫肩
袖口	12.6~13.6cm	0.1胸围+3~4cm
腰围	84cm	胸围-14cm
袖山倾角	15:13.5	

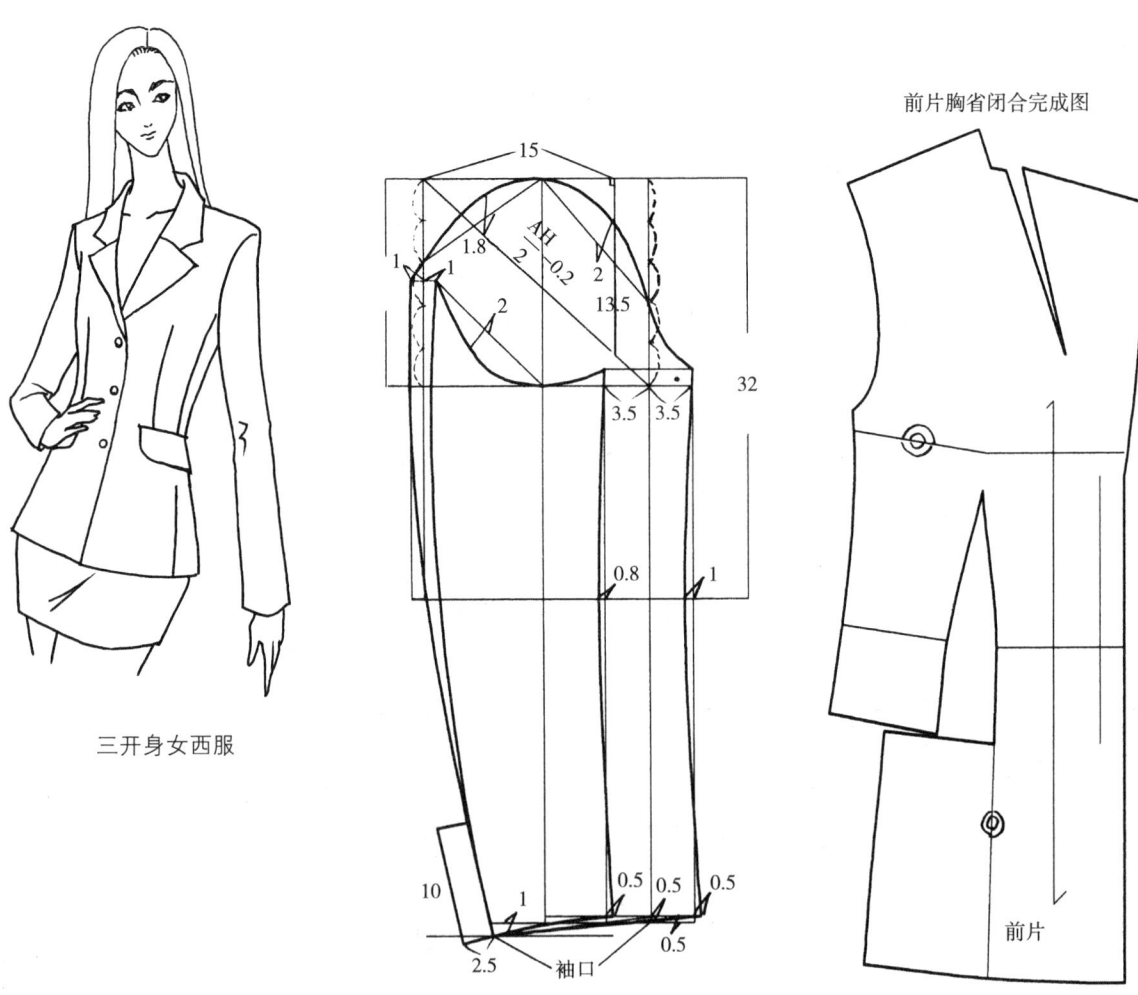

三开身女西服

前片胸省闭合完成图

前片

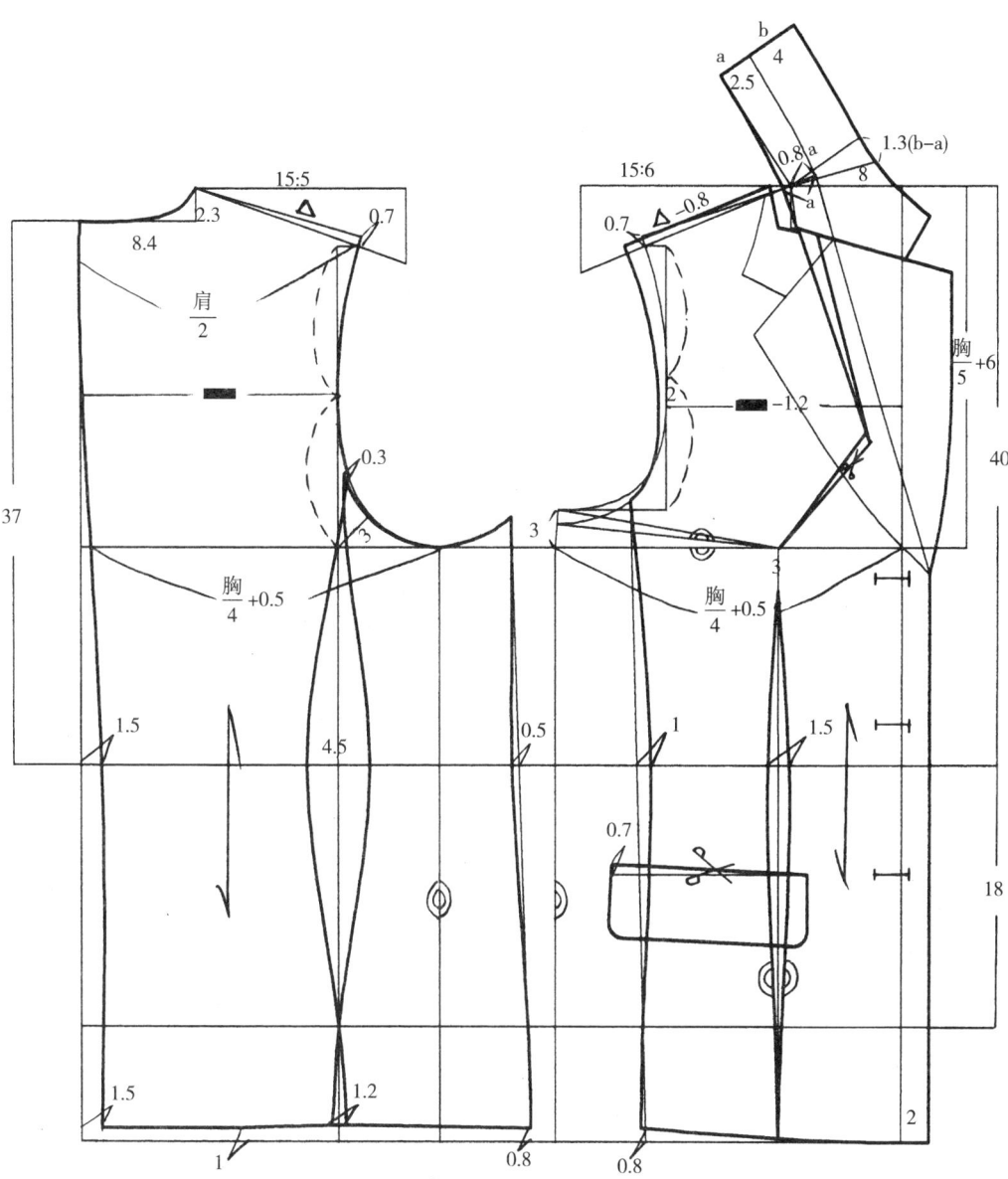

十六、休闲拉链衫

选用号型 160/84A

部位	规格	设计依据
衣长	58cm	0.4 号－6cm
胸围	94cm	净胸围＋10cm
肩宽	39cm	0.25 胸围＋15.5cm
袖长	56.5cm	0.3 号＋8.5cm
袖口	13cm	0.1 胸围＋3～4cm
腰围	80cm	胸围－14cm
袖肥	17.5cm	0.2 胸围－1.3cm
领围	41.5cm	颈围＋7～8cm

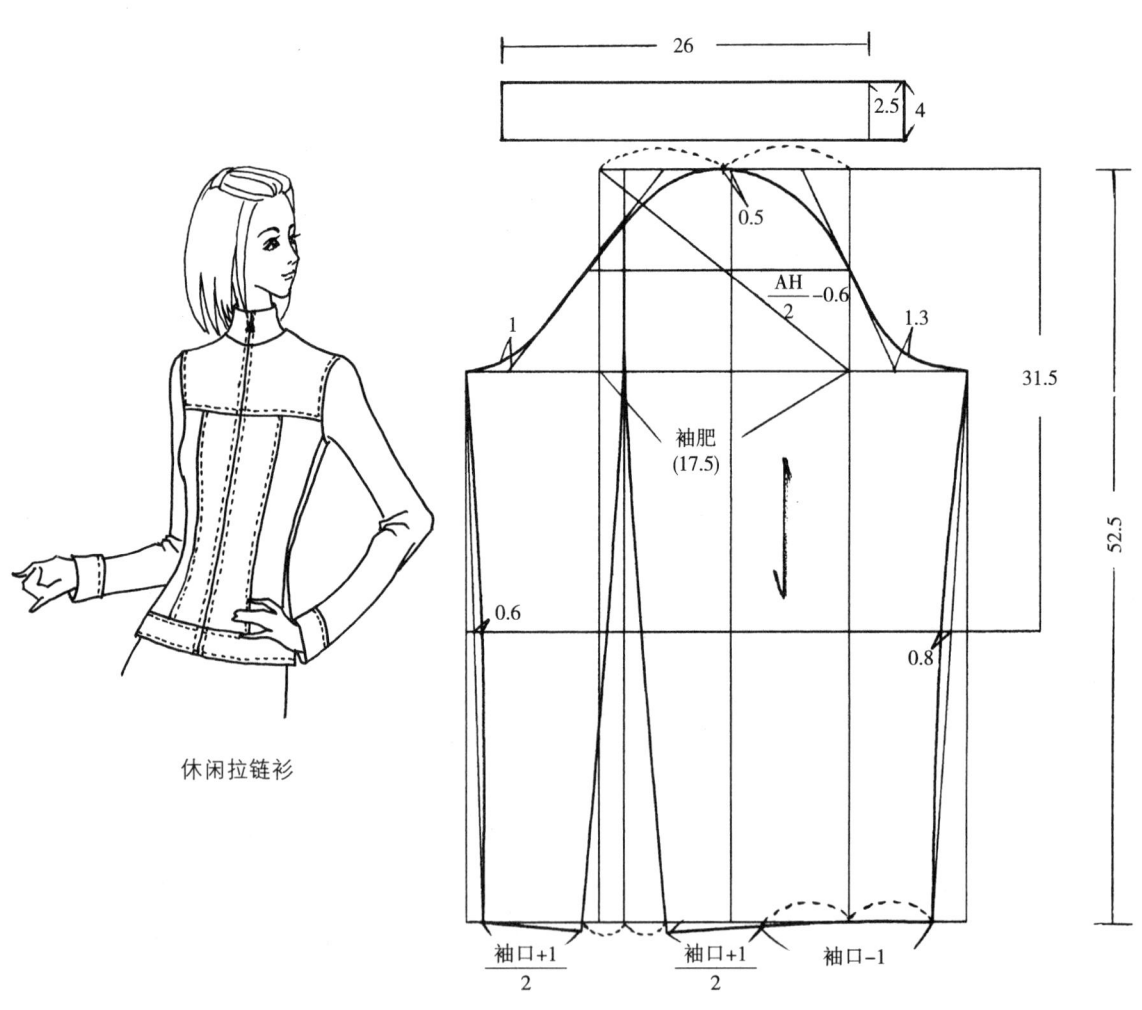

休闲拉链衫

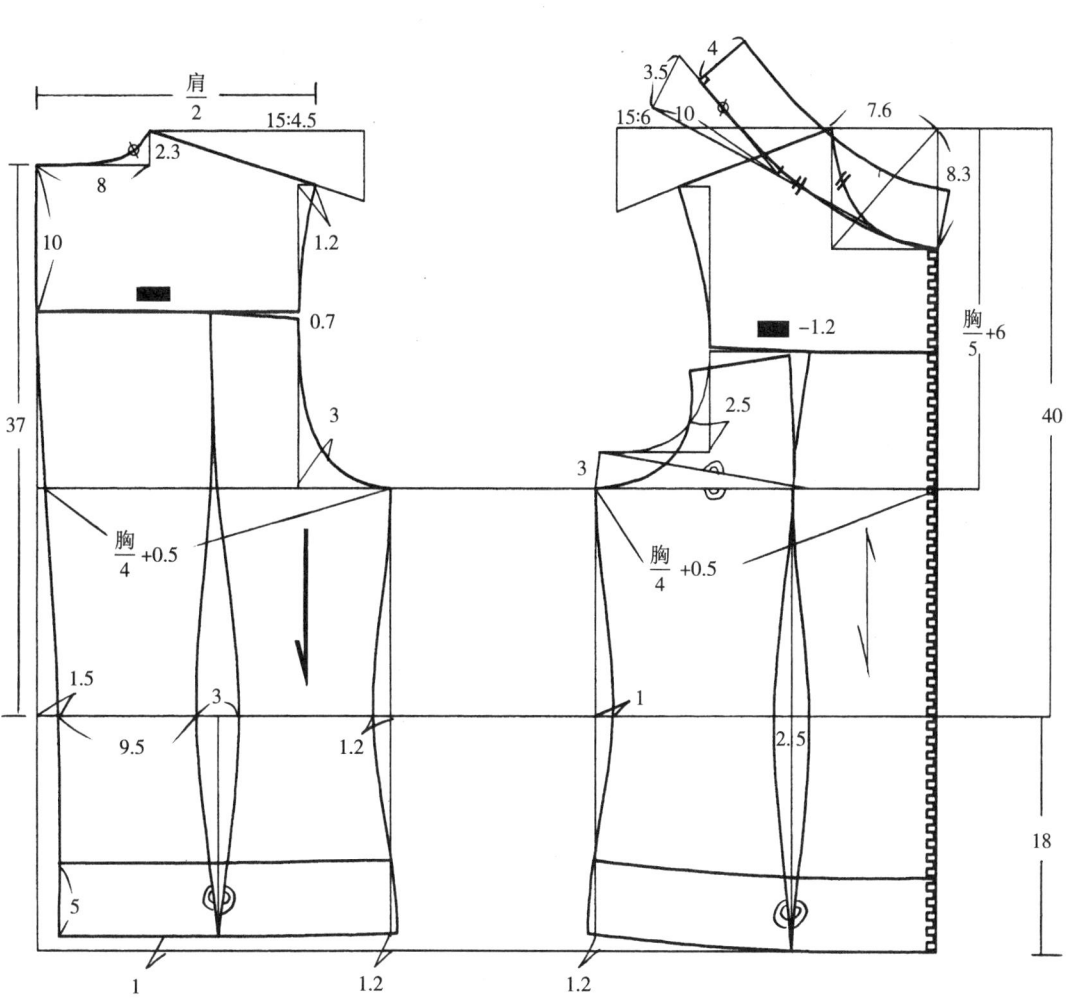

十七、小方领拉链衫

选用号型 160/84A

部位	规格	设计依据
衣长	58cm	0.4 号－6cm
胸围	90cm	净胸围＋6cm
肩宽	38cm	0.25 胸围＋15.5cm
袖长	56cm	0.3 号＋8cm
袖口	12.5cm	0.1 胸围＋3.5cm
腰围	74cm	胸围－16cm

小方领拉链衫

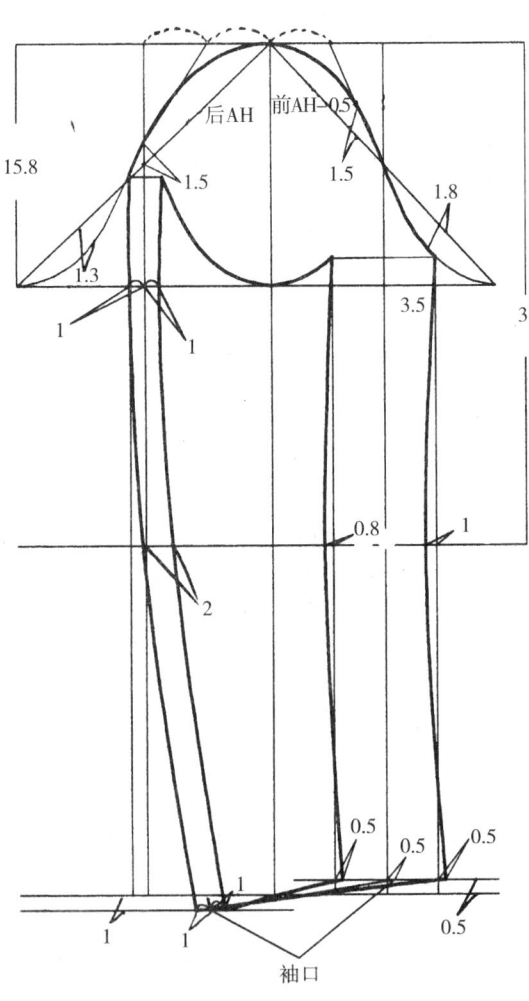

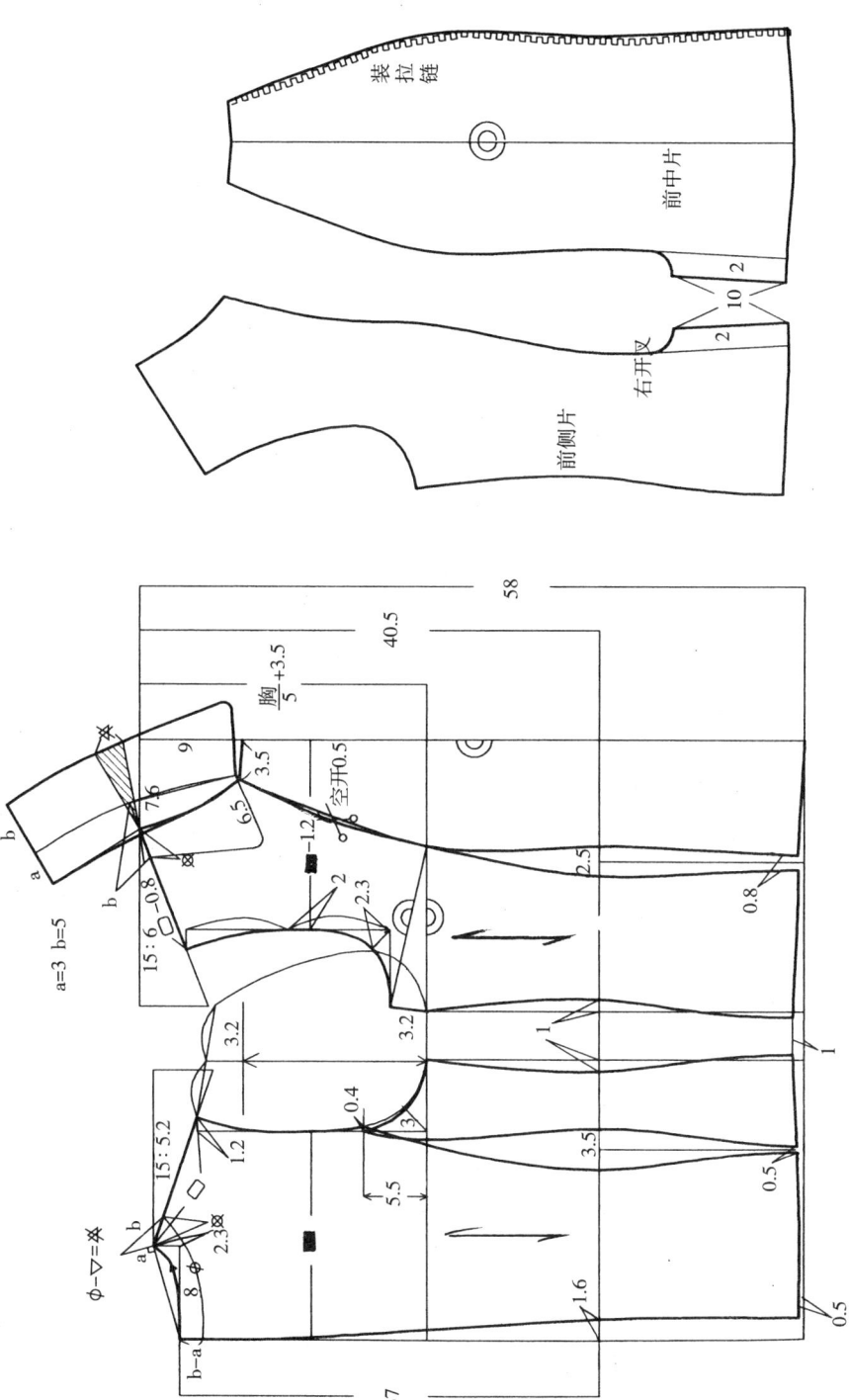

十八、抽褶式圆摆装

选用号型 160/84A

部位	规格	设计依据
衣长	54cm	0.3号+6cm
胸围	90cm	净胸围+6cm
肩宽	38cm	0.25胸围+15.5cm
袖长	60cm	0.3号+12cm
袖肥	16cm	0.2胸围-2cm

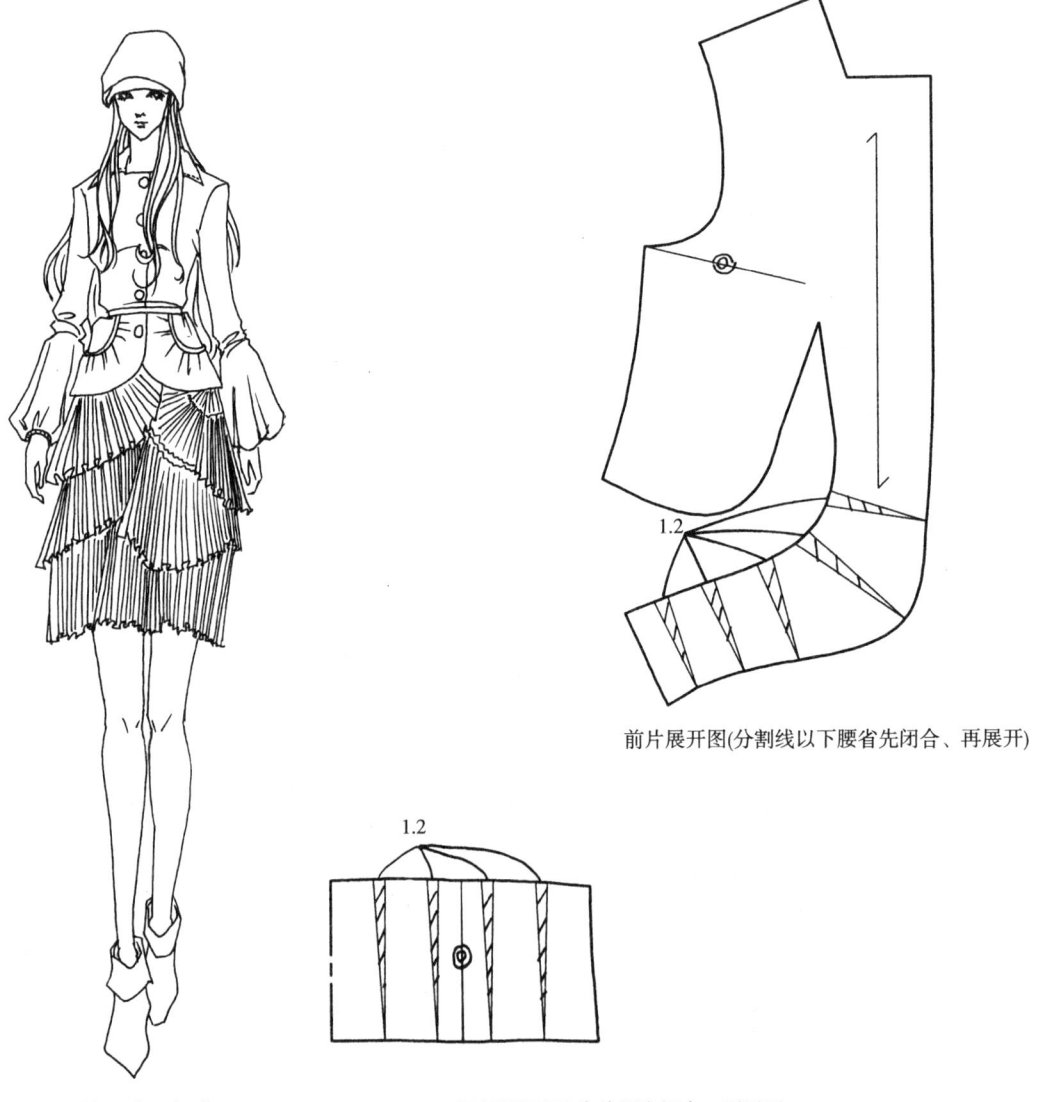

抽褶式圆摆装

前片展开图(分割线以下腰省先闭合、再展开)

后下片展开图(先将腰省闭合、再展开)

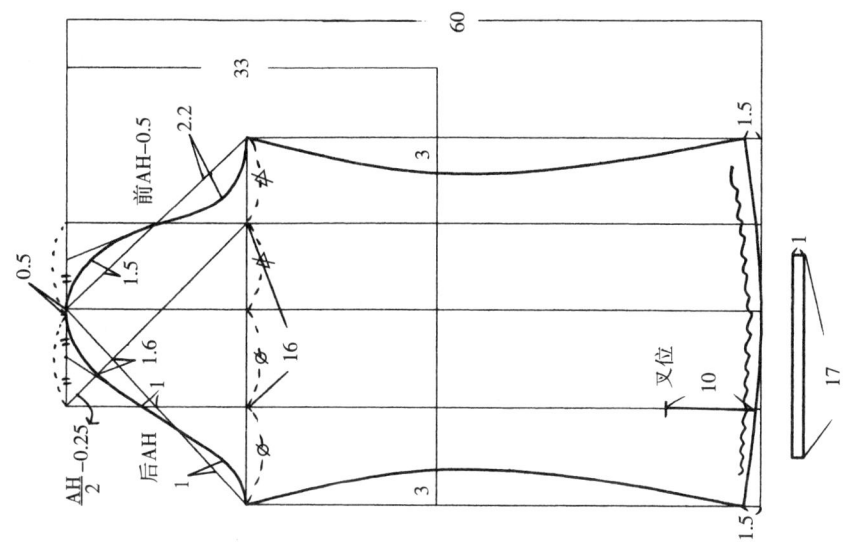
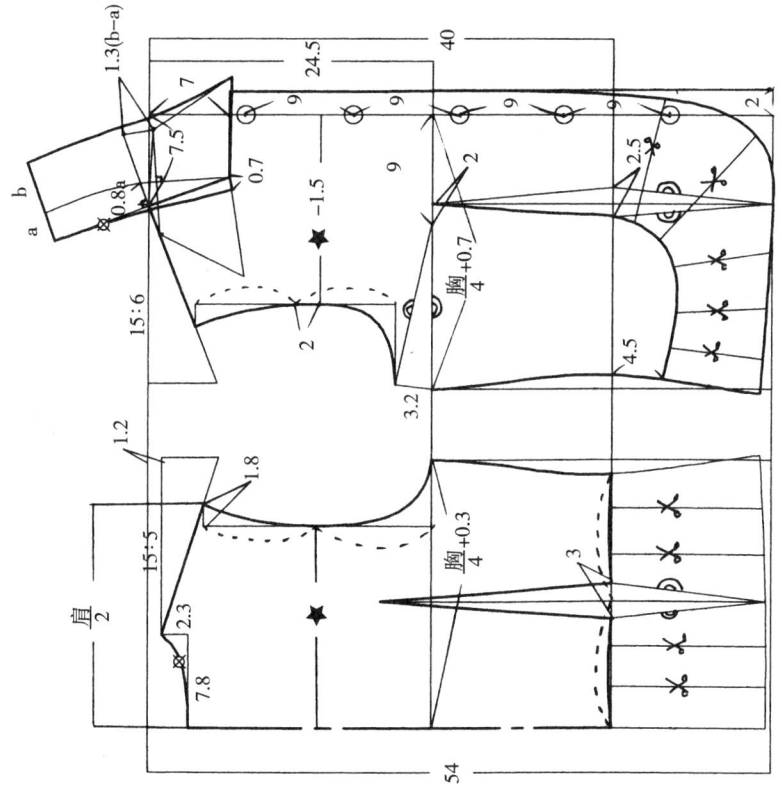

十九、小圆角休闲外套

选用号型 160/84A

部位	规格	设计依据
衣长	60cm	0.4号－4cm
胸围	92cm	净胸围＋8cm
肩宽	38.5cm	0.25胸围＋15.5cm
袖长	56.5cm	0.3号＋8.5cm
袖口	12.5cm	0.1胸围＋3～4cm
腰围	78cm	胸围－14cm

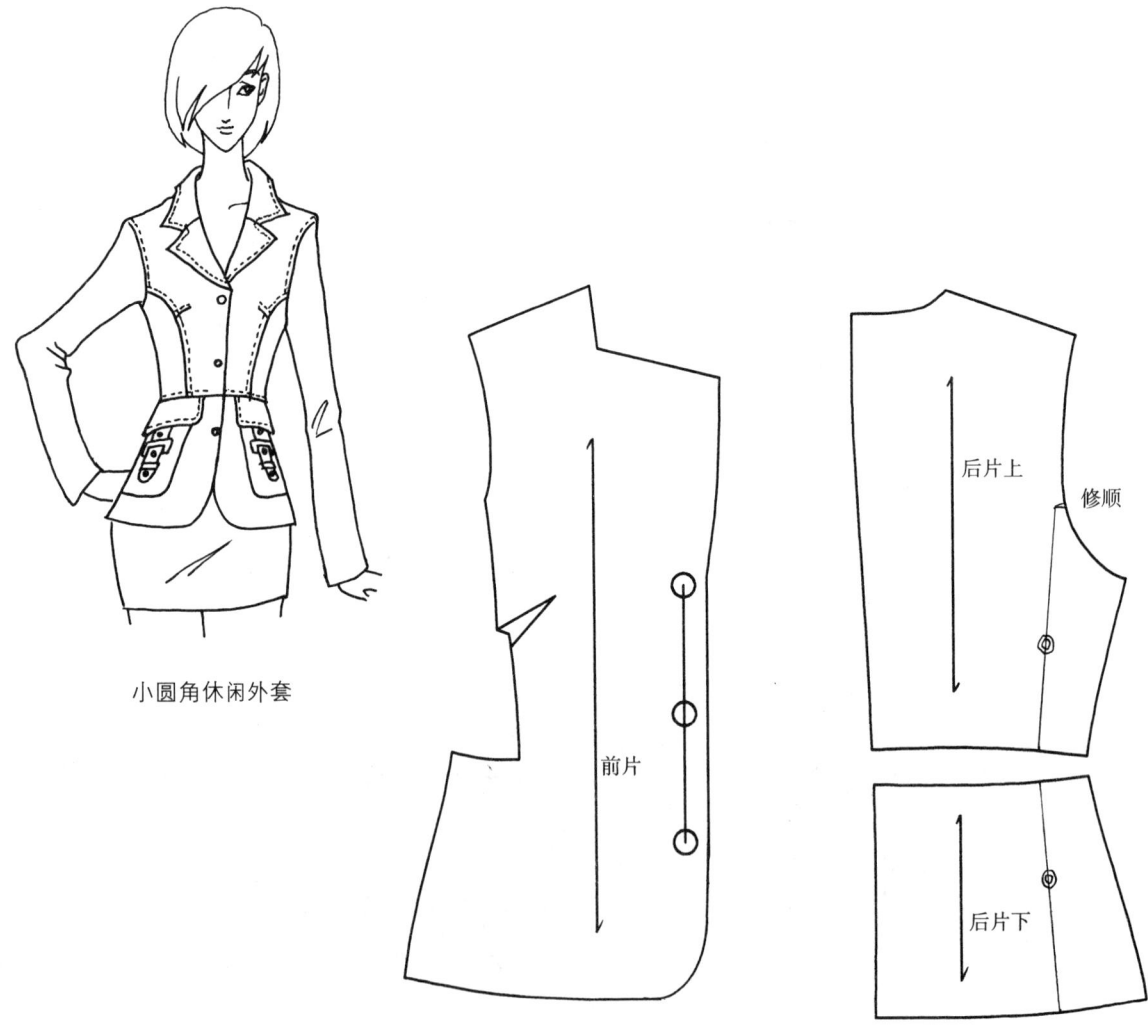

小圆角休闲外套

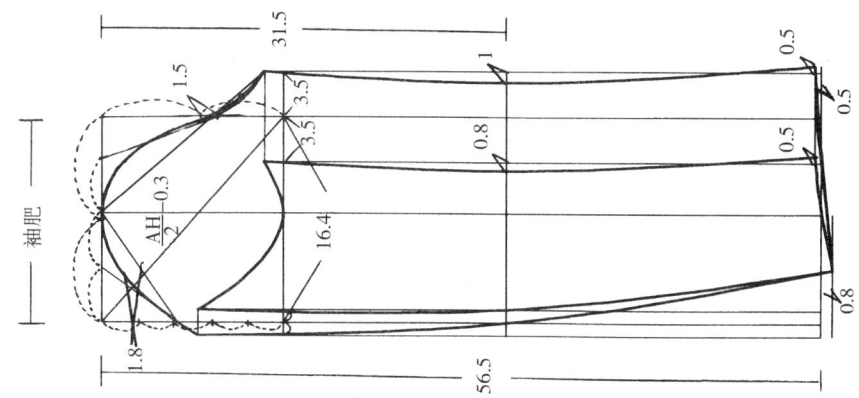
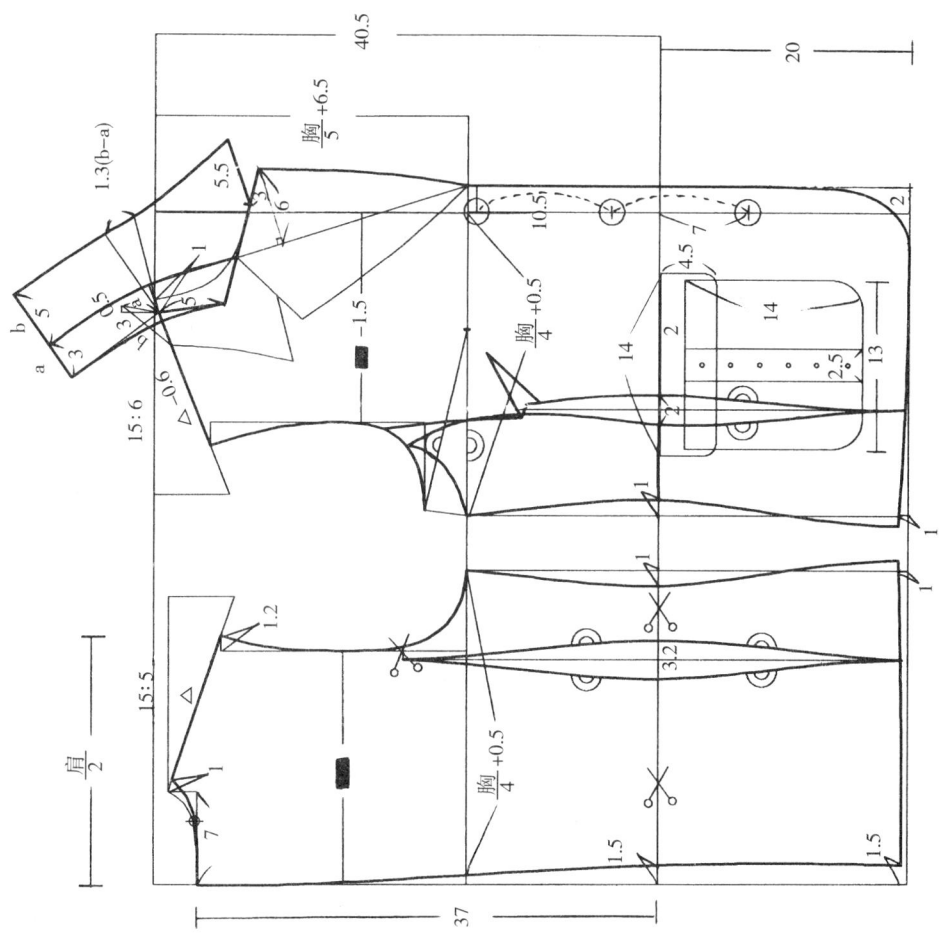

二十、叠驳领休闲套装

选用号型 160/84A

部位	规格	设计依据
衣长	60cm	0.4号－4cm
胸围	92cm	净胸围＋8cm
肩宽	38.5cm	0.25胸围＋15.5cm
袖长	57cm	0.3号＋9cm
袖口	13cm	0.1胸围＋3～4cm
袖肥	16.8cm	0.2胸围－1.6cm
腰围	76cm	胸围－16cm

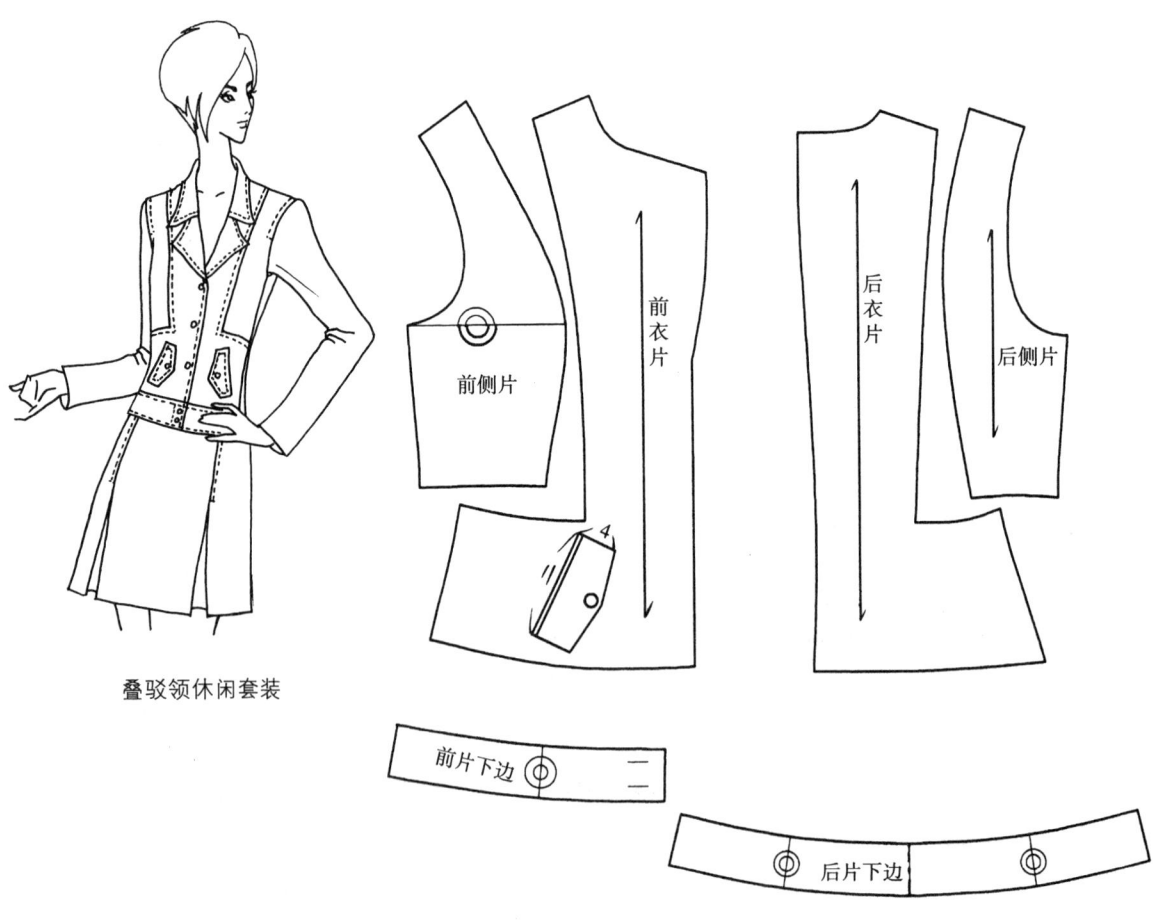

叠驳领休闲套装

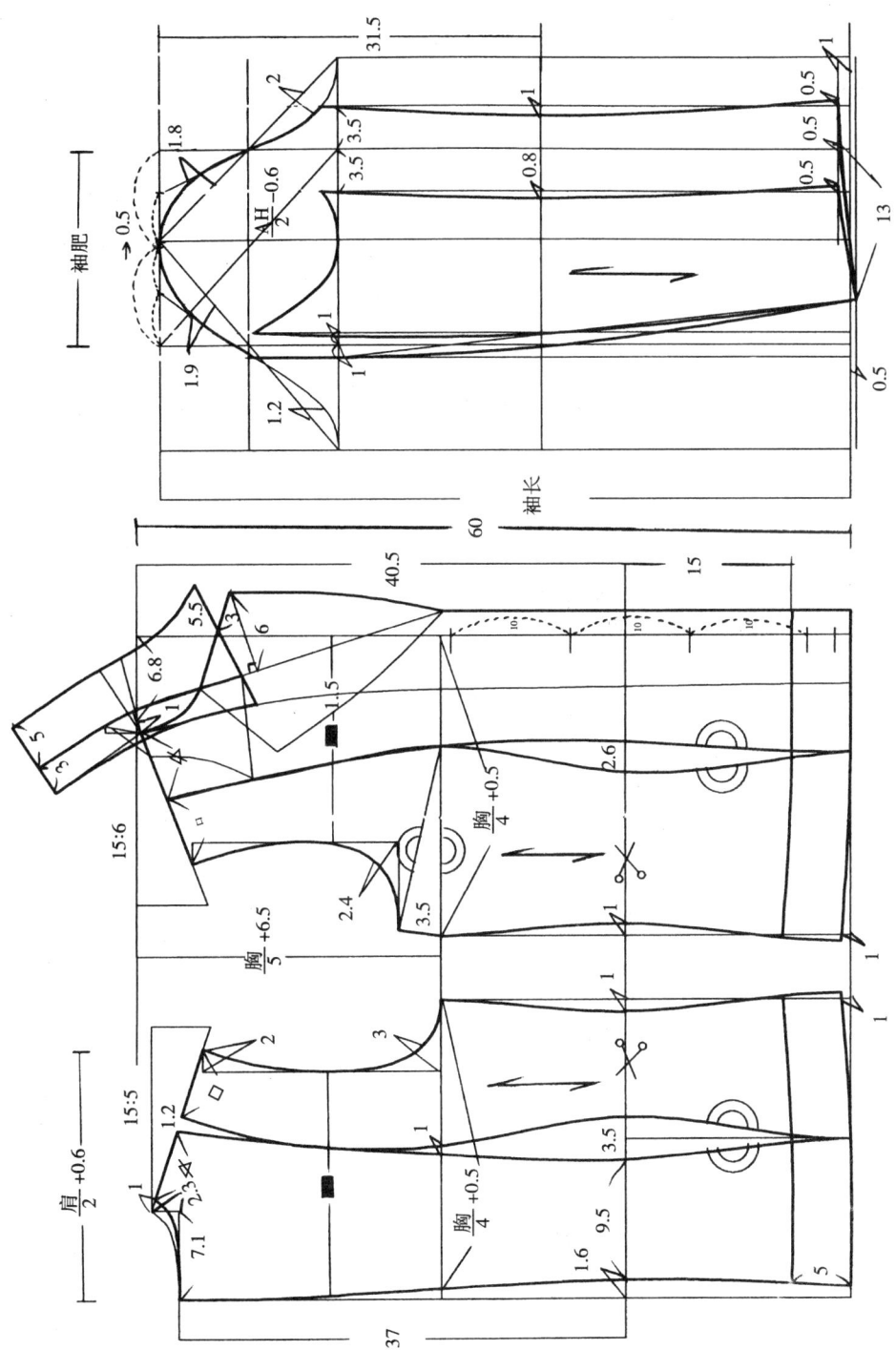

二十一、半连身立领拉链外套

选用号型 165/84A

部位	规格	设计依据
衣长	64cm	0.4号－2cm
胸围	94cm	净胸围＋10cm
肩宽	39.5cm	0.25胸围＋16cm
袖长	57.5cm	0.3号＋8cm
袖口	13.5cm	0.1胸围＋4cm
腰围	78cm	胸围－16cm

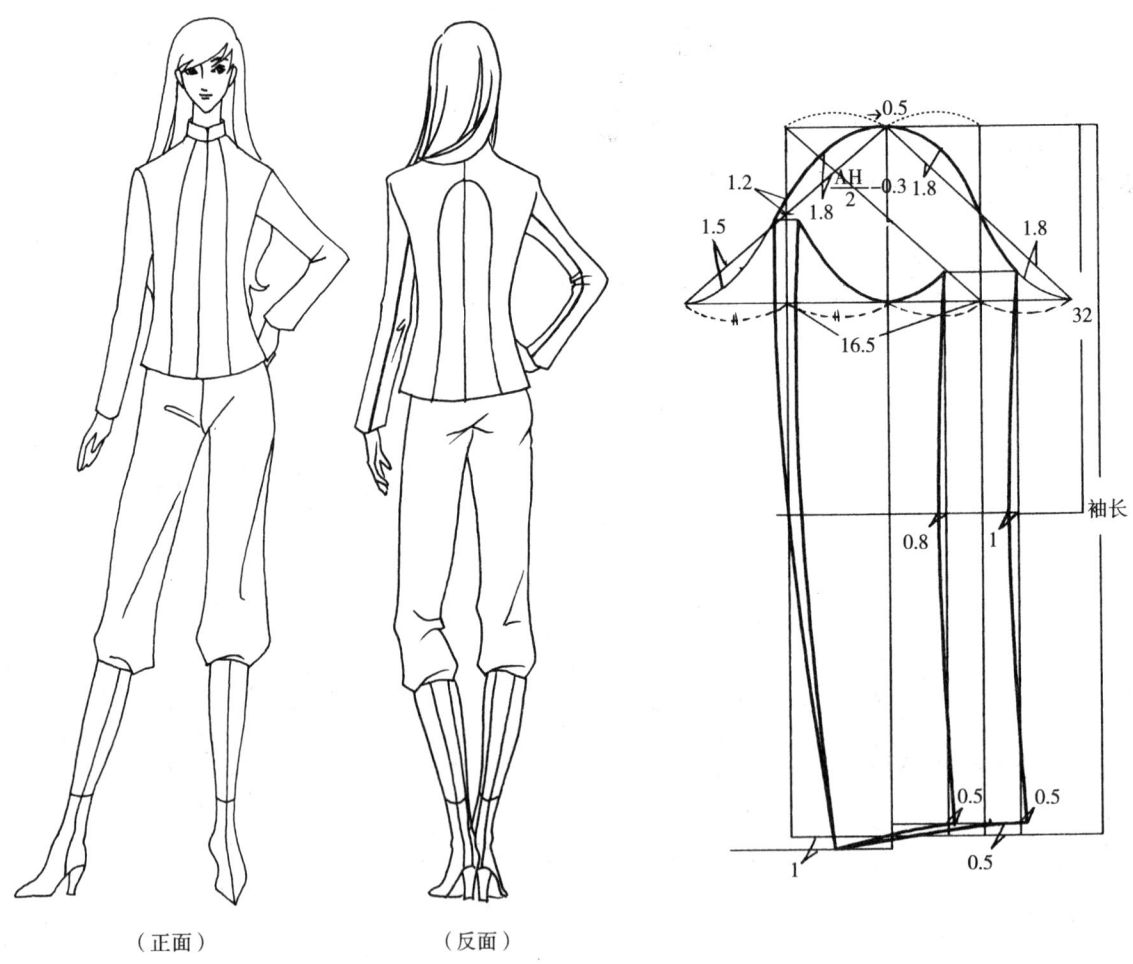

（正面） （反面）

半连身立领拉链外套

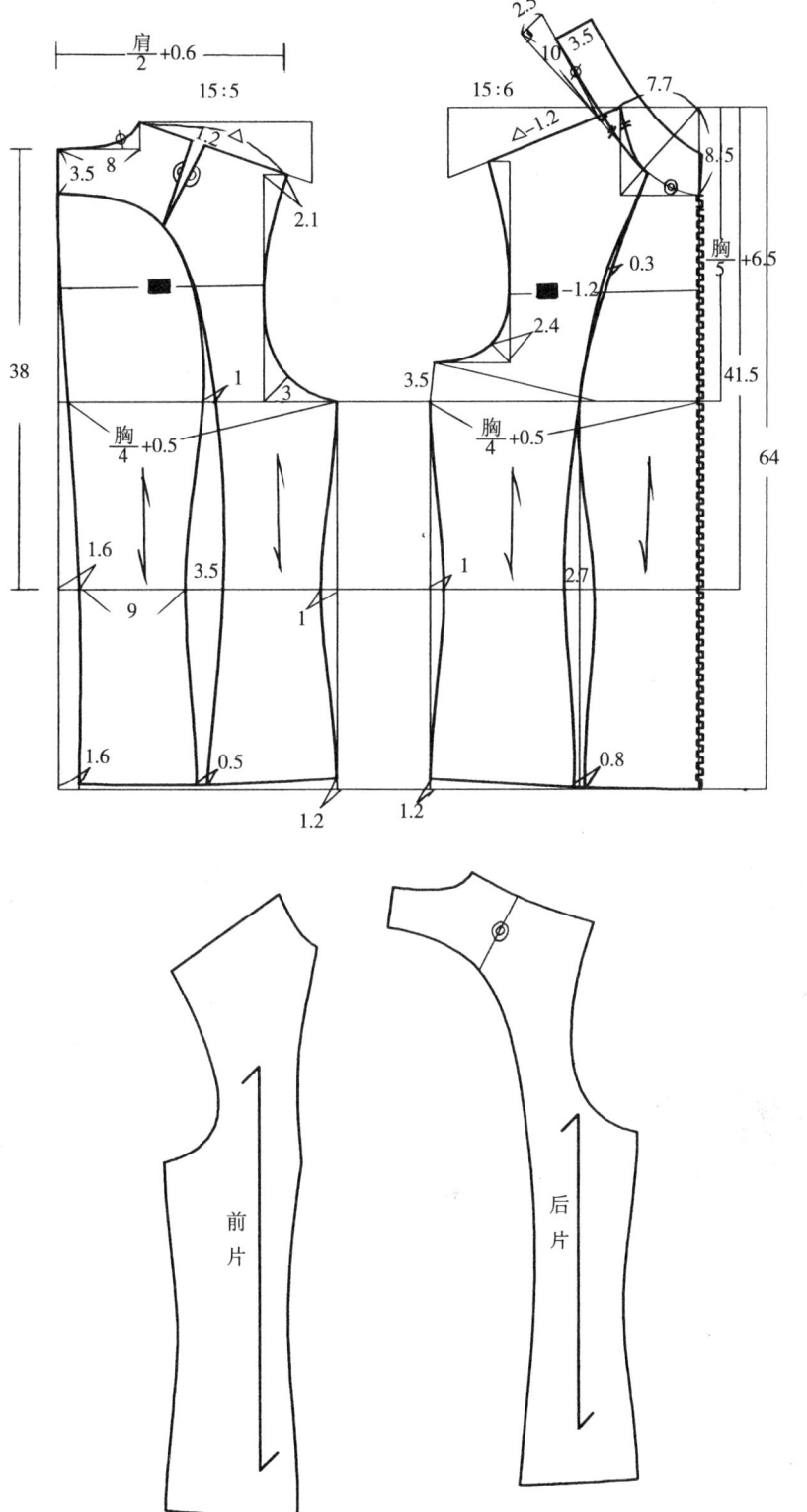

二十二、宽袖紧身短外套

选用号型：160/84A

部位	规格	设计依据
后中长	50cm	0.3号+2cm
胸围	88cm	净胸围+4cm
肩宽	38cm	0.25胸围+16cm
袖长	46cm	0.3号−2cm
袖肥	17cm	0.2胸围−0~1cm

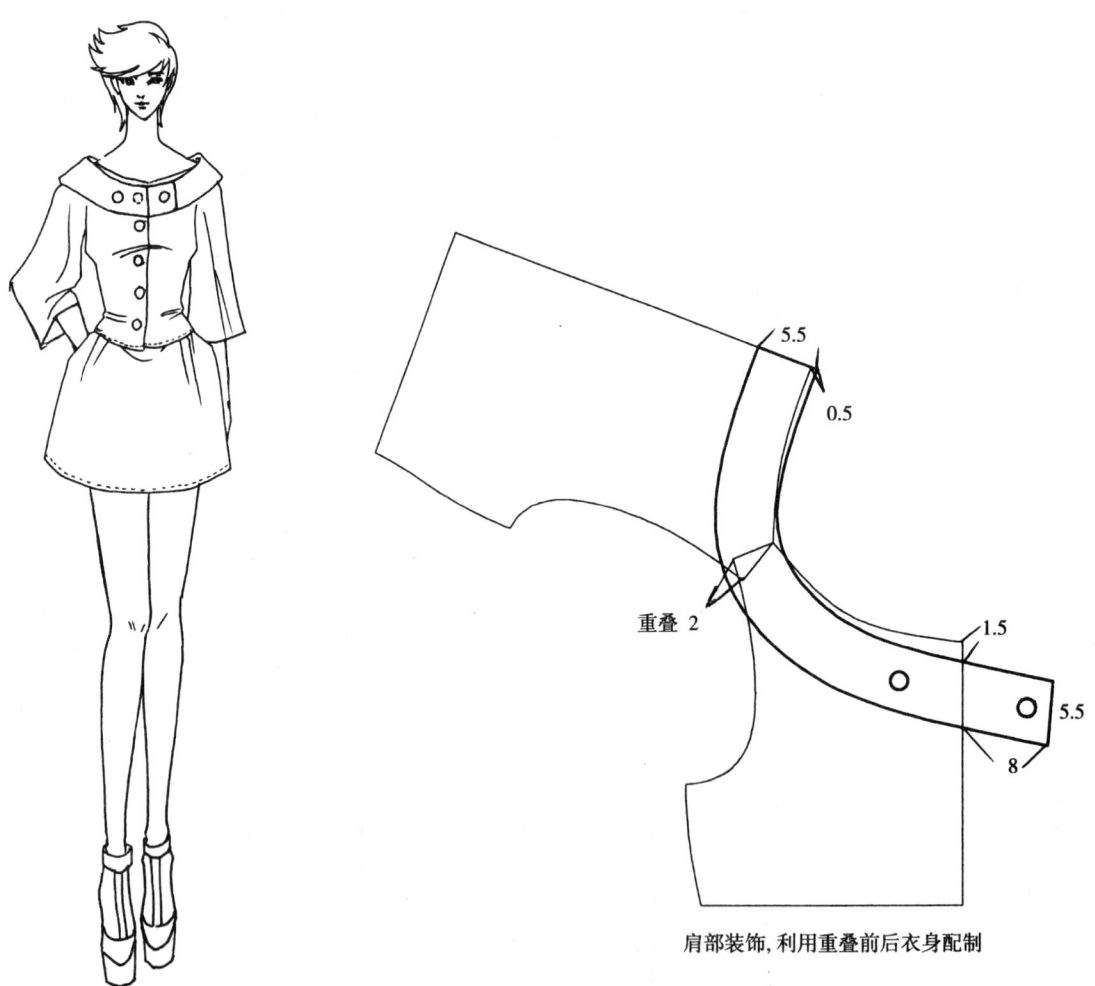

肩部装饰，利用重叠前后衣身配制

宽袖紧身短外套

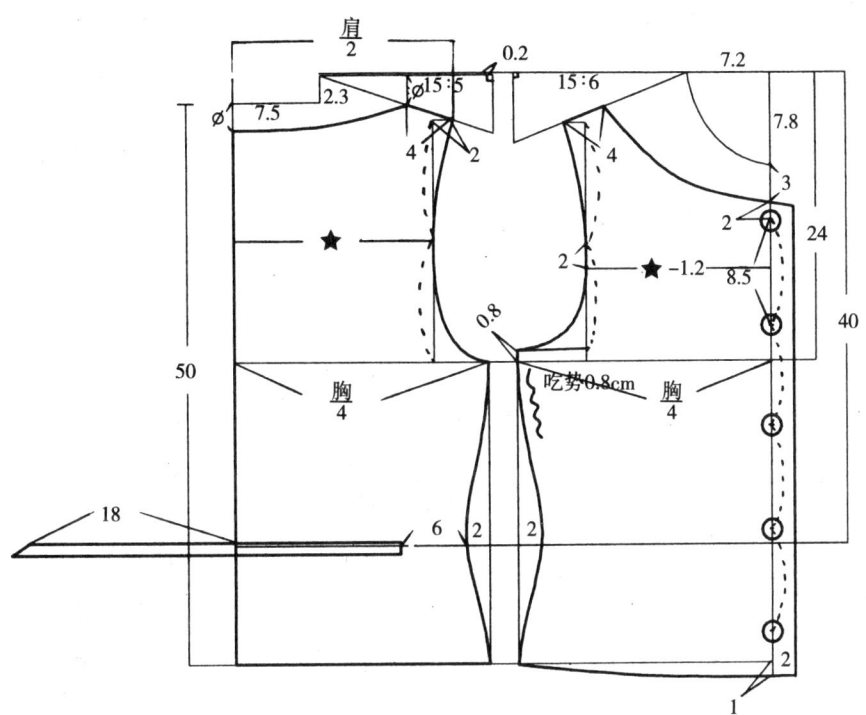
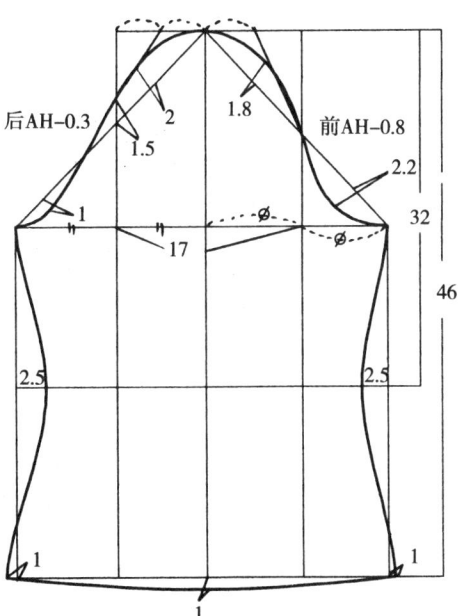

二十三、偏襟暗门襟套装

选用号型：165/84A

部位	规格	设计依据
衣长	62cm	0.4号－4cm
胸围	92cm	净胸围＋8cm
肩宽	39cm	0.25胸围＋16cm
袖长	57.5cm	0.3号＋8cm
袖口	13cm	0.1胸围＋3～4cm
腰围	76cm	胸围－16cm

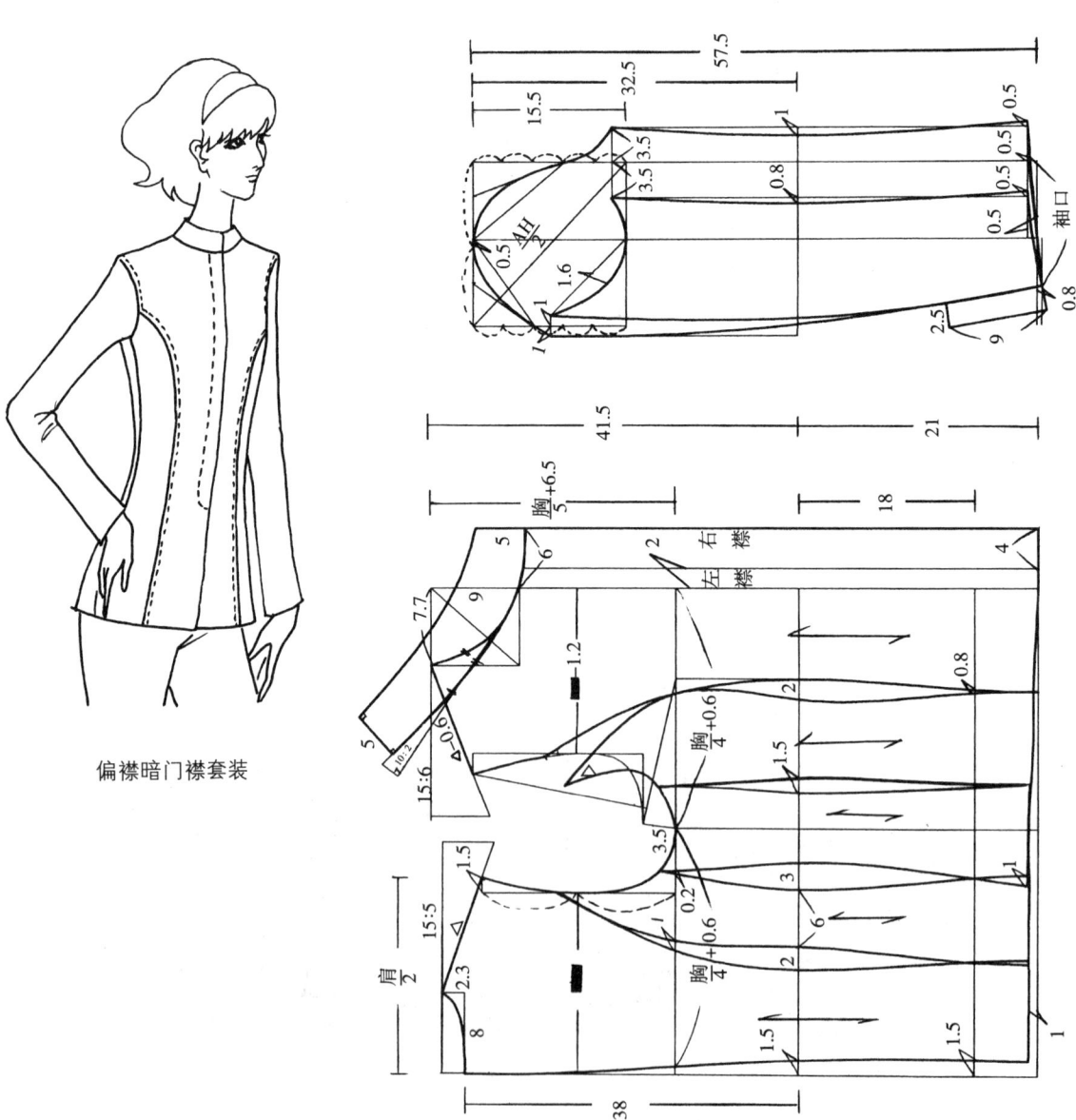

偏襟暗门襟套装

二十四、直刀分割连立领套装

选用号型：165/84A

部位	规格	设计依据
衣长	64cm	0.4号－2cm
胸围	94cm	净胸围＋10cm
肩宽	39.5cm	0.25胸围＋16cm
袖长	57.5cm	0.3号＋8cm
袖口	13cm	0.1胸围＋3～4cm
腰围	78cm	胸围－16cm

（正面）　　　　　（反面）

直刀分割连立领套装

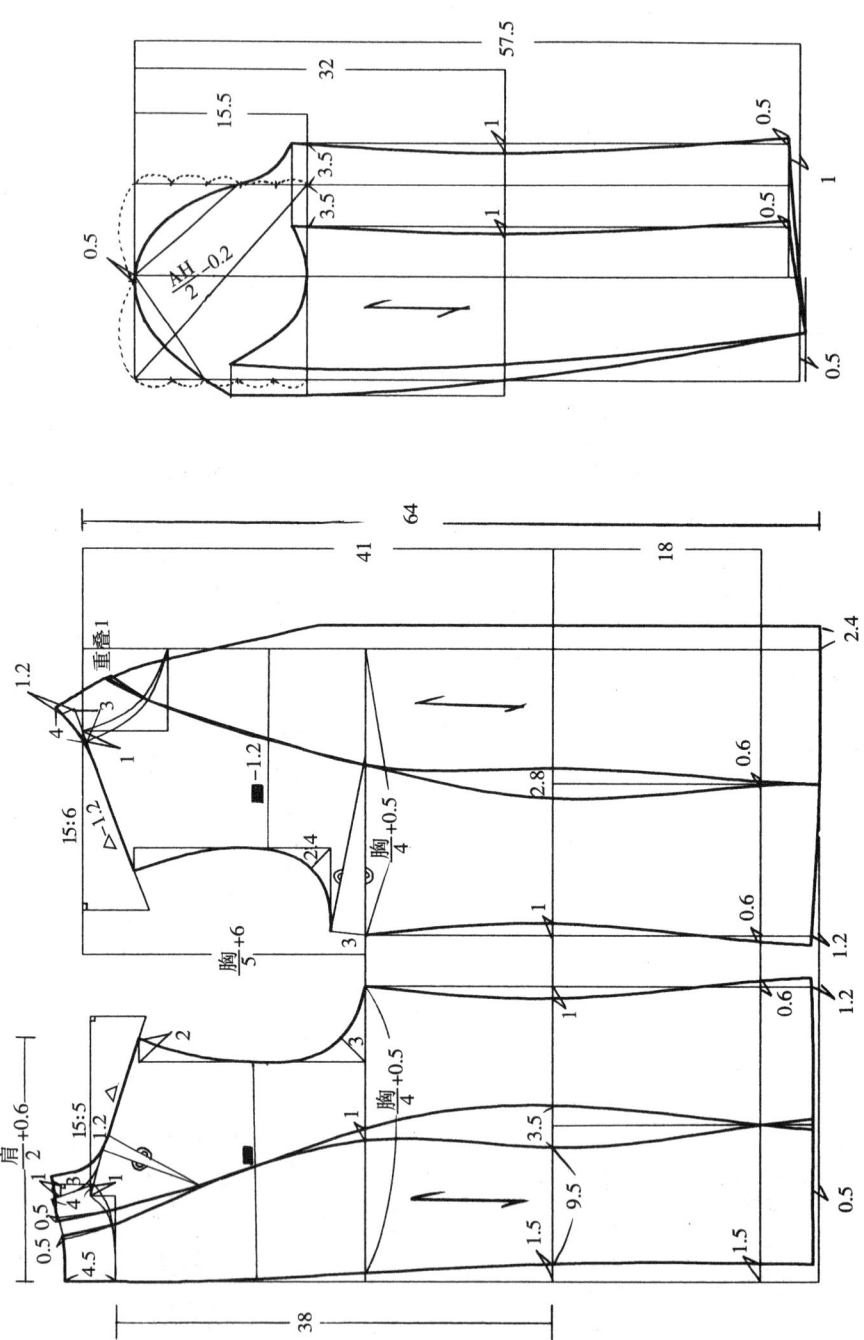

二十五、三扣休闲女西装

选用号型：160/84A

部位	规格	设计依据
衣长	60cm	0.4号－4cm
胸围	92cm	净胸围＋8cm
肩宽	39cm	0.25胸围＋16cm
袖长	56.5cm	0.3号＋8.5cm
袖口	13cm	0.1胸围＋3～4cm
腰围	74cm	胸围－18cm
袖肥	17cm	0.2胸围－1.4cm

（正面）

（反面）

三扣休闲女西装

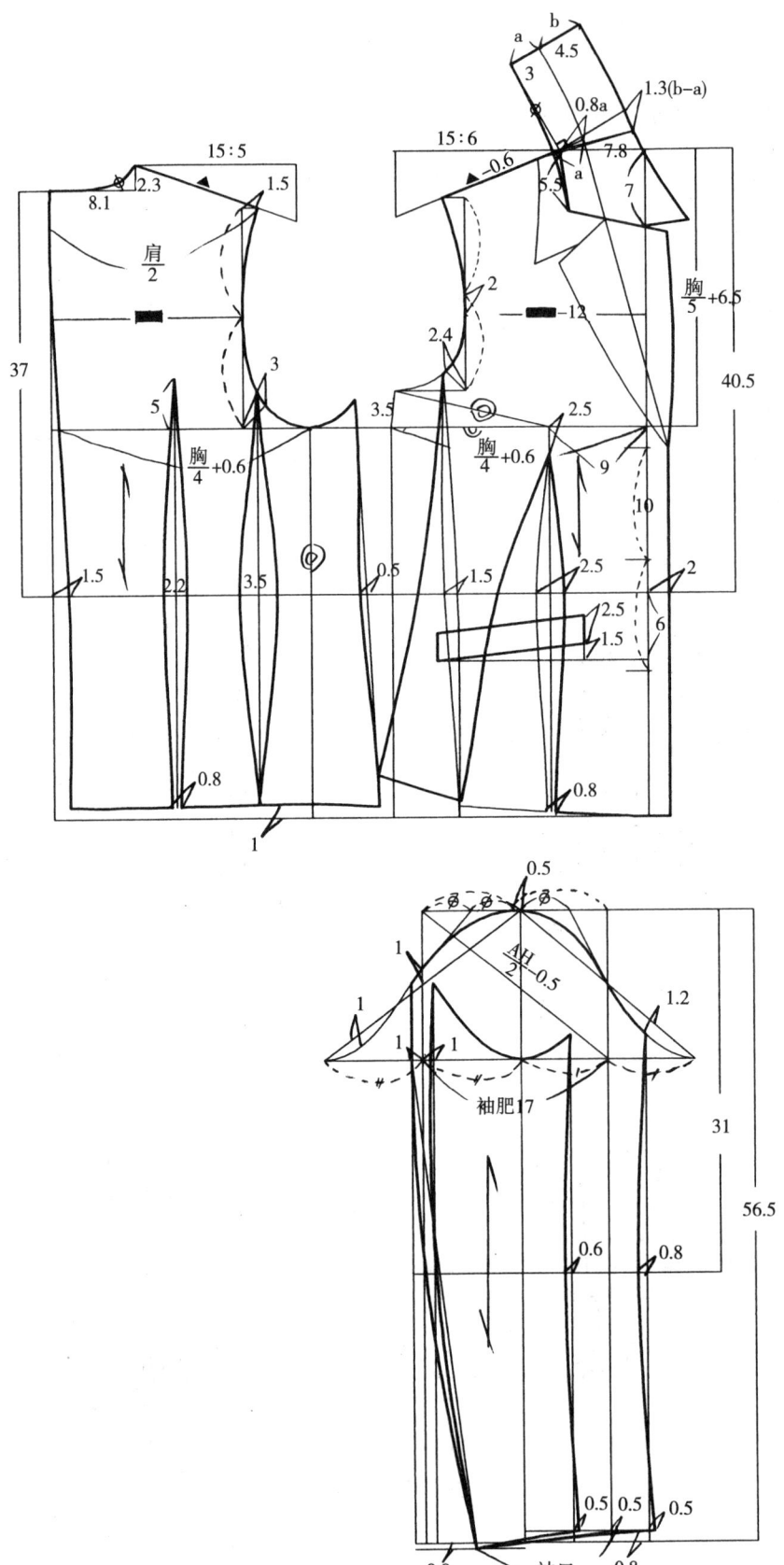

二十六、偏襟休闲外套

选用号型 160/84A

部位	规格	设计依据
衣长	60cm	0.4号－4cm
胸围	94cm	净胸围＋10cm
肩宽	39.5cm	0.25胸围＋16cm
袖长	57.5cm	0.3号＋8.5＋1cm（垫肩）
袖口	13cm	0.1胸围＋3～4cm
袖肥	17.3cm	0.2胸围－1.5cm
腰围	80cm	胸围－14cm

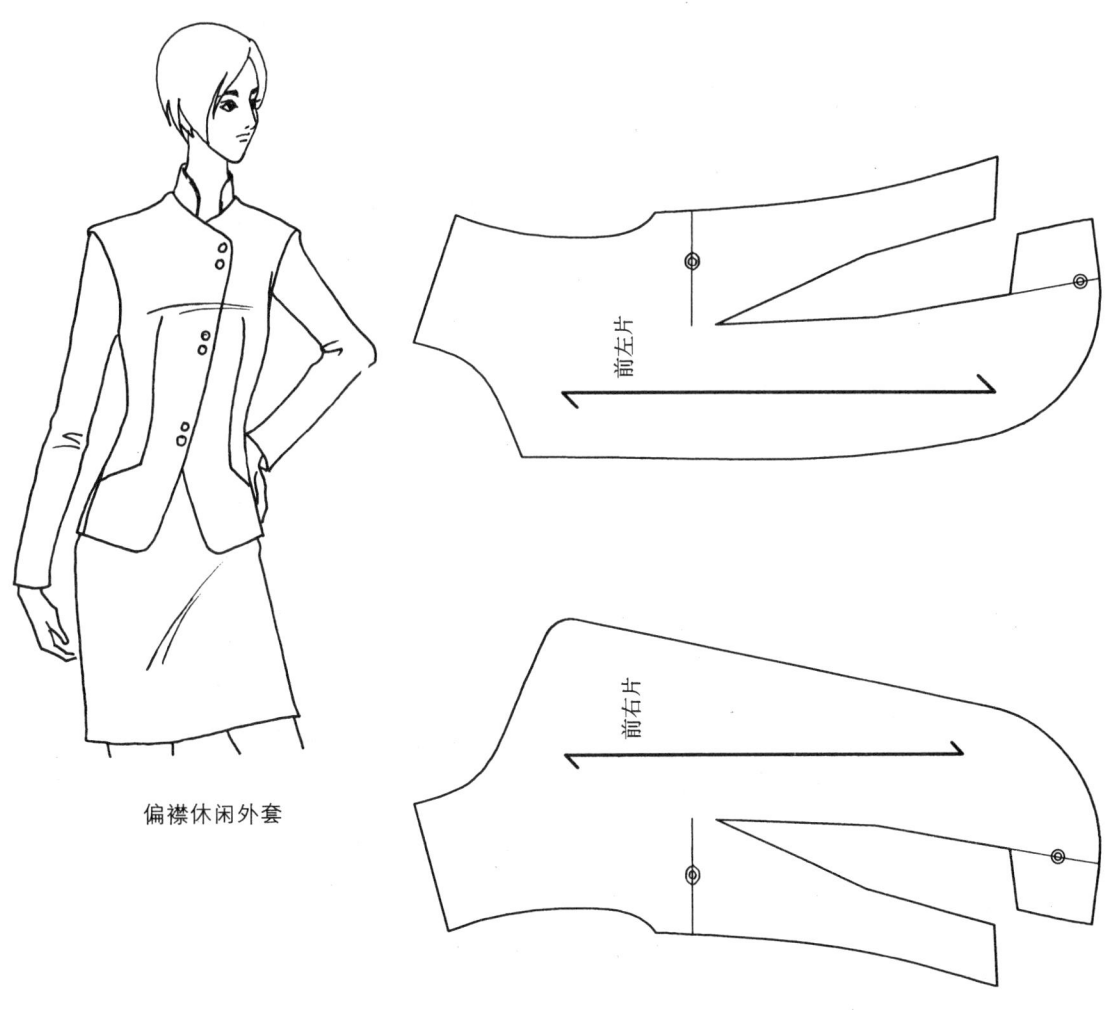

偏襟休闲外套

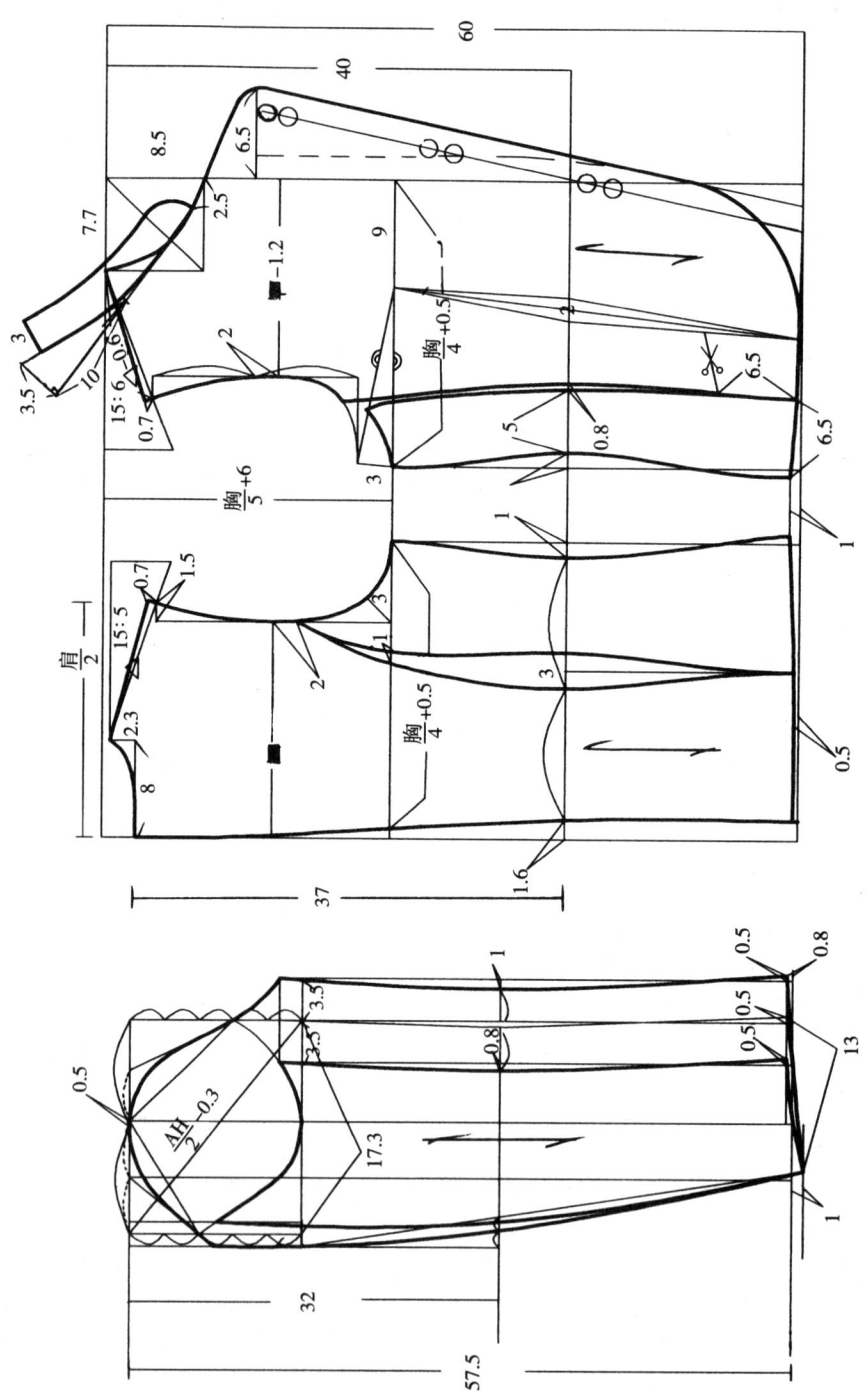

二十七、低领口休闲外套

选用号型：160/84A

部位	规格	设计依据
衣长	58cm	0.4号－6cm
胸围	92cm	净胸围＋8cm
肩宽	39cm	0.25胸围＋16cm
袖长	56cm	0.3号＋8cm
腰围	76cm	胸围－16cm
袖口	12.5cm	0.1胸围＋3～4cm

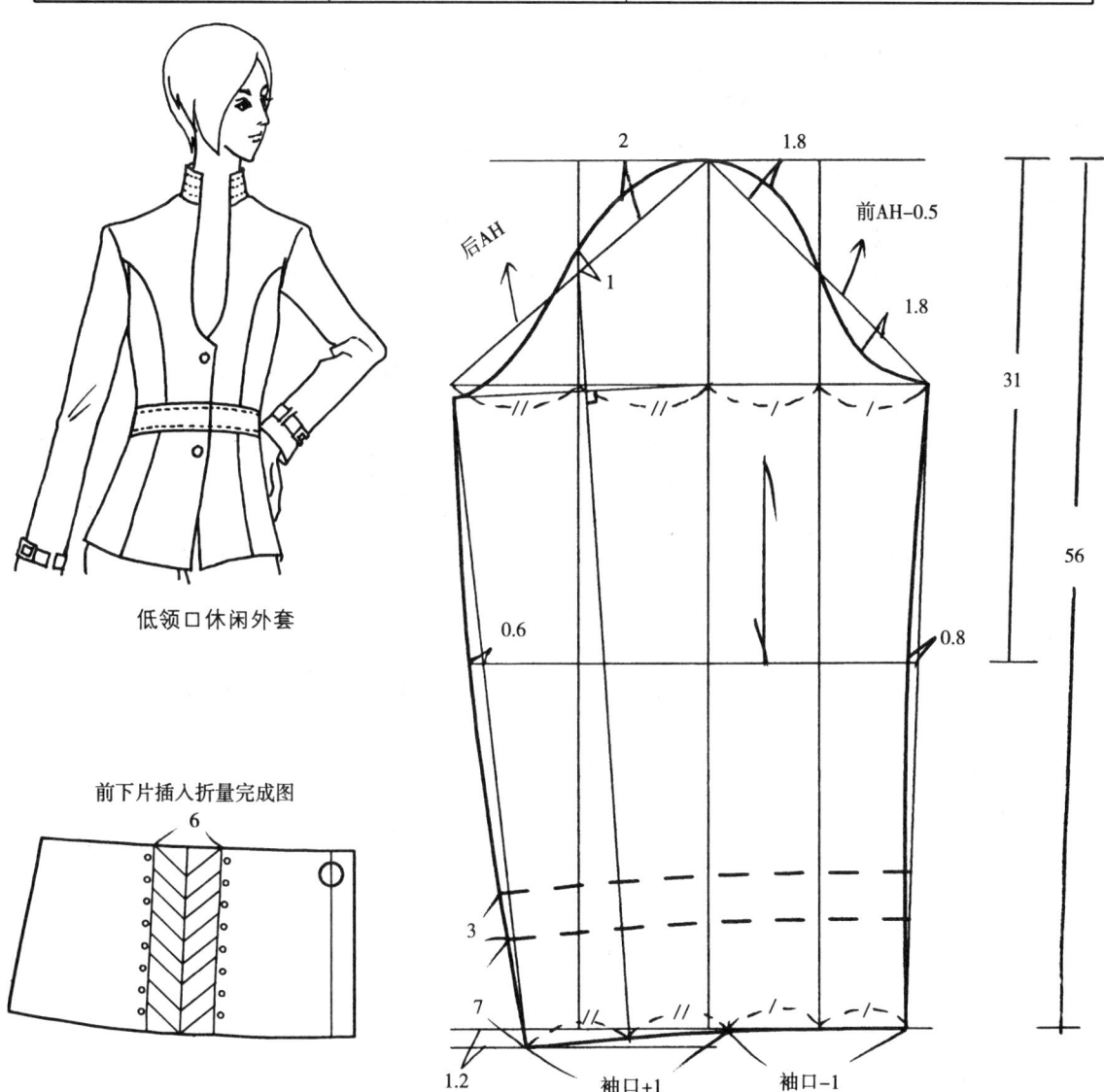

低领口休闲外套

前下片插入折量完成图

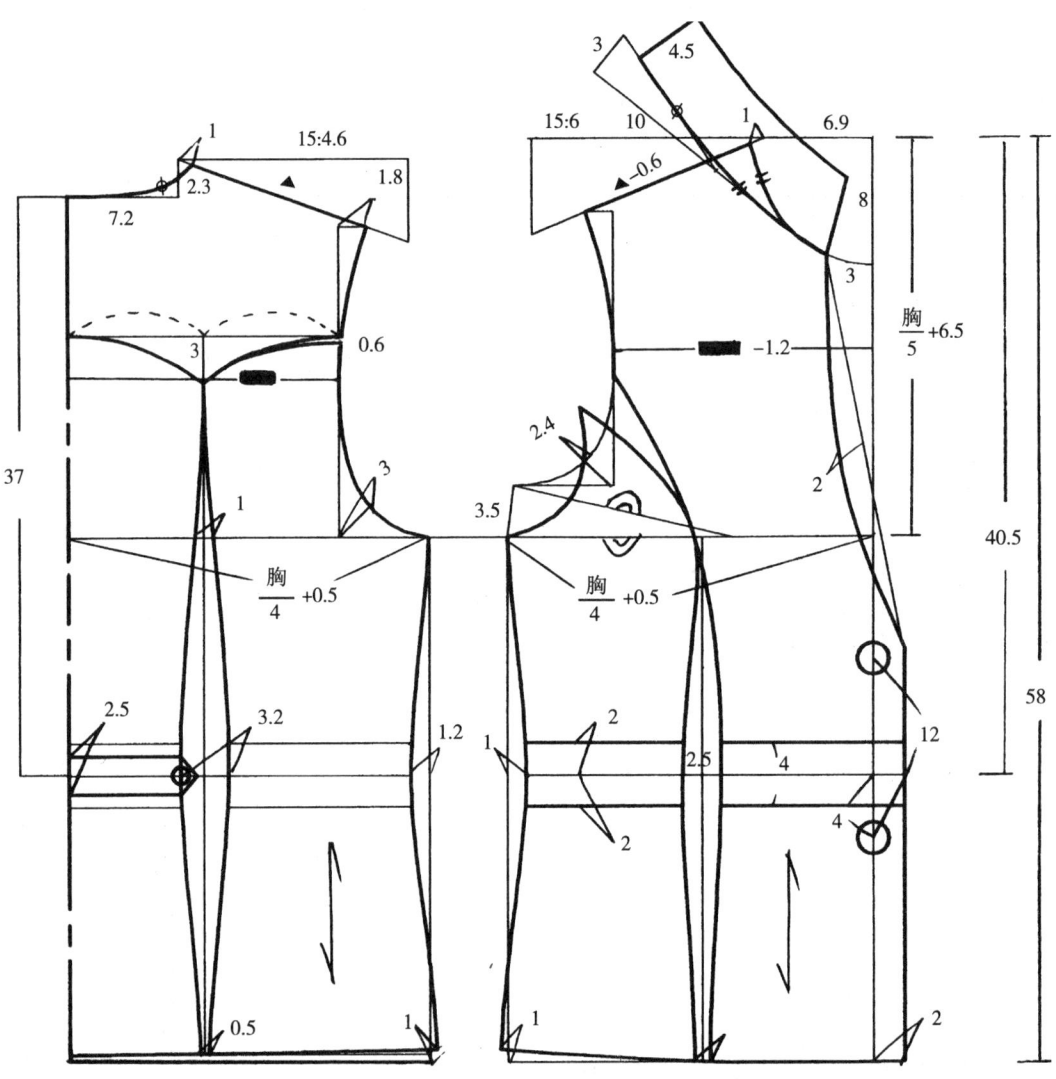

二十八、偏襟拉链茄克衫

选用号型：165/84A

部位	规格	设计依据
衣长	60cm	0.4号－6cm
胸围	92cm	净胸围＋8cm
肩宽	38.5cm	0.25胸围＋15.5cm
袖长	57.5cm	0.3号＋8cm
袖口	13cm	0.1胸围＋3～4cm

偏襟拉链茄克衫

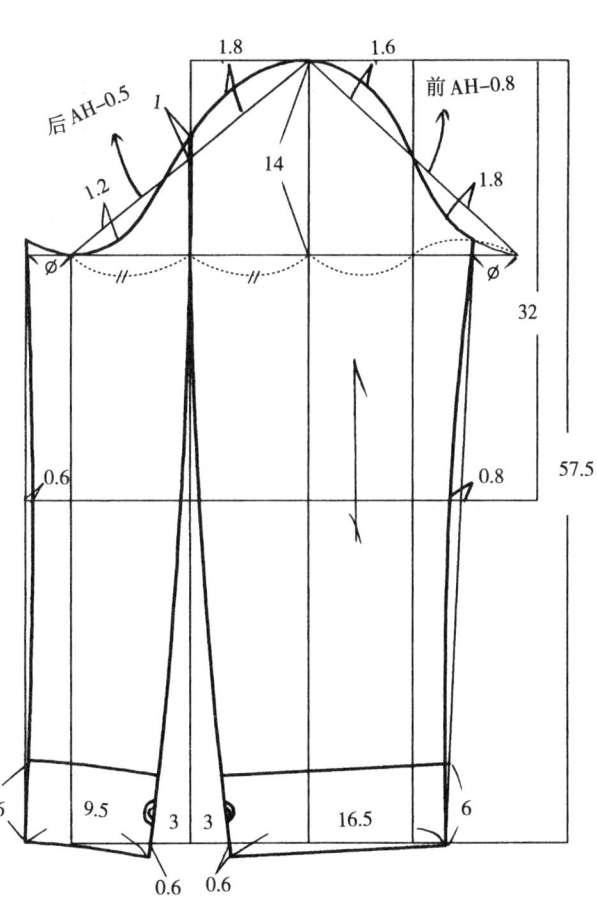

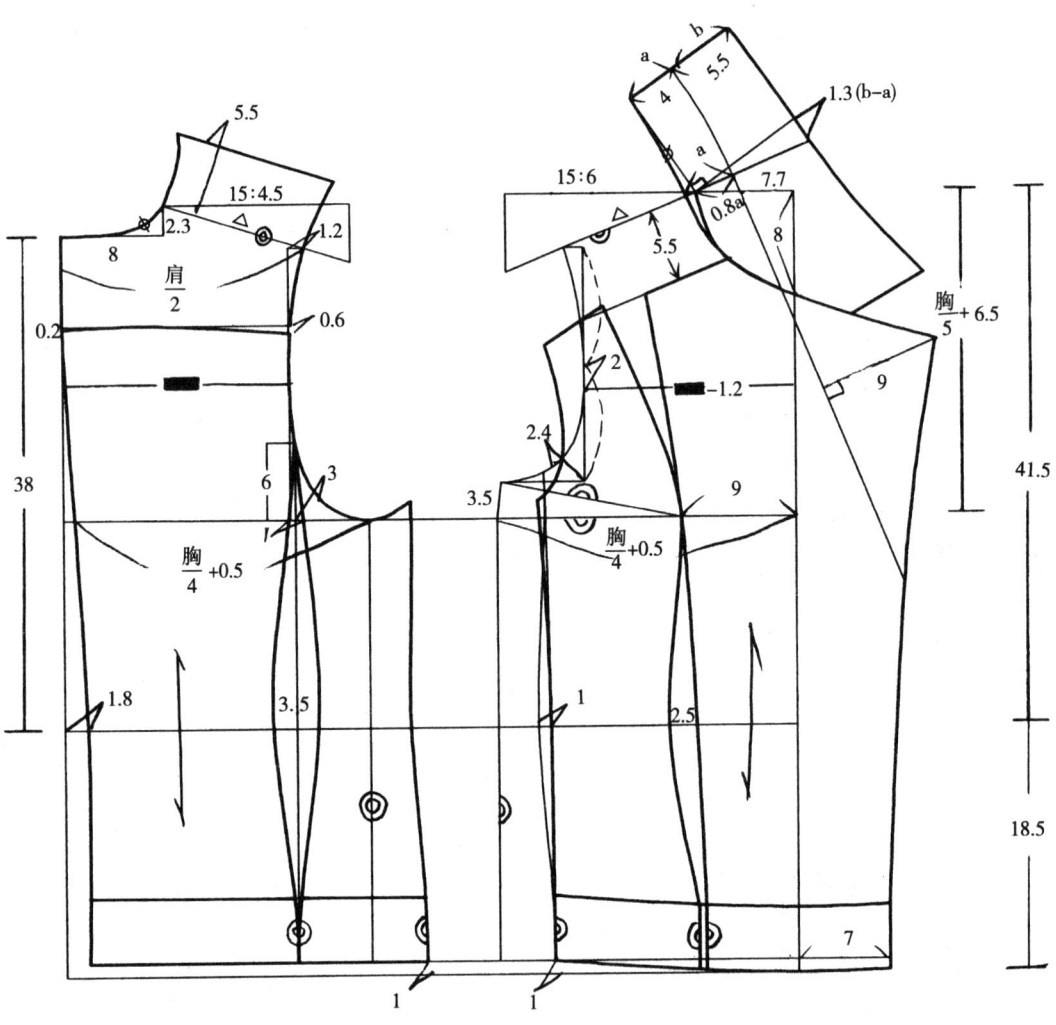

二十九、牛仔外套

选用号型：160/84A

部位	规格	设计依据
衣长	58cm	0.4号－6cm
胸围	90cm	净胸围＋6cm
肩宽	37.5cm	0.25胸围＋15cm
袖长	56cm	0.3号＋8.5cm
腰围	76cm	胸围－14cm
袖肥	17cm	0.2胸围－1cm

牛仔外套

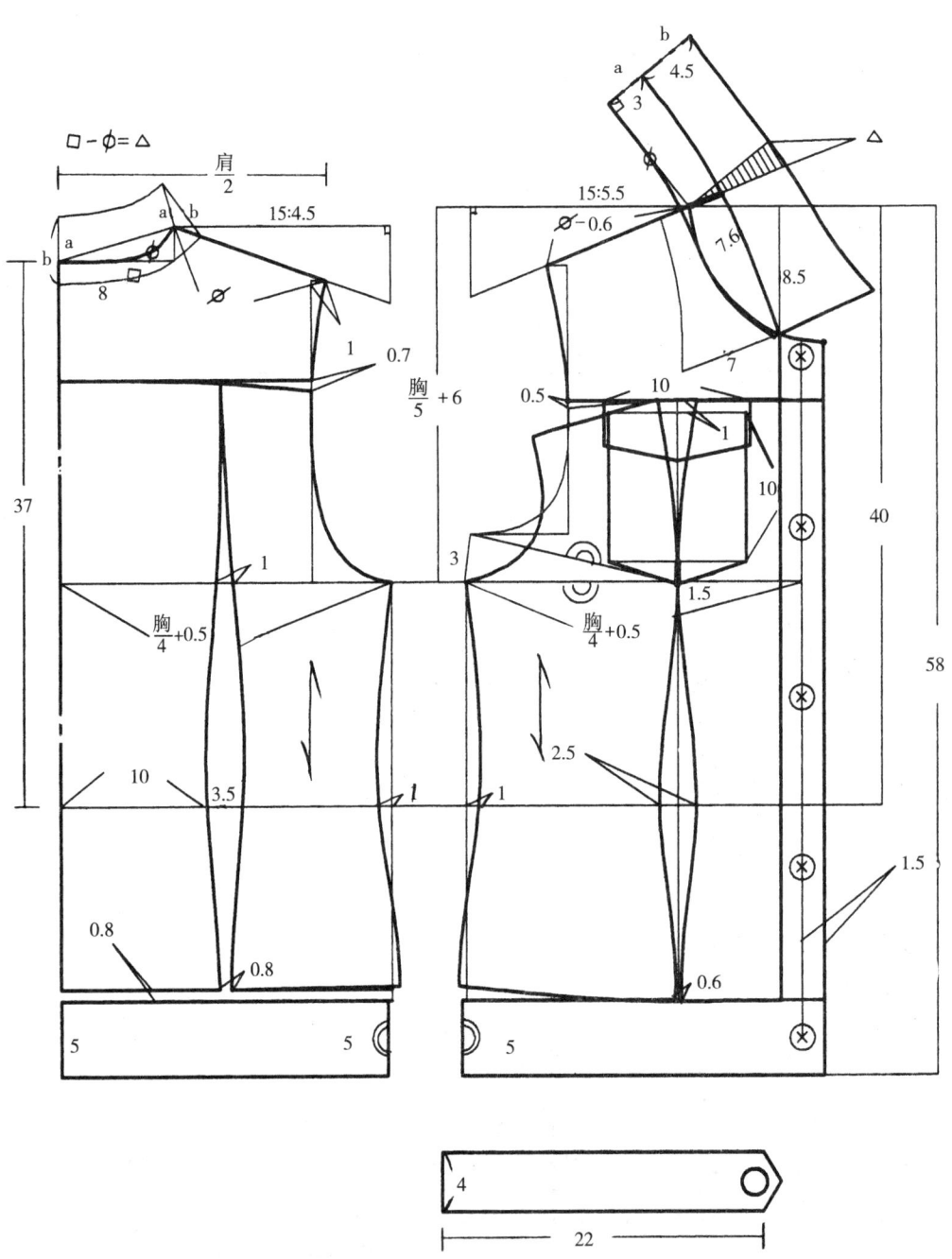

三十、立驳领休闲外套

选用号型 160/84A

部位	规格	设计依据
后中长	58cm	0.4号－6cm
胸围	92cm	净胸围＋8cm
肩宽	39cm	0.25胸围＋16cm
袖长	56.5cm	0.3号＋8.5cm
袖口	12.5cm	0.1胸围＋3～4cm
腰围	76cm	净胸围－16cm
臀围	95cm	净臀围＋5cm

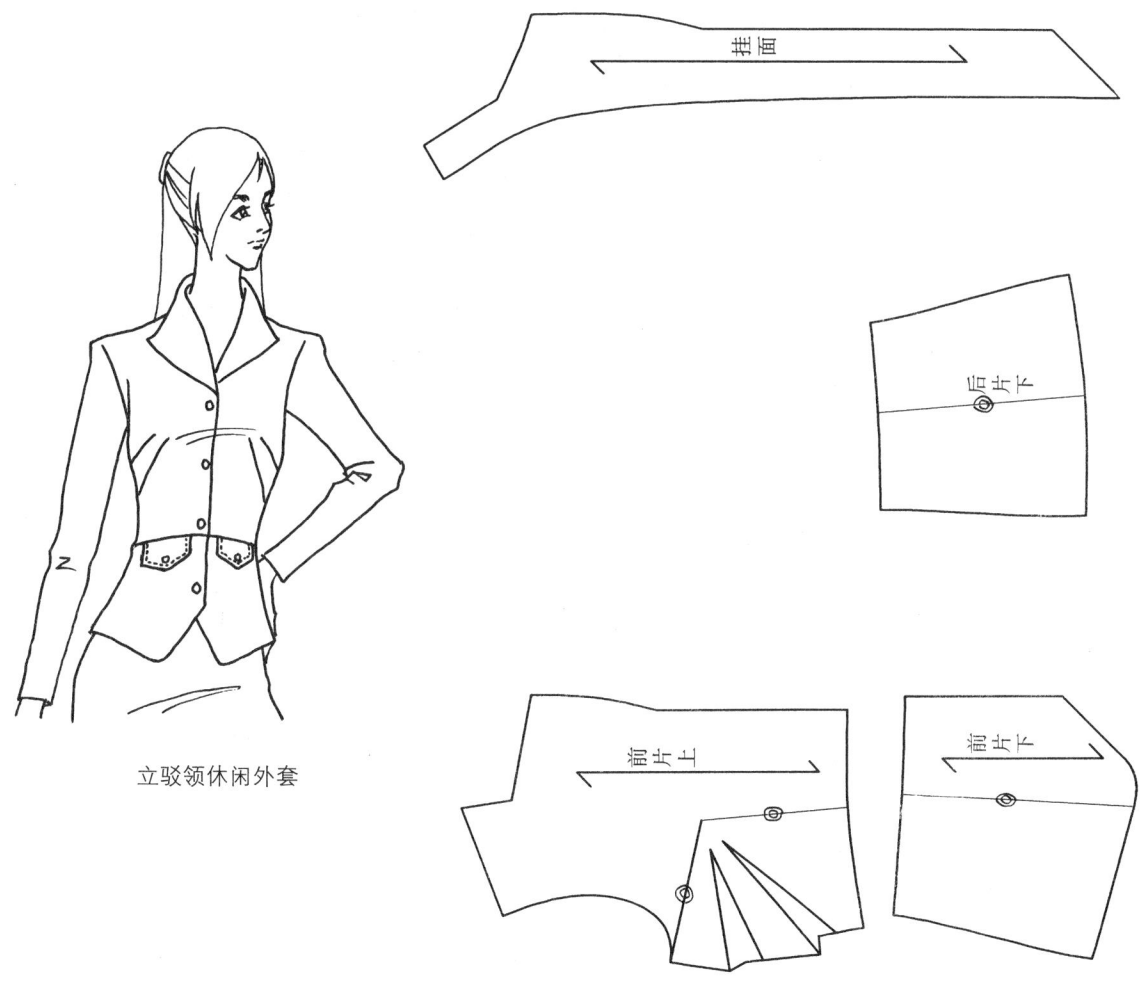

立驳领休闲外套

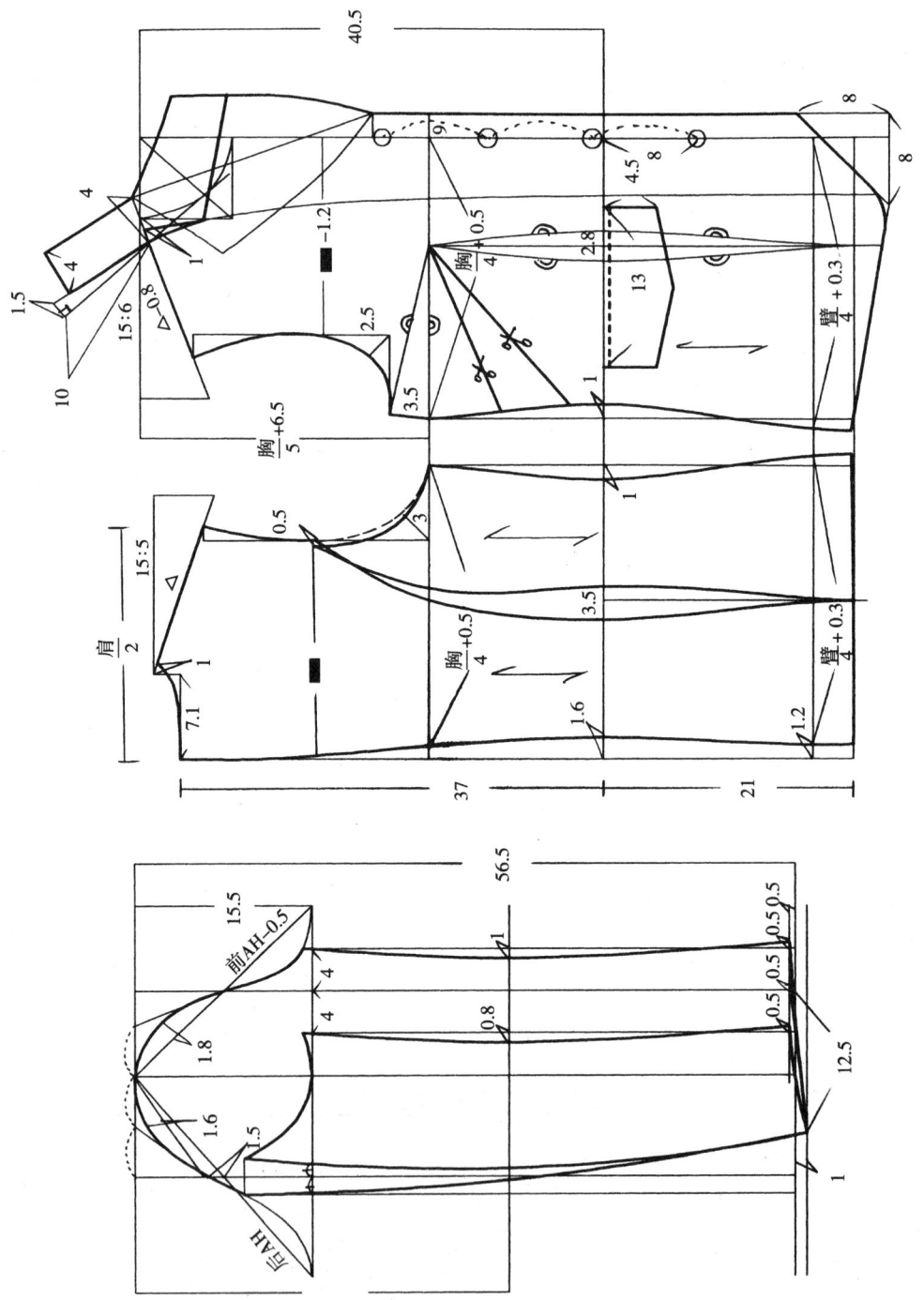

三十一、七分袖松身长外套

选用号型：165/84A

部位	规格	设计依据
衣长	80cm	0.5号－2.5cm
胸围	106cm	净胸围＋22cm
肩宽	42cm	0.25胸围＋15.5cm
腰围	72cm	净腰围＋8cm
袖长	45cm	0.2号＋12cm
袖口	17cm	0.1胸围＋6～7cm

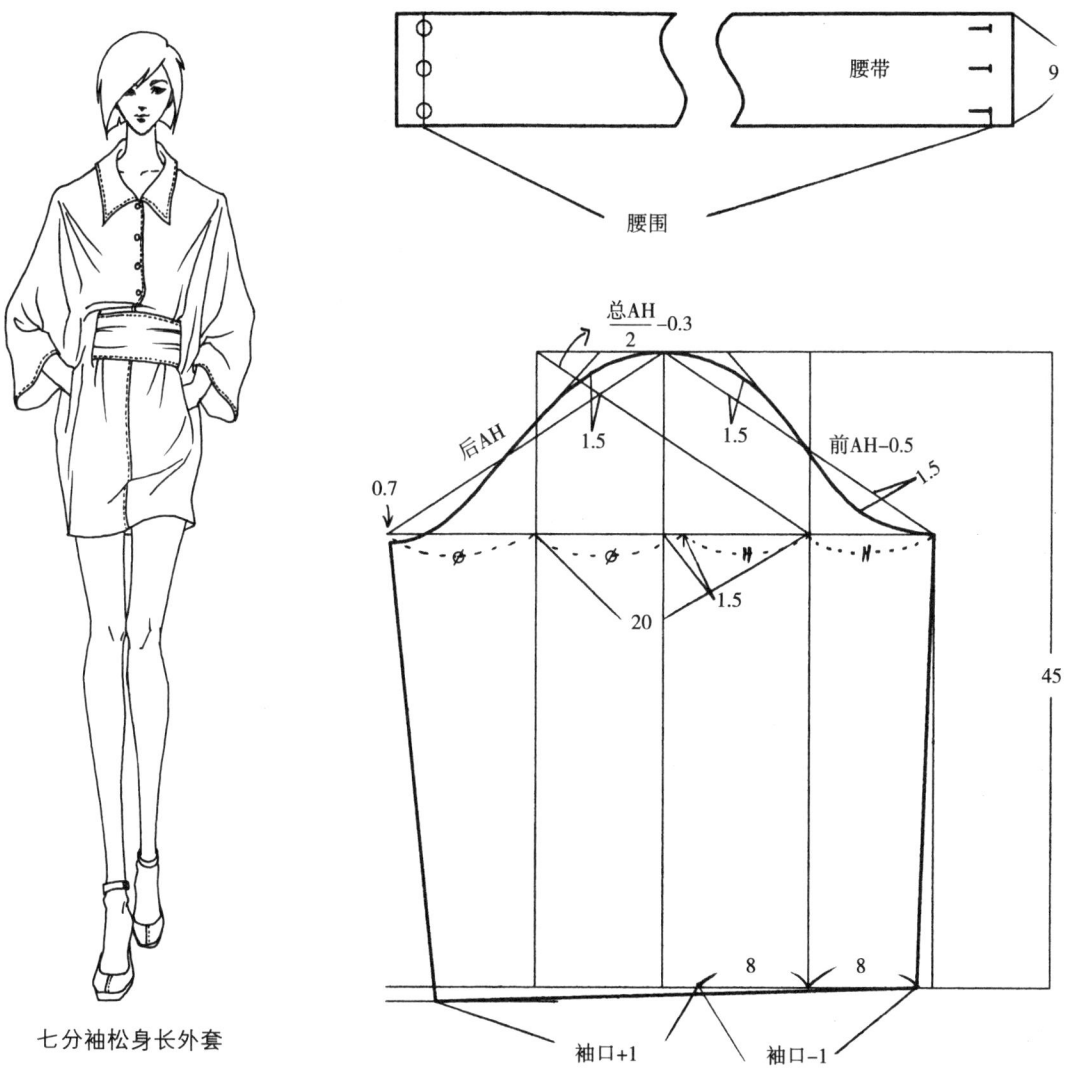

七分袖松身长外套

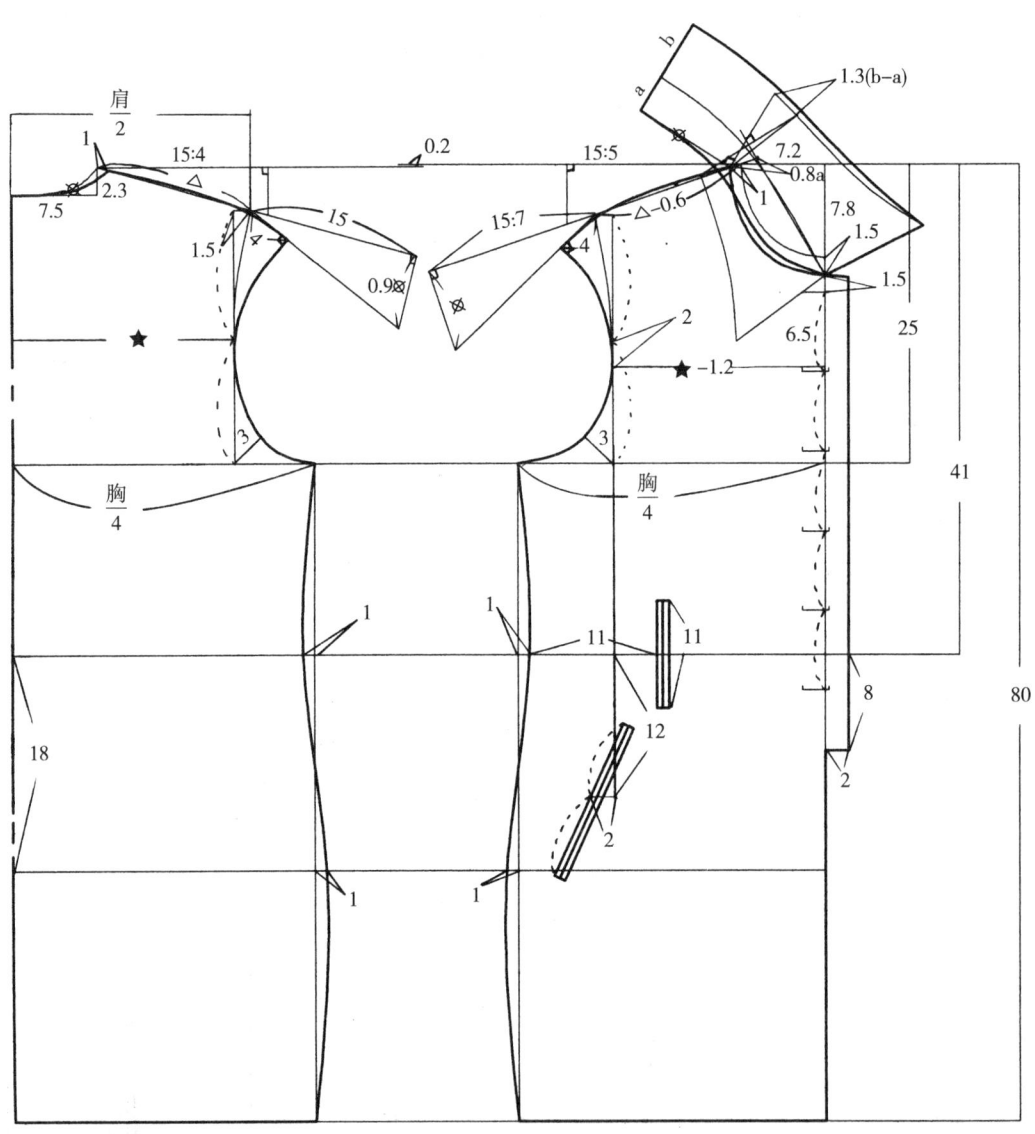

三十二、镶毛饰领圆摆外套

选用号型 160/84A

部位	规格	设计依据
衣长	58cm	0.4号－6cm
胸围	96cm	净胸围＋12cm
肩宽	40cm	0.25胸围＋16cm
袖长	57cm	0.3号＋9cm
袖口	13.5cm	0.1胸围＋3～4cm
腰围	82cm	胸围－14cm

注：面料选用皮革、人造革。

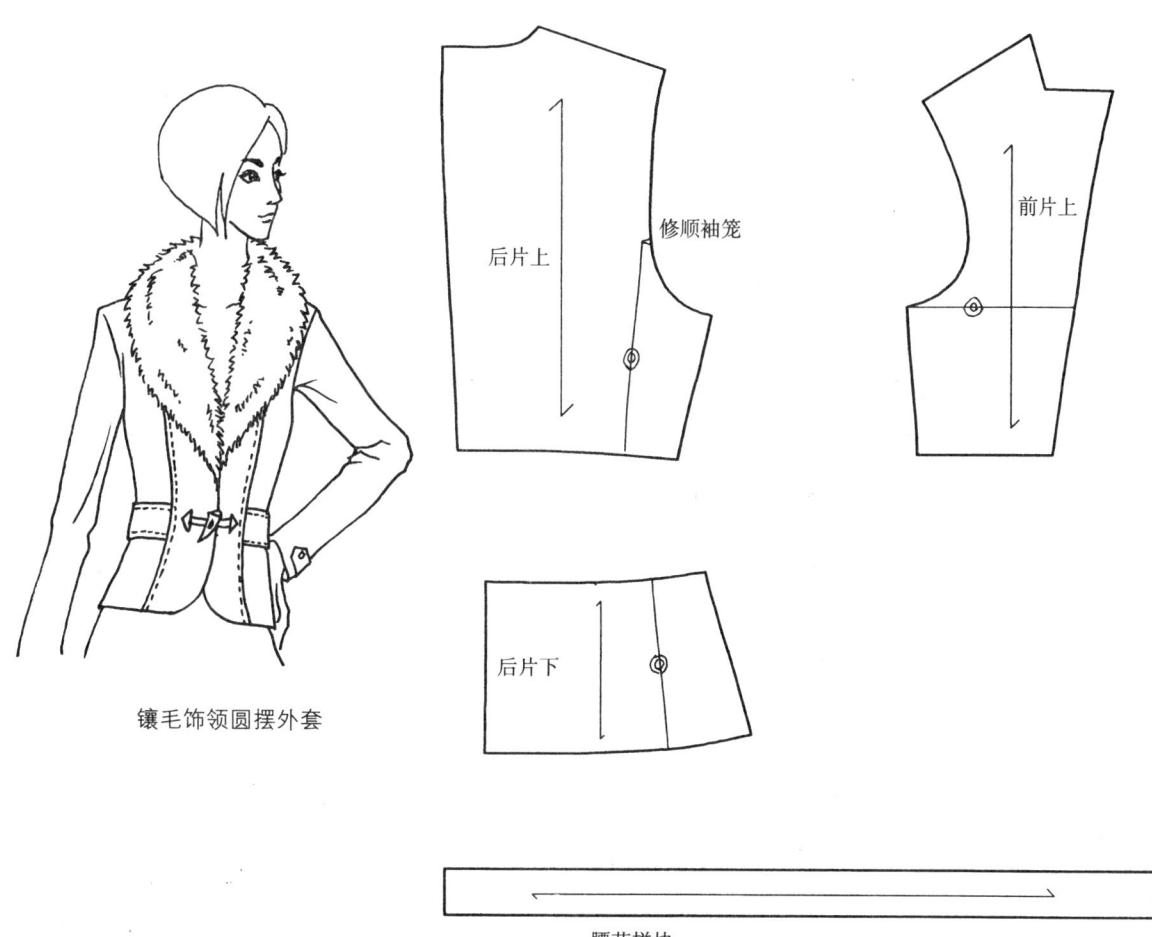

镶毛饰领圆摆外套

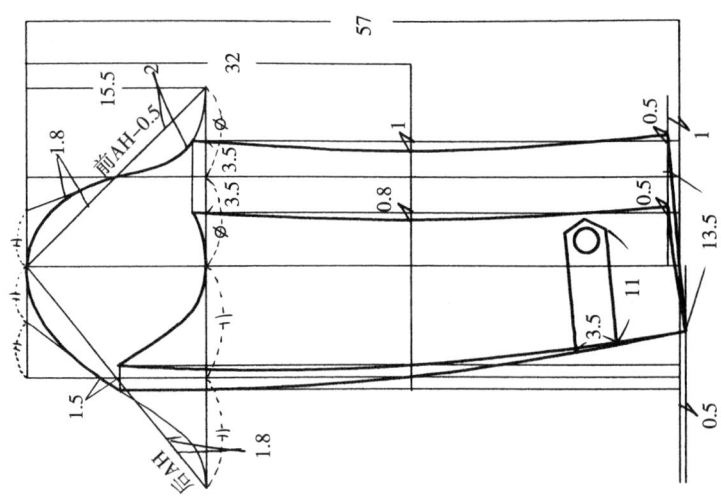
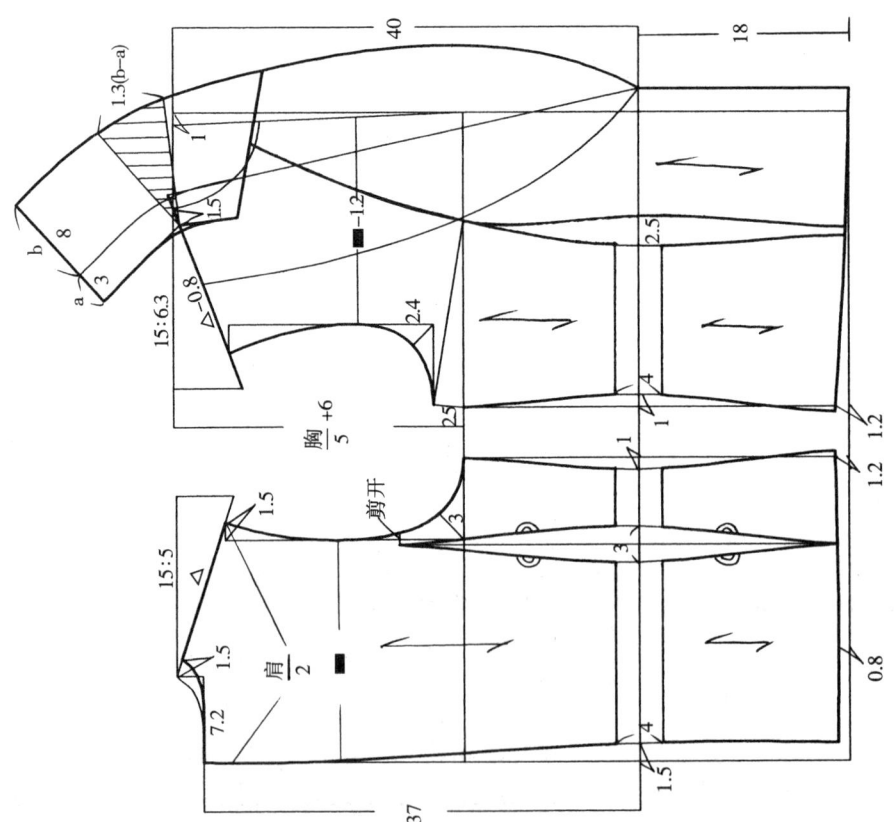

三十三、登驳领双排扣外套

选用号型：160/84A

部位	规格	设计依据
衣长	64cm	0.4号
胸围	96cm	净胸围+12cm
肩宽	40cm	0.25胸围+16cm
袖长	56.5cm	0.3号+8.5cm
袖口	13.5cm	0.1胸围+3～4cm

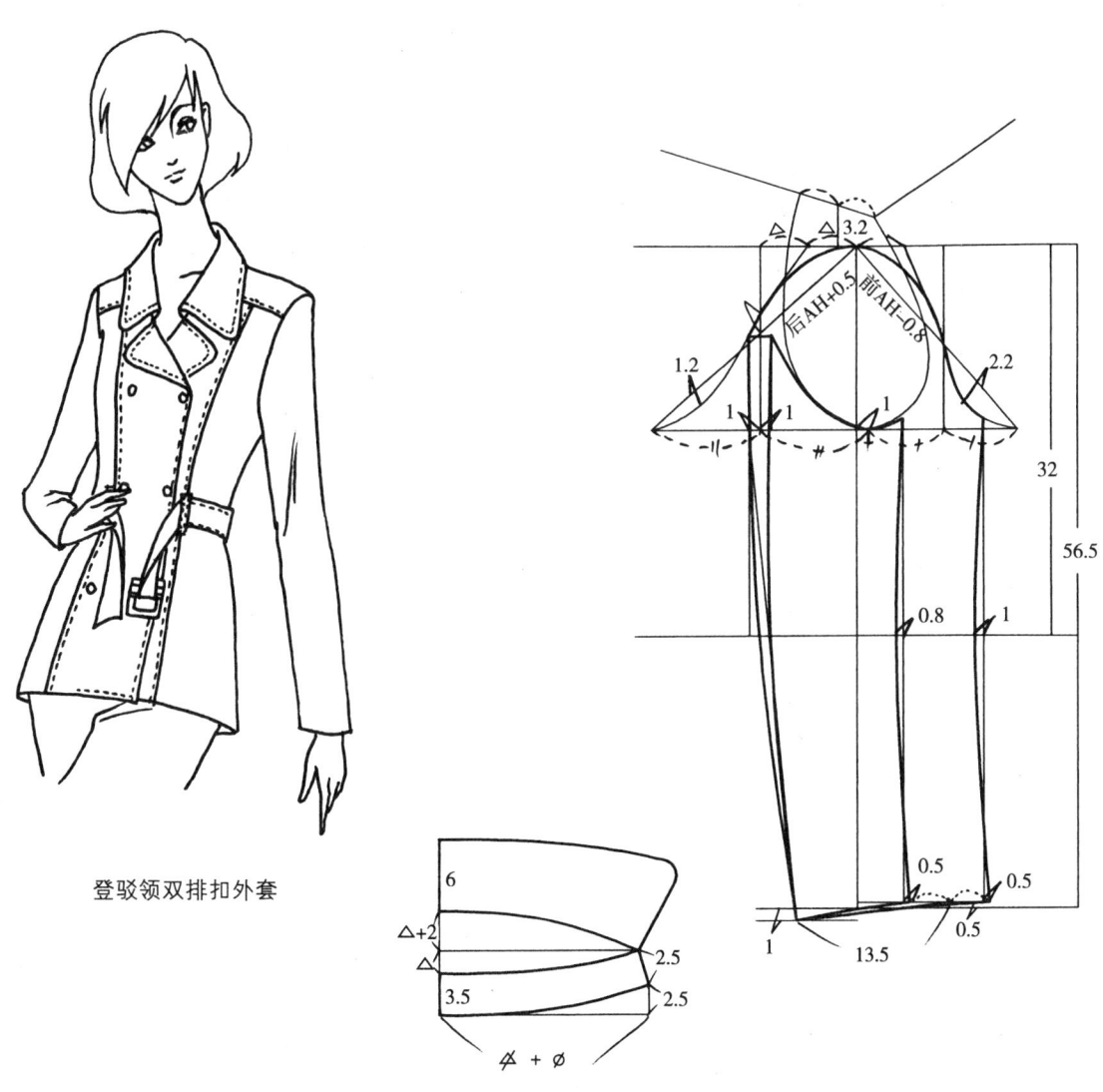

登驳领双排扣外套

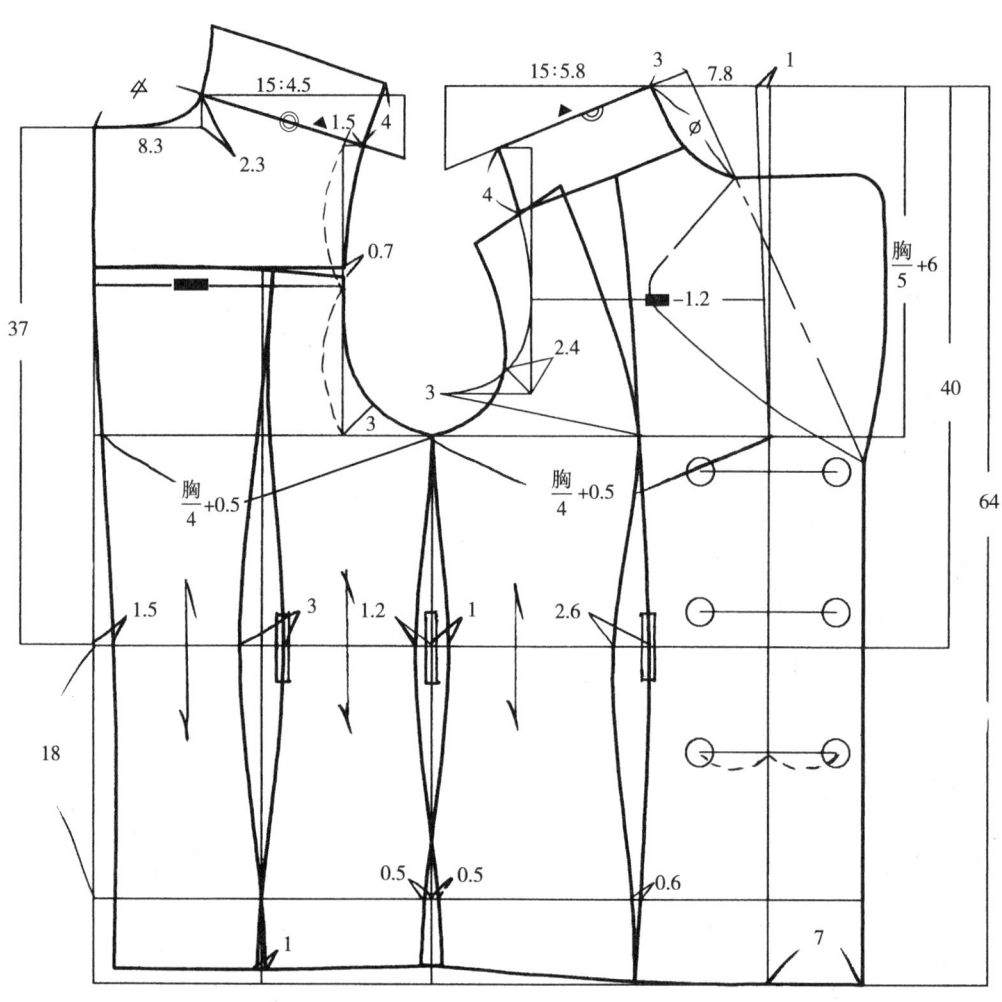

三十四、暗门襟长外套

选用号型：160/84A

部位	规格	设计依据
衣长	74cm	0.5号－6cm
胸围	96cm	净胸围＋12cm
肩宽	40cm	0.25胸围＋16cm
袖长	56.5cm	0.3号＋8.5cm
袖口	13cm	0.1胸围＋3～4cm

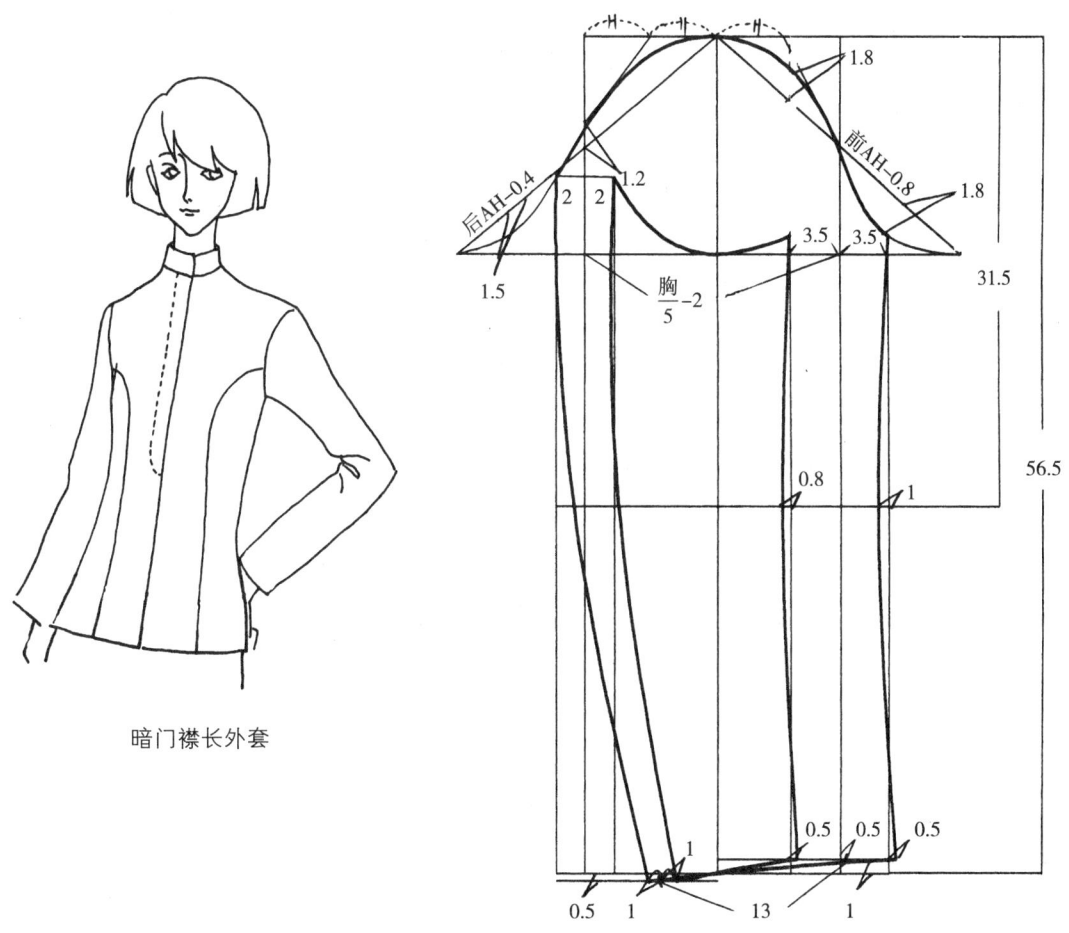

暗门襟长外套

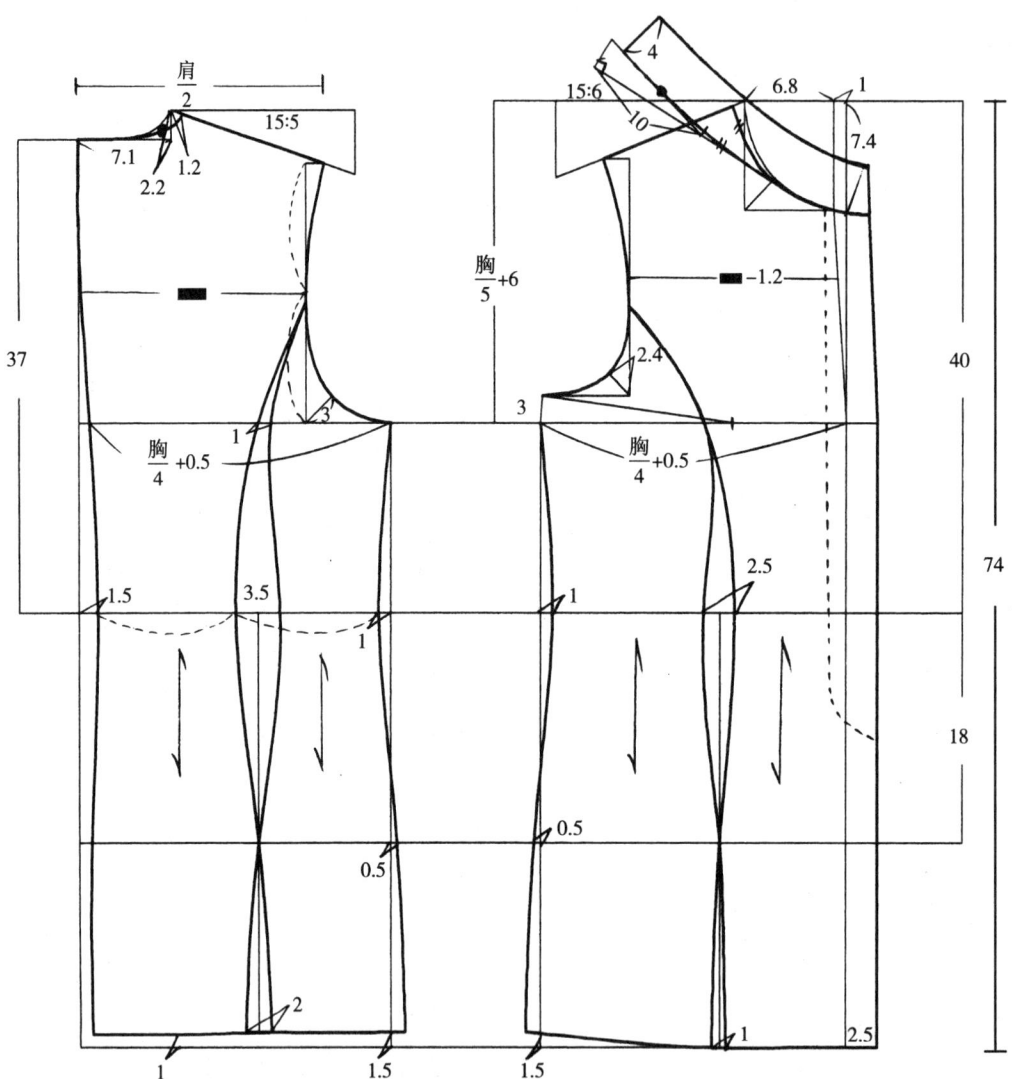

三十五、叠驳领中长大衣

选用号型：165/84A

部位	规格	设计依据
衣长	76cm	0.4号＋10cm
胸围	100cm	净胸围＋16cm
肩宽	41cm	0.25胸围＋16cm
袖长	57.5cm	0.3号＋8cm
袖口	14cm	0.1胸围＋4cm

叠驳领中长大衣

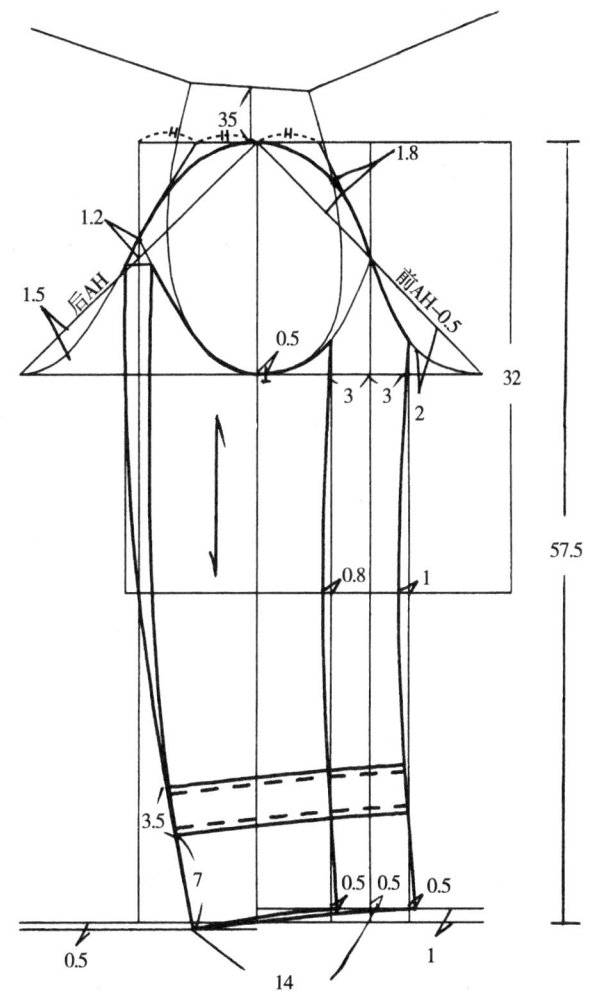

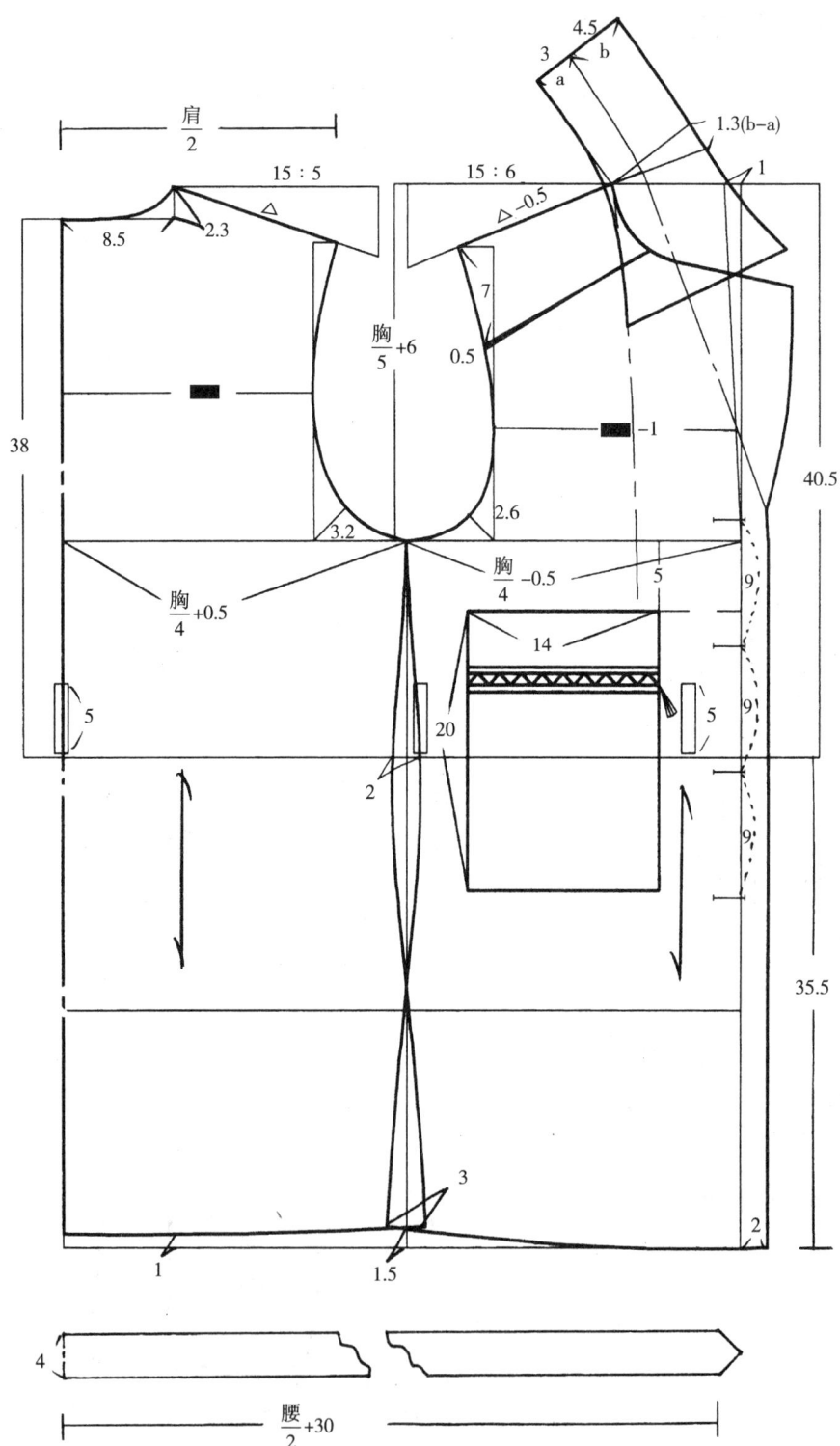

148

三十六、连立领休闲大衣

选用号型：165/84A

部位	规格	设计依据
衣长	95cm	0.6号－4cm
胸围	114cm	净胸围＋30cm
肩宽	44cm	0.25胸围＋15.5cm
袖口	13.5cm	0.1胸围＋2～3cm

注：可用暗扣。

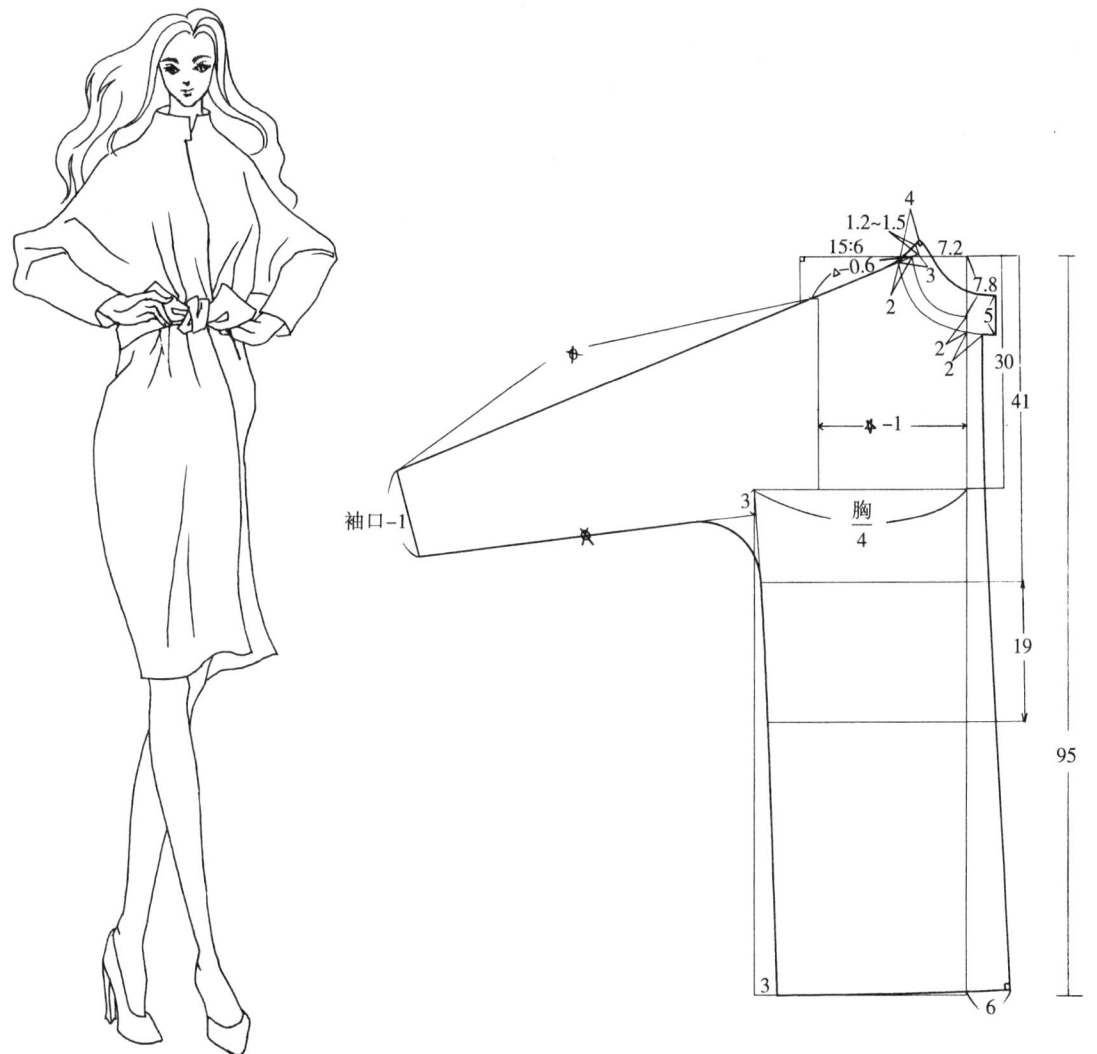

连立领休闲大衣

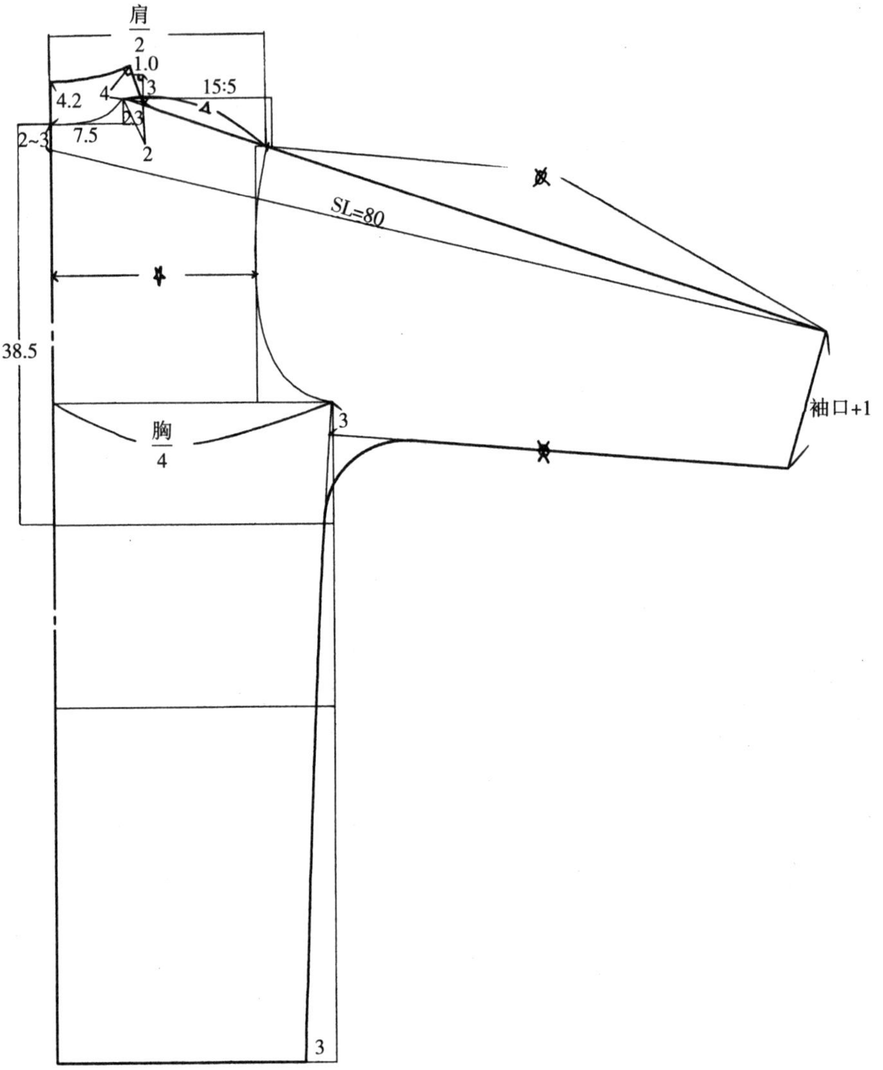

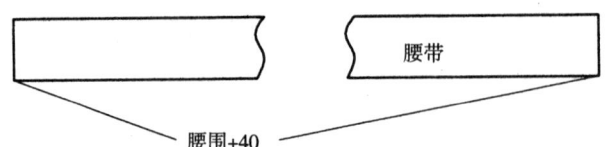

三十七、女西装马夹

选用号型：160/84A

部位	规格	设计依据
衣长	54cm	0.3号＋6cm
胸围	92cm	净胸围＋8cm
小肩宽	7.5cm	

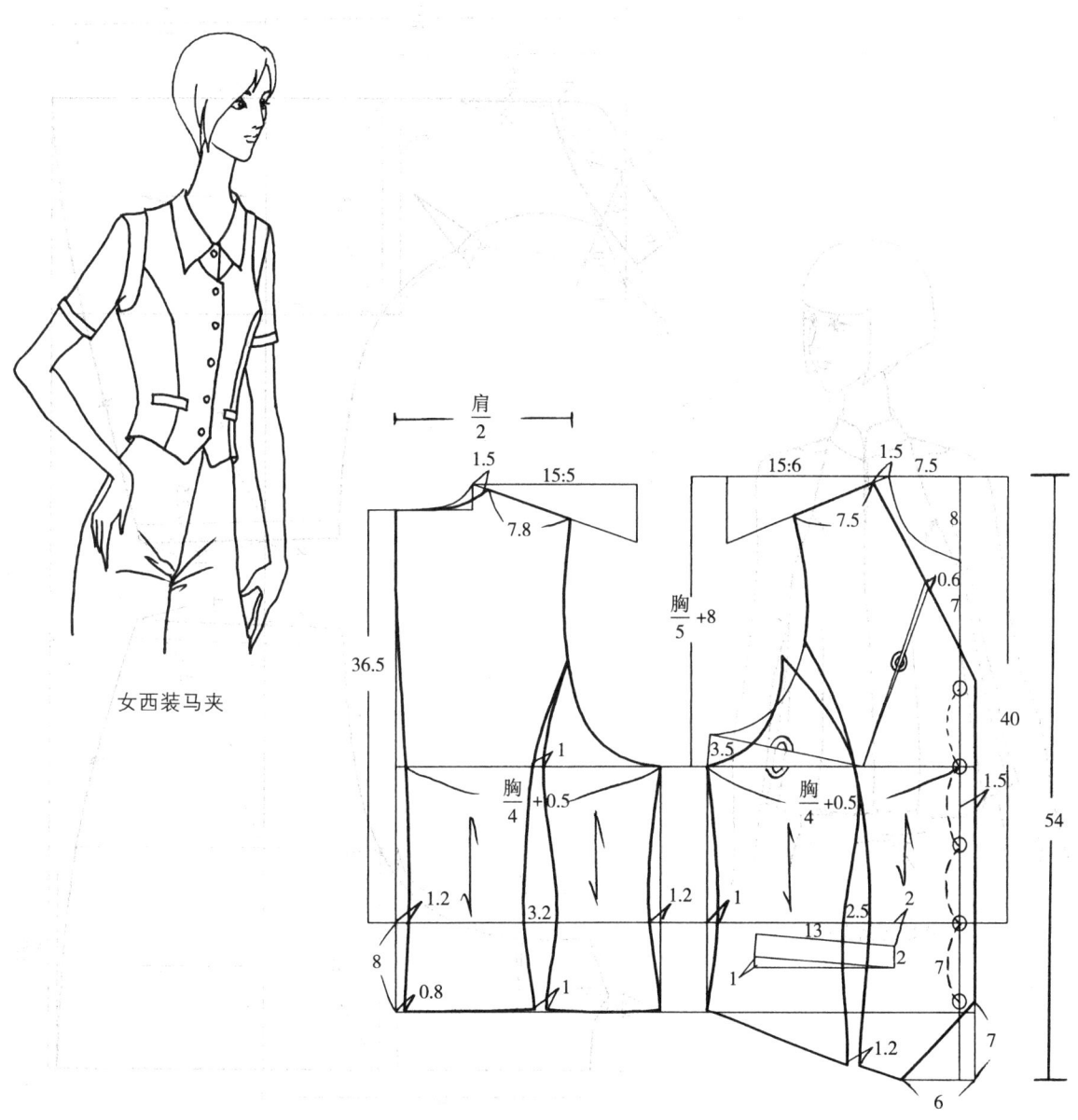

女西装马夹

三十八、立领对折背心

部位	规 格
衣长	64cm
胸围	92cm
肩宽	75cm

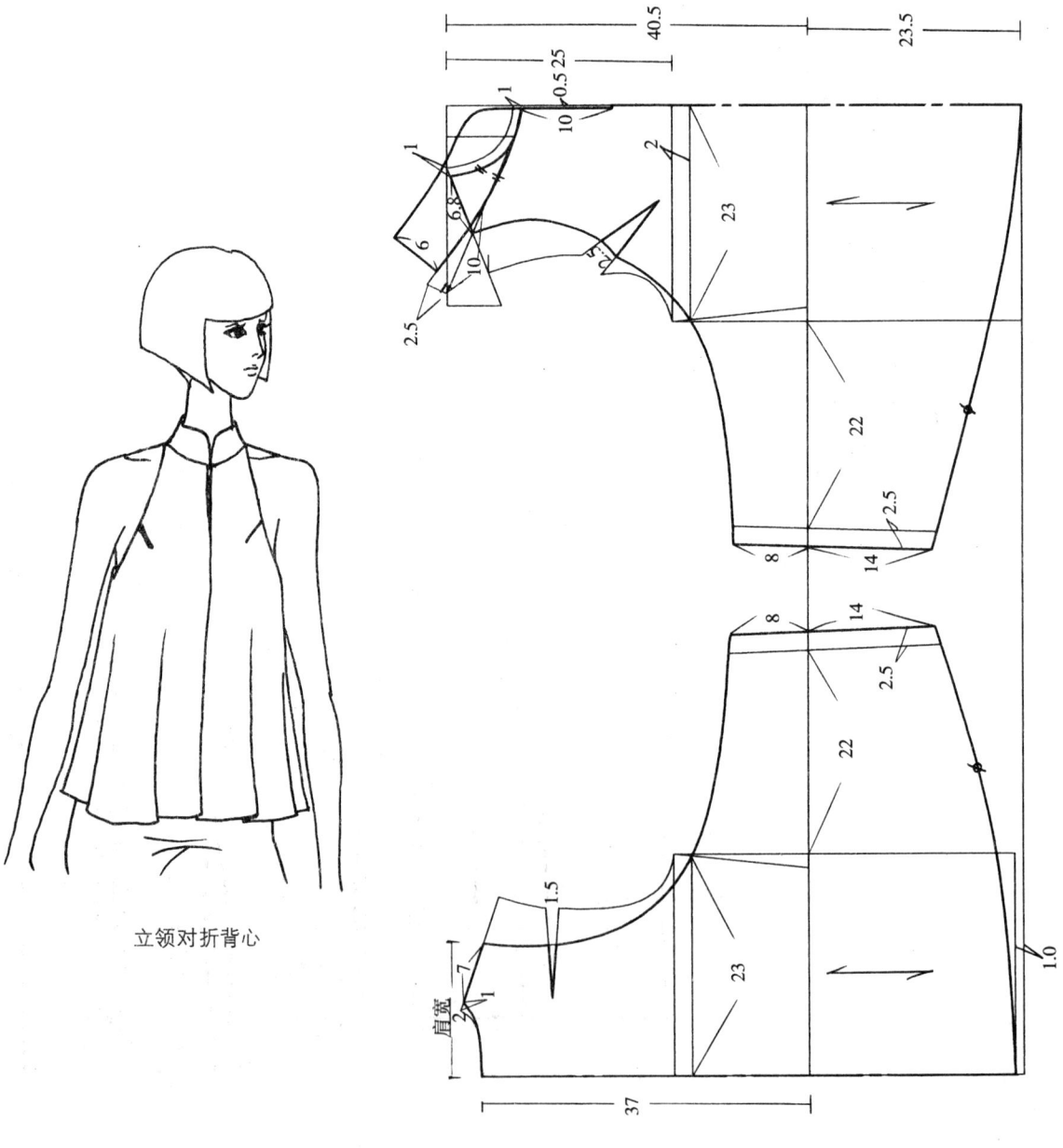

立领对折背心

三十九、青果领插肩袖衫

选用号型：160/84A

部位	规格	设计依据
衣长	70cm	0.4号+6cm
胸围	100cm	净胸围+16cm
肩宽	41cm	0.25胸围+16cm
袖长	56.5cm	0.3号+8.5cm
袖口	14cm	0.1胸围+4cm

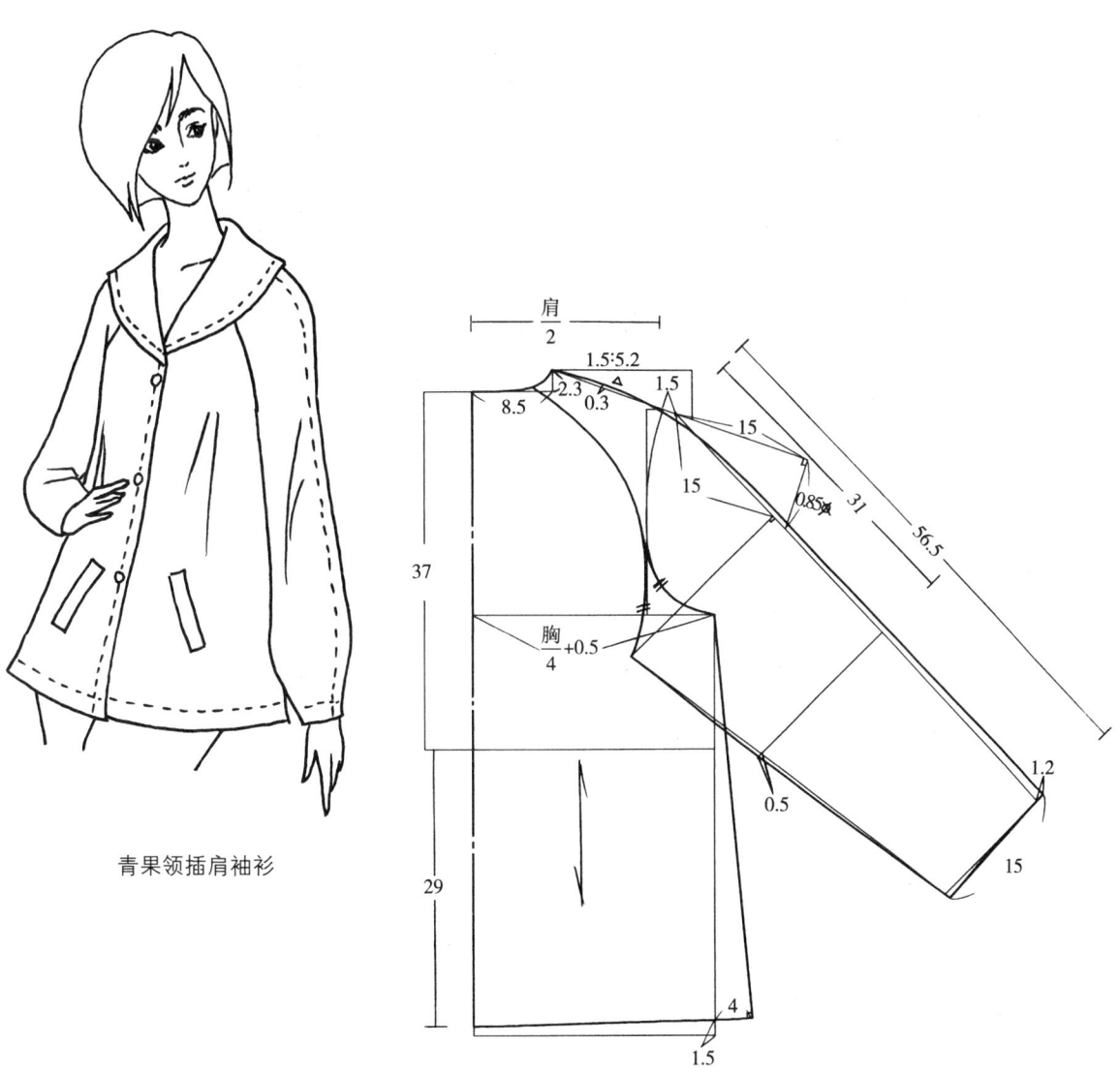

青果领插肩袖衫

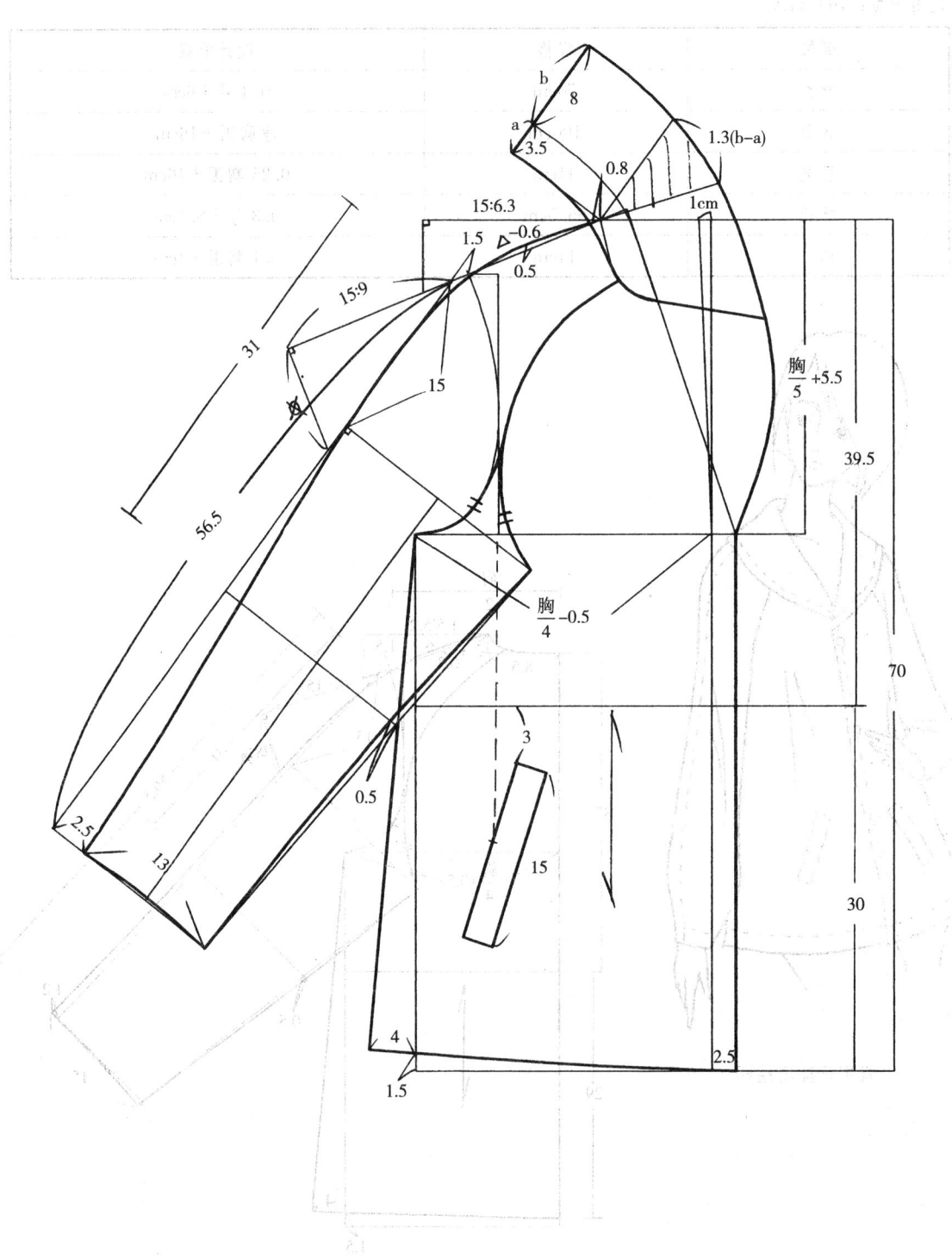

四十、弯驳领冒肩袖外套

选用号型：160/84A

部位	规格	设计依据
衣长	70cm	0.4 号＋6cm
胸围	96cm	净胸围＋12cm
肩宽	40cm	0.25 胸围＋16cm
袖长	56.5cm	0.3 号＋8.5cm
袖口	13.5cm	0.1 胸围＋4cm
腰围	82cm	胸围－14cm

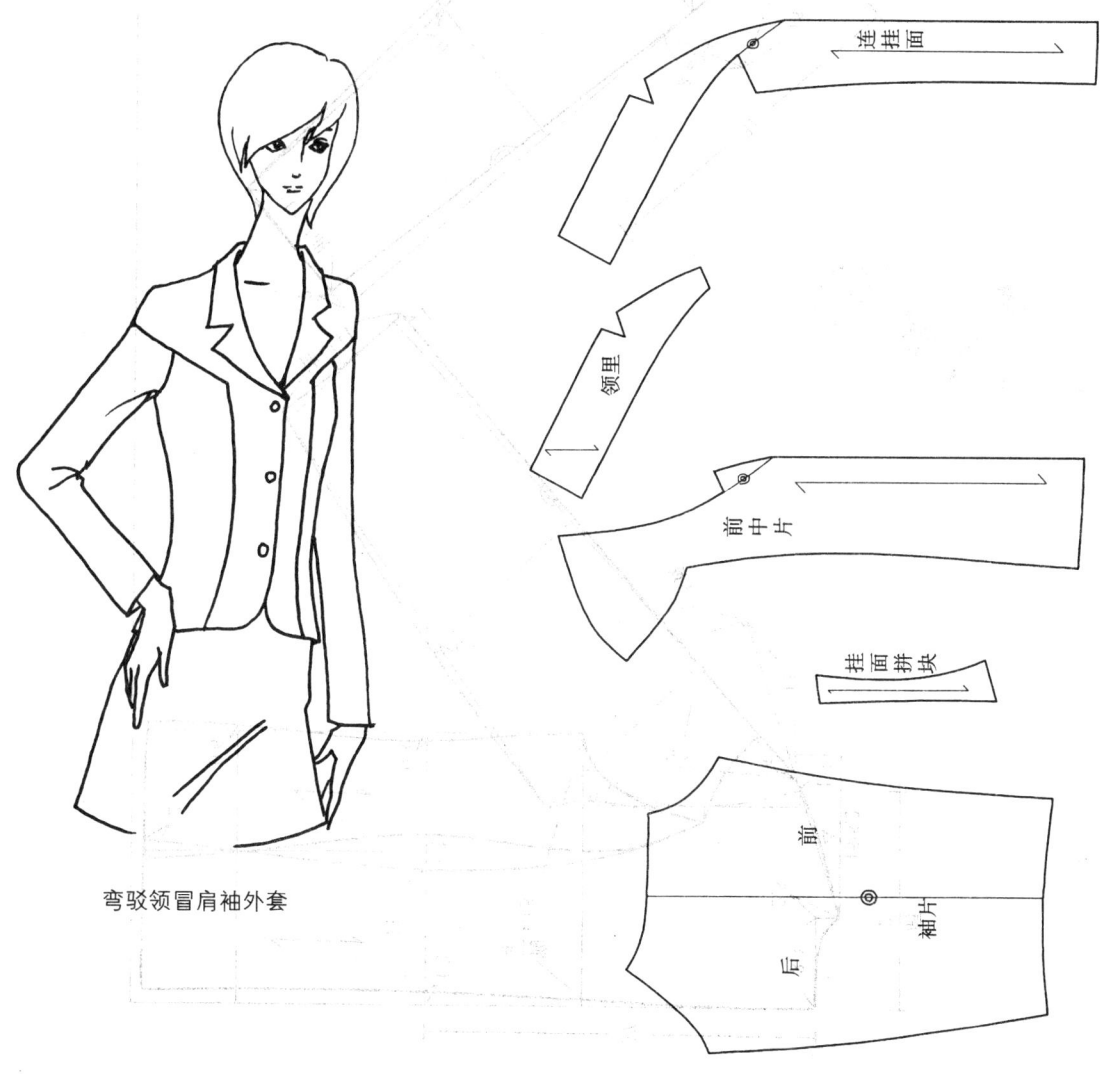

弯驳领冒肩袖外套

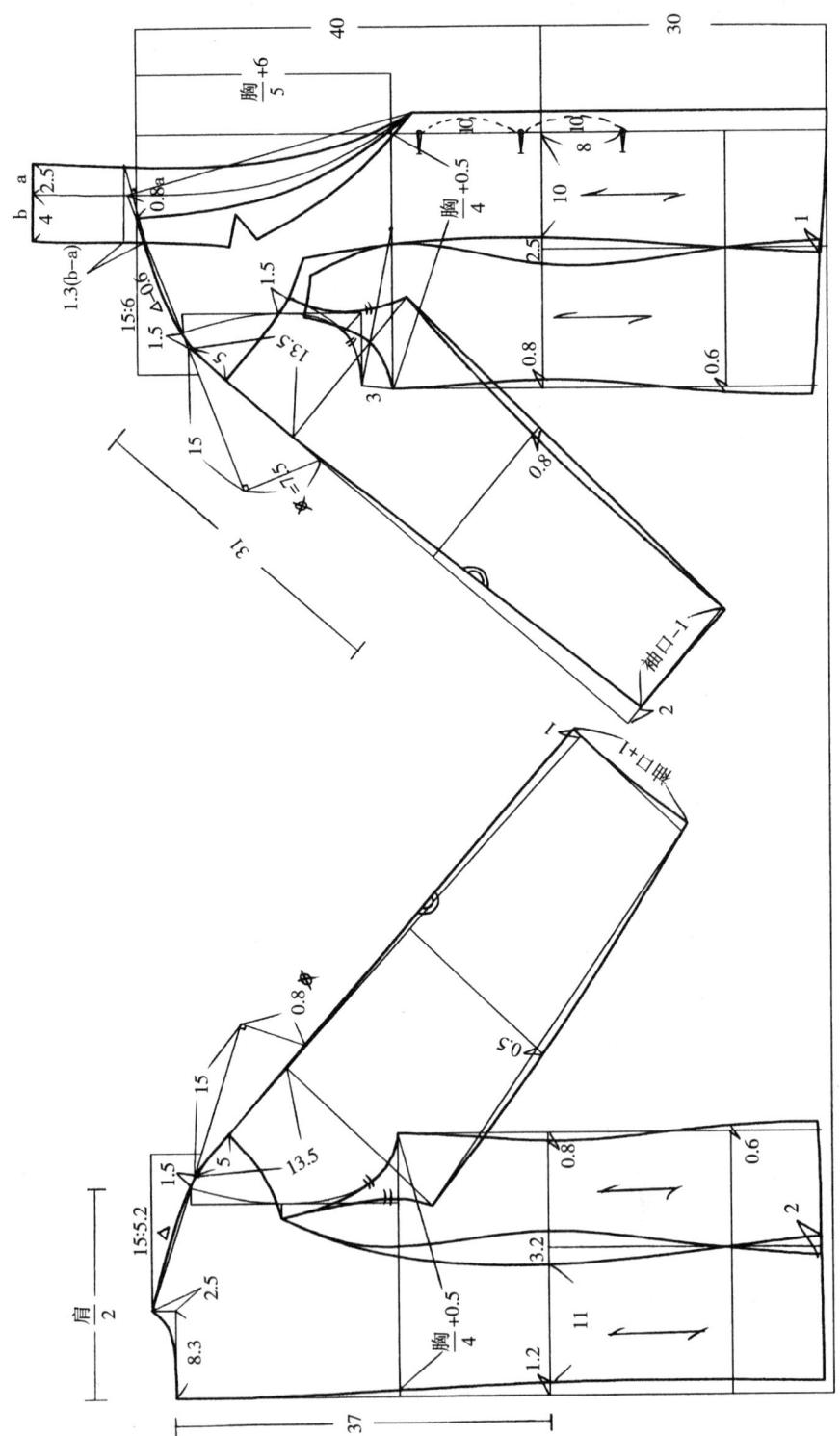

四十一、插肩袖衫

选用号型：160/84A

部位	规格	设计依据
衣长	68cm	0.4号＋4cm
胸围	92cm	净胸围＋8cm
腰围	82cm	胸围－10cm

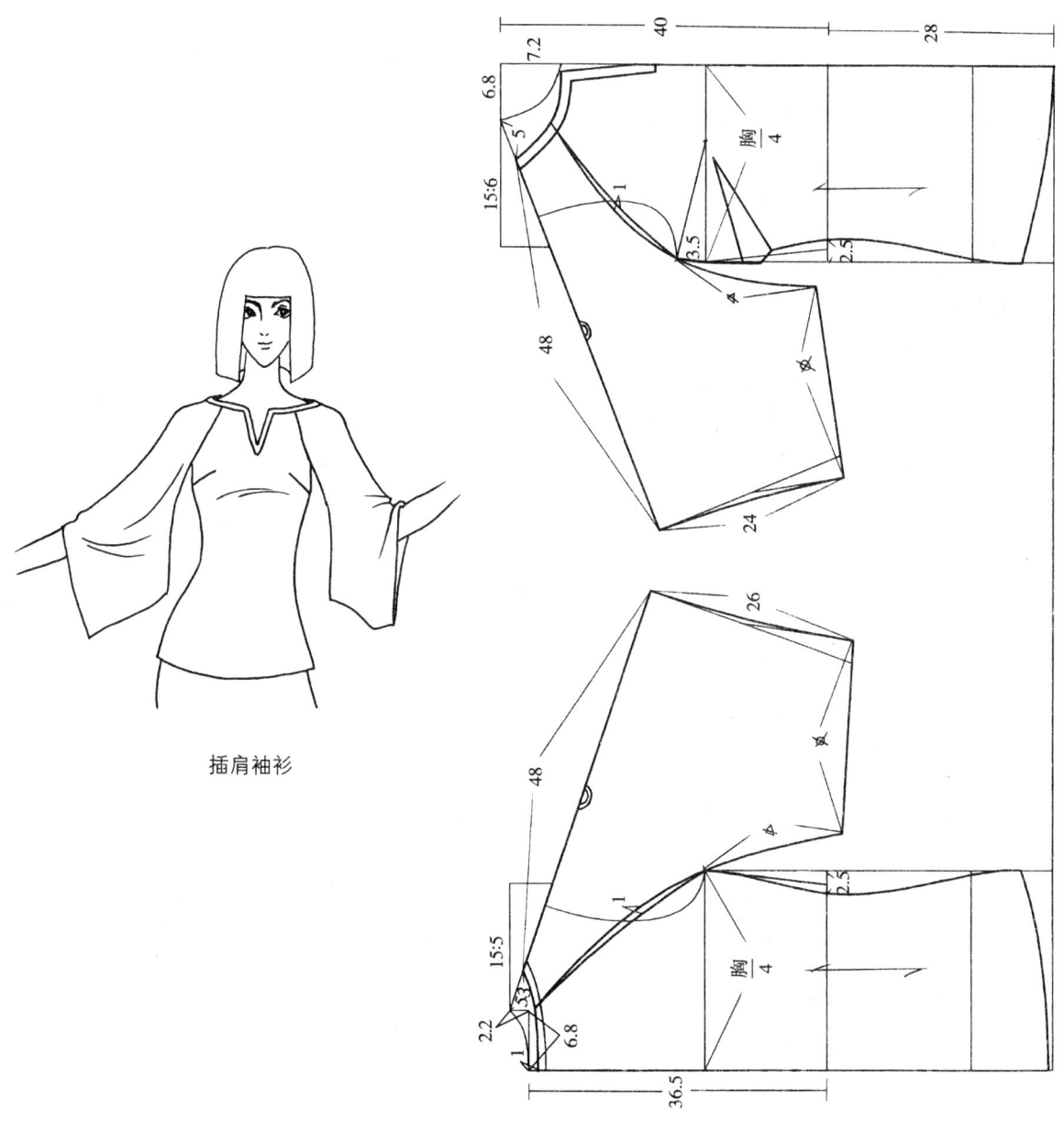

插肩袖衫

四十二、前连后装袖衣

选用号型：160/84A

部位	规格	设计依据
衣长	64cm	0.4 号
胸围	92cm	净胸围＋8cm
肩宽	38.5cm	0.25 胸围＋15.5cm
袖长	56.5cm	0.3 号＋8.5cm
袖口	13.5cm	0.1 胸围＋4cm
领围	40cm	颈围＋6cm

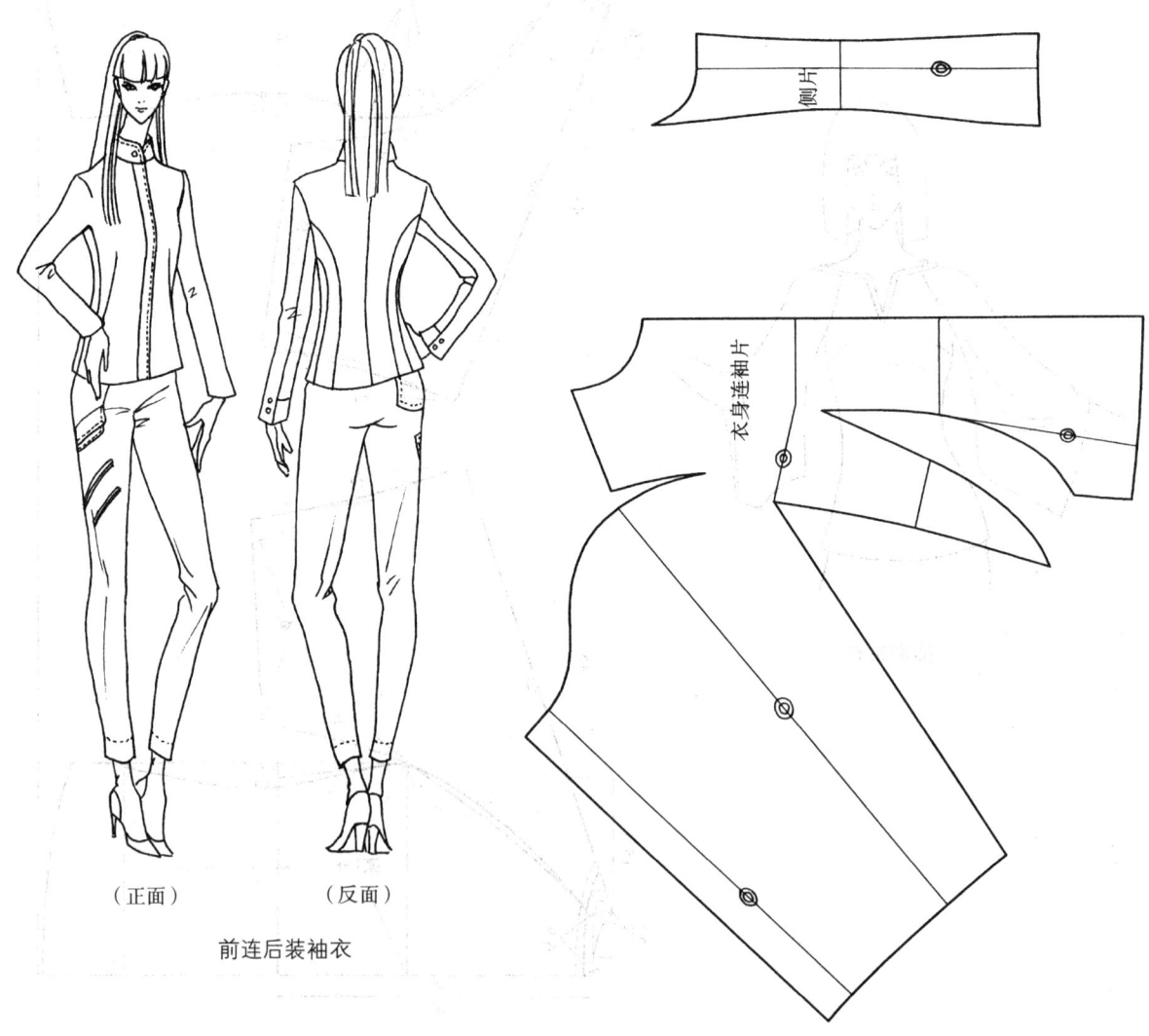

前连后装袖衣

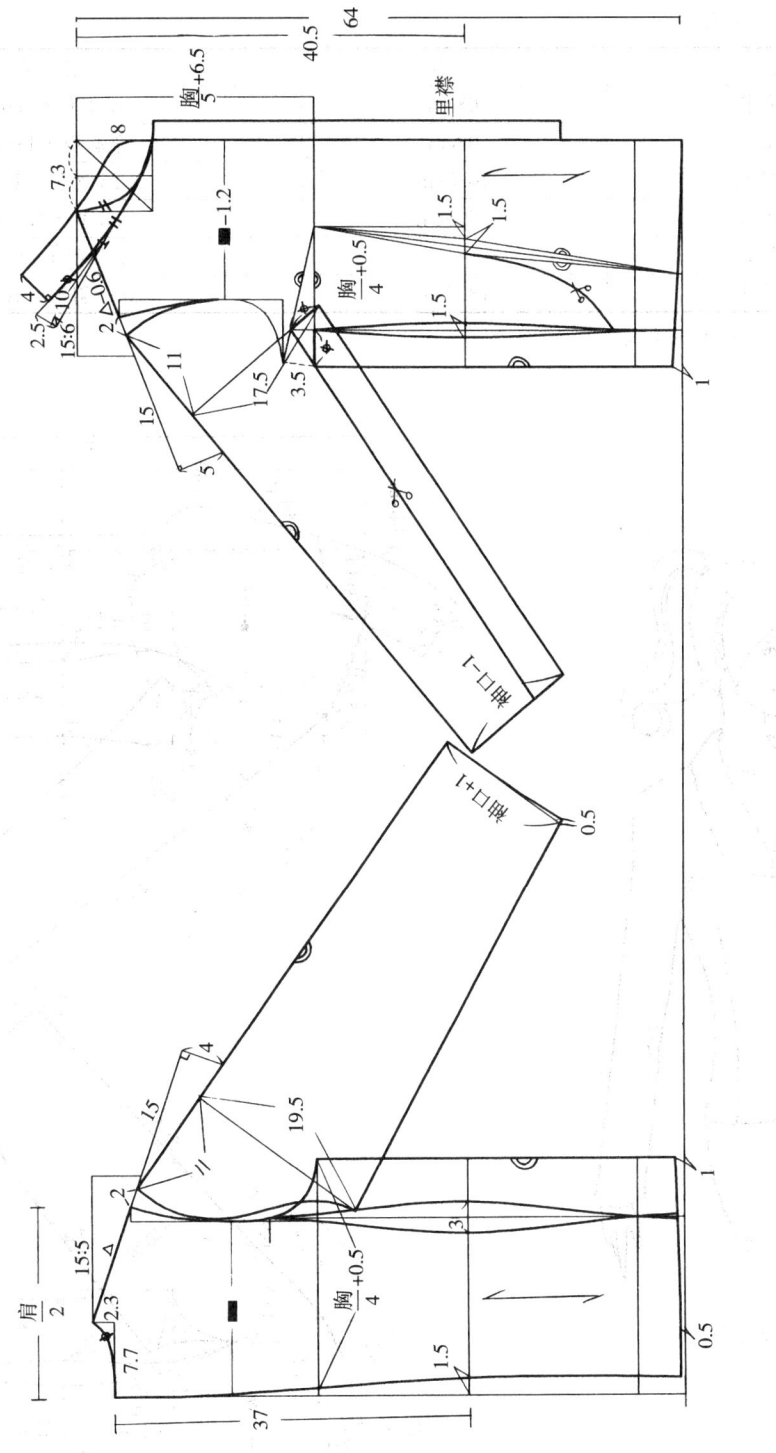

四十三、脱衣身连身袖衣

选用号型：160/84A

部位	规格	设计依据
衣长	68cm	0.4号＋4cm
胸围	98cm	净胸围＋14cm
肩宽	40.5cm	0.25胸围＋16cm
袖长	56.5cm	0.3号＋8.5cm
袖口	14cm	0.1胸围＋4～5cm
袖肥	18.6cm	0.2胸围－1cm

注：面料选用羊绒、驼绒。

脱衣身连身袖衣

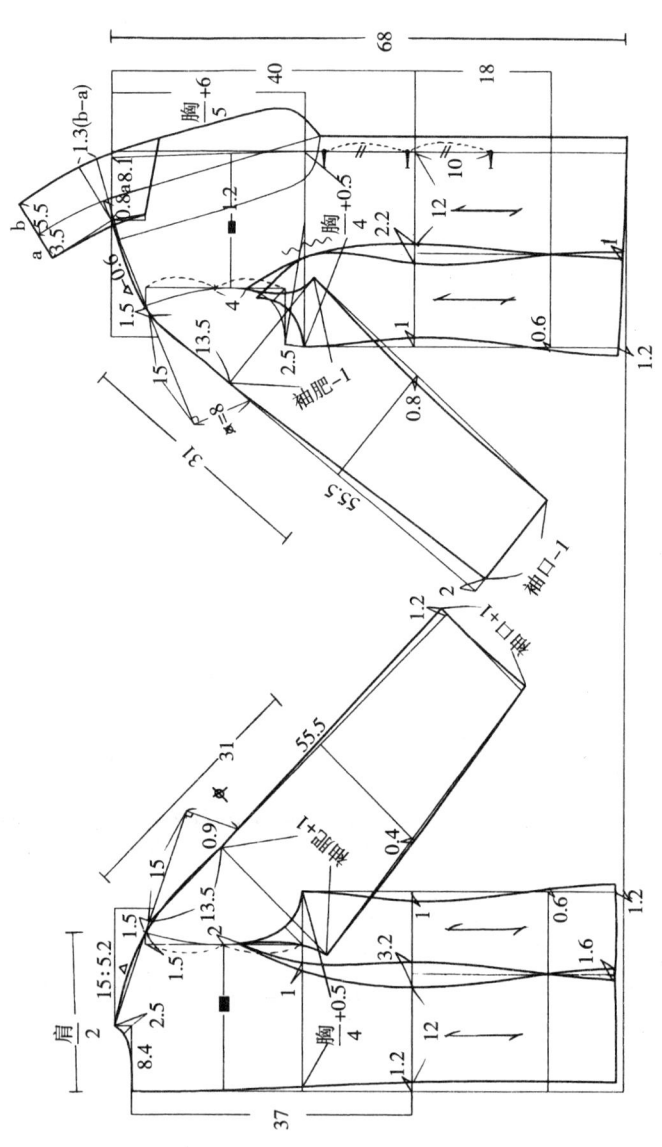

四十四、脱衣身三角插袖衫

选用号型：165/86A

部位	规格	设计依据
衣长	70cm	0.4 号＋4cm
胸围	102cm	净胸围＋16cm
肩宽	42cm	0.25 胸围＋16.5cm
袖长	58cm	0.3 号＋8.5cm
袖口	14.5cm	0.1 胸围＋4～5cm
袖肥	19.4cm	0.2 胸围－1cm

注：面料选用羊绒、驼绒。

脱衣身三角插袖衫

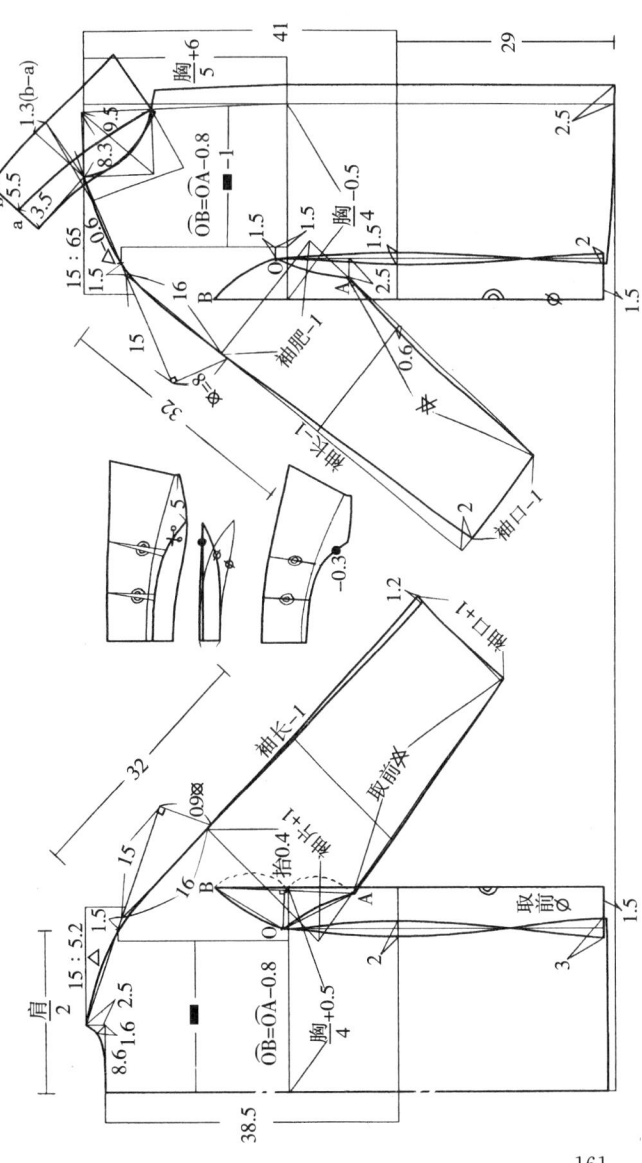

四十五、扇形披肩

选用号型：160/84A

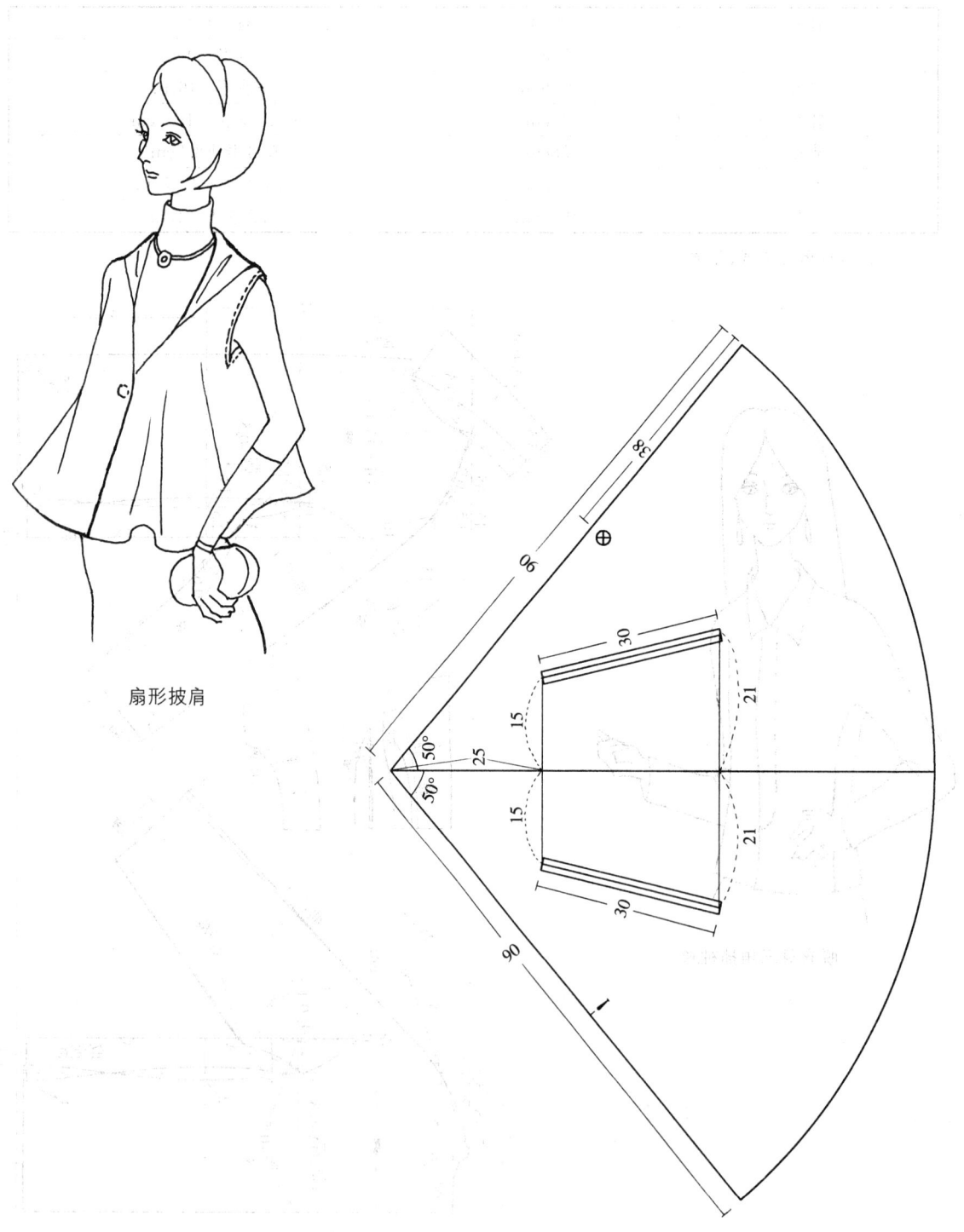

扇形披肩

四十六、连帽长风衣

选用号型：160/84A

部位	规格	设计依据
衣长	122cm	0.7号+10cm
胸围	100cm	净胸围+16cm
肩宽	41cm	0.25胸围+16cm
袖长	57cm	0.3号+9cm

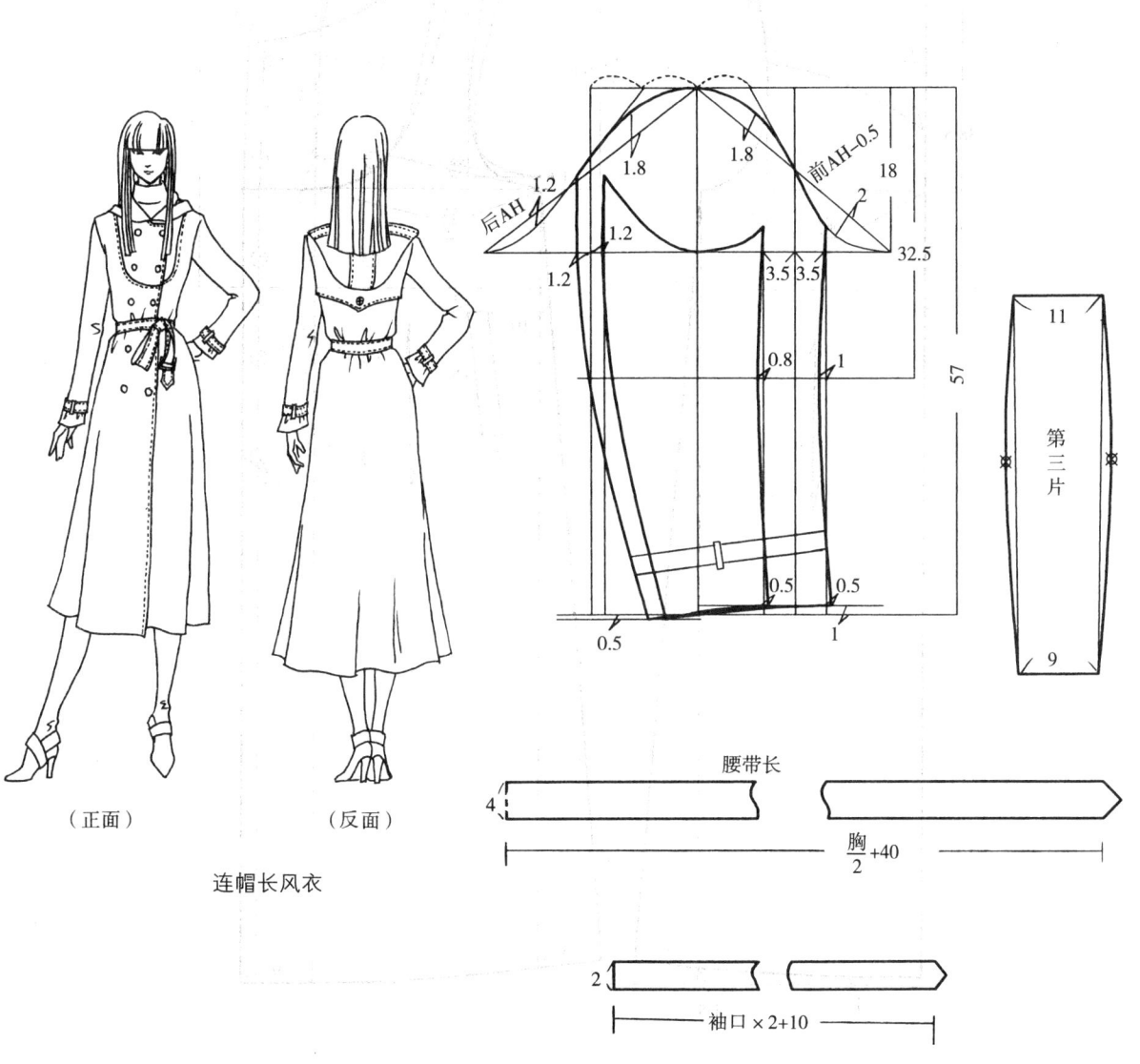

（正面）　（反面）

连帽长风衣

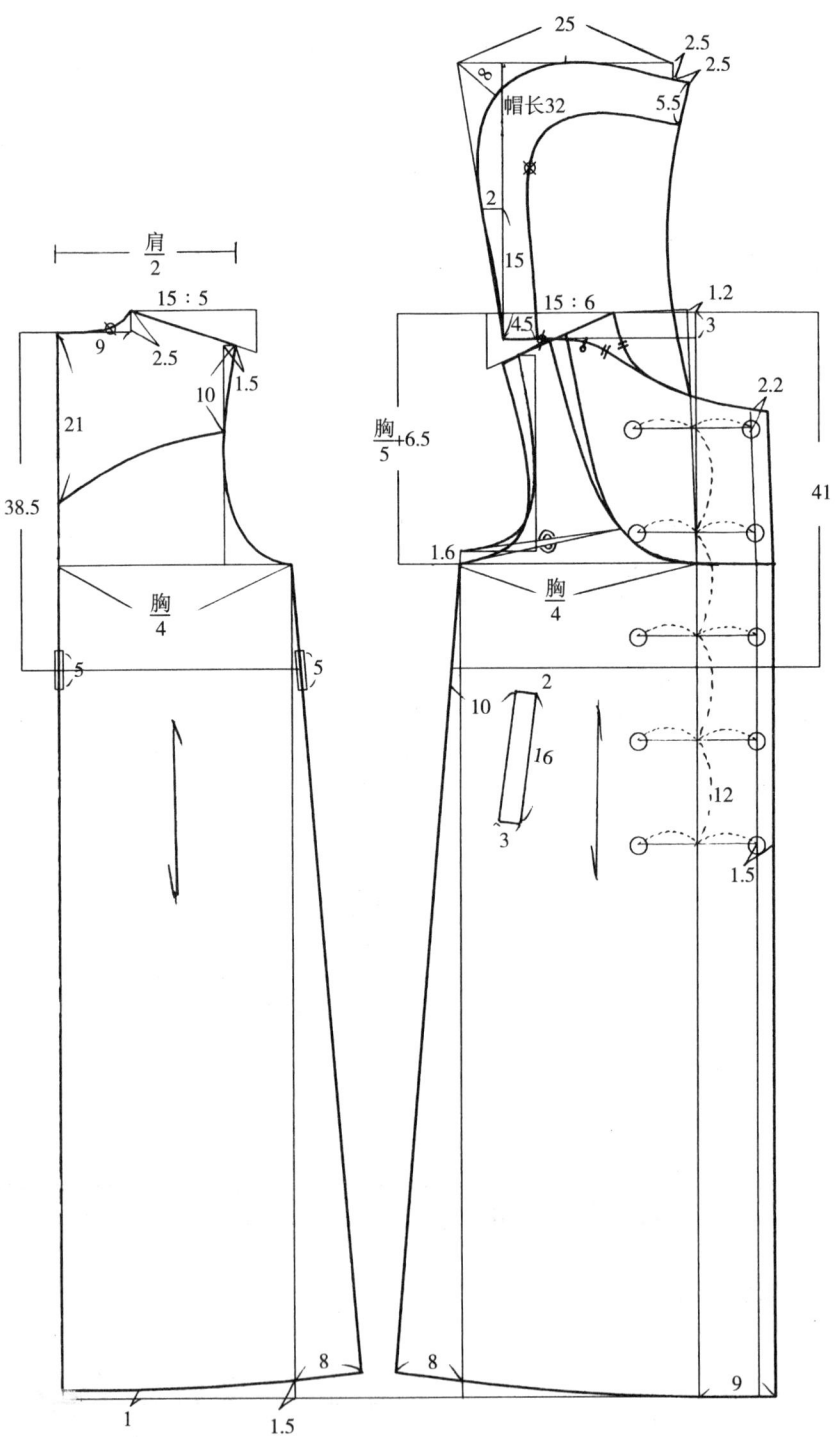

附：女装各部位尺寸加放参考表

女装各部位尺寸加放参考表（衬衫外量）　　　　　　　　（单位：cm）

款式	长度标准		围度加放标准				成品内可加穿
	衣长	袖长	胸围	腰围	臀围	领围	
短袖衬衫	虎口上2	肘上6	6～12			2～3	汗衫
长袖衬衫	齐虎口	腕下3	8～14			2～3	汗衫
旗袍	离地面10～20	腕下2	4～7	4～6	4～6	2～3	汗衫
西装	大拇指中节	腕下3	8～14	8～12	8～12		衬衫、羊毛衫
短大衣	虎口下15	腕下4	14～24				羊毛衫、西装
中长大衣	齐膝盖	腕下4	14～24				羊毛衫、西装
长风衣	膝盖下25	腕下4	20～30				羊毛衫、西装
长裤	腰节上3～离地面1.5			1～3	4～12		
中裤	腰节上3～膝盖下10～20			1～3	4～12		
短裤	腰节上3～膝盖上5～15			1～3	4～12		

第三章　男装结构和打板实例

第一节　男裤结构及打板实例

男裤与女裤就整体造型来说相差不大,但由于男女体型有别,故在结构处理上要分别对待,尤其是直裆深以及腰围与臀围的分配等必须依据体型差异进行结构的变化和调整。

一、男裤各部位尺寸的设定

1. 选用号型 170/74A。
2. 裤长按照男西装短裤、中裤、中长裤、长裤等四种类型进行计算。
   (1) 西装短裤：0.3×号+2cm=53cm。
   (2) 中裤：0.4×号+2cm=70cm。
   (3) 中长裤：0.5×号=85cm。
   (4) 长裤：0.6×号=102cm。
3. 腰围=净腰围+2cm。
4. 臀围=净臀围+10cm 左右(视裤子的贴体程度可作调整)。
5. 裤脚口=2/10×臀围+3~4cm(视裤的造型可作调整)。

二、直裆深的构成

直裆深可通过人体坐姿状态下的腰节线至椅面的长度加上一定的松量来计算,套用公式：号/10+臀围/10+0.5~1cm。

需要说明的是：男性腰节线一般低于女性,穿裤时前裆又低于腰线位,因此在"号"相同的情况下,男裤的直裆比女裤短。

三、窿门宽的所占比例与前后窿门宽的分配

窿门宽受到臀部形状的影响,正常体型以 15%臀围~16%臀围来计算,前窿门约占窿门宽总量的 1/3 不到,计算公式为：0.05 臀围-1cm,后窿门计算公式为：0.1 臀围+1cm,在此基础上,按照臀形可以作加量或减量的调整,扁臀体形略微减一点,突臀体形稍微加一点。

四、后缝困势与后起翘量的确定

由于男裤的直裆一般要比女裤短,所以男裤的后缝困势在正常情况下要略大于女裤的后缝困势,而后缝困势的大小直接影响着后起翘,因此,男裤的后起翘量高于女裤,基本上在 2.5～3cm,作用于平衡裤两侧的腰口点力度与后中腰点的力度。

五、腰围与臀围的分配

腰围与臀围的分配要根据裤腰口褶裥量的多少与裤的放松量的多少来确定。如果是无褶裥裤,那么放松量应该相对较小,制板时,前臀围量可以相对缩减,而前腰围量可以相对增加,以此来缩小臀腰差。相反,如果裤子的前片有两个或两个以上的褶裥,制板时,前臀围量可以相对增加,而腰围也可以相对缩小。

六、男裤结构及打板实例

1. 男裤基本型

选用号型：170/74A

部位	规格	设计依据
裤长	102cm	0.6 号
臀围	100cm	净臀围＋10cm
腰围	76cm	净腰围＋2cm
脚口	23cm	0.2 臀围＋3cm

男裤基本型

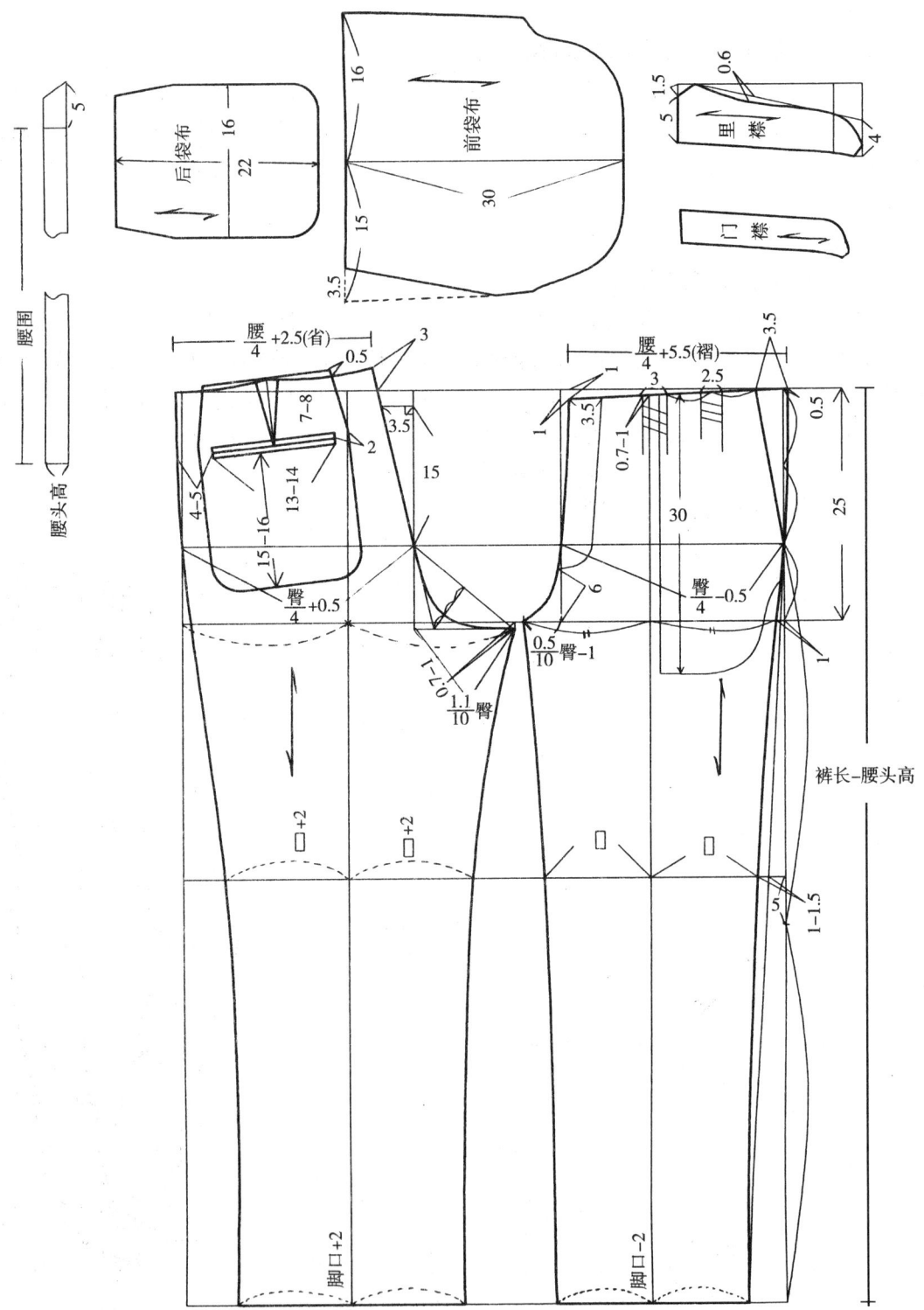

2. 小宽松西裤

选用号型：170/74A

部位	规格	设计依据
裤长	102cm	0.6号
臀围	104cm	净臀围+14cm
腰围	76cm	净腰围+2cm
脚口	23cm	0.2臀围+2～3cm

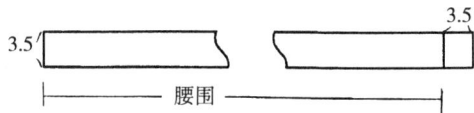

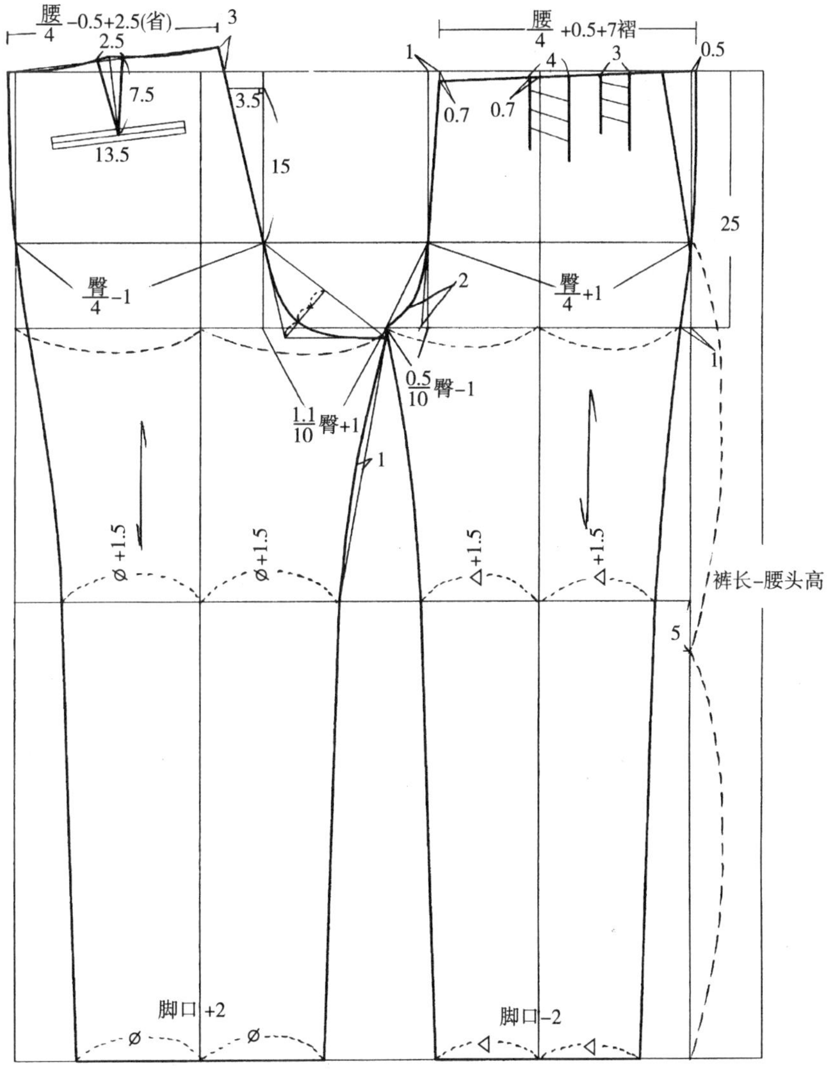

小宽松西裤

169

3. 无裥西裤

选用号型：170/74A

部位	规格	设计依据
裤长	102cm	0.6号
臀围	96cm	净臀围＋6cm
腰围	76cm	净腰围＋2cm
脚口	23cm	0.2臀围＋3～4cm
中裆	24cm	脚口＋1cm

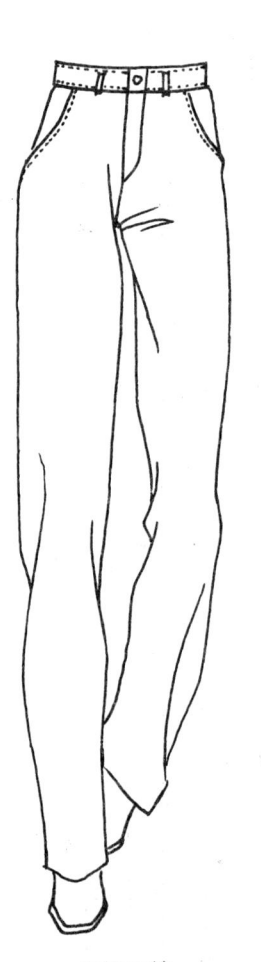

无裥西裤

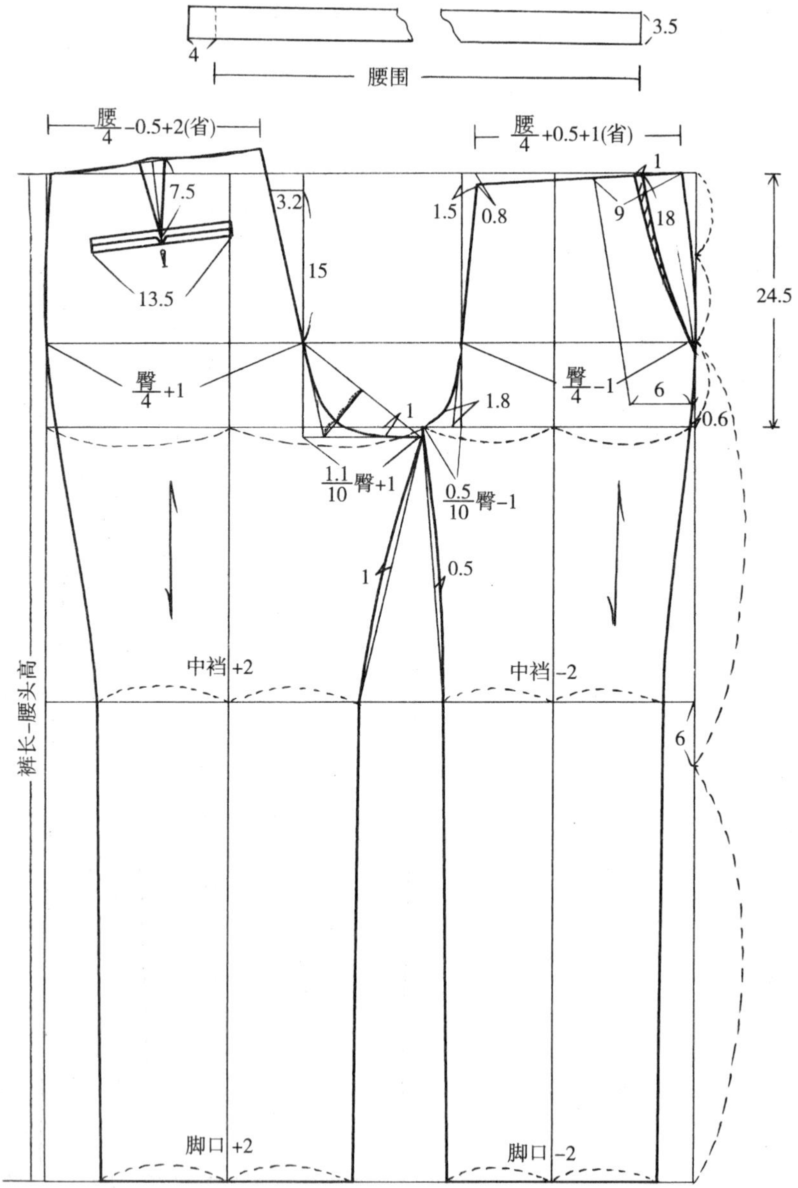

4. 牛仔裤

选用号型：170/74A

部位	规格	设计依据
裤长	102cm	0.6 号
臀围	96cm	净臀围＋6cm
腰围	76cm	净腰围＋2cm
中裆	22cm	脚口－2cm
脚口	24cm	0.2 臀围＋4～5cm

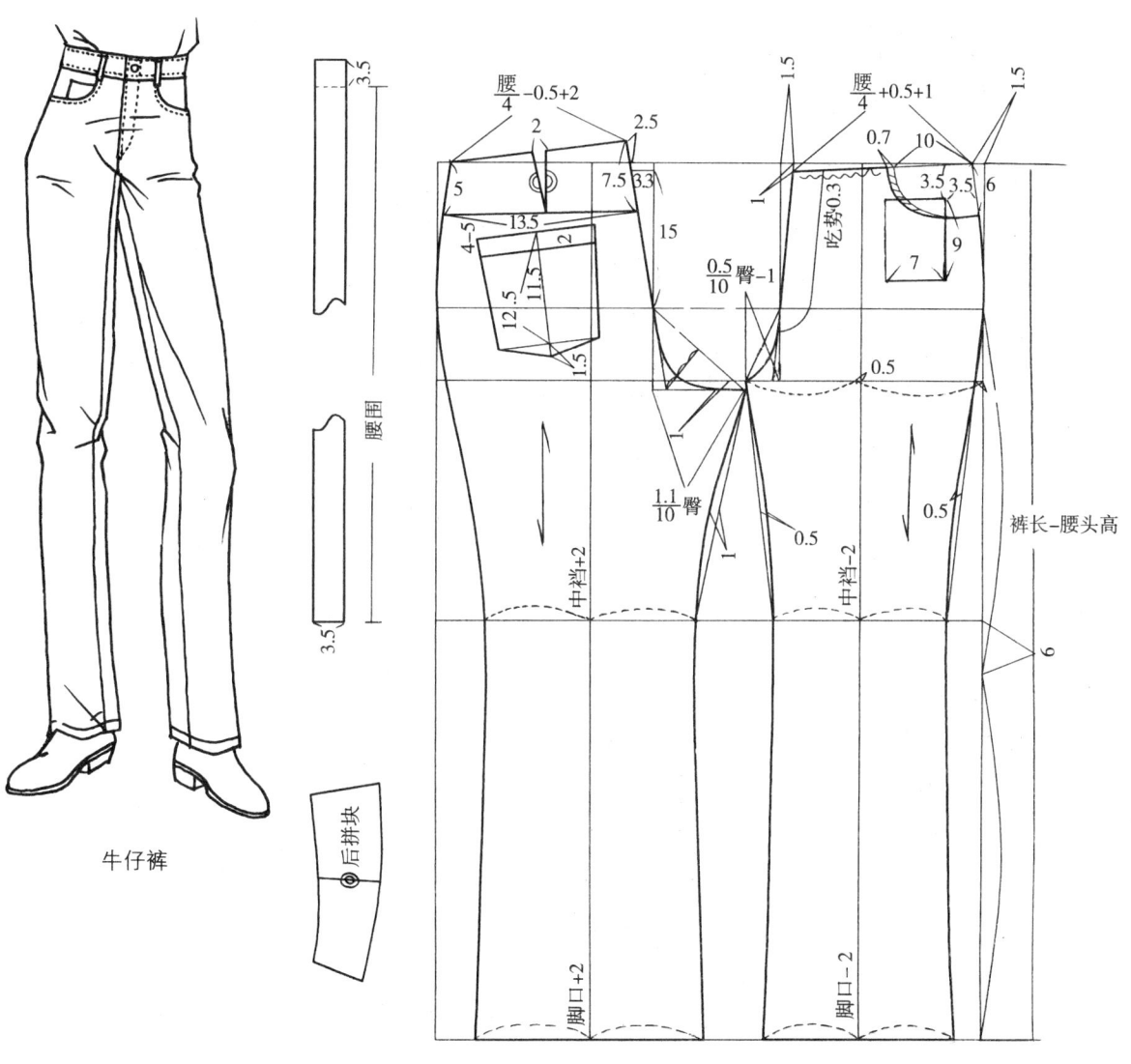

牛仔裤

5. 西装短裤

选用号型:170/74A

部位	规格	设计依据
裤长	50cm	0.3号－1cm
臀围	100cm	净臀围＋10cm
腰围	76cm	净腰围＋2cm
脚口	27.5cm	0.2臀围＋7.5cm

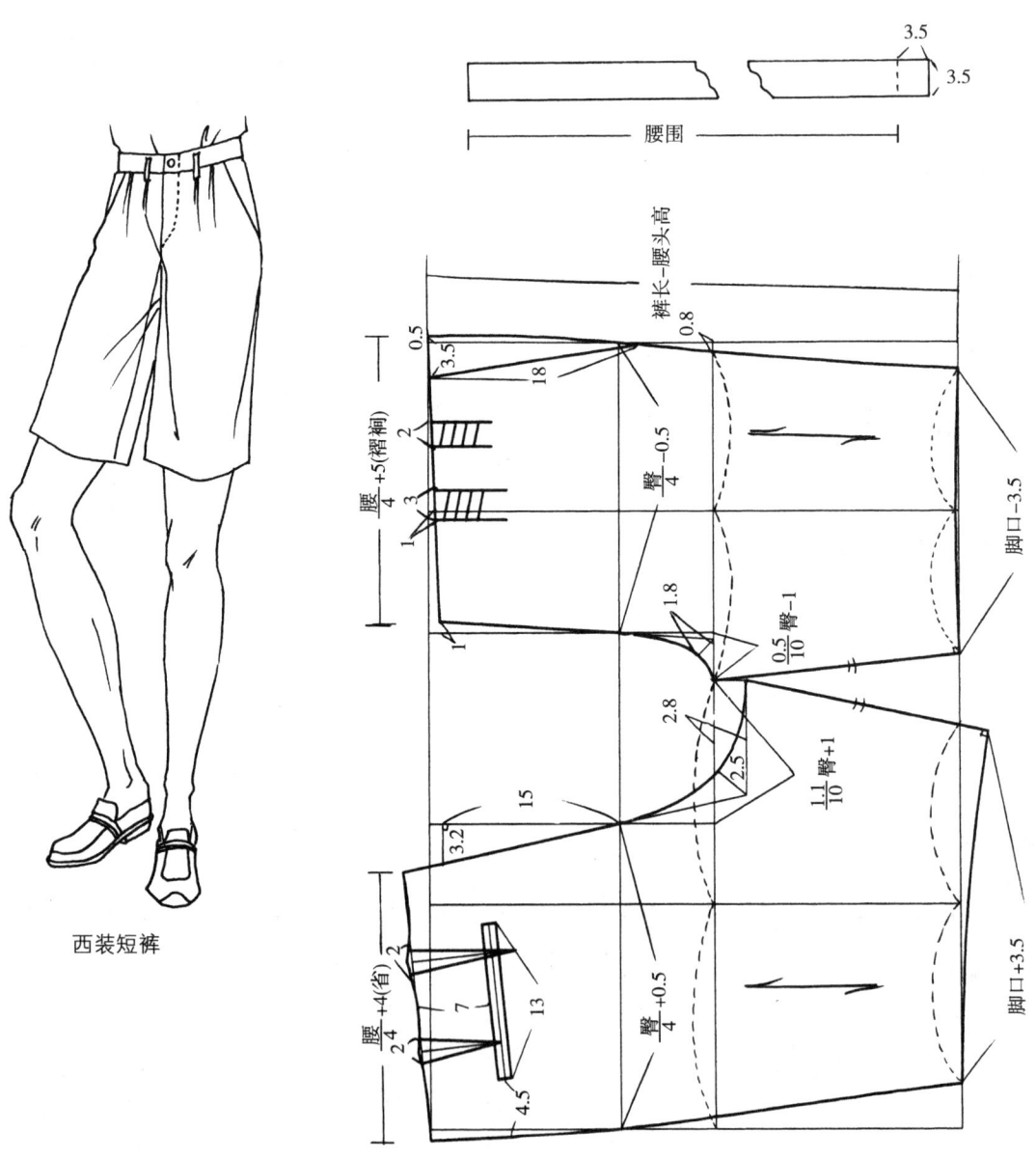

西装短裤

6. 滑板裤

选用号型：175/78A

部位	规格	设计依据
裤长	103cm	0.6号－2cm
臀围	108cm	净臀围＋14cm
腰围	80cm	净腰围＋2cm
脚口	24cm	0.2臀围＋2～3cm

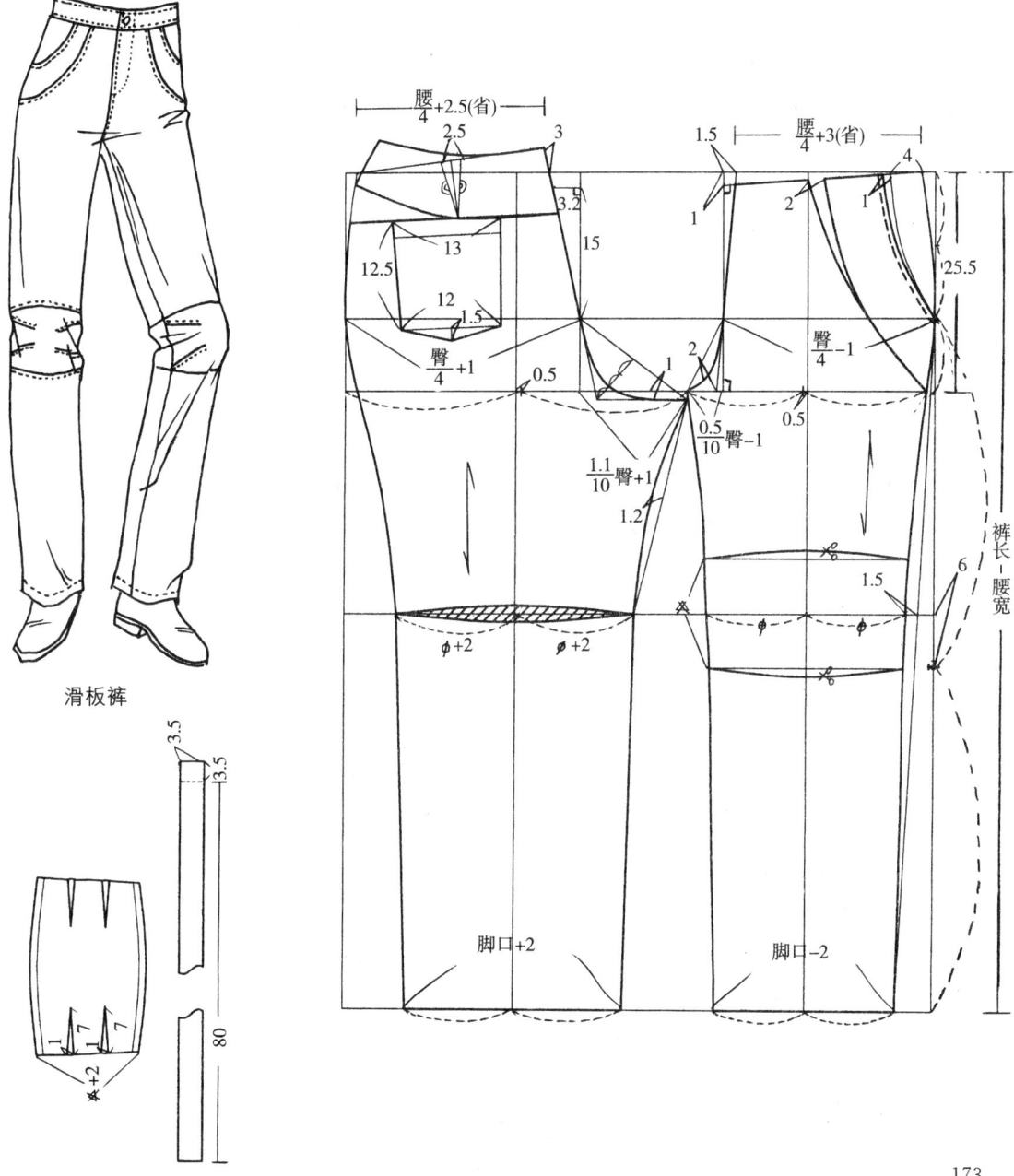

滑板裤

第二节　男上装基本型结构构成

一、无劈门上装基型

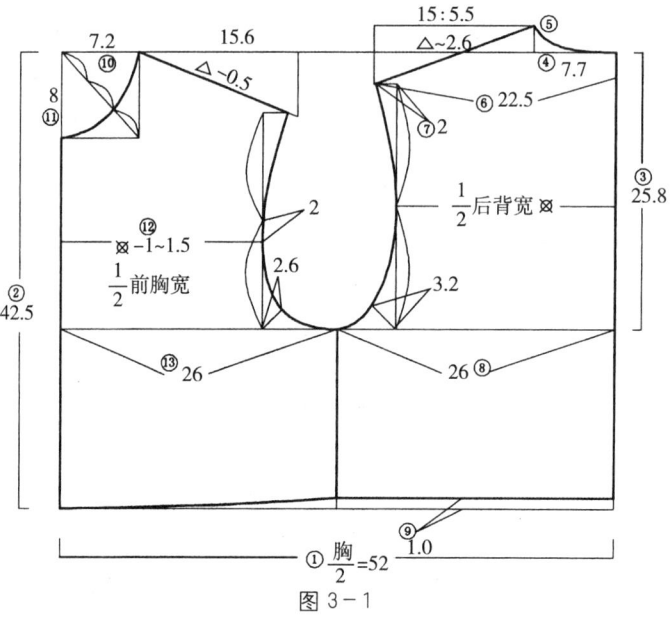

图 3-1

1. 规格设定

选用男性中间体号型 170/88A，胸围＝净胸围＋16cm＝104cm，肩宽＝0.3胸围＋13.8cm＝45cm，领围＝颈围＋3.2cm＝40cm。（图 3-1）

2. 制图顺序

(1) 作出胸围/2＝52cm 的框架宽。

(2) 前腰节长＝0.2×号＋8.5cm＝42.5cm 作框架高。

(3) 袖窿深为 0.2胸围＋5cm＝25.8cm。

(4) 后横开领取 0.2领围－0.3cm＝7.7cm。

(5) 后直开领取 1/3 横开领＝2.5～2.6cm。

(6) 后肩宽取肩宽/2＝22.5cm。

(7) 后肩冲量取 1.8～2cm。

(8) 后胸围大取胸围/4＝26cm。

(9) 后片起翘量为 1cm。

(10) 前横开领取 0.2领围－0.6～0.8cm＝7.2cm。

(11) 前直开领取 0.2领围＝0.8cm。

(12) $\frac{1}{2}$ 前胸宽＝$\frac{1}{2}$ 后背宽－1～1.5cm＝19.2cm。

(13) 前胸围大取胸围/4＝26cm。

二、有劈门男西装基型

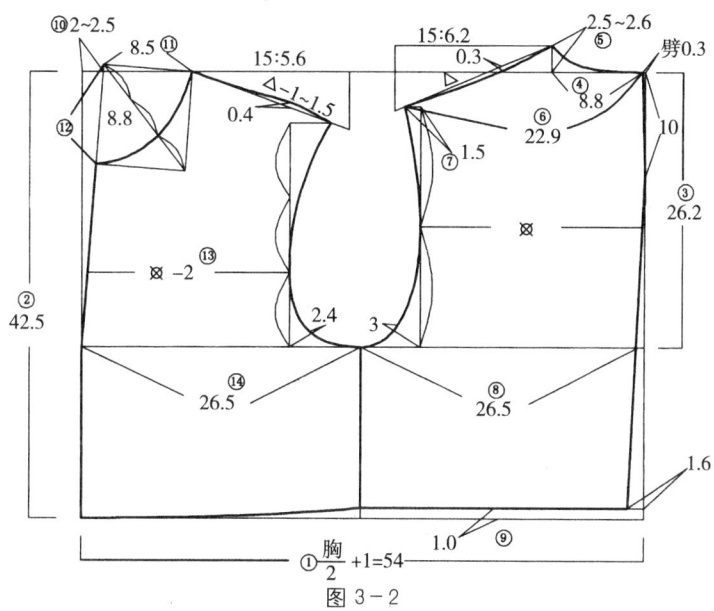

图 3-2

1. 规格设定

选用男性中间体号型 170/88A,胸围＝净胸围＋18cm＝106cm,肩宽＝0.3胸围＋14cm＝45.8cm。(图 3-2)

2. 制图顺序

(1) 作出胸围/2＋1cm＝54cm 的框架宽。

(2) 前腰节长＝0.2×号＋8.5cm＝42.5cm 的框架高。

(3) 袖窿深为 0.2 胸围＋5cm＝26.5cm。

(4) 后横开领取胸围/20－3.5cm＝8.8cm。

(5) 后直开领取 2.5～2.6cm。

(6) 后肩宽取肩宽/2＝22.5cm。

(7) 后肩冲量取 1.5cm。

(8) 后胸围大取胸围/4＝26.5cm。

(9) 后片起翘量为 1cm。

(10) 劈门量 2～2.5cm(可以调节)。

(11) 前横开领深＝后横开领－0.3cm＝8.5cm。

(12) 前直开领＝后横开领。

(13) $\frac{1}{2}$ 前胸宽＝$\frac{1}{2}$ 后背宽－2cm＝19.2cm。

(14) 前胸围取胸围/4＝26.5cm。

第三节 男装打板实例

一、男衬衫

选用号型：170/88A

部位	规格	设计依据
衣长	74cm	0.4号+6cm
胸围	108cm	净胸围+20cm
肩宽	47cm	0.3胸围+12～14cm
袖长	59cm	0.3号+8cm
领围	40cm	颈根围+3cm
袖克夫长	25cm	0.2胸围+3～4cm
袖克夫宽	6cm	

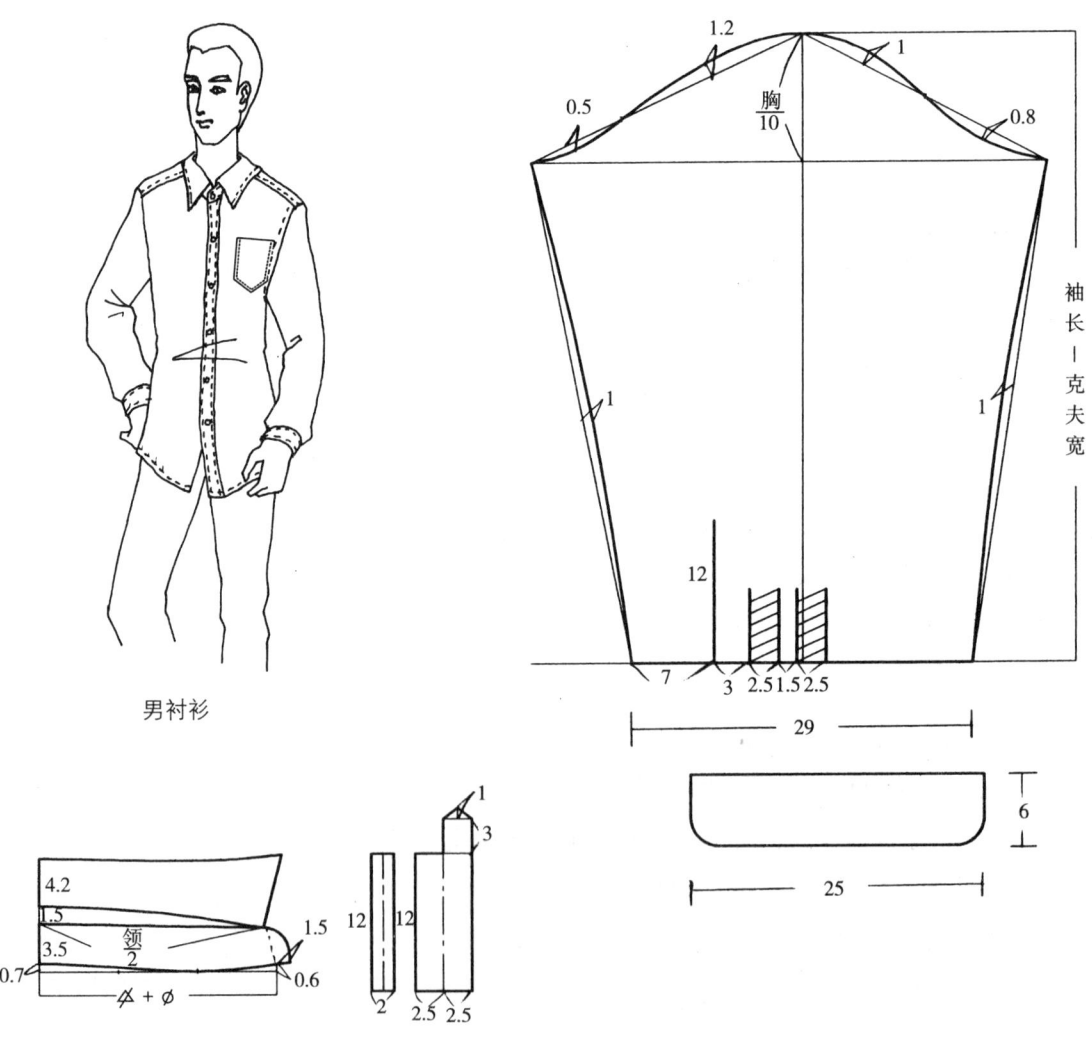

男衬衫

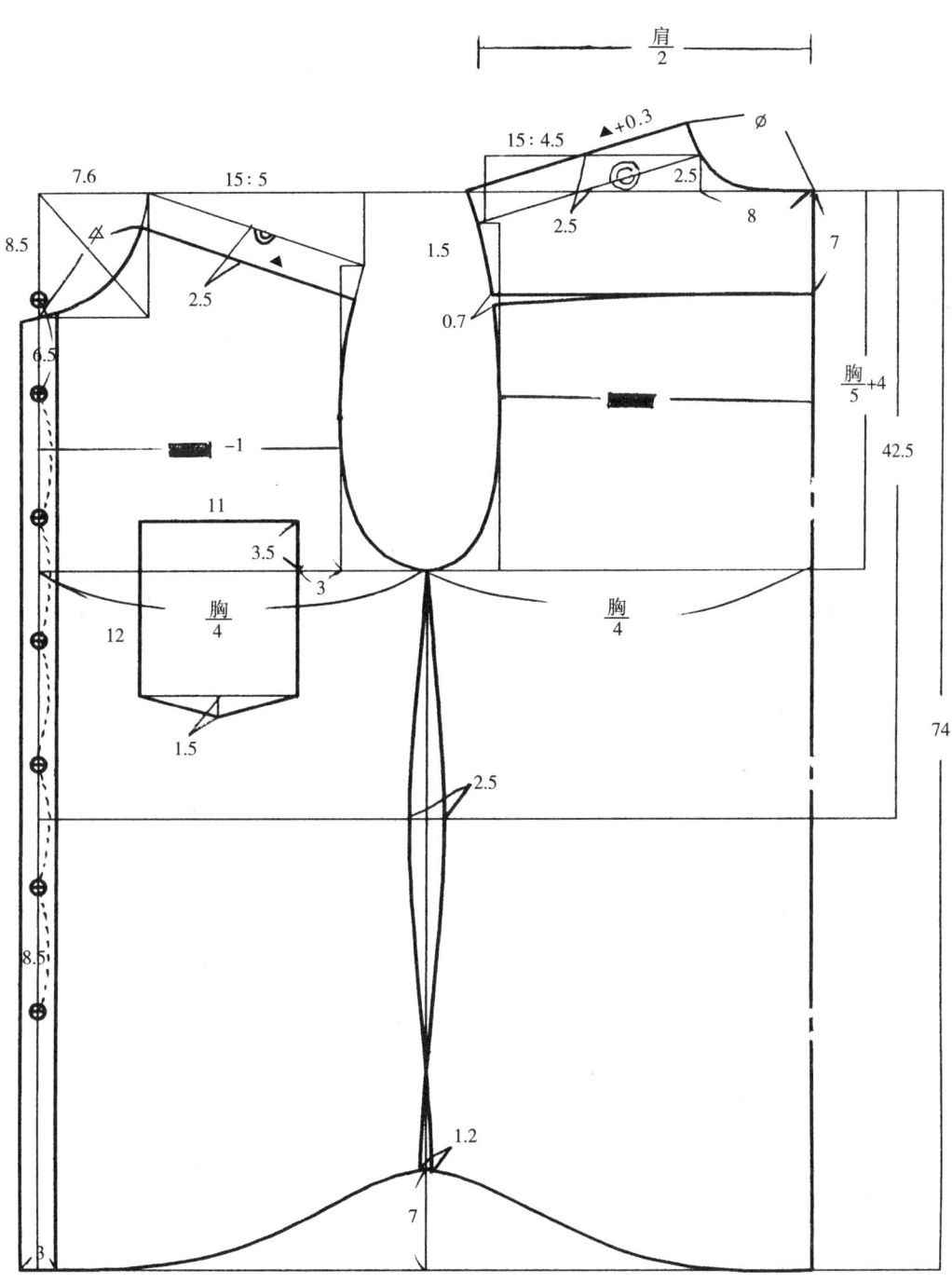

二、二扣西装

选用号型：170/88A

部位	规格	设计依据
后中长	73cm	0.4号+5cm
胸围	106cm	净胸围+18cm
肩宽	46cm	0.3胸围+14.2cm
袖长	59.5cm	0.3号+8.5cm
袖口	15cm	0.1号+4～5cm
腰围	94cm	胸围-12cm

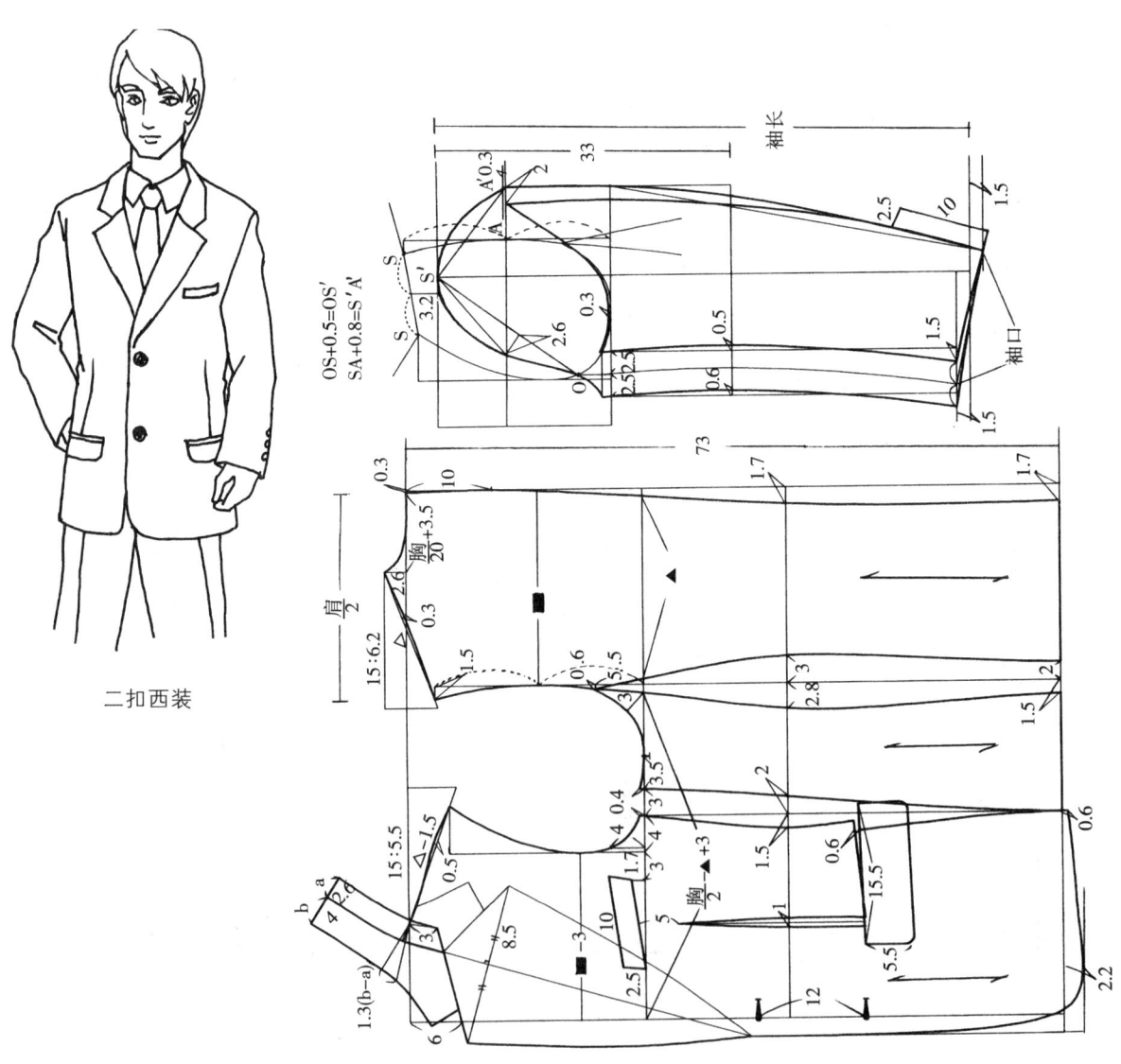

二扣西装

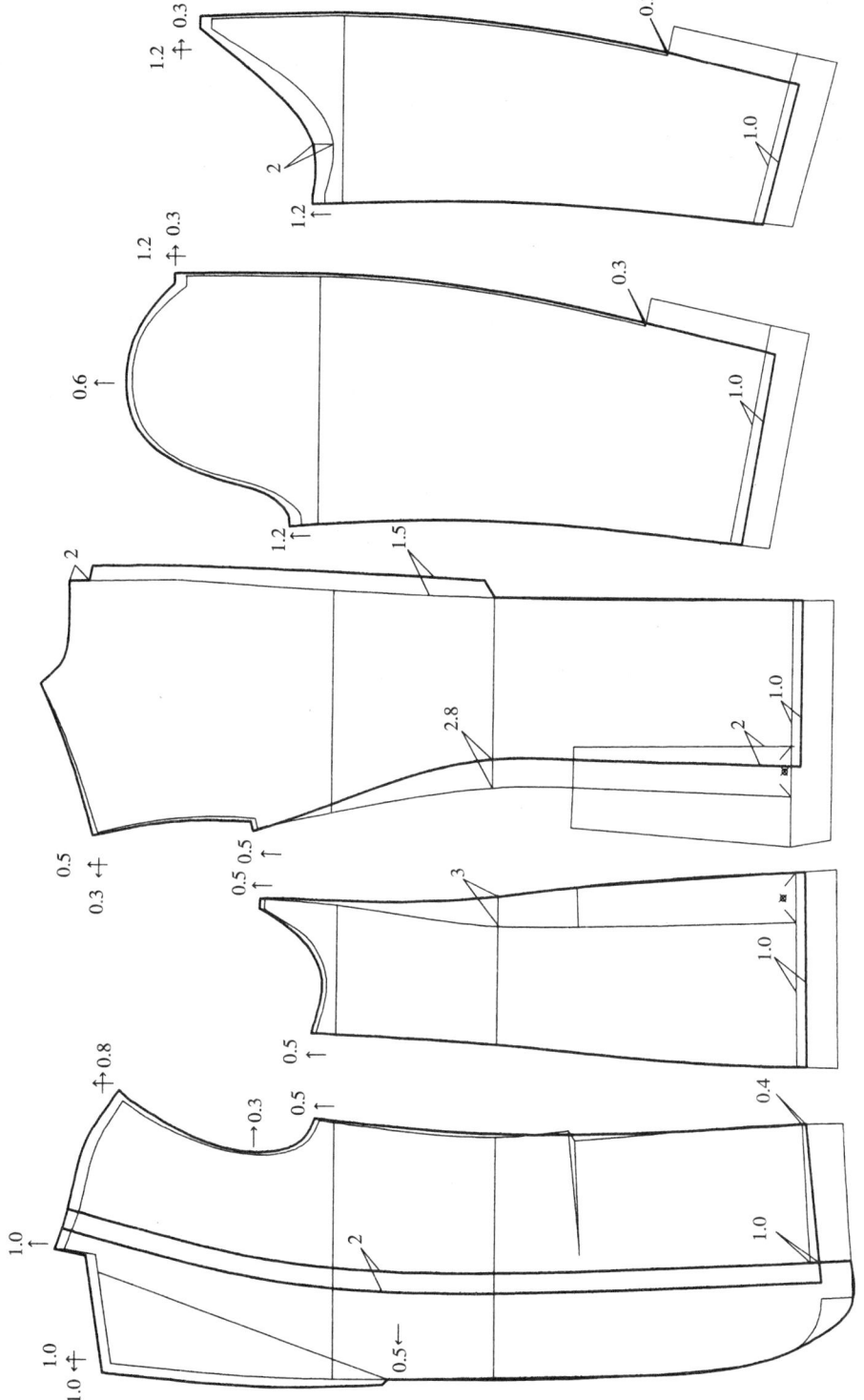

男西服夹里配制示意图(注:在毛样基础上配制)

179

三、四扣休闲西服

选用号型：175/92A

部位	规格	设计依据
后中长	74cm	0.4号＋4cm
胸围	110cm	净胸围＋18cm
肩宽	47cm	0.3胸围＋14cm
袖长	61cm	0.3号＋8.5cm
袖口	15cm	0.1胸围＋4cm
腰围	97cm	胸围－13cm

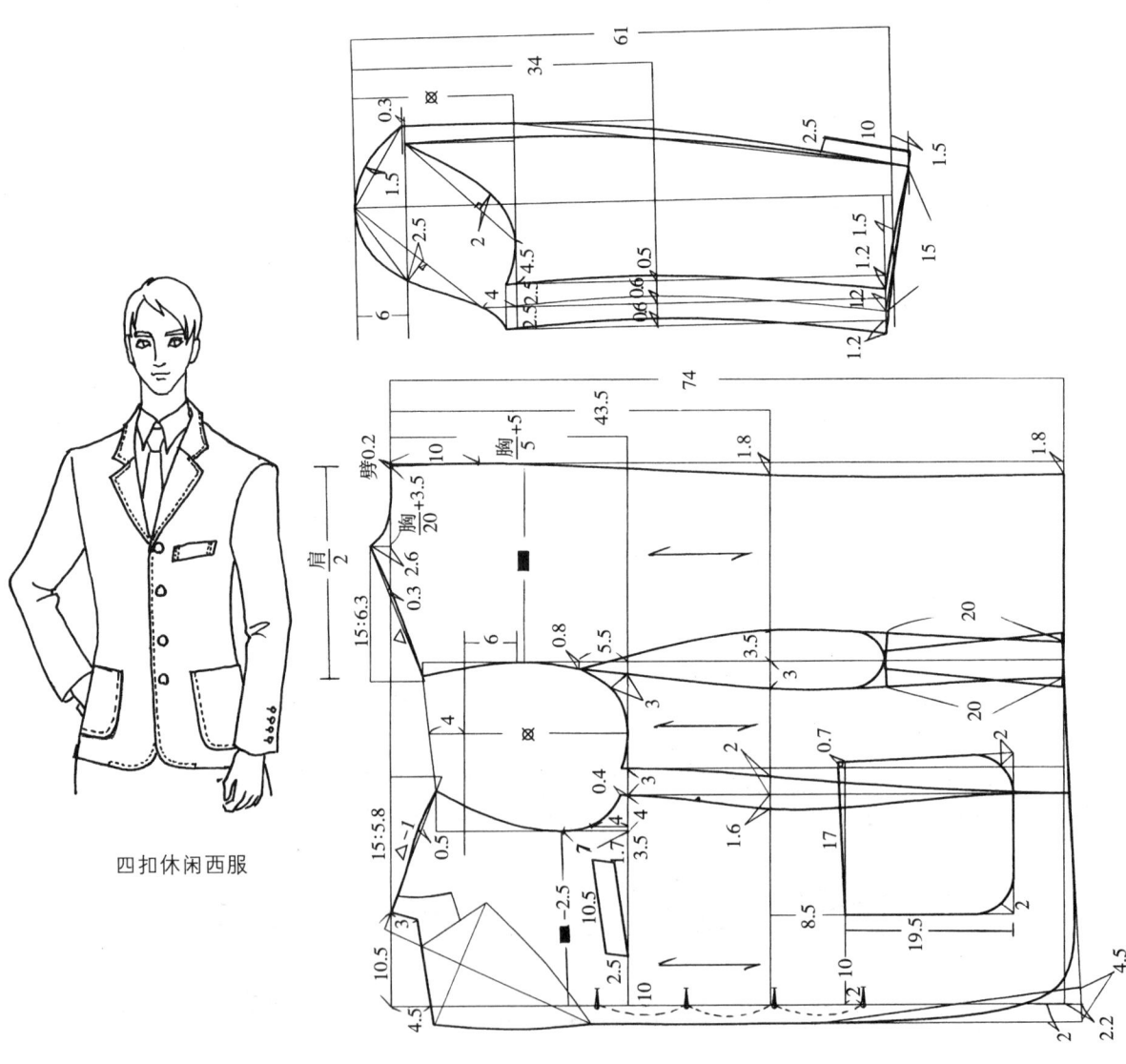

四扣休闲西服

四、西装马夹

选用号型：170/88A

部位	规格	设计依据
衣长	60cm	0.3号＋9cm
胸围	98cm	净胸围＋10cm
小肩宽	10cm	

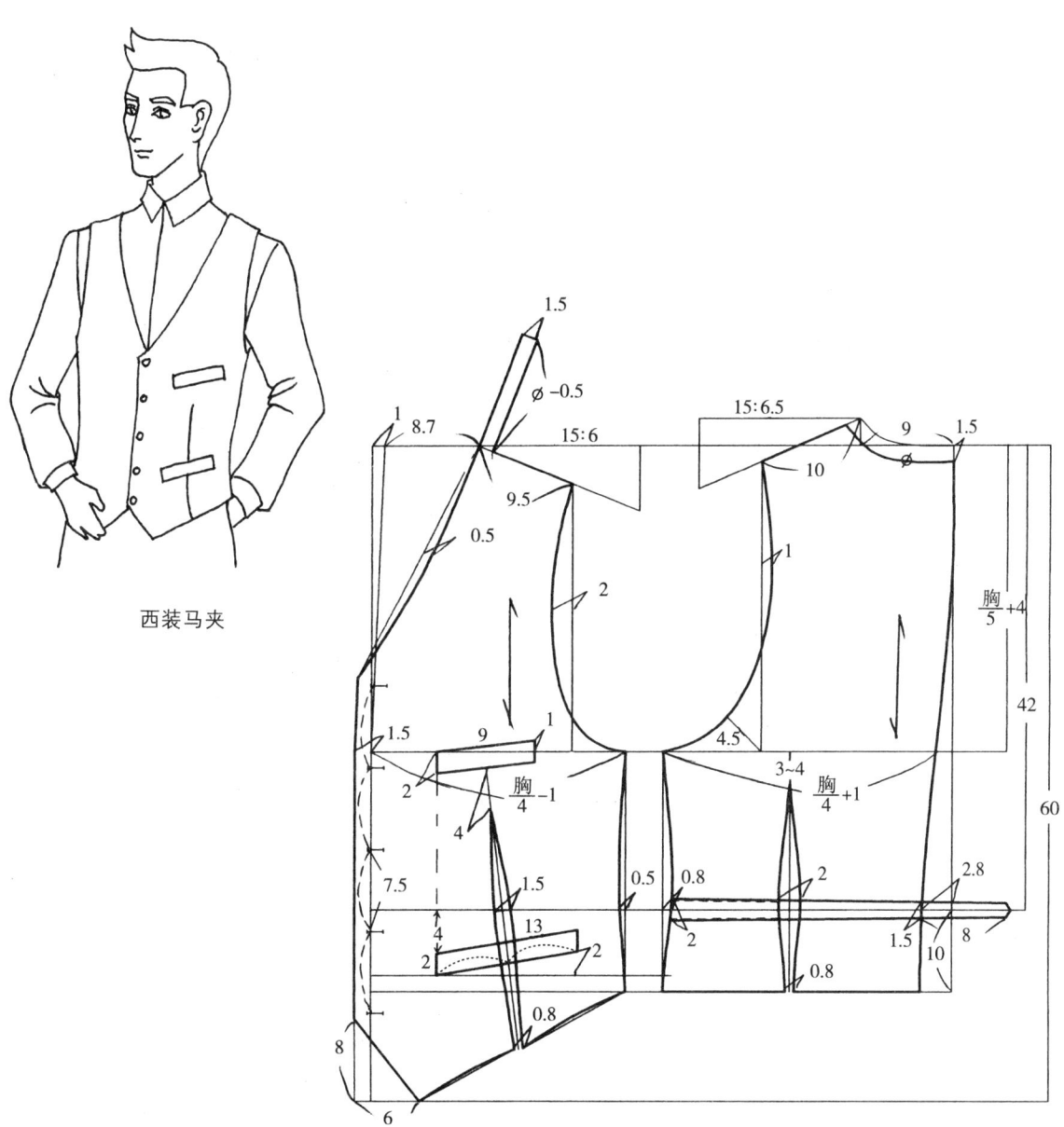

西装马夹

五、中山装

选用号型：170/90A

部位	规格	设计依据
后中长	73cm	0.4号＋5cm
胸围	110cm	净胸围＋20cm
肩宽	46cm	0.3胸围＋13cm
袖长	60cm	0.3号＋9cm
袖口	15.5cm	0.1胸围＋4.5cm
腰围	100cm	胸围－10cm

OS+0.8=OS′

SA+0.6=S′A′

中山装

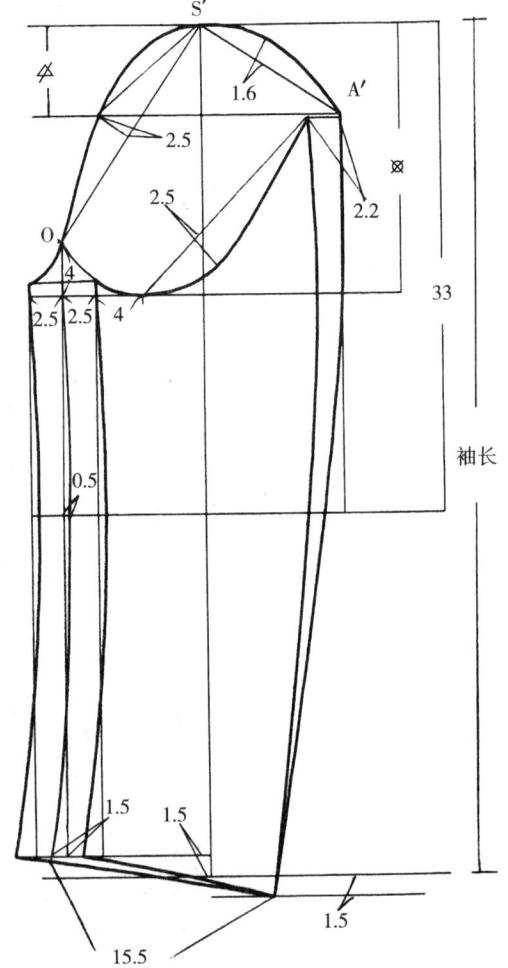

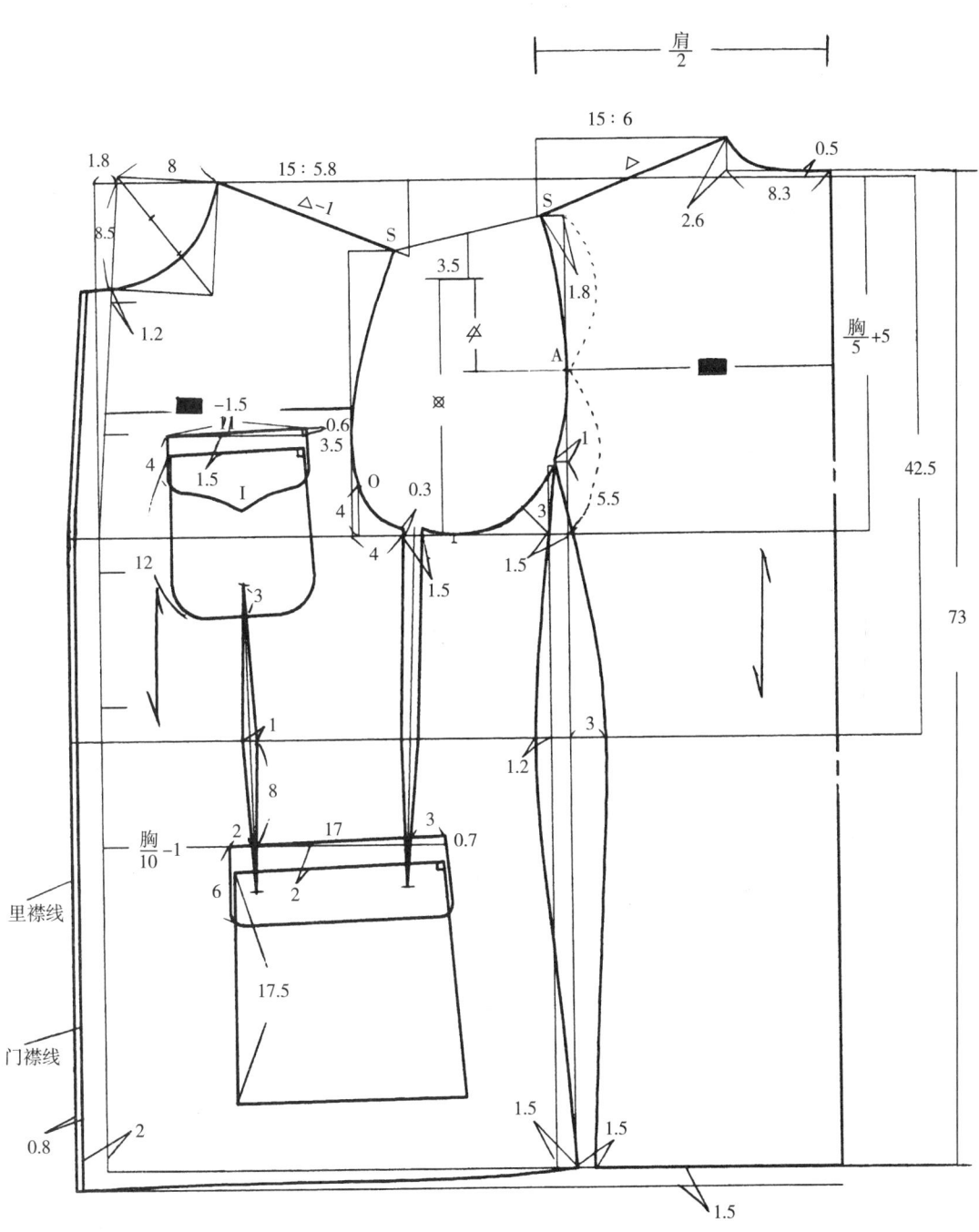

六、燕尾服

选用号型:175/92A

部位	规格	设计依据
衣长	105cm	0.6号
胸围	106cm	净胸围+14cm
肩宽	45.8cm	0.3胸围+14cm
袖长	61cm	0.3号+8.5cm
袖口	14cm	0.1胸围+3.4cm

注:配袖方法同男正统西服相同。

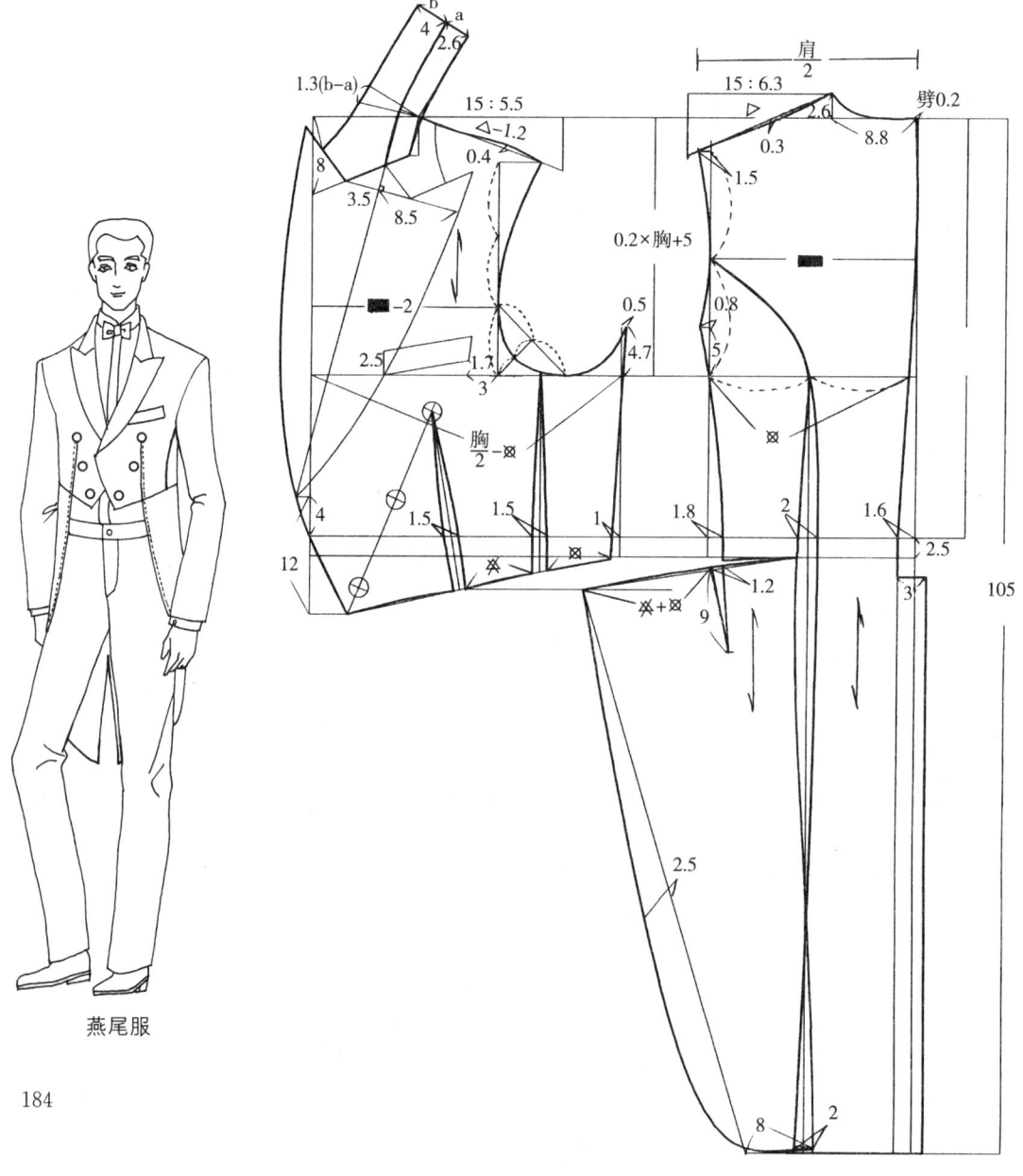

燕尾服

七、工装茄克衫

选用号型：175/92A

部位	规格	设计依据
衣长	70cm	0.4号
胸围	114cm	净胸围＋22cm
肩宽	48cm	0.3胸围＋13.8cm
袖长	61cm	0.3号＋8.5cm
领围	47cm	颈围＋9cm

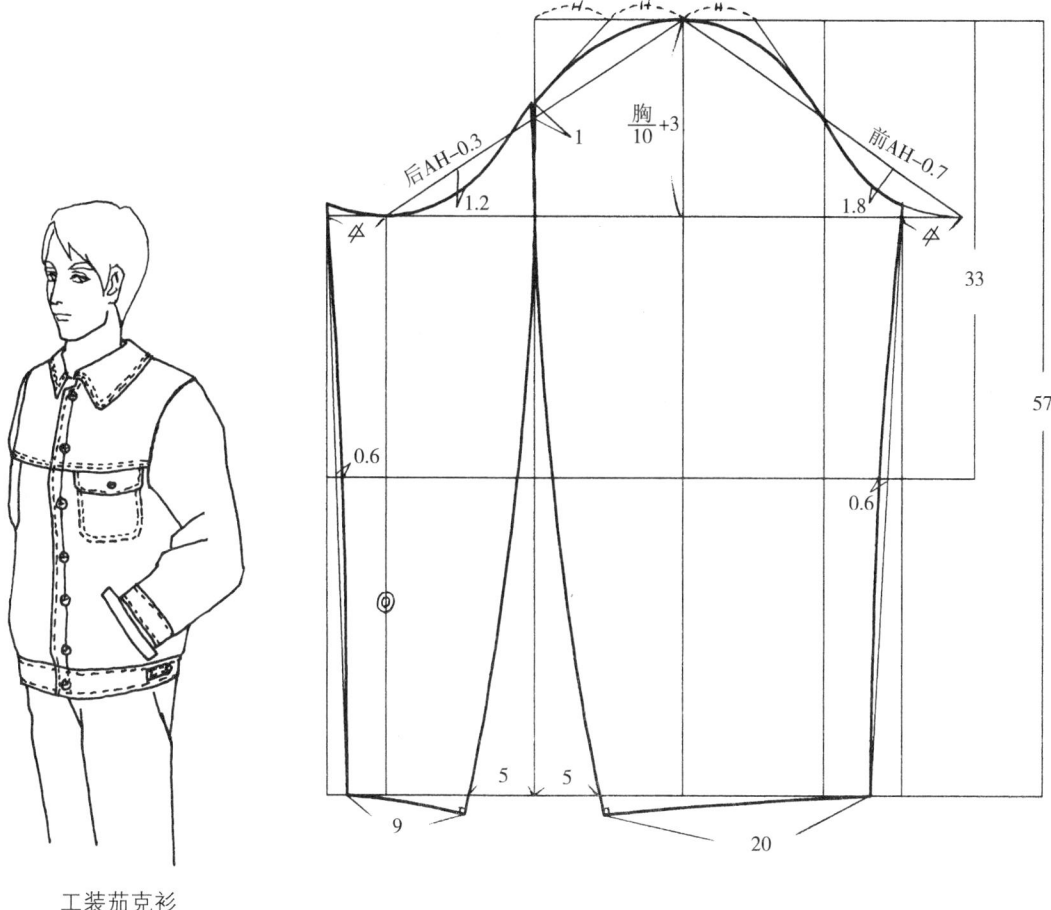

工装茄克衫

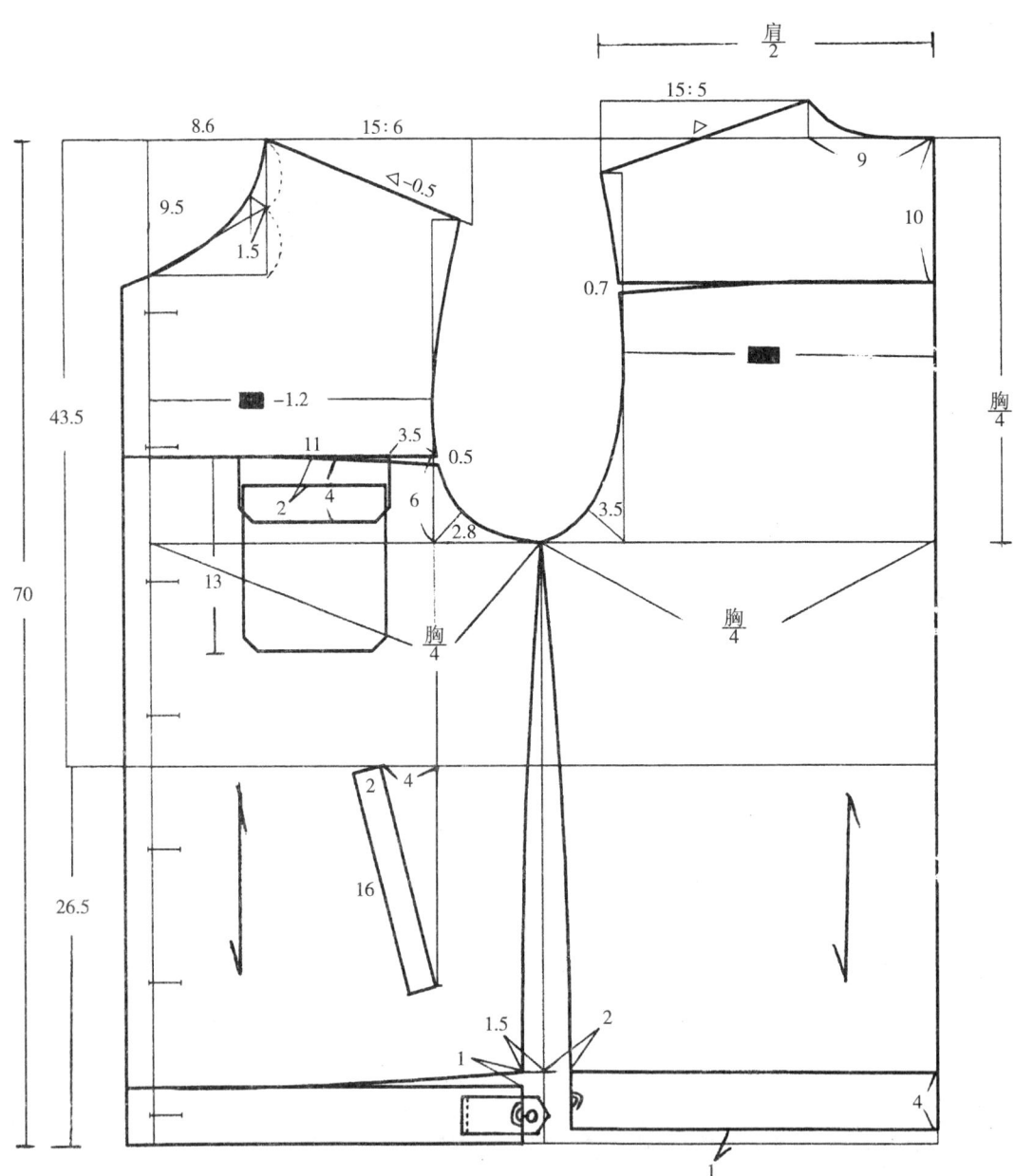

八、断育克休闲茄克衫

选用号型：170/88A

部位	规格	设计依据
后中长	68cm	0.4号
胸围	112cm	净胸围+24cm
肩宽	47.6cm	0.3胸围+14cm
袖长	59cm	0.3号+8cm
克夫长	26cm	0.2胸围+3~4cm

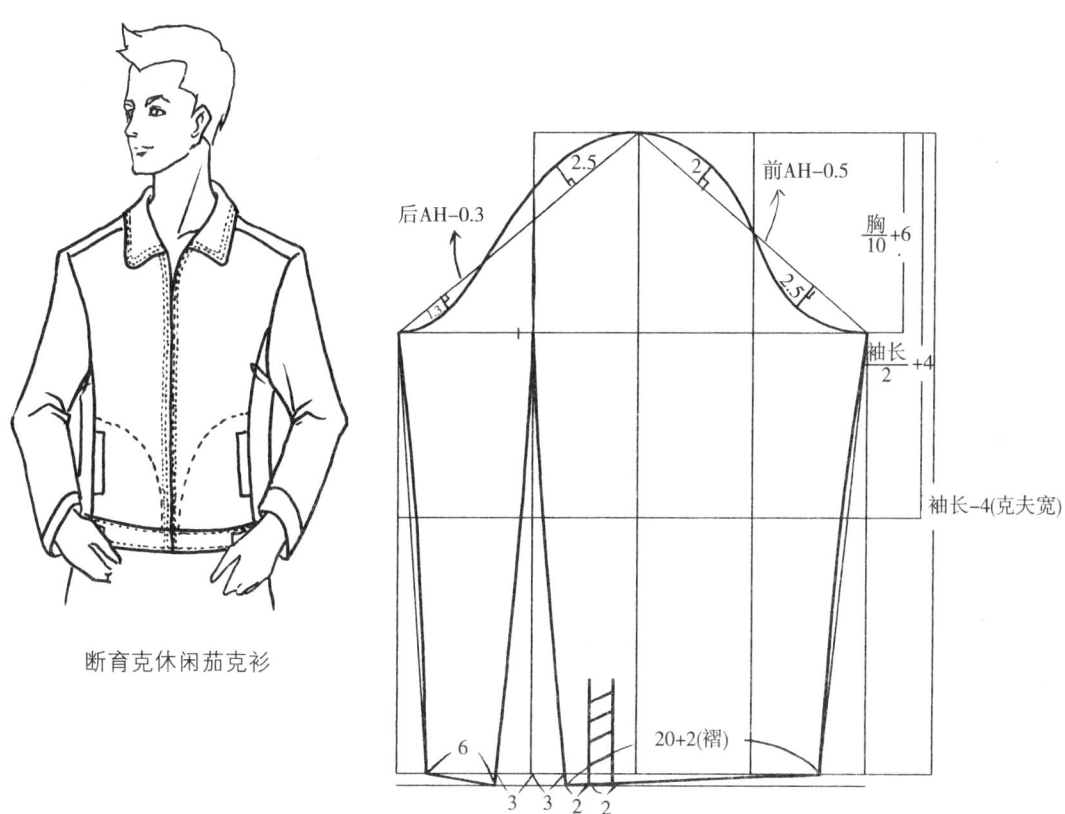

断育克休闲茄克衫

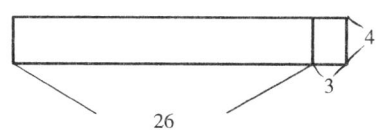

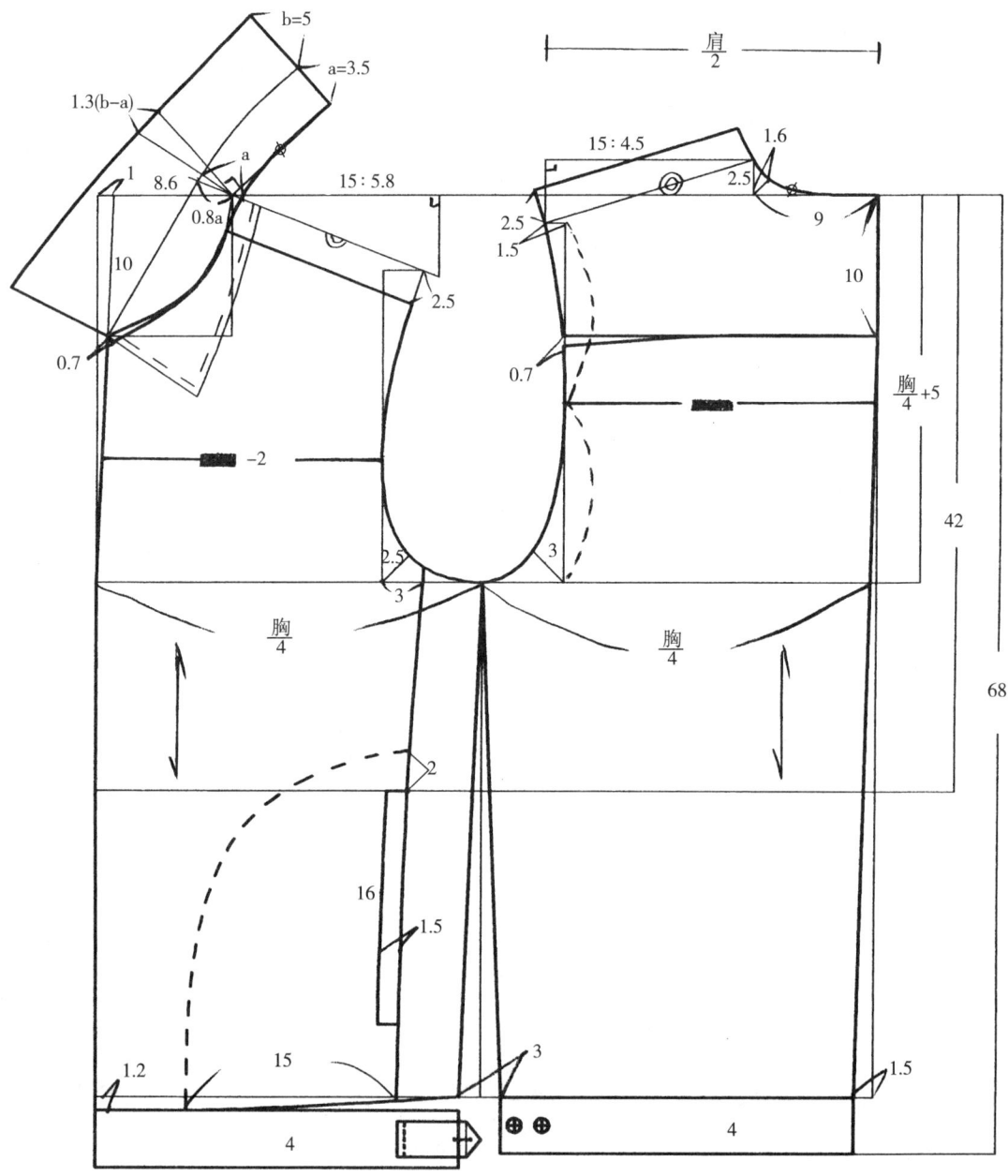

九、直开分割茄克衫

选用号型：175/92A

部位	规格	设计依据
后中长	72cm	0.4号+2cm
胸围	118.4cm	净胸围+26cm
肩宽	49.4cm	0.3胸围+14cm
袖长	60.5cm	0.3号+8cm
袖口	15cm	0.1胸围+3～4cm

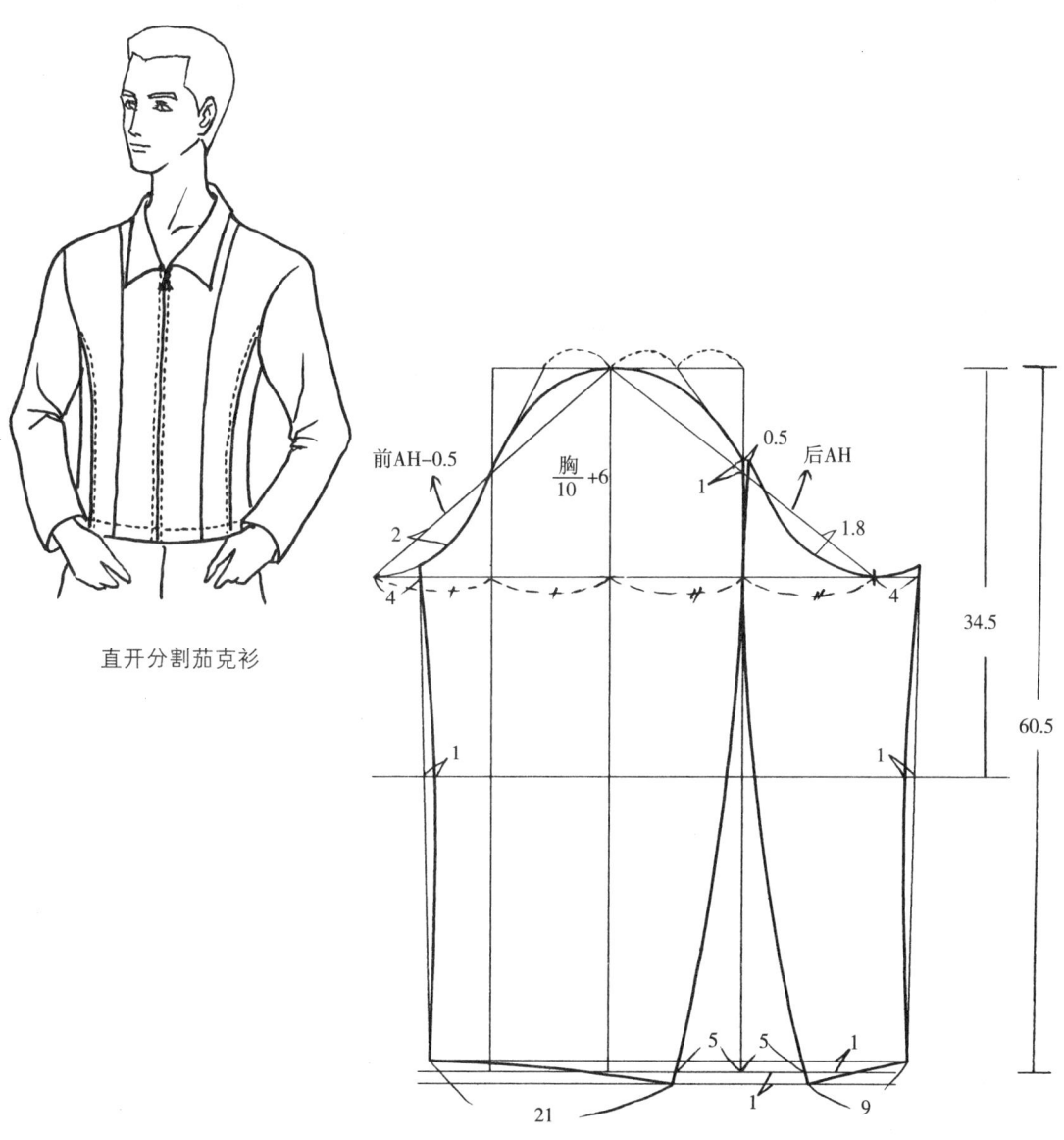

直开分割茄克衫

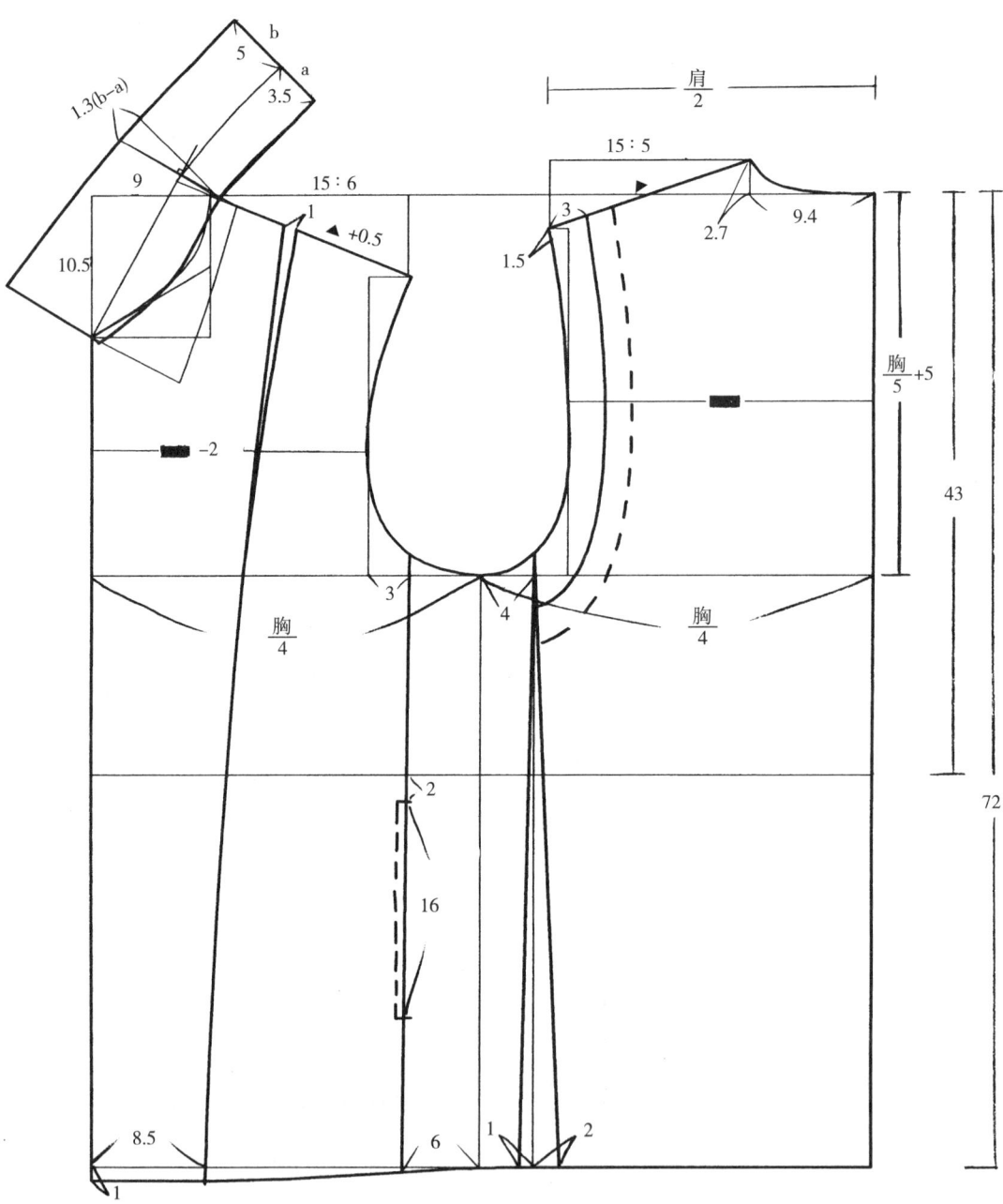

十、立领肘省袖茄克衫

选用号型：175/92A

部位	规格	设计依据
后中长	70cm	0.4号
胸围	116cm	净胸围＋24cm
肩宽	48.5cm	0.3胸围＋13.7cm
袖长	60.5cm	0.3号＋8cm
袖口	15cm	0.1胸围＋3～4cm
领围	45cm	颈围＋7cm

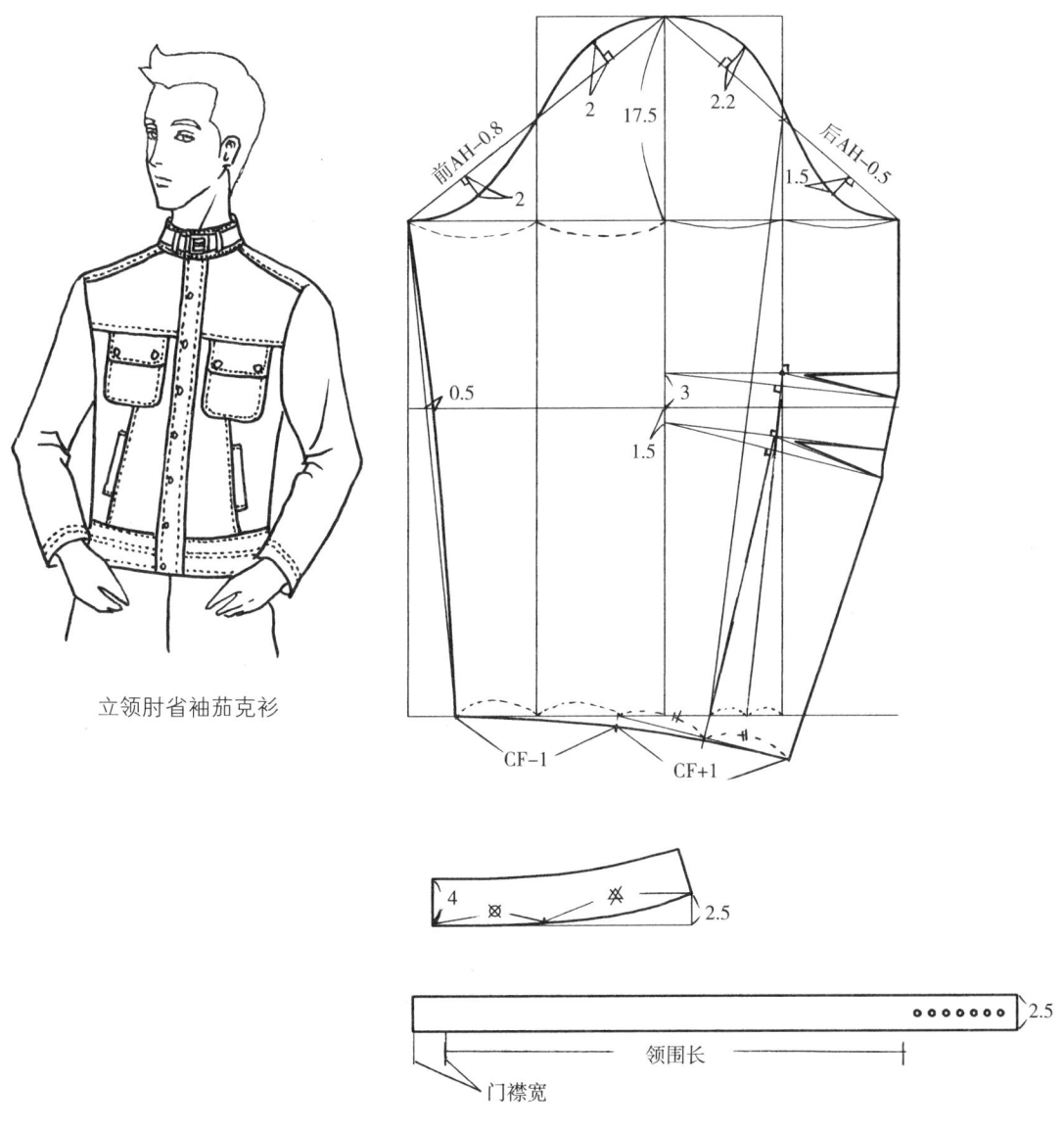

立领肘省袖茄克衫

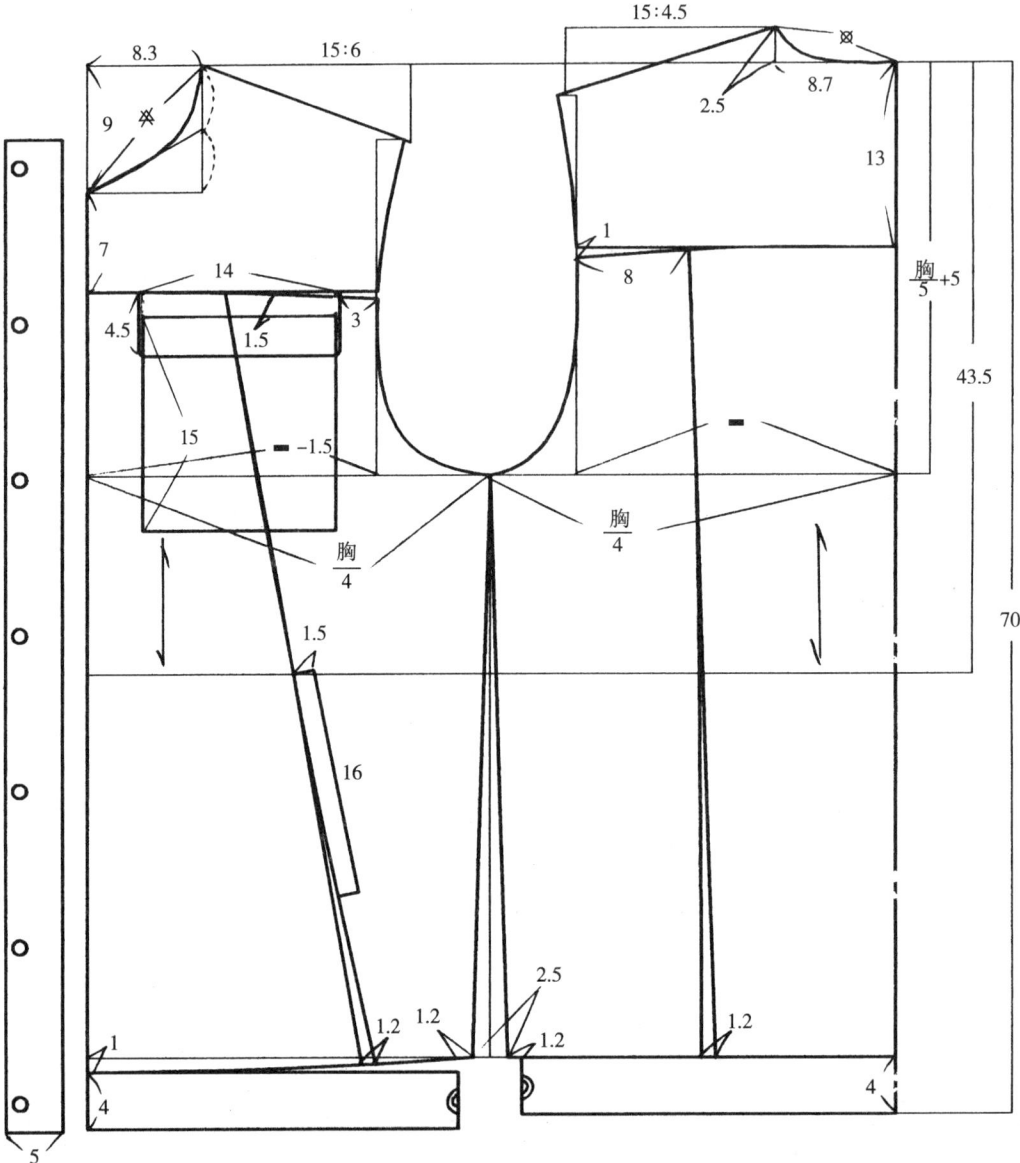

十一、立领镶拼茄克衫

选用号型：175/92A

部位	规格	设计依据
衣长	74cm	0.4号＋4cm
胸围	116cm	净胸围＋24cm
肩宽	48.8cm	0.3胸围＋14cm
袖长	60.5cm	0.3号＋8cm
袖口	145cm	0.1胸围＋3～4cm
下摆	108cm	胸围－8cm
领座	6cm	

立领镶拼茄克衫

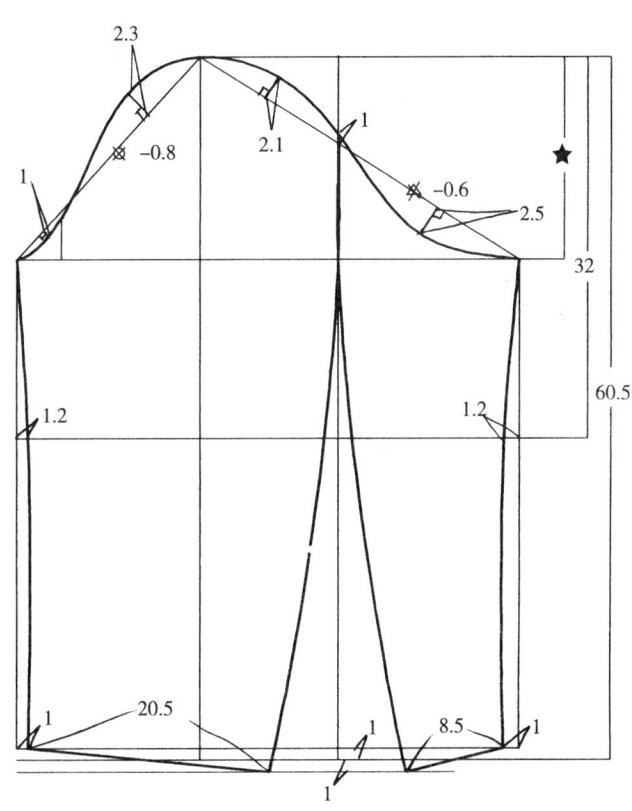

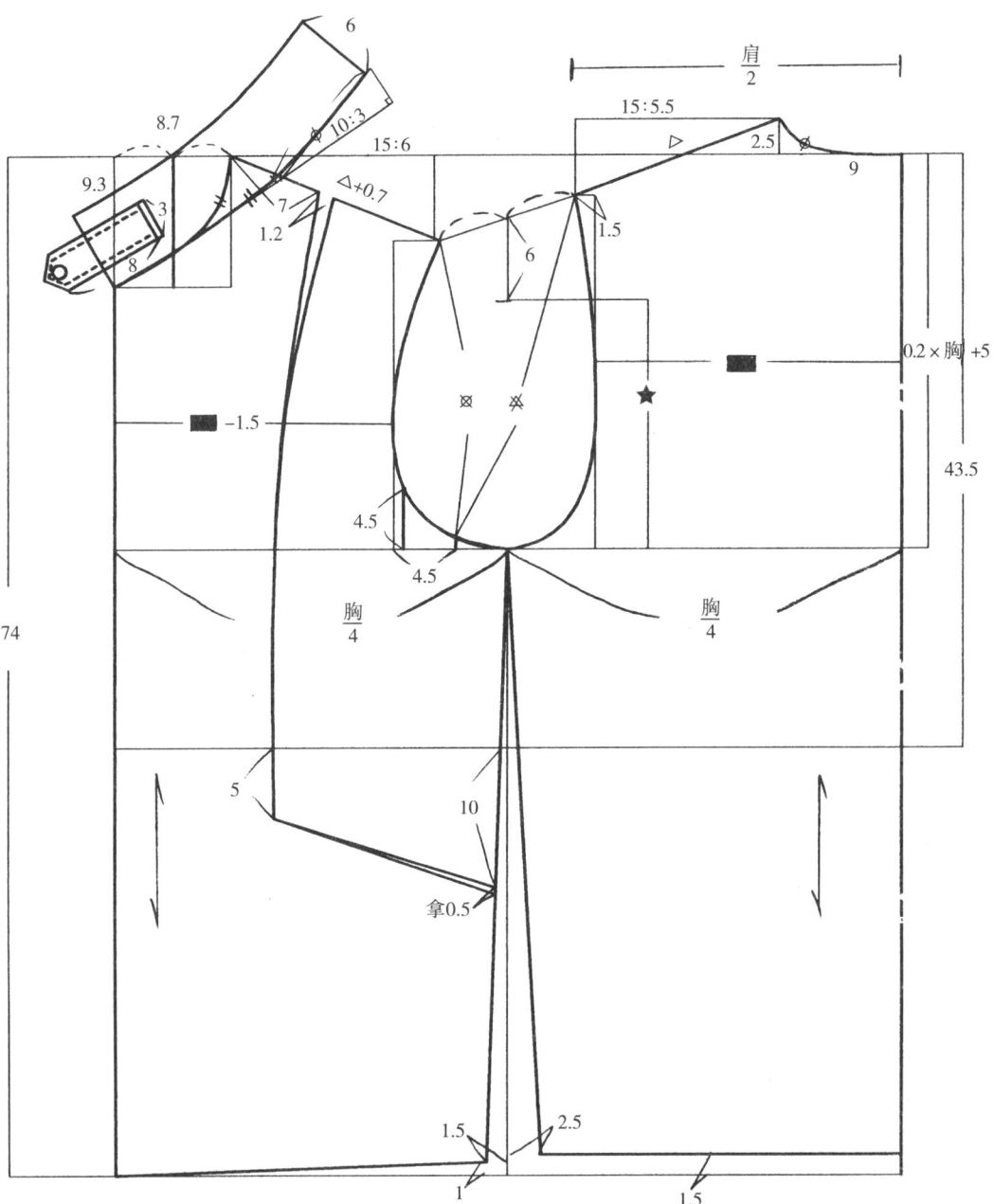

十二、二节罗纹领休闲外套

选用号型：175/92A

部位	规格	设计依据
衣长	80cm	0.4号＋10cm
胸围	118cm	净胸围＋26cm
肩宽	49cm	0.3胸围＋12～14cm
袖长	61cm	0.3号＋8～9cm
袖口	15cm	0.1胸围＋3～4cm
领高	60cm	

二节罗纹领休闲外套

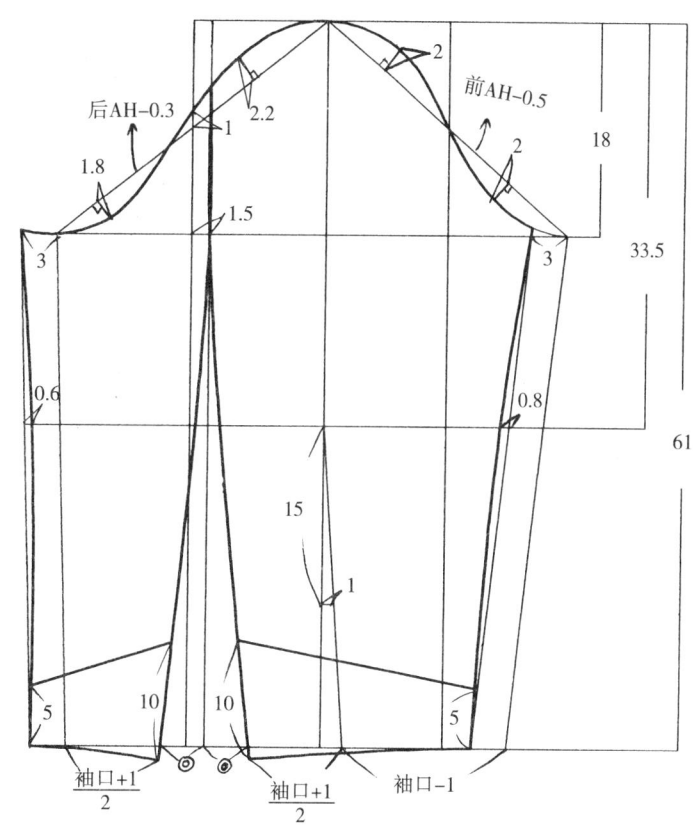

罗纹领

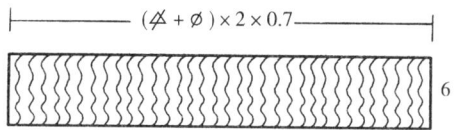

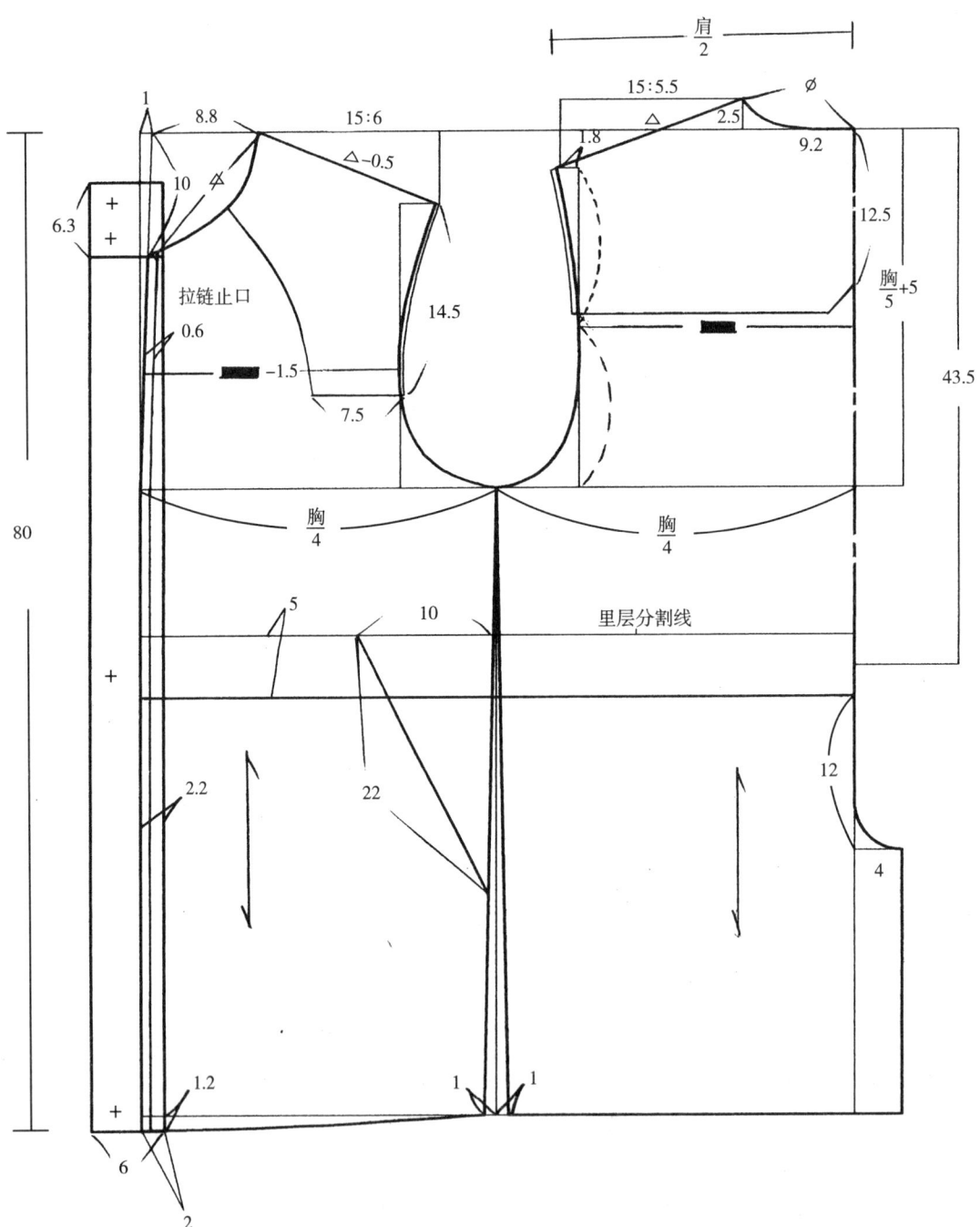

十三、中长休闲棉衣

选用号型：175/92A

部位	规格	设计依据
衣长	85cm	0.5号－2.5cm
胸围	120cm	净胸围＋28cm
肩宽	52cm	0.3胸围＋16cm
袖长	61.5cm	0.3号＋9cm
袖口	17cm	0.2胸围＋3cm
领围	50cm	颈围＋12cm
领宽	8cm	

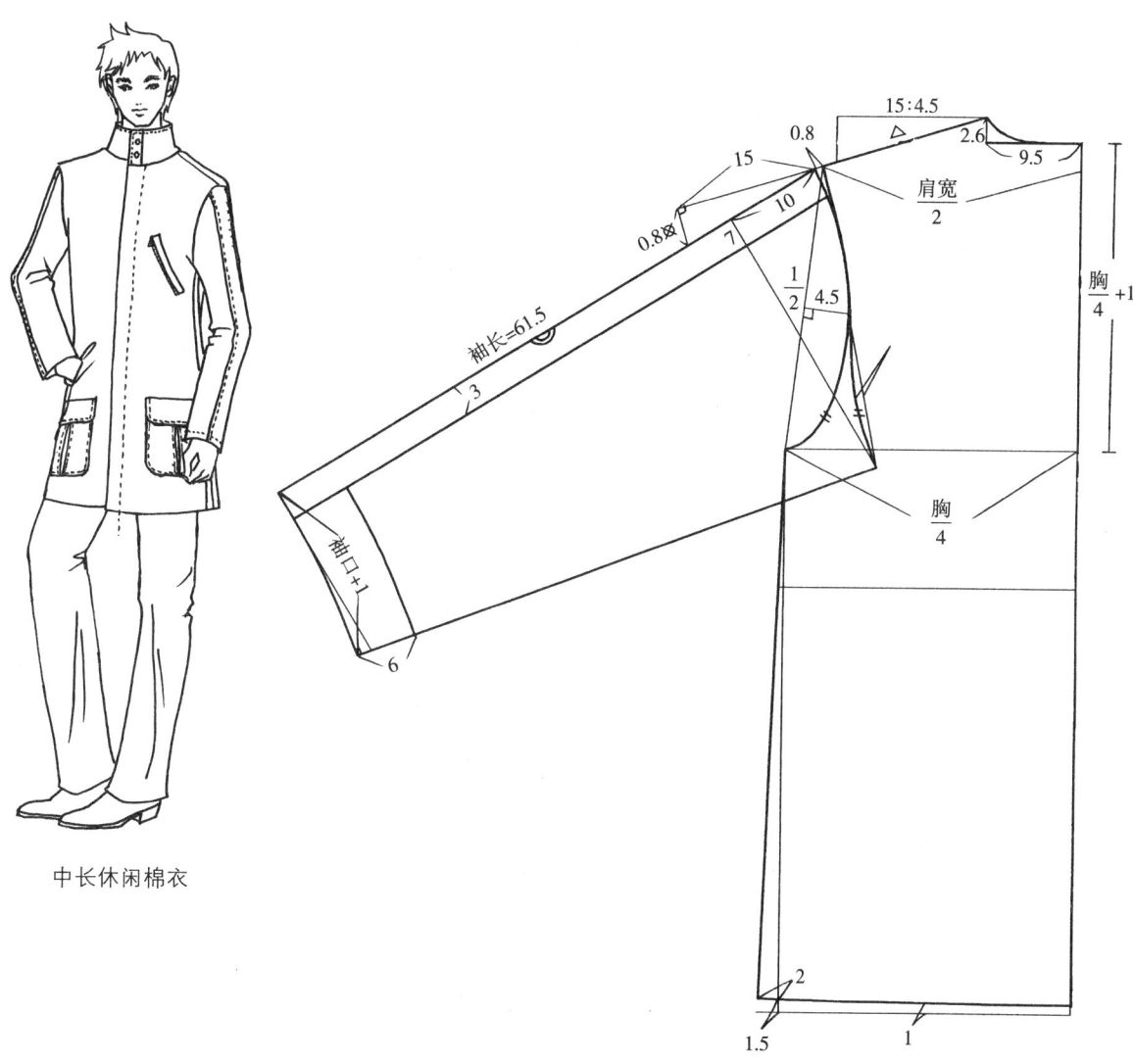

中长休闲棉衣

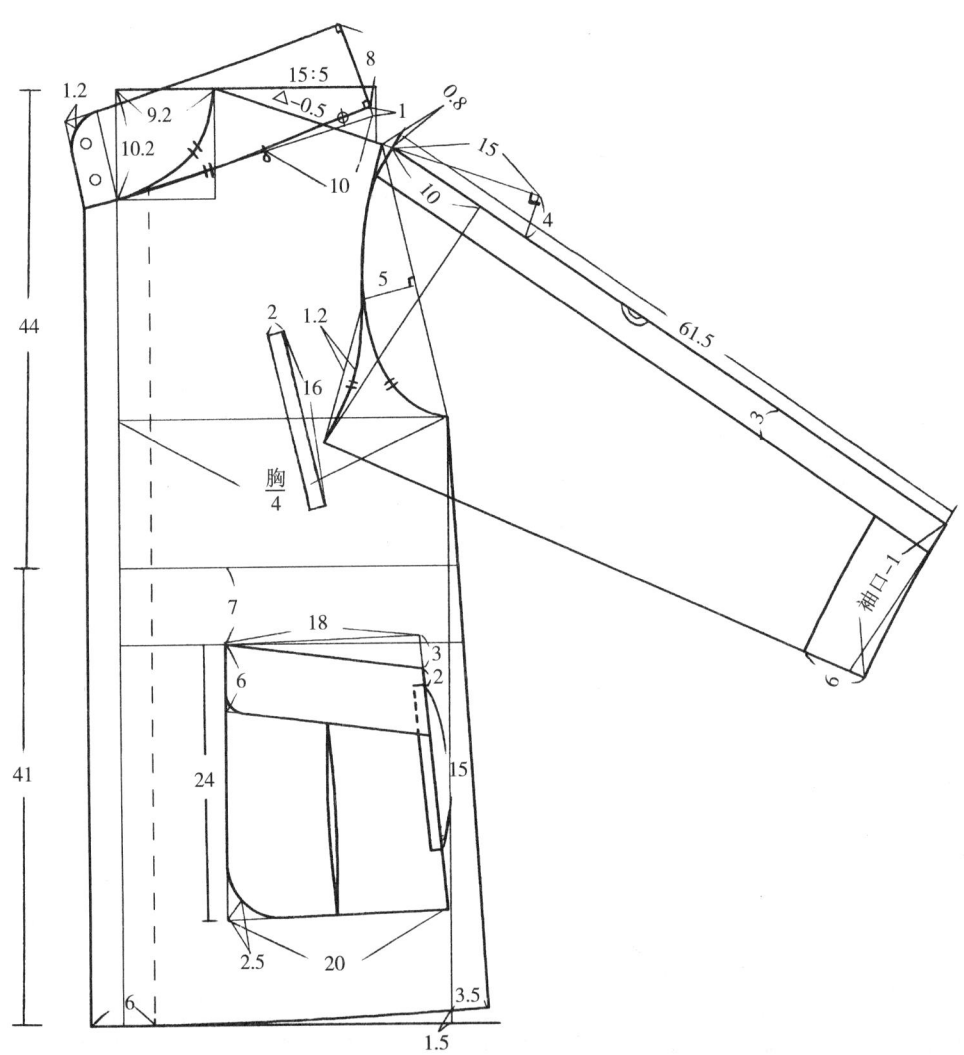

十四、前圆后插肩大衣

选用号型：175/92A

部位	规格	设计依据
衣长	112cm	0.6号+7cm
胸围	118cm	净胸围+26cm
肩宽	49cm	0.3胸围+13.6cm
袖长	62cm	0.3号+9.5cm
袖口	17cm	0.1胸围+5cm

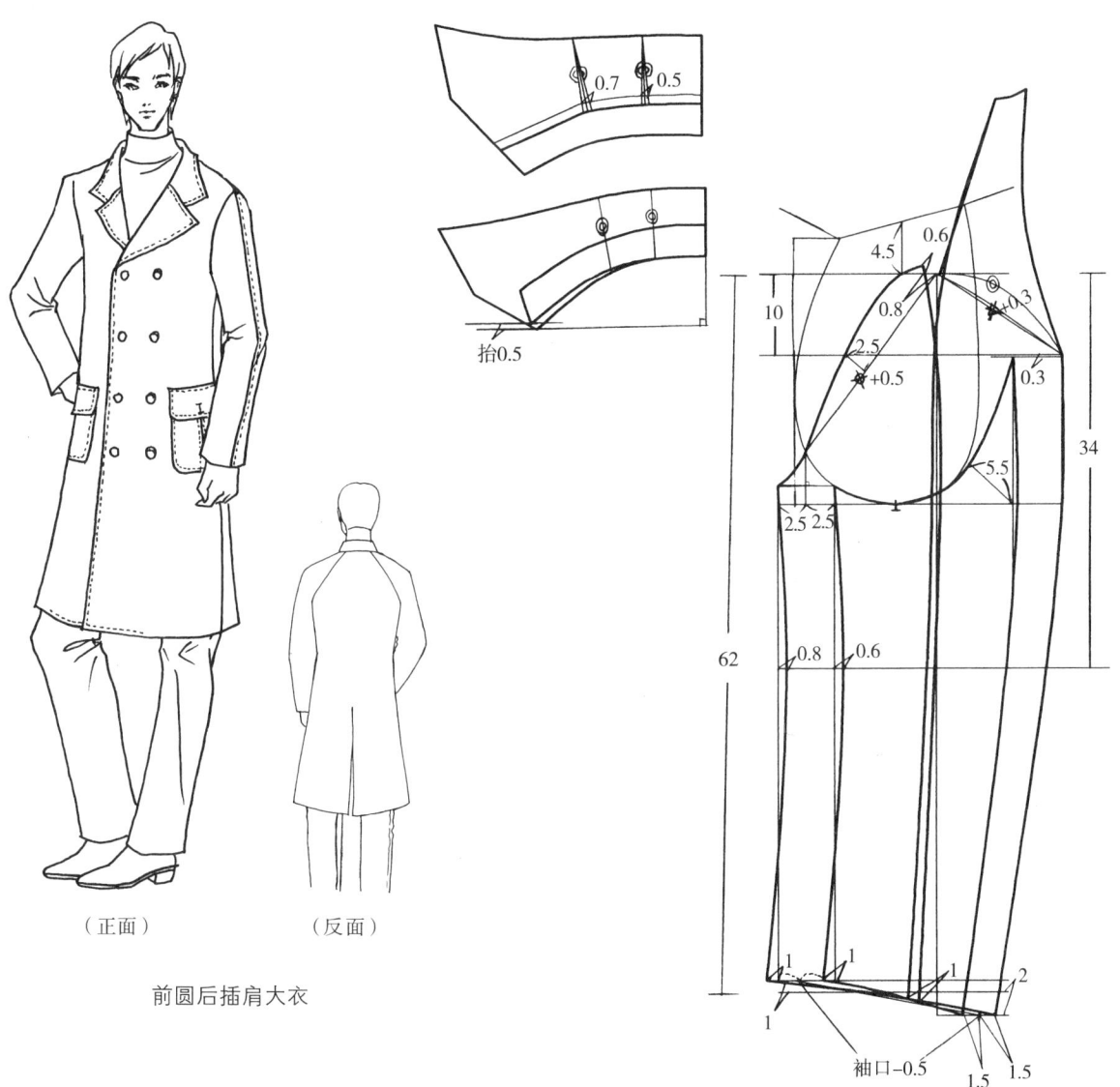

（正面）　（反面）

前圆后插肩大衣

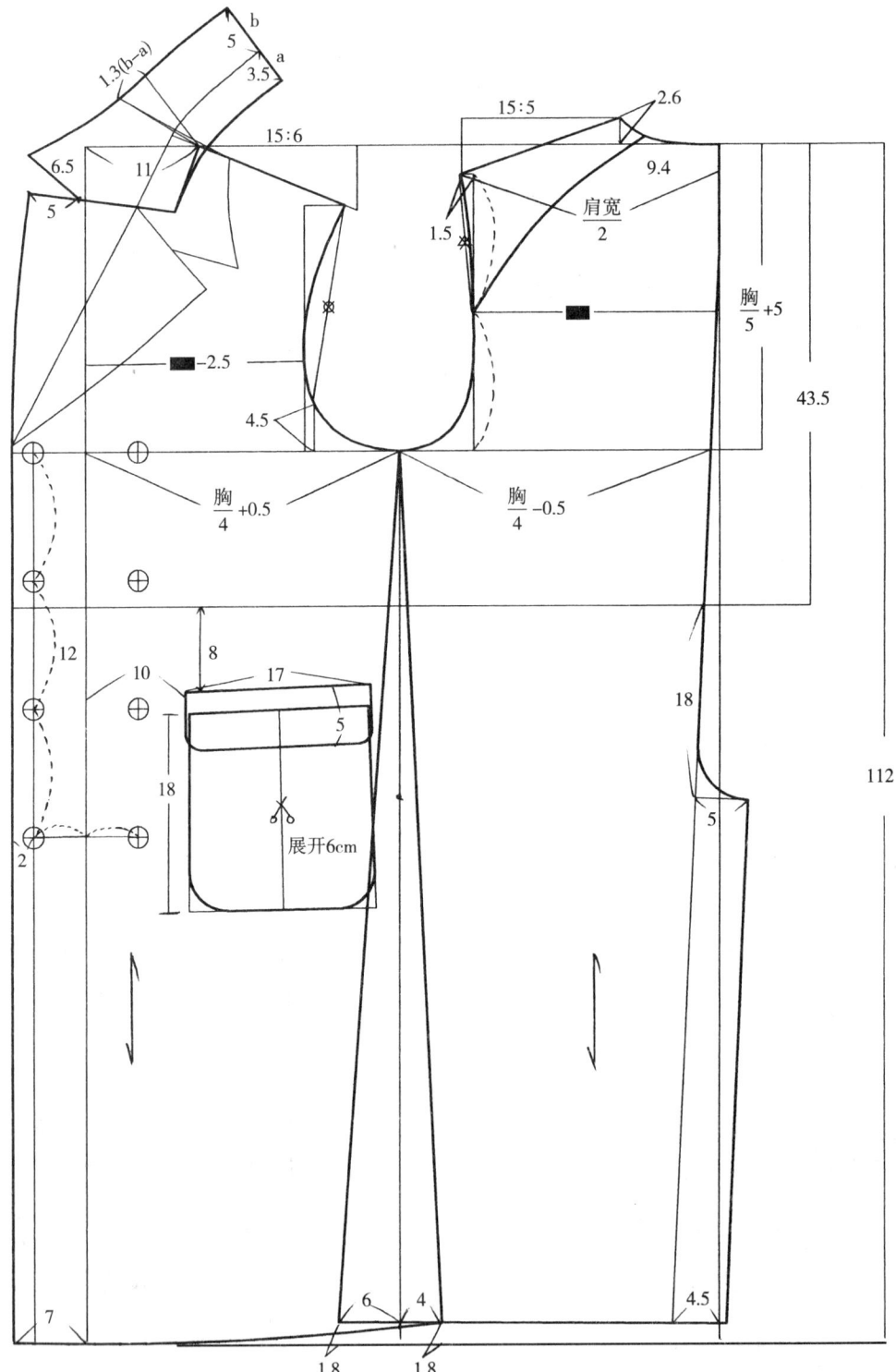

十五、插肩袖风衣

选用号型：175/92A

部位	规格	设计依据
衣长	115cm	0.6号+10cm
胸围	122cm	净胸围+30cm
肩宽	49.5cm	0.3胸围+13cm
袖长	61cm	0.3号+8.5cm
袖口	17cm	0.1胸围+5cm
领围	50cm	颈围+12cm

（正面）　　　　（反面）

插肩袖风衣

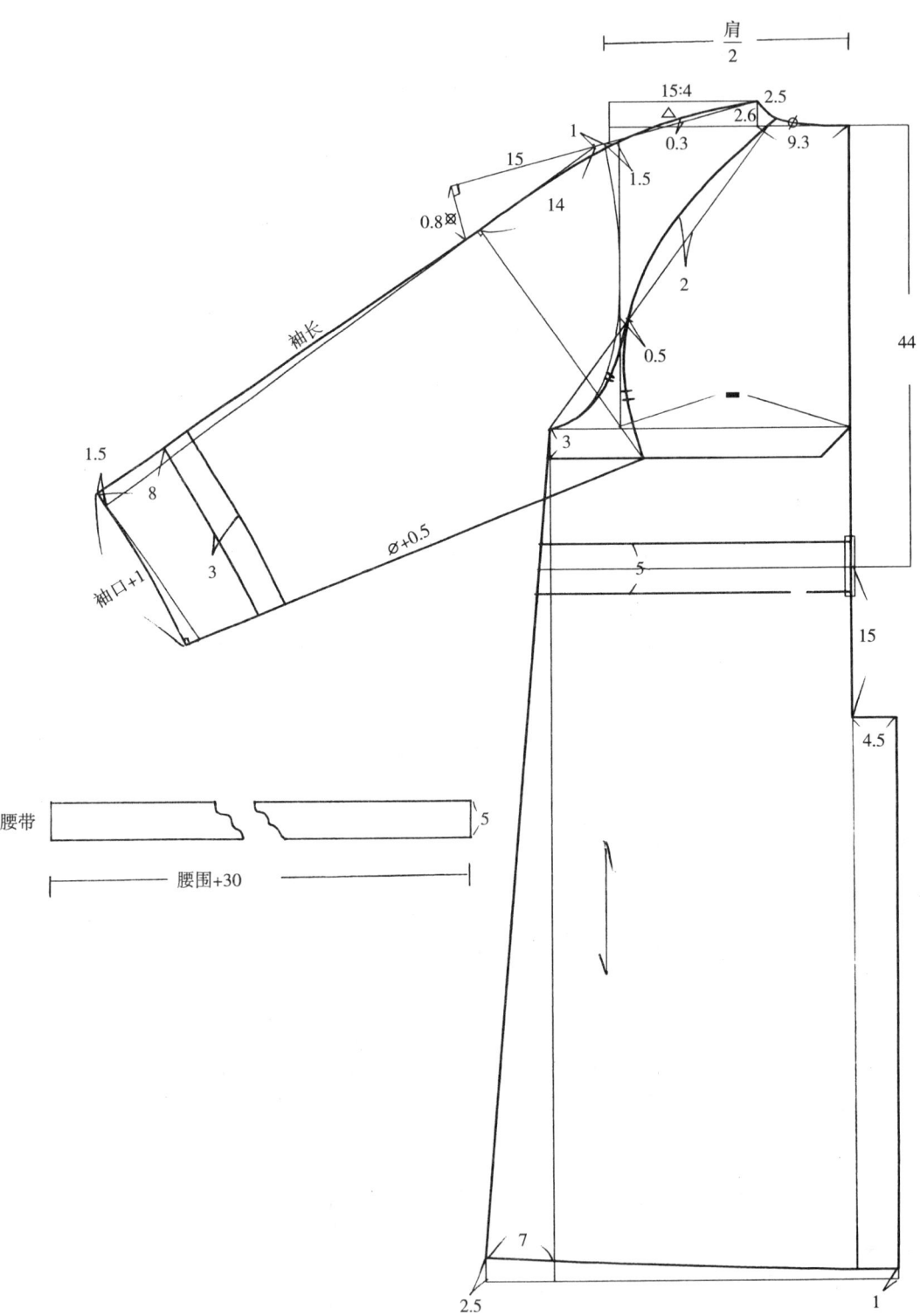

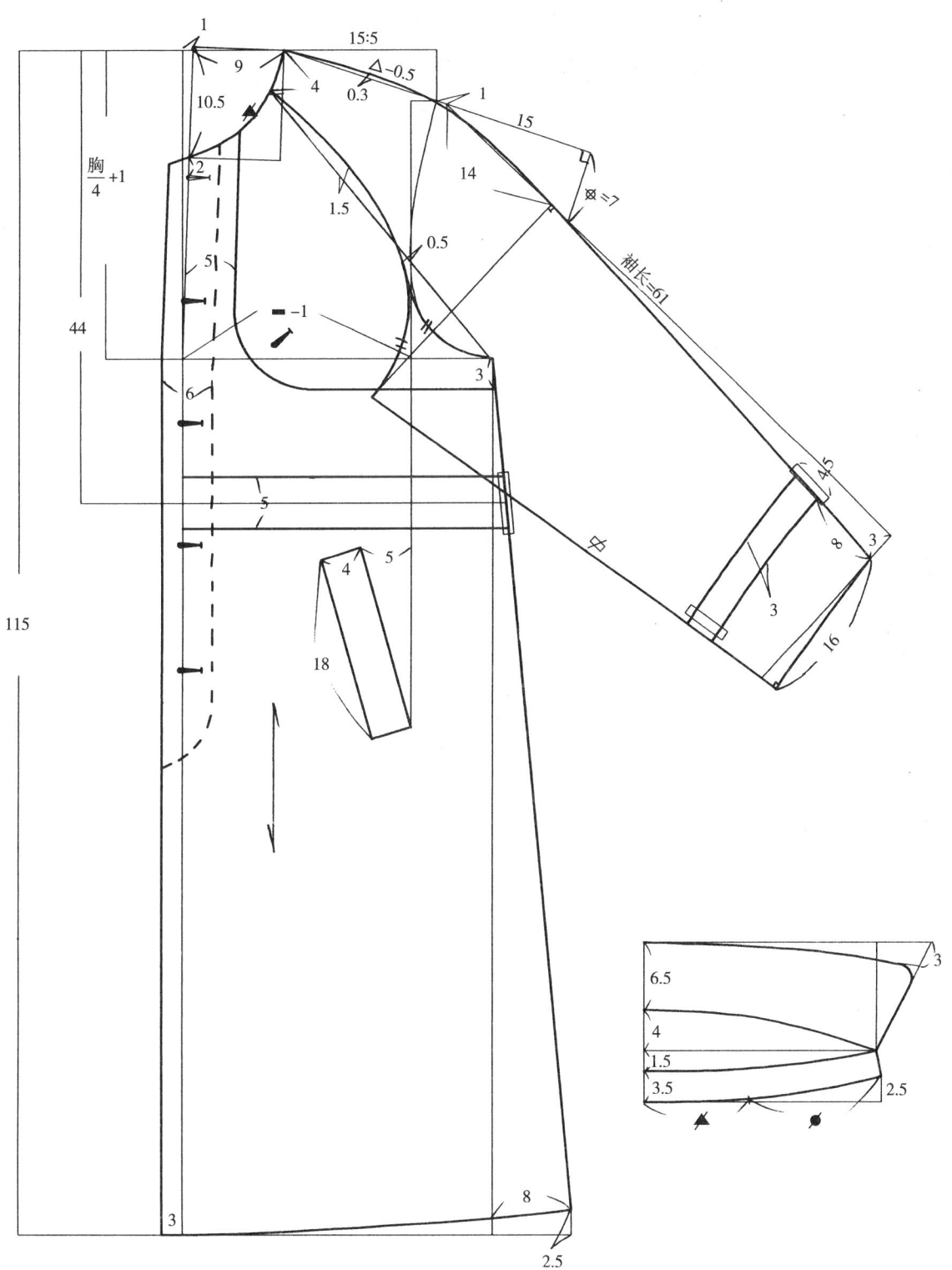

附：男装各部位尺寸加放参考表

男装各部位尺寸加放参考表　　　　（单位：cm）

款式	长度标准		围度加放标准				成品内可加穿
	衣长	袖长	胸围	腰围	臀围	领围	
短袖衬衫	齐虎口	肘上6	18～24			1.5～2.5	汗衫
长袖衬衫	虎口下2	腕下3	18～28			1.5～2.5	汗衫
西装	大拇指中节	腕下4	16～20				衬衫、羊毛衫
休闲茄克	齐虎口	腕下3	18～28			5～6	衬衫、羊毛衫
短大衣	虎口下15	齐虎口	24～34				西服
中长大衣	齐膝盖	齐虎口	26～36				西服
长风衣	膝盖下25	齐虎口	26～36				西服
长裤	腰节上3～离地面1.5			1～3	10～16		
短裤	腰节上3～膝上6～15			1～3	8～14		

第四章 领袖结构和打板实例

第一节 衣领结构设计及打板实例

衣领结构是服装整体造型结构中最重要的部分之一,由于衣领处于人体的颈部,是人的视觉中心,所以也就成为服装结构设计中最引人注目的部位。衣领的造型丰富多变,打板师必须重点把握。

衣领的结构虽然千变万化,但归纳一下可分为以下几个大类,即:无领、祖领、立领、翻折领以及其他一些变异领型(如图4—1)。

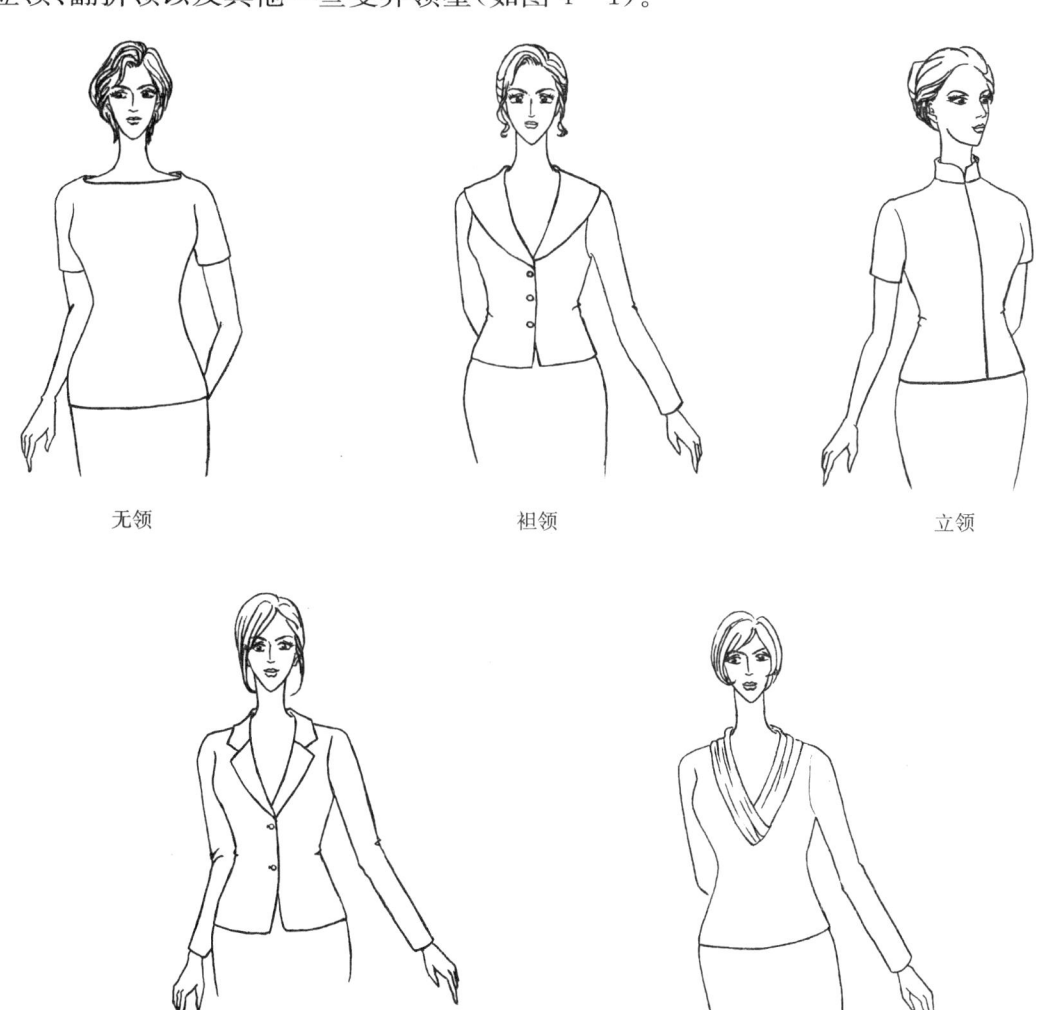

图4-1

一、无领

无领也称无领片领,它主要考虑领口的大小与领口线的形态。由于没有领片的制约,领口线的形态可以是多种多样(如图 4-2)。领口线的形态与横开领的放大量是无领结构设计的重要环节,并且,在不同领口结构的制板中,横开领的放大量也会有所不同(如图 4-3)。

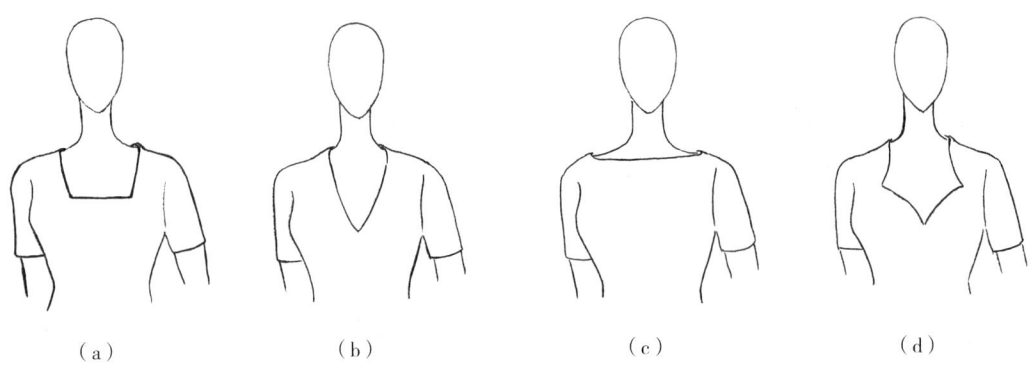

图 4-2 无领

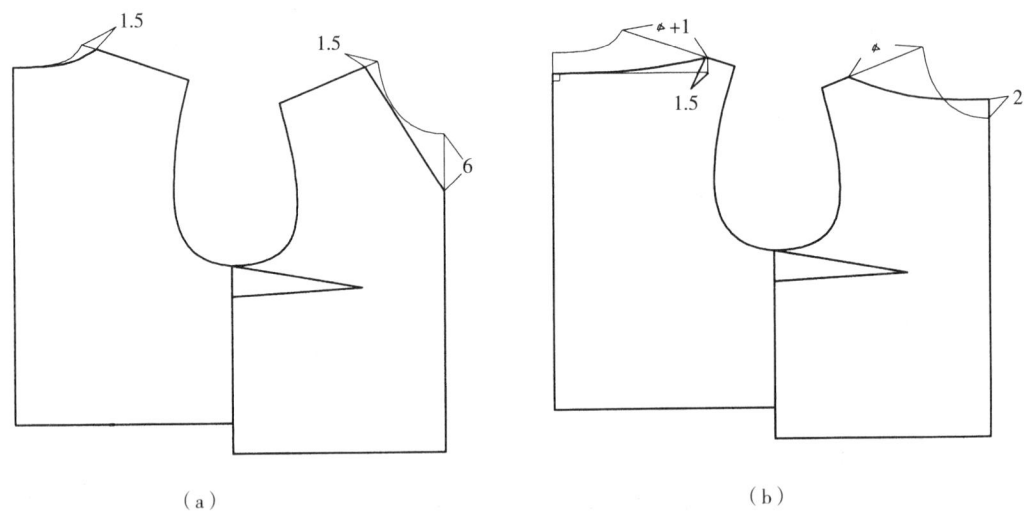

图 4-3

二、袒领

袒领是指领座低于 1cm 或者没有领座,但翻领大于领座的领型。这类领型在打板制作上较为简单,只要使前后肩缝的袖窿点有 1～3cm 的重叠即可,重叠量越大，领低处登起的量也会越高。登起的量是指领座的高度，若肩缝处没有重叠量，衣领就没有领座量，领底的形态几乎就是领口的造型线（如图4－4）。

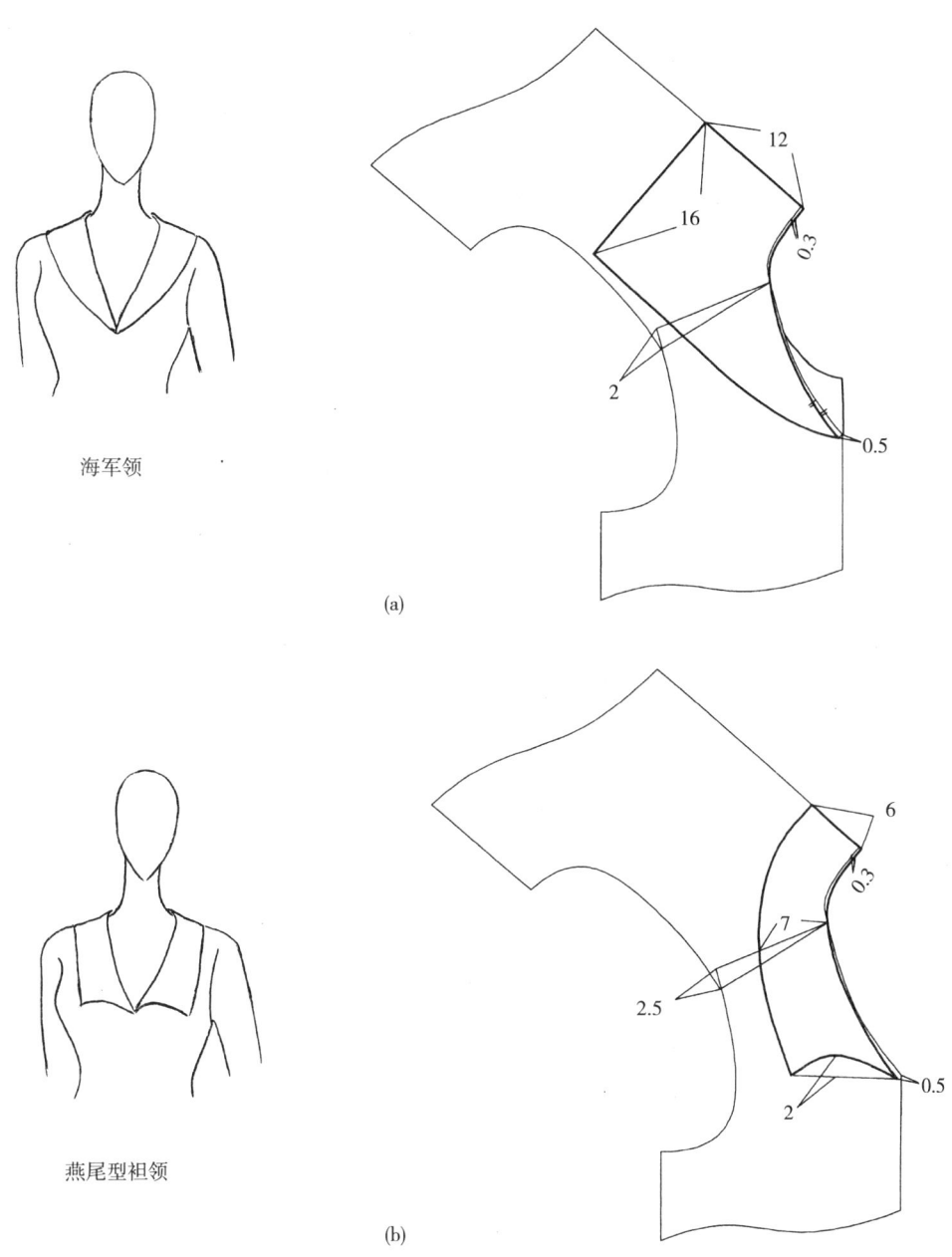

图 4－4 袒领

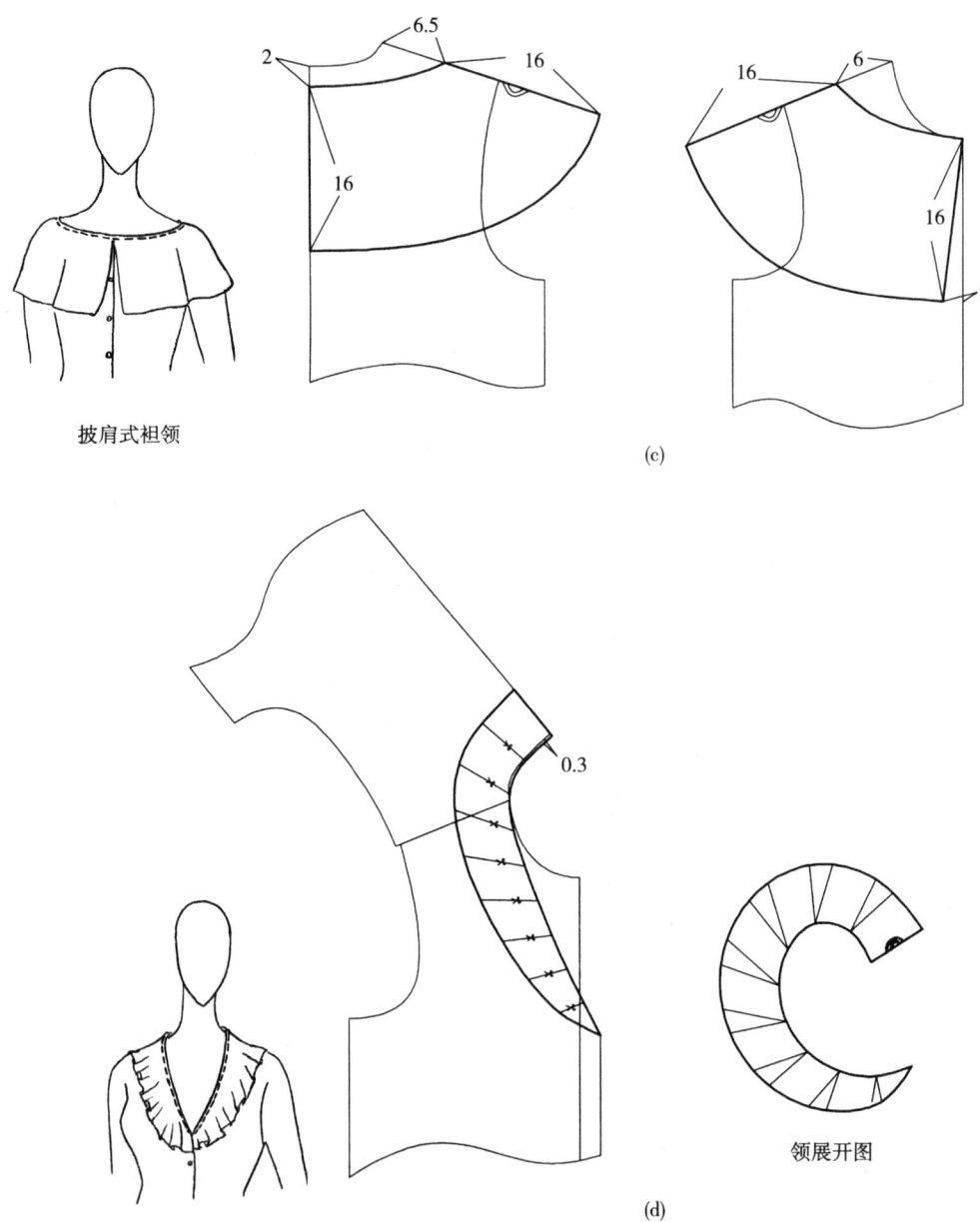

披肩式袒领

(c)

荷叶边袒领

领展开图

(d)

图 4-4 袒领

三、立领

立领是指将领片竖立在领圈上的一种领型。立领的结构造型主要是考虑人体颈根围与上颈围的大小关系(如图4—5),图中可以看出颈部的形状是上细下粗的圆柱体。

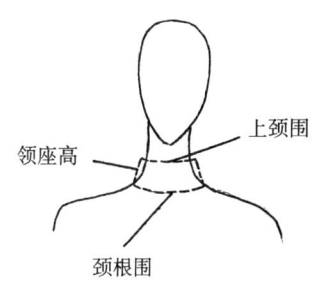

图4—5 立领

1. 立领在颈部会出现的几种变化形态

（1）如图4—6中,领子的上口与领圈几乎等长。

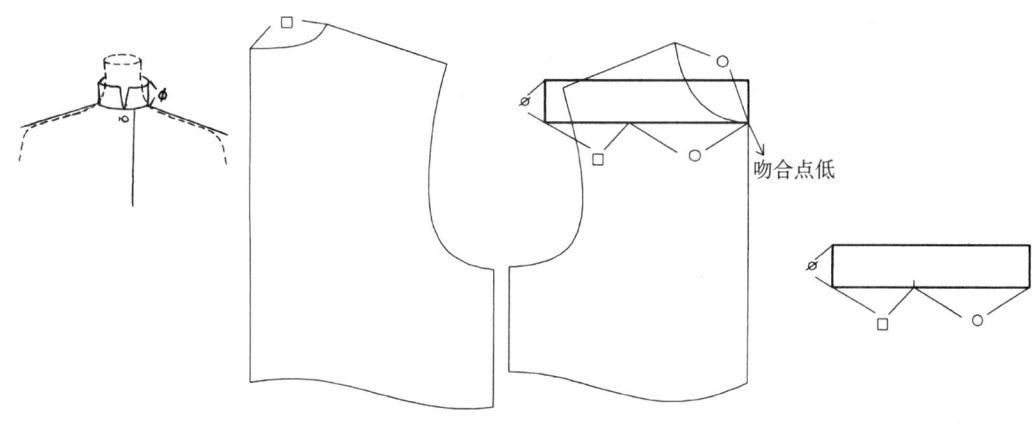

图4—6

（2）如图4—7中,领口比领圈短,在把上口减小的同时,领底线弯曲上翘,这就是起翘产生的原因。

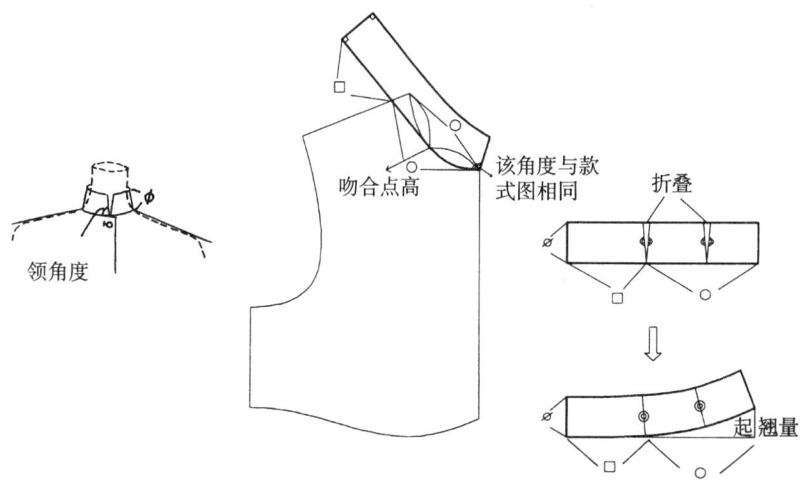

图4—7 立领

（3）如图 4-8 中，领子与领围的吻合点越高，领上口就越小，这也就意味着领子会越贴合颈部；反之则领口越大，越宽松。

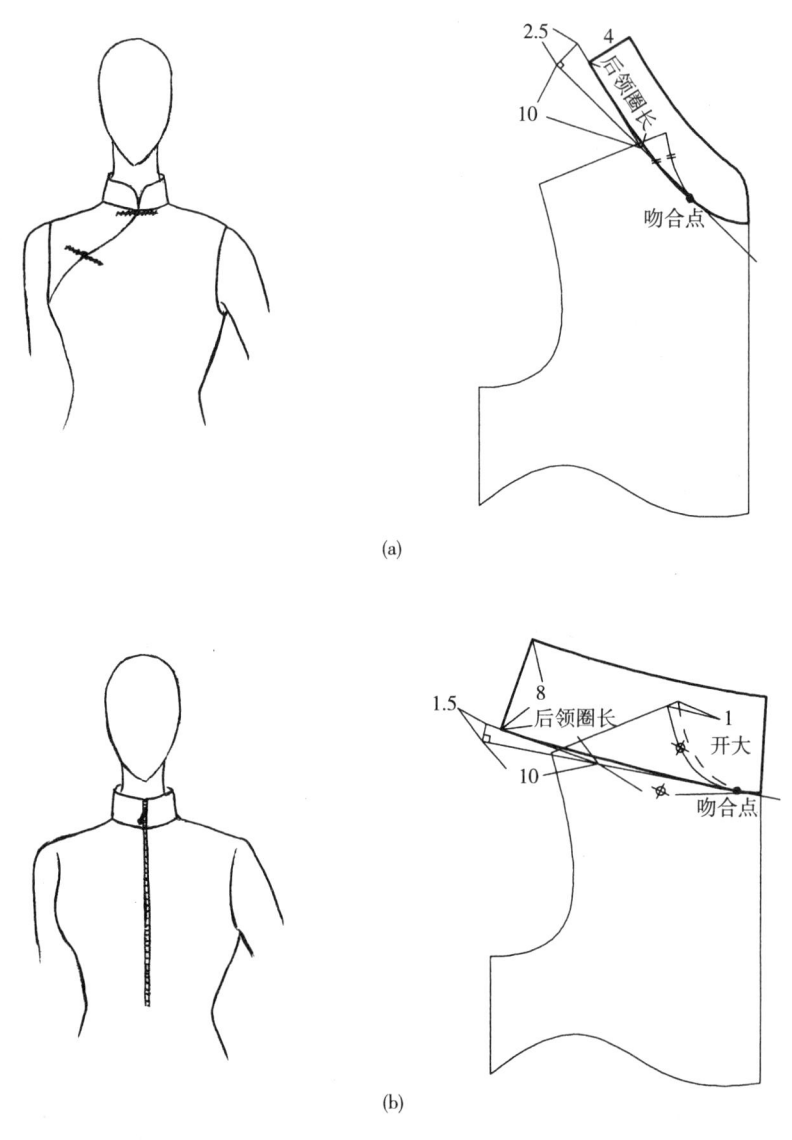

图 4-8 立领

2. 连立领结构

连立领是立领的一种变化形式。连立领的领子与衣身连成一个整体或与衣身某一部分相连（如图 4-9a）。连立领的横开领要作放大处理，有省缝的领口一般也可作重叠放大处理（如图 4-9b）。

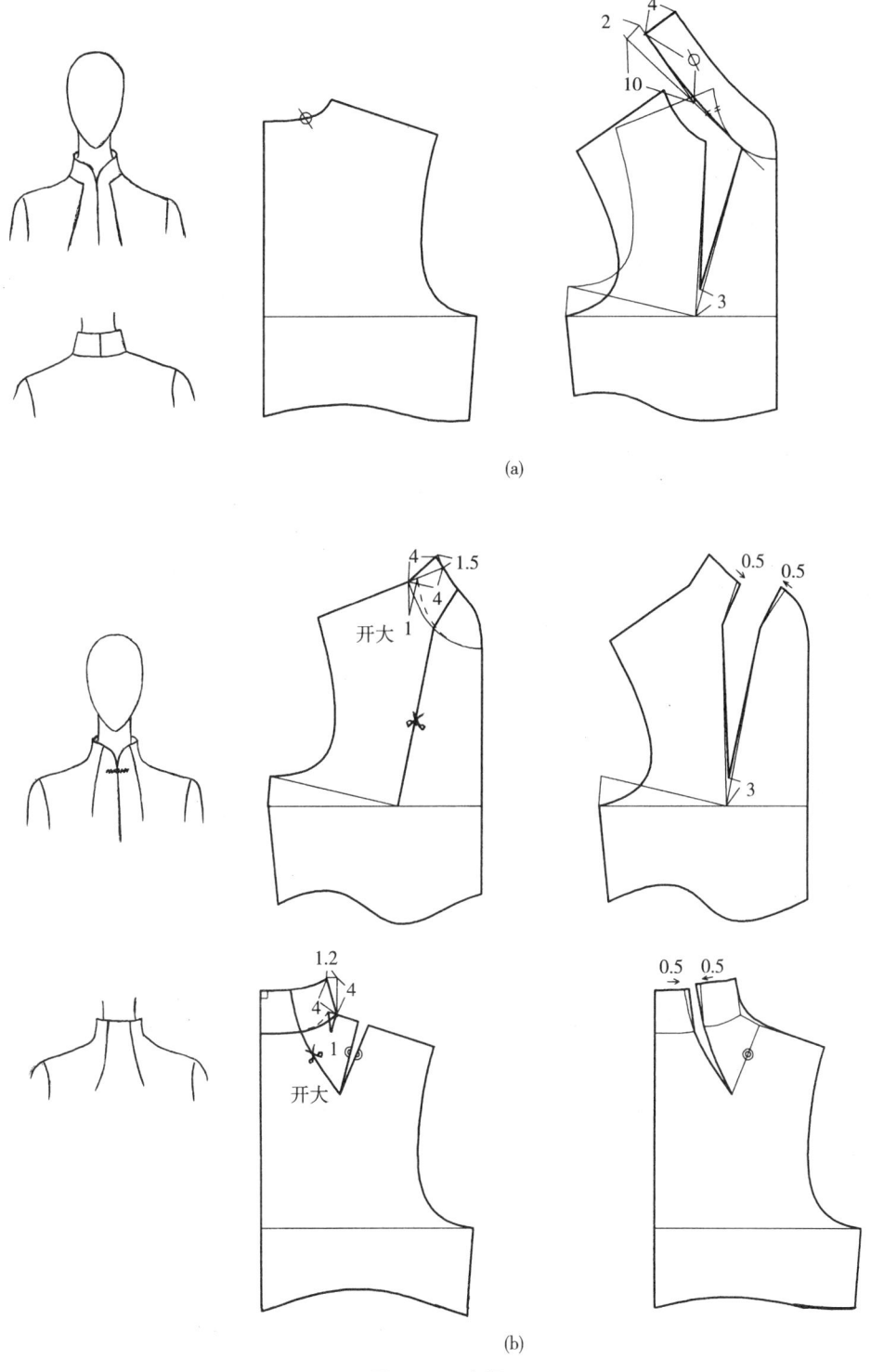

图 4-9 立领

四、翻折领

翻折领是指领座高（a）大于 1cm，翻领宽（b）大于领座的一种领型。相对于前面几种领型来说，这种衣领结构比较复杂。

在翻折领的制板过程中，控制好领外围的松量是最重要的环节。如图 4－10 中所示，在领座高（a）不变的情况下，翻领宽（b）越宽，领外围就越长，这也反映出领座高（a）与翻领宽（b）的变化会直接影响领外围的长短。下面介绍两种在实际制板中易于控制的配领形式以及制图方法。

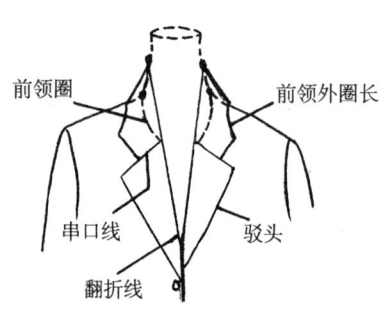 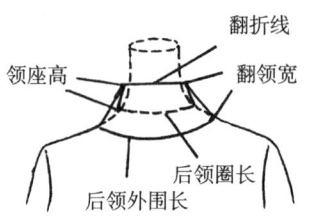

图 4－10

1. 图 4－11 制图顺序
(1) 在前肩缝截取领肩点至 A 点的距离，与后肩点至 A 点等长。
(2) 延长前肩缝，使 A～B 距离等于 b＝5cm。
(3) 将 B 点与止点 C 连接，BC 即为翻折线。
(4) 在衣片中画出所需领子的形状。
(5) 把所绘制的领子形状上的 A、D 点垂直于翻折线，在对称位置上取 A'、D'点。
(6) A'点向后加出翻领松量（⊗－∅）的长＝A'E 的长≈1.3(b－a)。
(7) 将 E 点与领肩点连接，并过领肩点作连接线的垂直线。
(8) 在垂直线上截取后领圈长 ∅。
(9) 过后领圈长上的 F 点，作垂直线，并且在垂直线上截取 a＋b＝8cm。
(10) 连接各点并依次修顺领外口、翻折线以及领底。

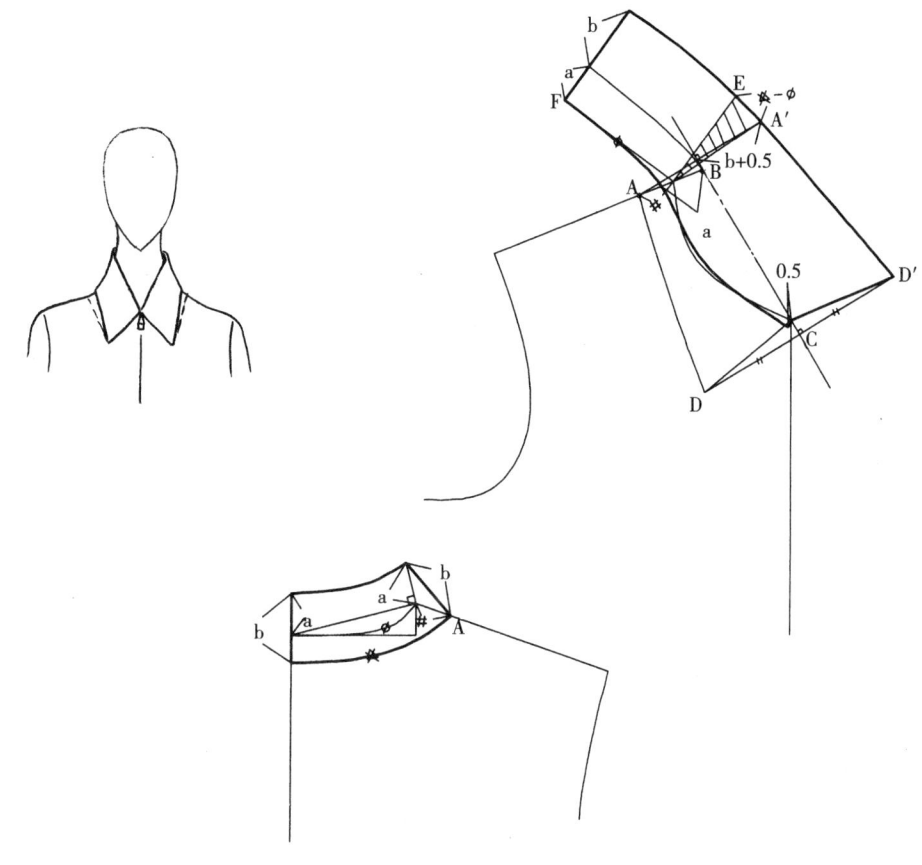

领座a=3
翻领b=5

图4-11 翻折领

2. 图4-12制图顺序

(1) 在前肩缝上截取领肩点至A点的距离,与后肩点至A点等长。
(2) 延长前肩斜使A～B距离等于翻领b=4.5cm。
(3) 把B点与止点C连接,BC即为翻折线。
(4) 在衣片中画出驳头与领片的形状。
(5) 将E点垂直于翻折线,取点E',作出领串口。
(6) 以翻折线为轴线,分别把衣身肩点与D点垂直翻转过去,取得对称点G与D'点。
(7) 肩缝A点向后加出翻领松量(✕-∅)长＝AK的长≈1.3(b-a)。
(8) 连接GK,并过G点作GF⊥GK,并截取GF=后领围长(∅)。
(9) 过F点作垂线,并在垂直线上截取a+b=7.5cm。
(10) A点向外延伸0.5cm,依次修顺领外口、翻折线及领底。

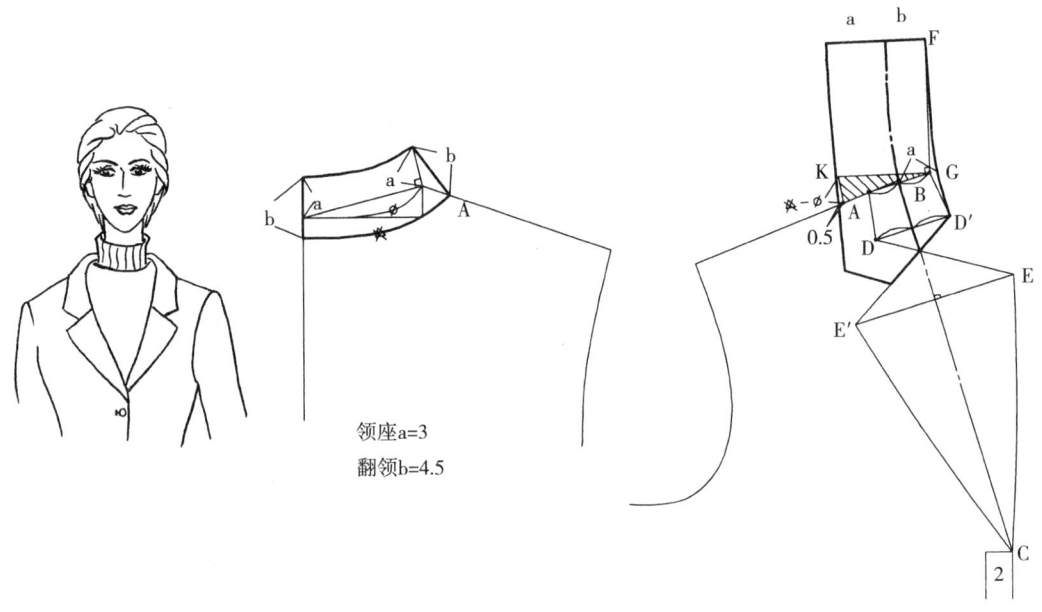

领座a=3
翻领b=4.5

图4-12 翻折领

五、其他领型介绍

1. 青果领（图4-13）

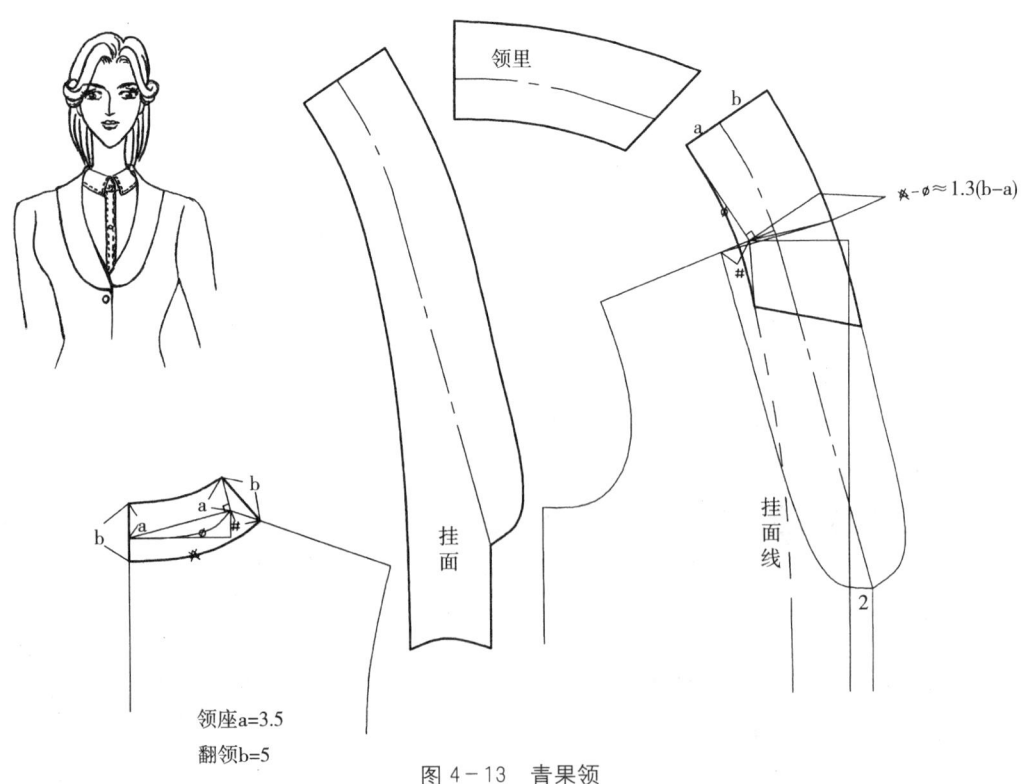

领座a=3.5
翻领b=5

图4-13 青果领

2. 枪驳领(图 4-14)

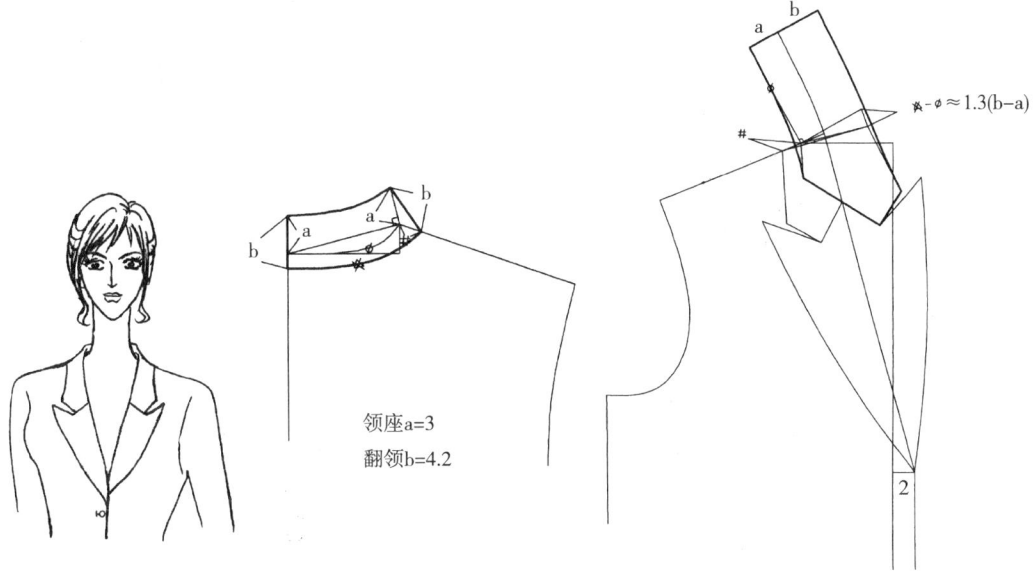

图 4-14 枪驳领

3. 收省帽领(图 4-15)

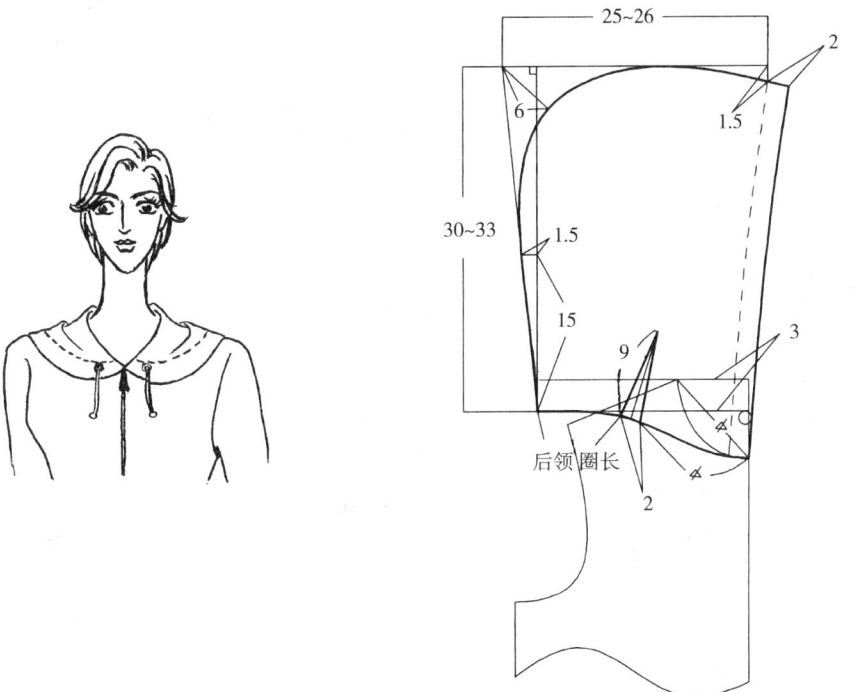

图 4-15 收省帽领

4. 无省帽领（图 4-16）

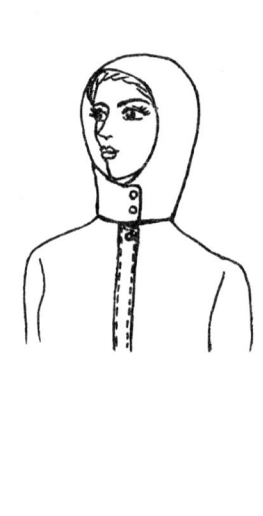
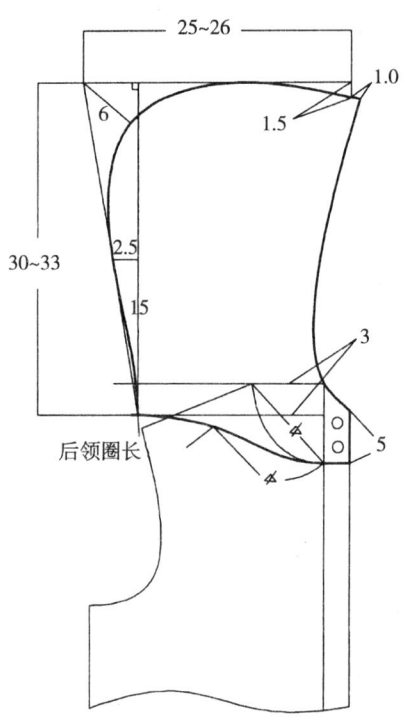

图 4-16　无省帽领

第二节　衣袖结构设计及打板实例

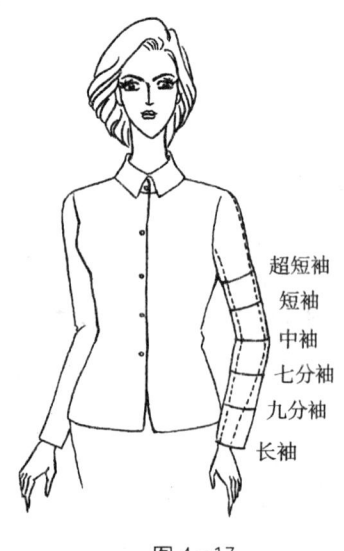

图 4-17

衣袖结构的种类丰富多样，按外形款样可分泡泡袖、喇叭袖、灯笼袖等；按袖的长短造型可分超短袖、短袖、中袖、七分袖、九分袖与长袖（如图 4-17）等；按袖的合体程度可分宽松袖、合身袖与贴体袖（如图 4-18）等；按结构设计又可分连袖、装袖、插肩袖等。

一、衣身与袖的关系

衣袖的样板制作对于服装的整体造型来说是至关重要的。一方面，结构设计时必须考虑到袖子与衣身的整体协调性与美观性；另一方面，还要考虑到人体手臂活动

| 宽松袖 | 合身袖 | 贴体袖 |

图 4—18

量的大小,这将直接影响到服装的舒适性。

袖的样板制作要考虑人体手臂各部分的围度尺寸与长度尺寸,包括手臂的活动范围、衣身袖窿的弧线长度以及面料的特性。

1. 袖窿深与袖山深的关系

由于袖片最终要与衣身的袖窿相拼缝,所以这两者的尺寸与形态应该是相互吻合的,因此,在其他规格不发生变化时,袖窿深越深,袖山深也就越深。从图 4—19 中,我们可以看出袖山深与袖窿深相互吻合的关系,但有时也会出现一些不规则的变化形式(如图 4—20)。

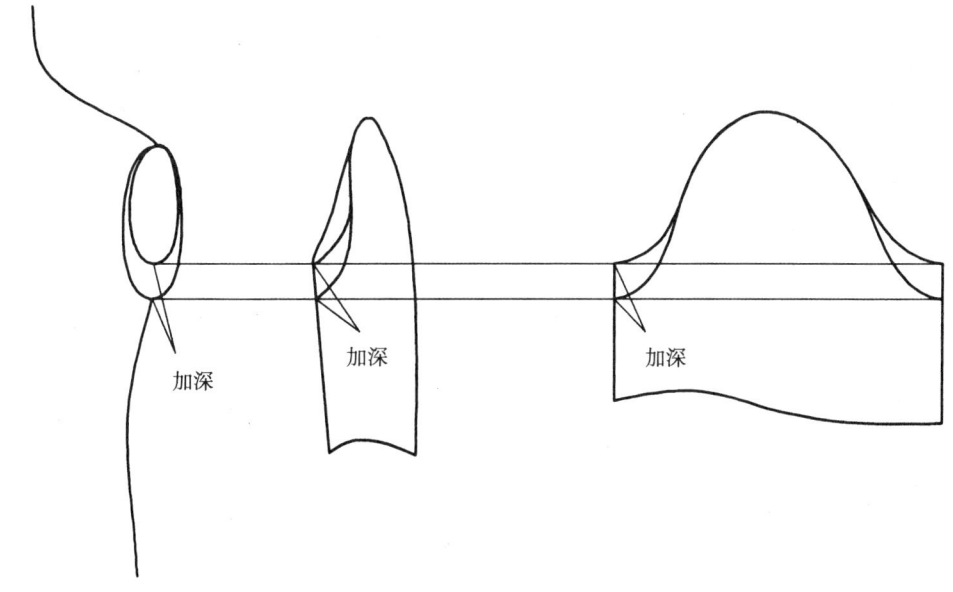

图 4—19

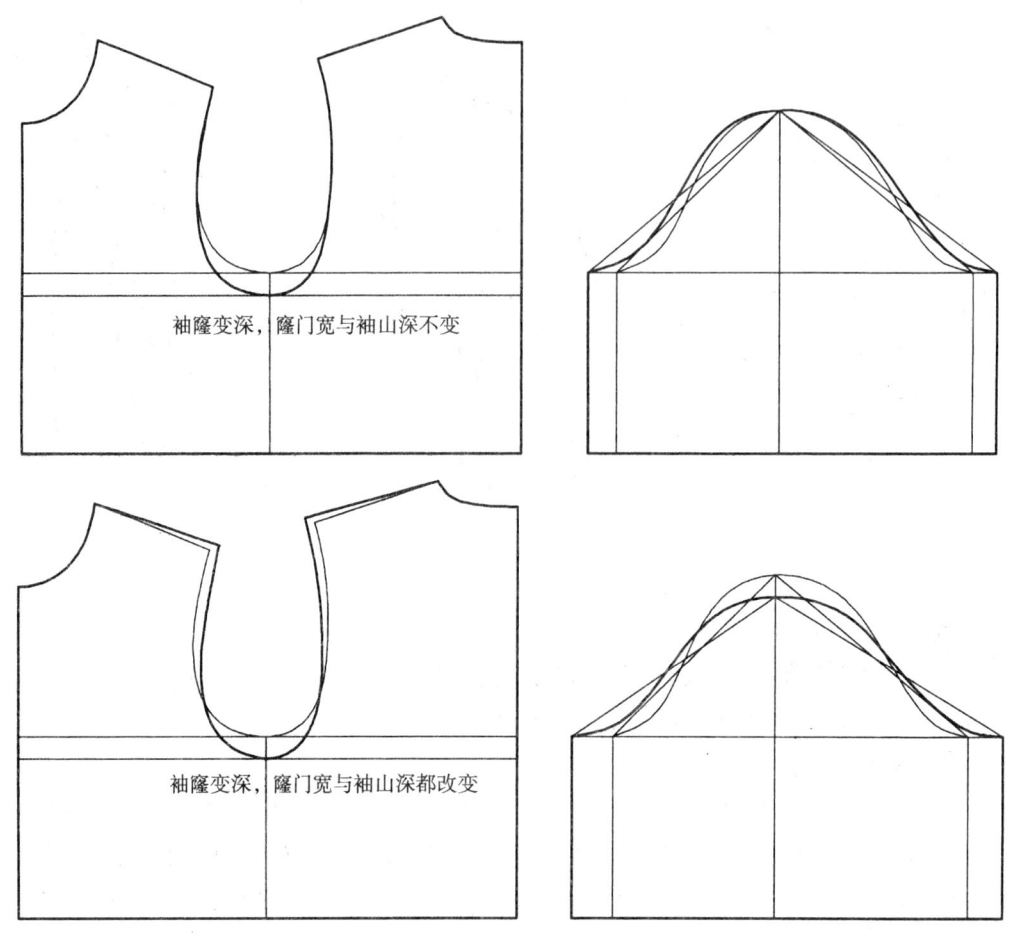

图 4-20

2. 袖肥、袖山深与手臂活动量的关系

从图 4-21 中可以看出,在袖窿深与袖窿弧线不变的情况下,随着袖身倾角的不断变化,袖肥与袖山高也在不断地发生变化。许多打板师认为袖肥的大小与衣袖活动量的大小是成正比的,其实这是一种片面的理解。事实上衣袖活动量的大小是由袖身倾角的大小所决定的。从(图 4-22)中可以看出,袖子活动功能的大小取决于 A~B 的长短,A~B 越长,手臂可上抬的幅度就越大,衣身受到的牵制也就越小,此时整个衣袖的活动量也会越大,反之则越小。所以根据图 4-21,我们可以看出,在袖长与袖窿弧长不变的情况下,袖身倾角越大,袖子的袖山深就越深,袖肥也就越小,袖底缝也会越来越短,那么这也意味着袖身的活动量也会越小。因此,袖身倾角的大小与衣袖的活动量呈反比。

一般而言,袖身倾角与衣袖活动量能够决定衣袖的结构以及贴身程度,并能适

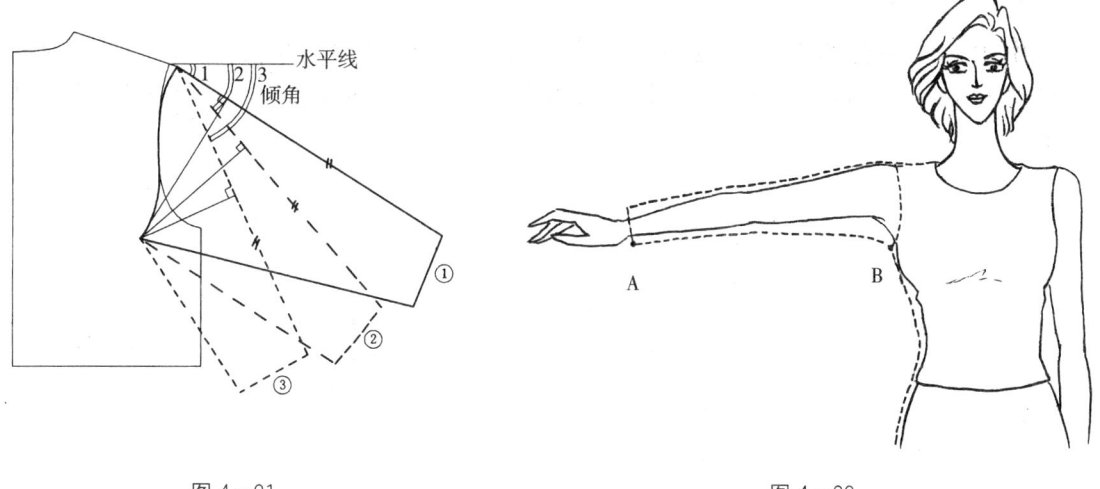

图 4-21　　　　　　　　　　　　　图 4-22

应不同阶段年龄层次的人群需要。

（1）宽松袖。袖身倾角较小，活动量较大，适合工作服与运动类服装。

（2）合身袖。袖身倾角一般，活动量一般，适合休闲类服装。

（3）贴身袖。袖身倾角较大，活动量较小，美观性较好，适合较为正统的职业装与西装。

3. 袖山吃势量（也称缝缩量）的变化

吃势量是指袖山弧线与袖窿弧线的长度差，因此调整袖山弧线就是调整袖子的吃势量。通常，衣服制作会在袖山上半部分设置一定的吃势量，这一方面是为了衣袖形态的美观；另一方面也是为了使衣袖符合人体肩部的曲面状态，缩缝量的大小除了受到面料厚度的影响，还会受到装袖位置和角度的影响（如图 4-23）。

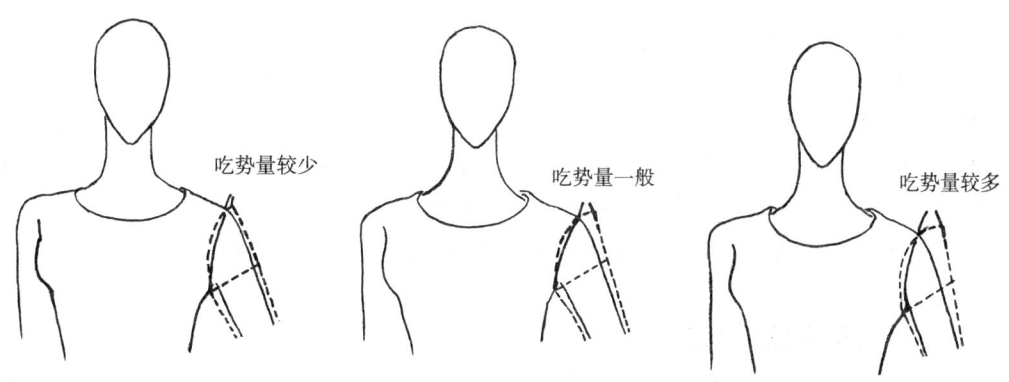

图 4-23

4. 人体手臂形态与袖口线

由于人体手臂的上半部分在自然下垂时,几乎是呈垂直状态,而下半部分则呈稍稍弯曲的状态(如图4-24)。由此可以得出,在衣袖制板时,一般前袖口要短于后袖口。

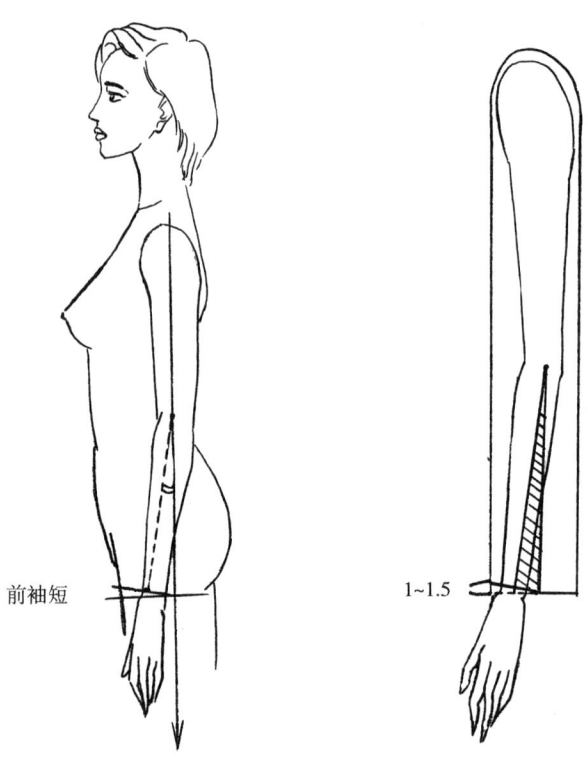

图 4-24

5. 衣袖各部位规格设定(号/型 160/84A)

(1) 袖长:0.3号+8~9=56~57cm。

(2) 袖肘长:袖长/2+3cm=31~31.5cm。

(3) 袖肥:根据袖的贴身程度进行调整,贴身袖:0.2胸围-(1.5~2.5);合身袖:0.2胸围-0~1.5;宽身袖:0.2胸围+(0~3)。

(4) 袖口:根据袖的贴身程度进行调整,胸围/10±调节量。

二、衣袖基本型的制板

1. 贴身一片袖基本型制图(如图4-25)

(1) 作出袖肥16.4cm的袖形框架。

(2) 作出袖弦AH/2-0.25cm的长度,与对应边相交。

(3) 过交点作出袖山深线。

(4) 找出袖肥的中点向前偏移，$\dfrac{后AH-前AH}{2}=0.5cm$，作出袖中线。

(5) 分别对应出前袖肥与后袖肥。

(6) 分别将袖肥两侧点与袖中点连接，以此画顺弧线。

规格设计：160/84A(号/型)	袖窿弧线总长：46cm
袖长(SL)：0.3号+8.5=56.5cm	前袖窿弧线长：22.5cm
袖肘位置：SL/2+3=31cm	后袖窿弧线长：23.5cm
袖肥：16.4cm	

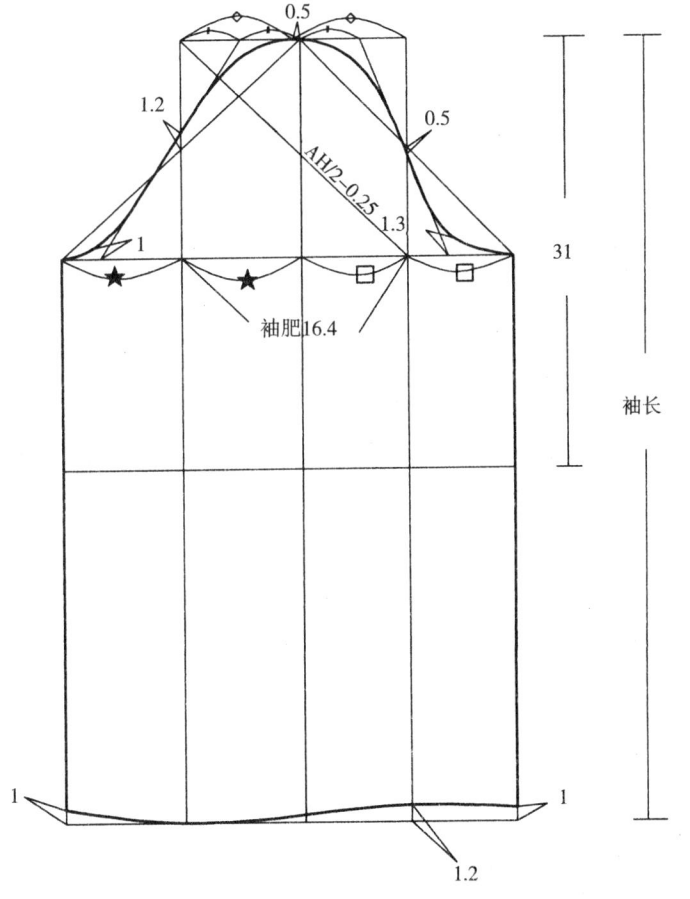

图4-25 贴身一片袖基本型

2. 一片袖转换成二片袖(规格条件与贴身一片袖相同)制图(如图4—26)

3. 二片袖基本型结构(规格条件与贴身一片袖相同)制图(如图4—27)

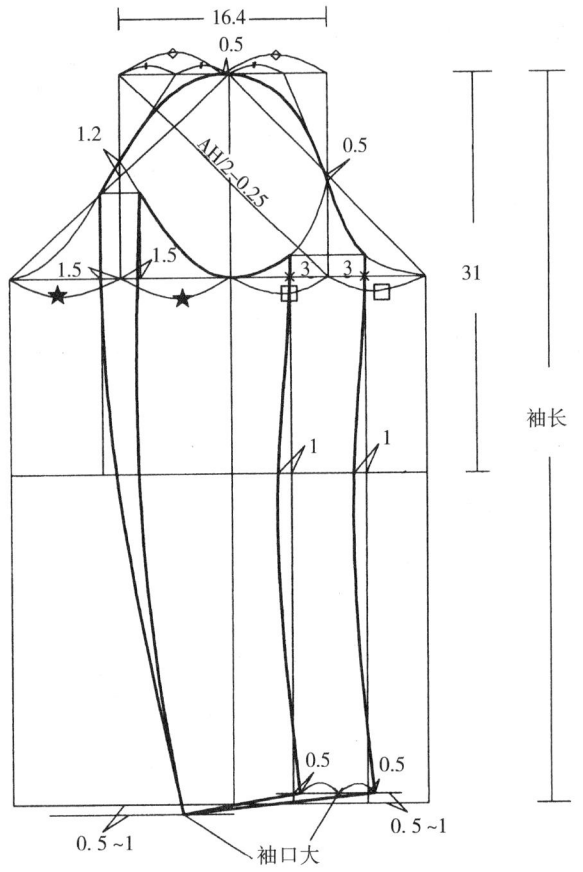

图4—26 一片袖转换成二片袖

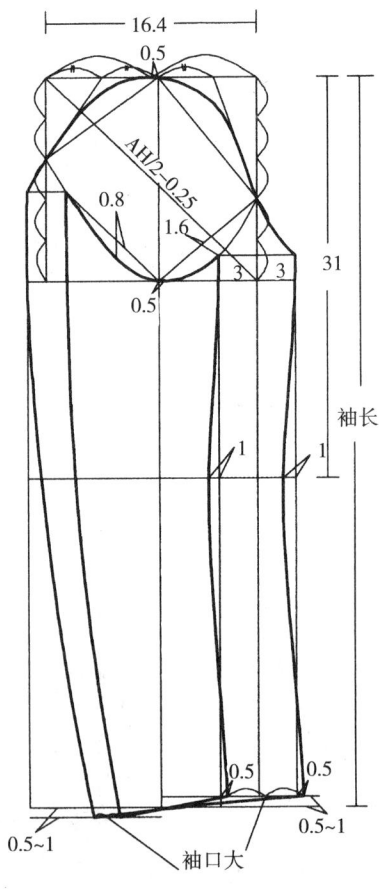

图4—27 二片袖基本型

三、衣袖样板制图实例

1. 连袖——衣片与袖连在一起裁剪的袖型。

(1) 盖肩袖(如图 4-28)

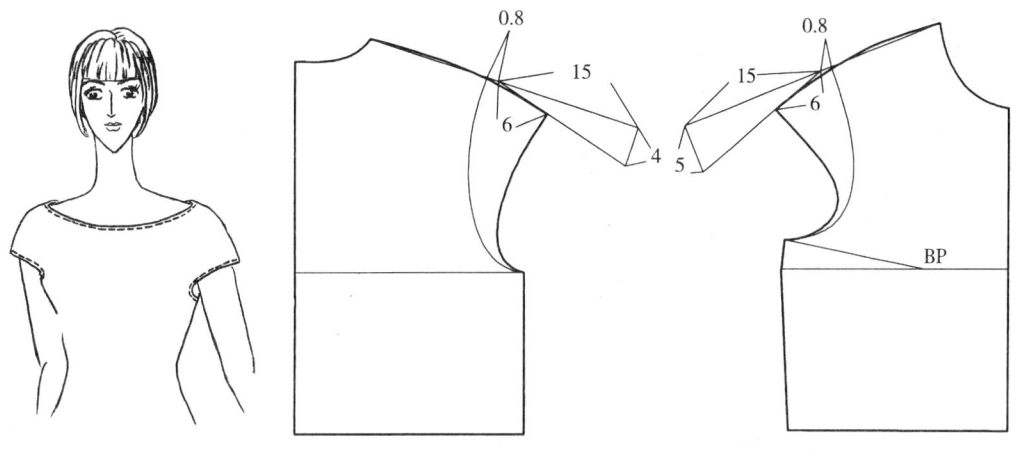

图 4-28 盖肩袖

(2) 连身袖(如图 4-29)

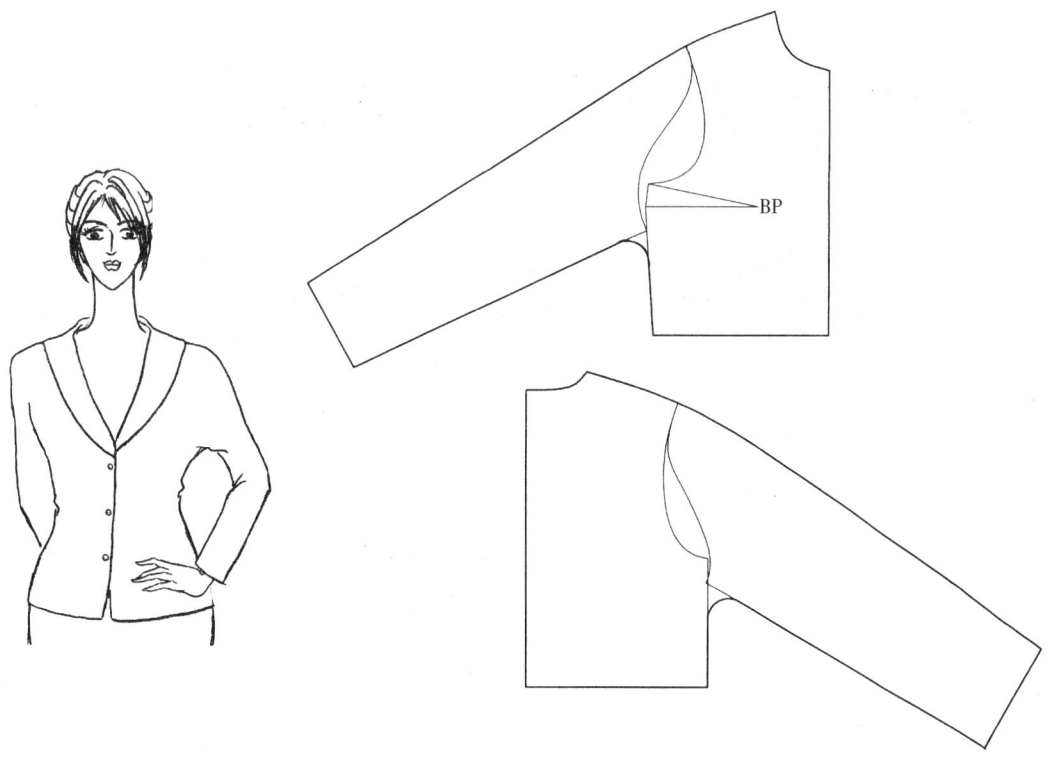

图 4-29 连身袖

(3) 插角袖（如图4-30）

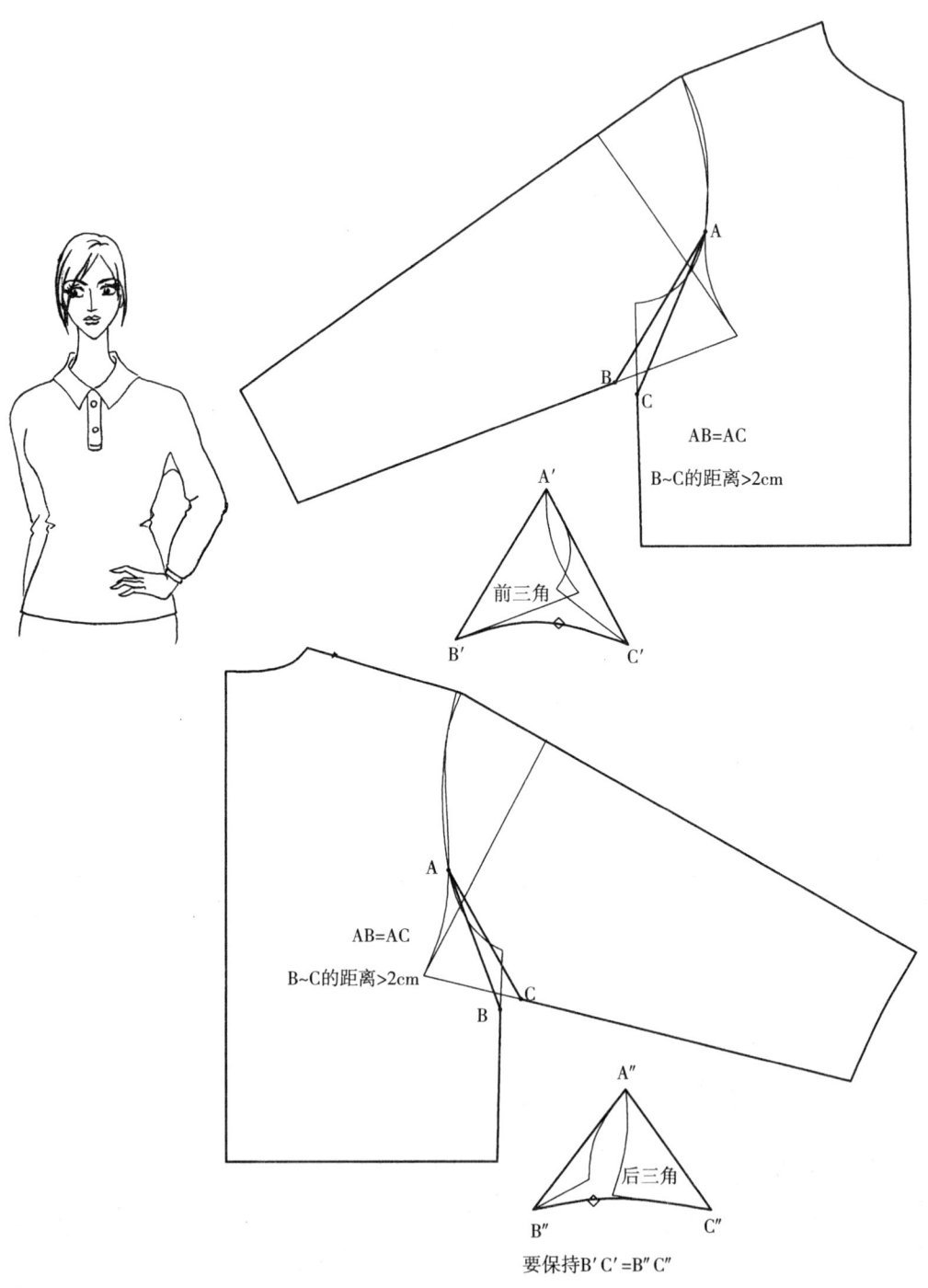

图4-30 插角袖

2. 装袖——将衣片与袖分开裁剪,然后再缝合在一起的袖型。
(1) 褶裥袖(如图 4-31)

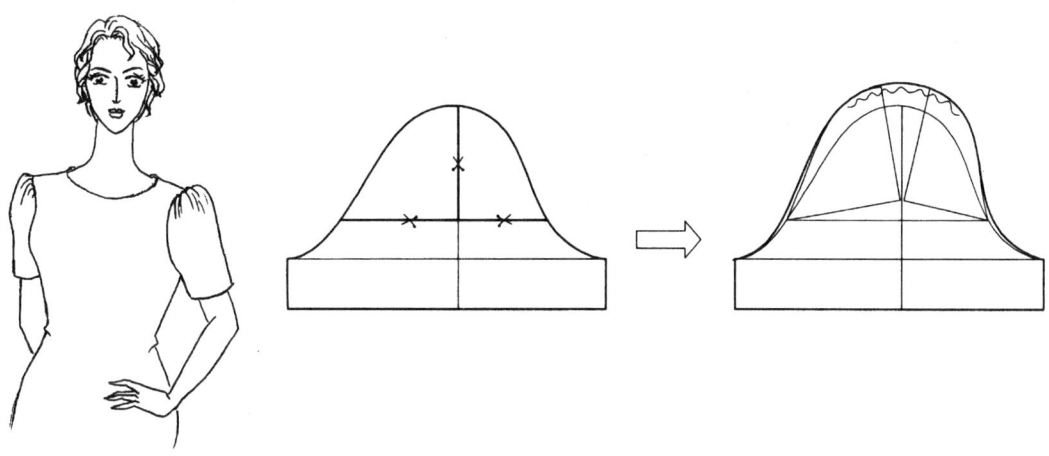

图 4-31 褶裥袖

(2) 灯笼袖(如图 4-32)

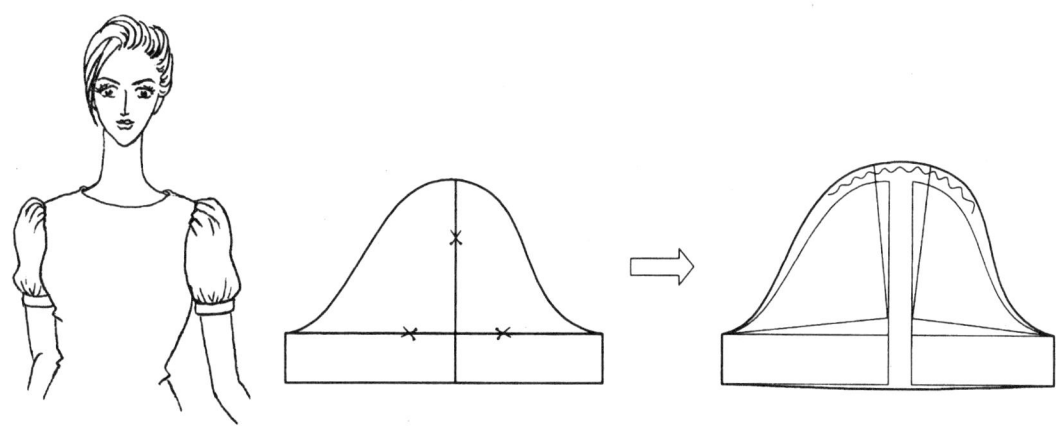

图 4-32 灯笼袖

（3）荷叶袖（如图 4-33）

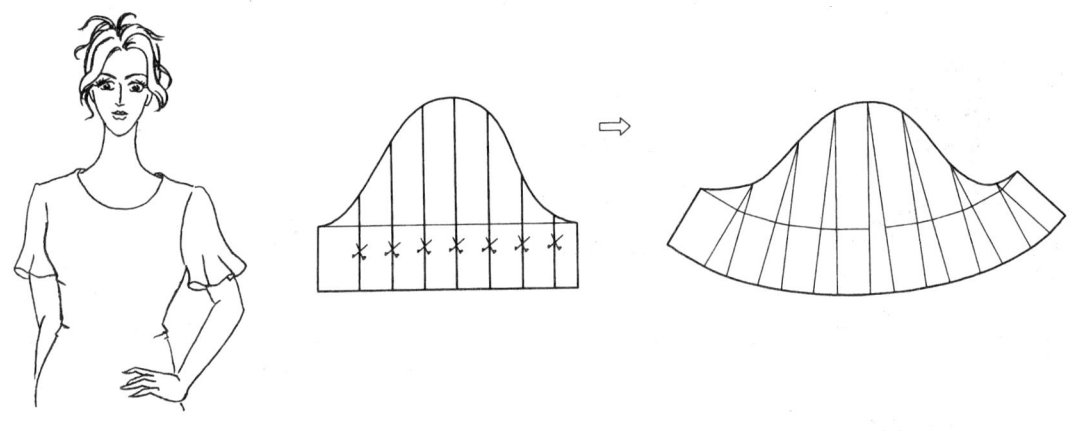

图 4-33 荷叶袖

（4）喇叭袖（如图 4-34）

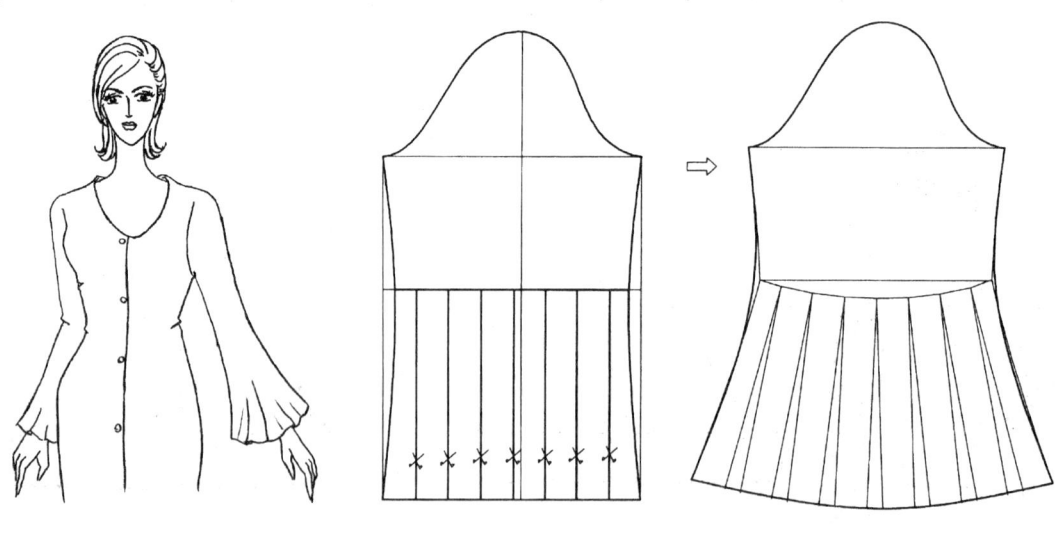

图 4-34 喇叭袖

3. 插肩袖——一种介于连袖和装袖之间的袖型。

(1) 宽松型插肩袖(如图4-35)

注：一般情况下，后倾斜角度∠2要略小于前倾斜角度。

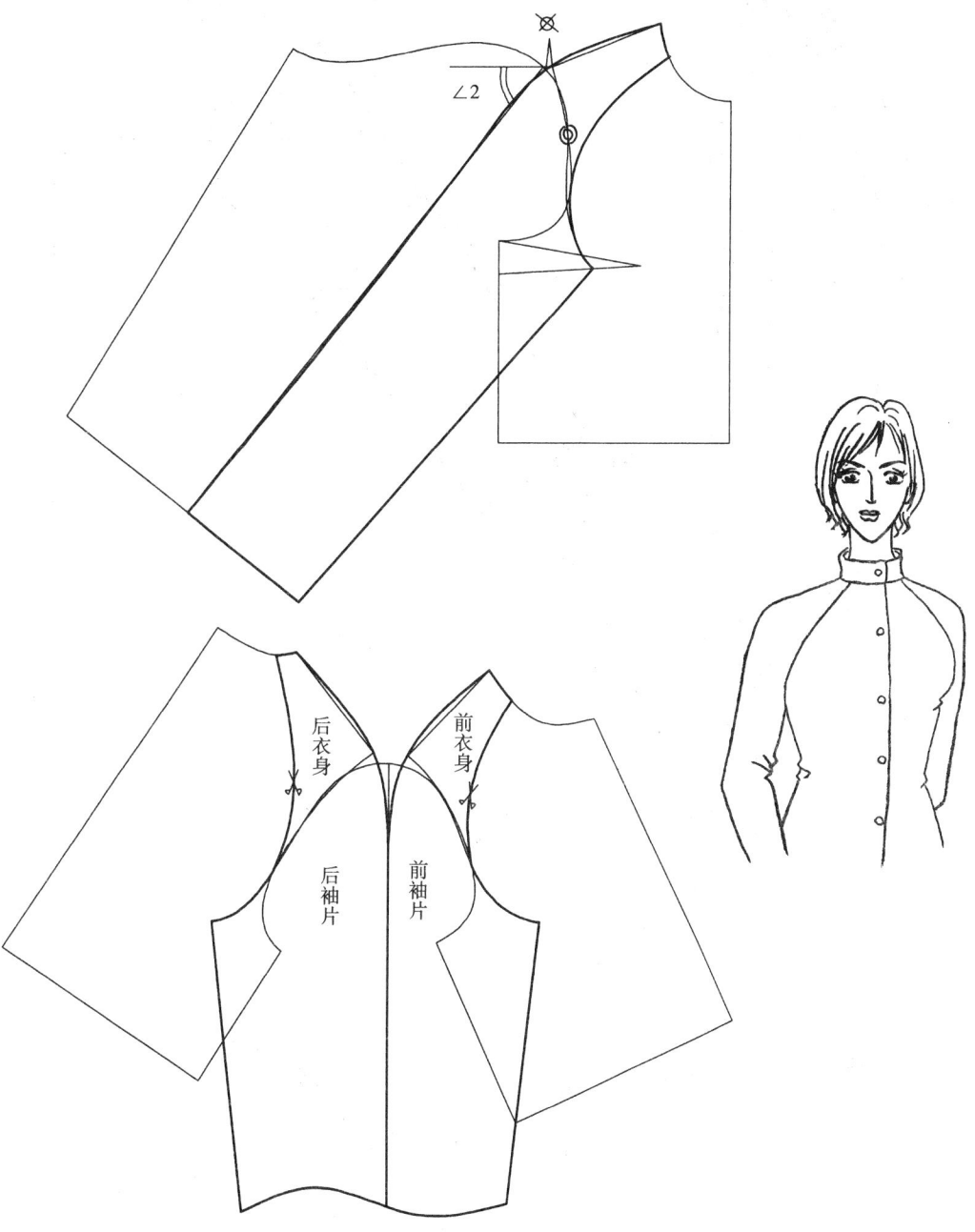

图4-35 宽松型插肩袖

（2）合身型插肩袖（如图4-36）

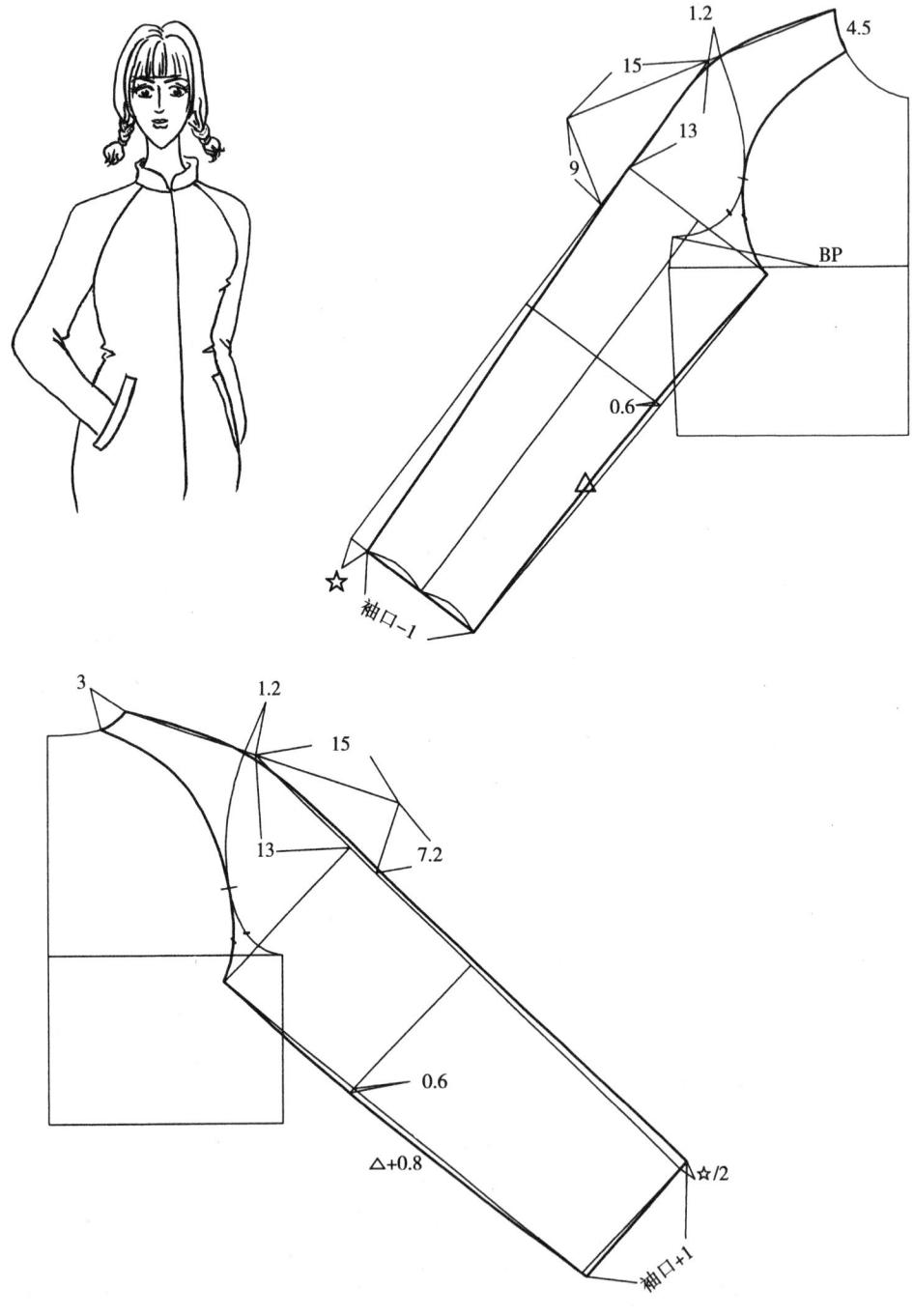

图4-36 合身型插肩袖

228

第五章 服装工业制板和推板

第一节 工业制板

一、工业制板的含义和特点

1. 基本含义

服装设计与制作是一项复杂的系统工程,具体来说,它是由造型设计、结构打板和工艺缝制三大部分构成。所谓工业打板主要是指工业化的成衣制板。工业制板与普通打板的最大区别在于前者是以大批量生产为目的,而后者则是针对相对零散的个人或小群体。换句话说,工业打板针对的客户面比较广泛,追求共性的穿着要求,而普通打板一般是为个性化服务的。

2. 制板特点

工业化成衣生产的首要条件是同一款式的服装能够适应不同消费者的需求,所以,一款服装往往需要制作好几个不同规格的型号。在工业制板时,我们必须首先考虑制作那些不同号型的成衣,然后精准地制作出一个"准样板",并在此基础上进行科学合理的缩放,最后确定不同规格型号的正式样板。一般而言,服装工业样板具有以下几个特点:

（1）造型严谨多变

首先,服装工业打板的过程比较科学严谨。标准工业样板的制作需要经过反复的修正与推敲,由此才能保证通过模板剪裁制作出的服装衣片精准度高。

其次,服装工业打板能适合日益多样化、个性化的服装发展趋势。通过在原有工业样板上的剪裁与拼接,不仅能省去不少繁琐的计算过程,并且还能够对服装的造型、结构进行灵活多样的变化。

（2）提高生产效率

生产效率是影响服装企业经济效益的重要因素,而工业制板能为此提供一个良好的操作平台。由于工业样板的运用贯穿于整个制衣过程,因此,它对于提高生产效率有着极大的作用,是现代化大规模成衣生产中不可缺少的一个重要环节。

（3）提高面料的利用率

在服装生产过程中,如何排料、省料是一项很关键的工作,因此,采用服装工业化样板进行排料不仅能够节约用料,降低生产成本,而且还可明显地提高生产效率。将不同规格号型的样板套排在一起,并进行合理的穿插,能使面料得到最大限度的利用。

（4）提升产品质量

在服装工业化生产中,服装样板制作几乎贯穿了每一个环节,从排料、剪裁、修正、缝制、定型、对位到最后的整理,它始终起着规范有效的作用。因此,用工业样板制造出来的服装在质量上能够得到很好的保证。

二、工业样板的制作顺序及方法

1. 净样板制作

所谓样板制作就是我们通常所说的结构设计(简称为打板)。它是将立体的服装造型转化为平面的结构图,也就是将服装设计通过衣片的结构图来转化成具体的服装形状。服装的净样板就是结构设计完成后的实际板型。

在制作净样板时,首先要考虑样板的尺寸,对制板师来说,了解实际样板尺寸不一定就等于生搬硬套服装的标准规格尺寸,要制作一个让人满意的样板还必须考虑到服装材料的性能,例如,材料是否会缩水,可通过水洗测试出材料的缩水率(缩水率通常用百分比来表示)。假设经向缩水率为 8%,那么,在结构设计中裤长要加上缩水率才能制成样板。裤长的样板尺寸可以按照"成品尺寸/1减缩率"来计算。此外,还要考虑到衣片在粘衬或熨烫时的热缩率以及工艺变形等因素。

2. 毛样板制作

毛样板的制作是通过在净样板的基础上加放缝边(缝头)来完成的。净样板的周边所加放的缝边就是衣片在缝合时要缝去的宽度。在衣片中各部位所加放的缝边不是等量的,有一些缝边的部位会采用折边处理,如脚口边、袖口边等(图5—1)。

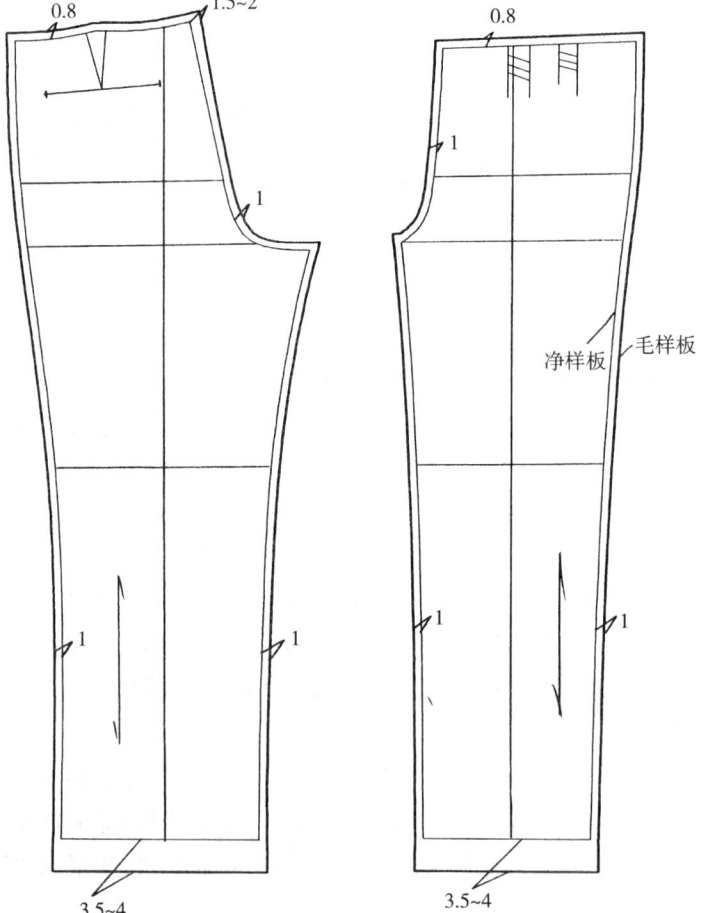

图 5—1(a) 男西裤放缝示意图

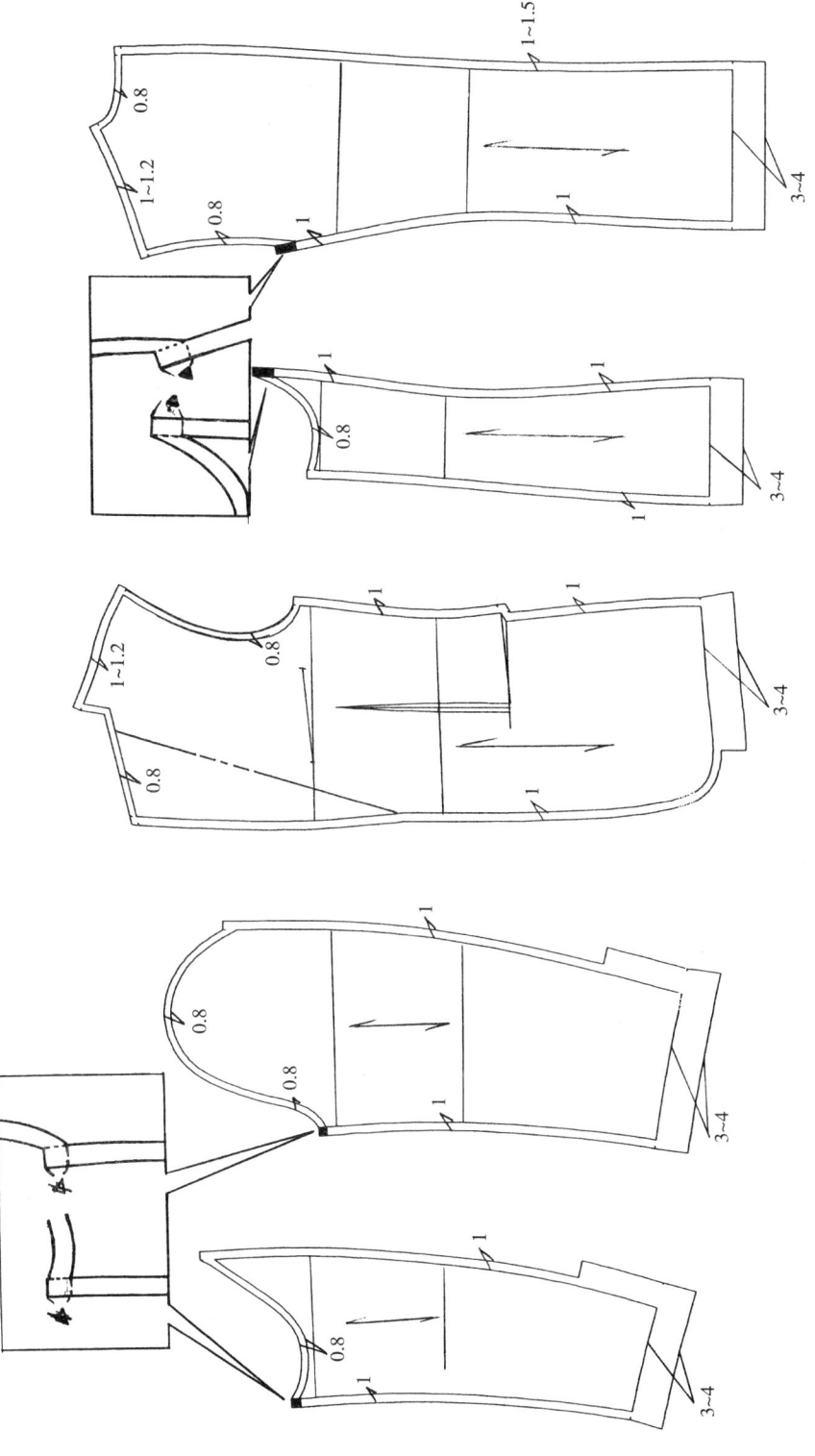

图 5-1(b) 男西服放缝示意图

3. 工业样板的定位标记与文字标识

（1）定位标记通常有刀眼和钻眼两种，主要是用来反映省位、袋位、缝边（折边）对应点等位置的特殊记号（如图5-2）。刀眼一般是打在服装样板的边缘部位，而钻眼主要是打在样板的内部。

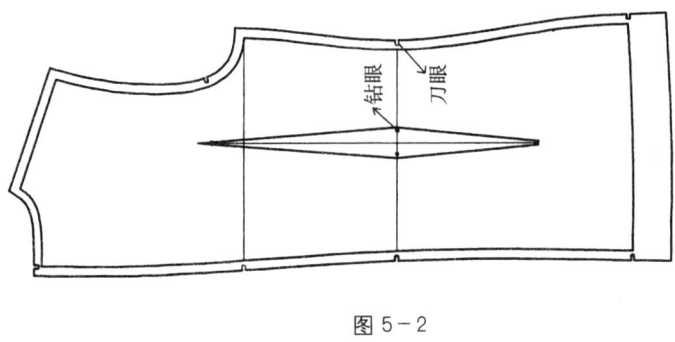

图5-2

（2）样板的文字表示内容（如图5-3）

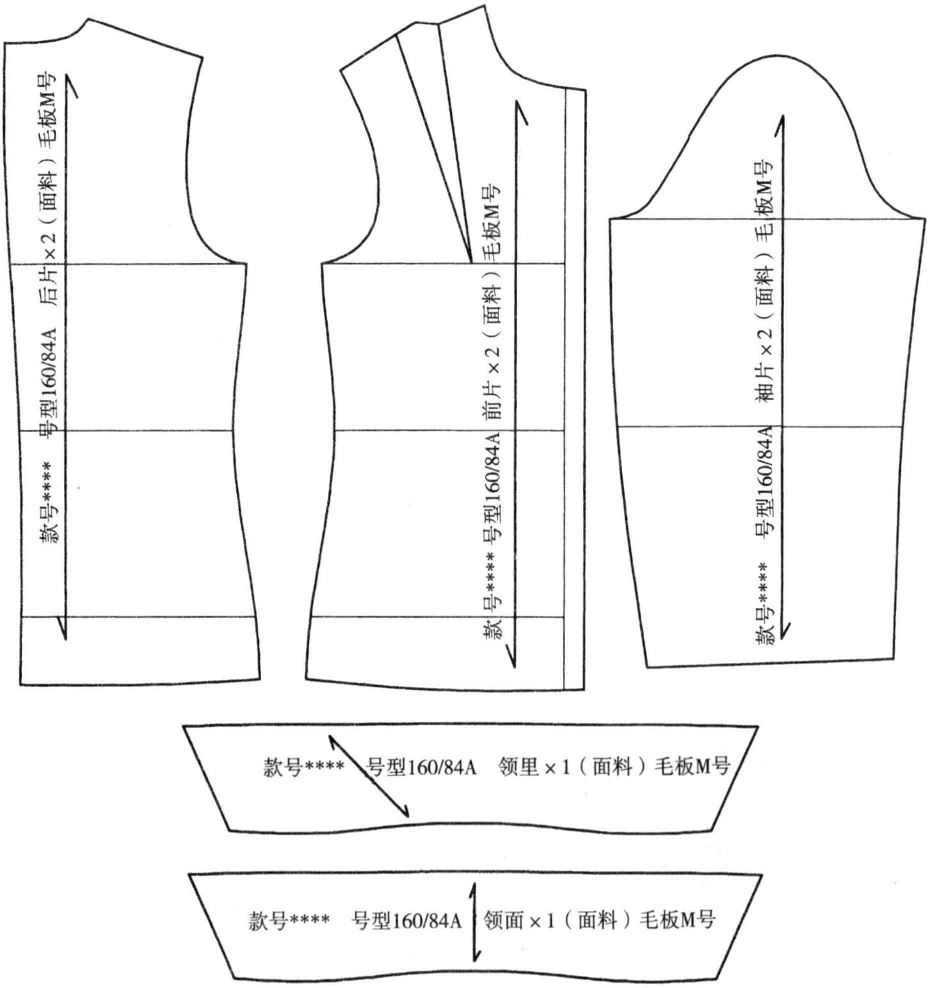

款号**** 号型160/84A 后片×2（面料）毛板M号

款号**** 号型160/84A 前片×2（面料）毛板M号

款号**** 号型160/84A 袖片×2（面料）毛板M号

款号**** 号型160/84A 领里×1（面料）毛板M号

款号**** 号型160/84A 领面×1（面料）毛板M号

图5-3

4. 其他注意事项

（1）产品名称、款式代号以及产品号型规格等的标注。

（2）明确经向和丝缕方向。

（3）各样板的具体名称以及相关的片数要仔细核对。

（4）样板的里、面、正、反要标注。

（5）不对称款式要标注左右、上下、正反等，以此正确引导制作。

（6）标出面料的顺、倒毛方向。

三、服装工业样板种类

1. 裁剪样板

一般是指直接用来剪裁面料、里料或衬料的样板，通常采用毛板，包括面布样板、里布样板、衬布样板以及零部件样板等。

2. 工艺样板

在成衣生产中，为了使产品保持各档规格的准确性，除了必须使用正确的裁衣样板外，还须使用各种工艺样板，这样有利于在缝制过程中对衣片进行有效的规格控制。工艺样板按照用途的不同又可分为以下几种类型：

（1）修剪样板。一般采用毛板，是用来修剪衣片部件所用的。因为有些部件由于规格的精确性问题，所以在裁剪时须先放大，然后再进行修剪，如男西服的前一片为了防止粘衬后变形以及加热后出现热缩率，故前片采用放大处理，粘好衬后再用修剪样板进行修剪（如图5－4）。

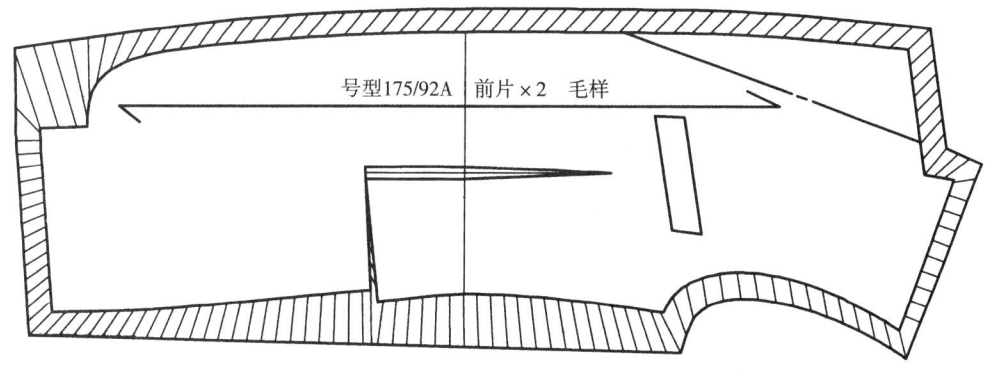

图5－4

（2）扣烫样板。主要用于止口部位单绗明线不绗暗线的衣片部件，如明贴袋在制作时，须将扣烫样板放置于所烫布料的反面，用熨斗将四周所留下的缝份向模板方向折，并沿止口边烫倒，这样就能充分保持统一规格的贴袋大小。用于扣烫样板的材料最好是耐热性好的薄铜片（如图5－5）。

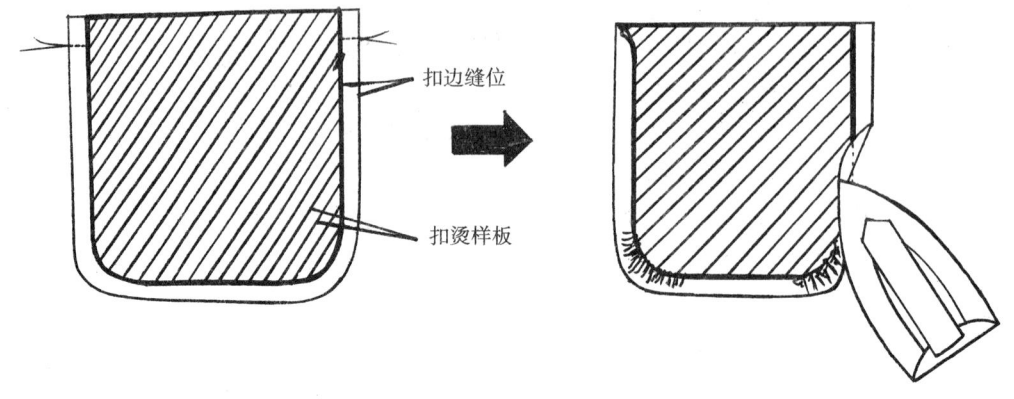

图 5-5

（3）画线模板。通常是净样板,将它放在毛样上来勾画出净样的止口线,以此作为缉明线的参照线(如图5-6)。

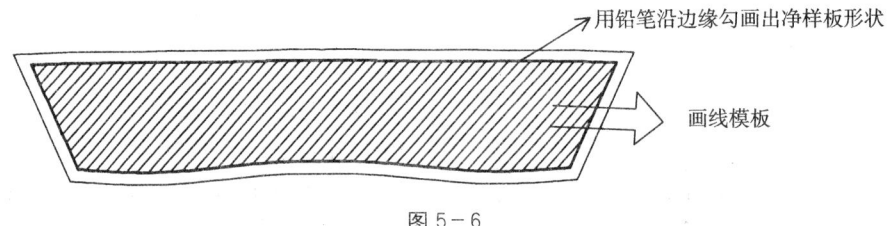

图 5-6

（4）定位样板。是指用来确定半成品中某些部分的位置是否正确的样板。主要用于不易钻眼的高档毛料产品的口袋,以及省道和成品后的扣眼(如图5-7)。

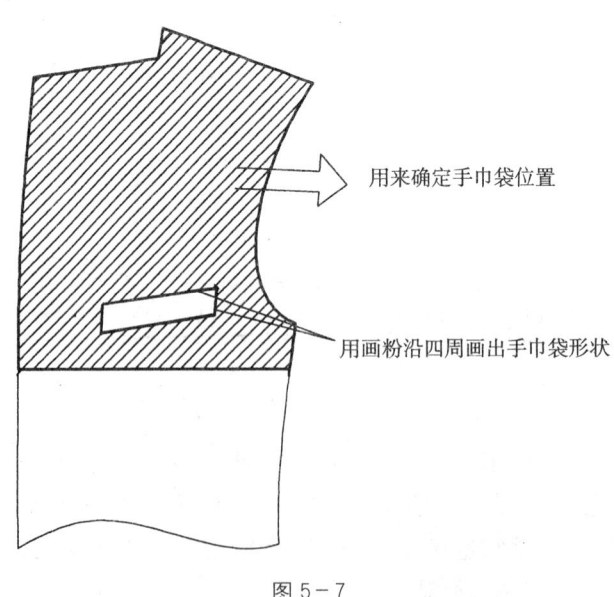

图 5-7

四、服装工业制板流程

服装工业制板大致可分两种：一种为来样（成衣）打板，简称驳样。具体方法是先将样衣套在模架上测量出各个部位的规格尺寸，然后进行平面放样，但也可按款式图中所给的尺寸进行平面放样。这种打板较为简单，只要懂得服装结构和工艺流程，并套用数据就能将服装样板打出来。另一种为制板设计。即根据款式图自定规格尺寸和打板方法，并且自定工艺单。这就需要打板师具有一定的服装结构设计能力。对于打板师而言，必须既具备结构设计的基本知识，也要能懂得款式设计的一般原理。总的来说，打板师是款式设计的实践者和体现者。此外，为了使服装板型更好更精准，打板师不仅要熟悉平面结构设计，而且还要熟悉立体结构的构成方法。

1. 内销样板的制作过程

（1）分析设计图

随着人民生活水平的不断提高，人们对服装的要求已不仅仅是停留在防寒御暑的功能上了，人们更希望服装能通过款式的变化来达到一种使自己的形象进一步美化的目的。穿着适体的衣服能够增加人体的形态美。所以，一个好的打板师对款式的分析判断能力是至关重要的。

款式分析包括款式的类别、款式的风格以及整体造型等内容。事实上，打板师在制板前首先必须看懂服装设计效果图，然后根据款式效果图的要求，考虑并实施具体的打板方法。服装造型设计师所画的款式效果图一般是画法不同，因人而异的，这就需要我们认真解读，正确判断。

a. 夸张类服装效果图。图5-8中的人体头长与身高的比例为1:9，这就是我们通常所指的"9头身"模特身材。此类效果图属艺术夸张类的款式效果图，旨在表现画面的艺术效果，在服装款式造型上有虚实用笔，据此，我们要分析图中哪些是与结构无关的虚构之处，哪些是与结构有关的实用之处。另外，人体各部位的规格尺寸要根据款式设

图5-8 夸张比例效果图

计师的意图和自己的实践经验仔细判断。

　　b. 真实类服装效果图。图5-9效果图中的人体头长与身高的比例为1:7～1:7.5,这与普通人的体型相一致。其服装穿着的效果比较实际,各部位的数值关系及比例都较为客观,打板师能比较容易地把握住服装各个部位的规格尺寸。

　　在分析设计效果时,对款式外形风格的正确认识是必不可少的,这将直接影响到是否能正确地确立款式的放松量、造型风格以及胸腰差的关系,并有助于规格尺寸的确定。在一般情况下,我们通常把服装的外形风格分为贴体类、合体类、较宽松类与宽松类四种类型(图5-10)。

　　(2) 绘制结构图

　　根据对款式设计效果图的分析,我们可以确定款式的结构特点,并制定出款式的规格尺寸,然后就可以绘制出结构样板图。

　　(3) 确立基础样板

　　将制作好的结构样板图对行修片、放缝,完成中号型基础样板。

　　(4) 制作样衣,修整样板,确定标准母板

　　根据基础样板,选用相应的面料,进行裁剪缝制,制作出样衣,然后对样衣进行确认,如有不理想之处,可对照样板进行修正,再进行缝制,可反复进行修改,直至满意为止。最后,确定标准母板。

图5-9　正常比例效果图

　　(5) 推板

　　选用标准母板,根据规格差,制作出其他规格的样板。

2. 外贸样板的制作过程

　　在一般情况下,外贸样板的制图规格尺寸是根据国外客户提供的规格单或样衣规格来制定的。此类样板的制作,一定要依据客户提供的规格尺寸单操作,若客户所提供的样衣尺寸与规格单尺寸有误差,且又无详细说明,那么制板前需要向客户方提出,在得到对方认同并确定的情况下,选择一种规格进行制板,千万不可擅自作主,以免引起不必要的麻烦。因为客户在验货时,除了对缝制有具体的要求外,对规格尺寸的要求也非常严格,规格尺寸的误差值只能控制在客户允许的范围内。在欧美国家的服装外贸单中,一般是以英寸为单位进行测量,此刻,必须首先

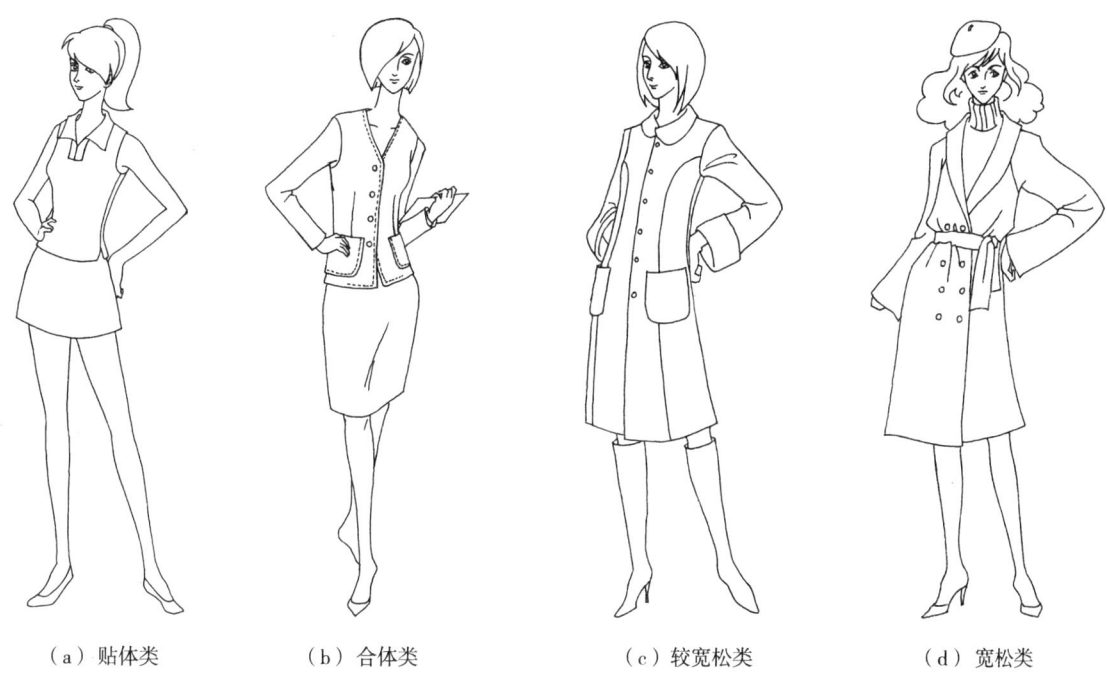

(a) 贴体类　　(b) 合体类　　(c) 较宽松类　　(d) 宽松类

图 5-10

将英寸转换成公分。另外,在外贸单的制板过程中,衣片各部位的名称与内销单中的各部位名称有所不同,制板时要仔细弄清楚,以防出现理解上的偏差,造成质量问题。

3. **外贸样板制作实例**(图 5-11)

女牛仔裤制图尺寸:

臀围:92 cm(腰口线下 18cm)

腿根围:55 cm(横裆线下 2.5cm)

膝围:20.5 cm(横裆线下 28cm)

腰围:72 cm

前浪长:21 cm

后浪长:32 cm

脚口大:23.5 cm

内侧缝长:82 cm

腰宽:31 cm

制图顺序:

前裤片

1) 确定腰口线。

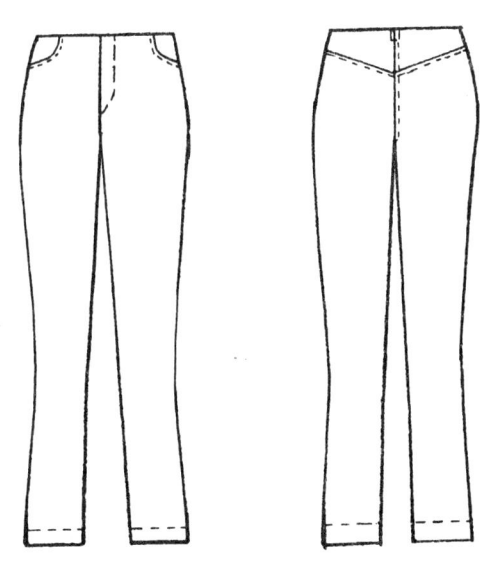

图 5-11(a)

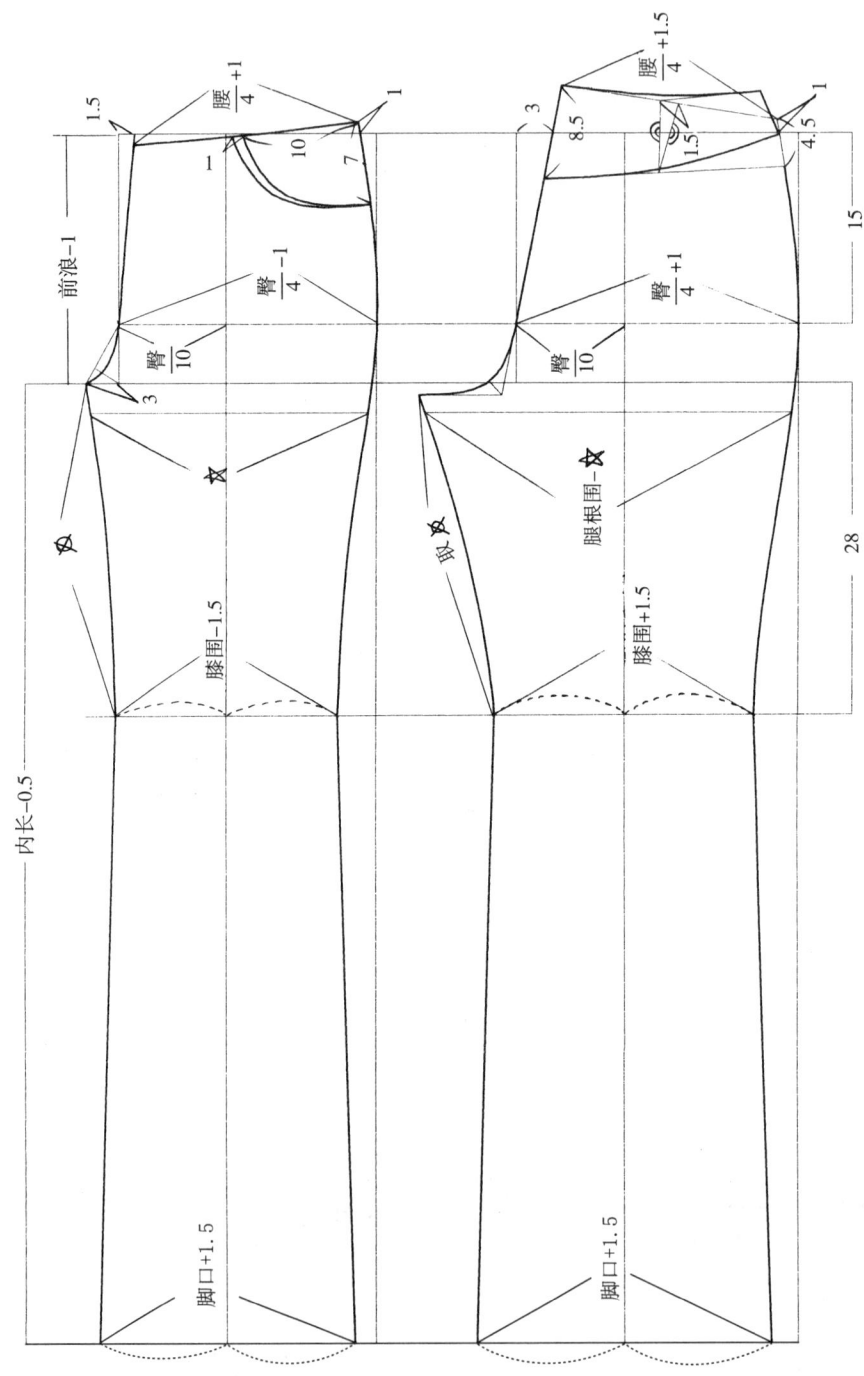

图 5-11(b) 女牛仔裤制板

2) 腰口线往下量 15cm,确定臀围线。

3) 腰口线往下量前浪长－1cm,确定横裆线。

4) 从侧缝量臀/4－1cm,确立门襟线。

5) 从门襟线量前窿门宽 3cm。

6) 在臀围线上从前门襟线量臀/10,确定前挺缝线。

7) 从横裆线往下量 2.5cm,确定腿根围线。

8) 从横裆线往下量 28cm,确定中膝围线。

9) 从横裆线往下量内侧缝长－0.5cm,确定脚口线。

10) 前门襟腰口处劈 1.5cm,与臀围线连接,并按图的要求修顺前浪线。

11) 从横裆线处往上截取前浪长。

12) 从前浪长的点往腰口线上取腰/4＋1cm(口袋隐形省量)。

13) 在膝围线上截取膝围－1.5cm,以前挺缝线为中心两边平分。

14) 在脚口线上截取脚口－1.5cm,以前挺缝线为中心两边平分。

15) 从横裆线前窿门点经过膝围线点至脚口线点修顺。

16) 从腰口线起翘 1cm 点,经过侧缝臀围点、膝围线点至脚口线点修顺。

17) 按规定尺寸定好前口袋造型。

后裤片

1) 在臀围线上从侧缝处往外取臀/4＋1cm,作垂直线至腰口。

2) 从后中垂直线上量取臀/10,确定后挺缝线。

3) 从后中垂直线上量取 3cm,连接至垂直线与腰口线交点并延长。

4) 在脚口线上截取脚口＋1.5cm,以后挺缝线为中心两边平分。

5) 在膝围线上截取膝围－1.5cm,以后挺缝线为中心两边平分。

6) 从侧缝与臀围线交点连接至膝围线点,并至脚口线点修顺。

7) 在腿根围线上从侧缝交点截取(腿根围－前根围长)。

8) 从截取的点连接至膝围点,并至脚口线修顺。

9) 将内侧线往横裆线延长,并截取与前内侧缝等长。

10) 从截取的点修顺后浪,并从下往腰口上截取后浪长。

11) 从截取好的点,往侧缝量取(臀/4＋1.5cm 省量)长,与腰口线上抬 1cm 相交。

12) 从交点弧线修顺至臀围线。

13) 按规定尺寸划好后裤片分割线。

14) 以后腰围中点作出省道并闭合省道。

第二节　工业推板

一、工业推板的基础知识

1. 工业推板概念

服装推板又称为服装样板缩放，是指在同一类别中，用标准母板按照一定的比例缩放有规律性地绘制出一系列工业化的样板。推板的主要作用是提高制板的工作效率，以此来满足工业化生产的需要。所以说，推板是每个成衣打板师必须要掌握的技能。在样板缩放中，必须严格按照档差数据合理地进行缩放，并使缩放出的一系列规格样板不走样。推板过程中，一般不可随意改动客户订单上的数据，如果发现疑问，一定要先与客户方进行沟通，征得客户同意后再进行更改，要避免给双方带来不必要的纠纷和损失。

2. 工业推板方法

服装推板的方法很多，一般采用较多的是坐标点推板，它是先确立衣片中的关键点，并设定这些关键点为放码点，然后分别确立好这个点的经向和纬向所要缩放的数值。虽然服装推板的方法较多，形式上也有所不同，但它们最后的结果应该都是一样的。

现时，常用的服装推板主要有两种：一是在样板纸上画出标准母板，然后根据每档规格之间的档差，将其他所有规格的样板都推画在同一张样板纸上，最后依次复制出其他各个规格的样板，这种方法相对来说比较直观而且误差小，故应用面较广。

二是在样板纸上画出母板，一次只推一个大号或者一个小号的规格样板，再用推好的样板去推下一个规格，以此类推。这种方法较第一种方法而言误差较大，所以一般只运用在档数较少的服装工业制板中。

3. 工业推板种类

服装工业推板主要有两种形式，一种是比较常见的规格推档，是在某一款式中，将款式的长度和围度作同比例增减；另一种是不规则推板，是在推板中，不按衣服的长度和围度进行同比例增减，例如在裤装中有 170/68、170/72、170/76、170/80 等几个规格，这种号型配置属于一号多型的配置，由于这几个规格中，号是完全相同的，只有型发生了变化，所以在推板时，裤子的长度就可以不缩放，而裤子的围度则是需要缩放的。

4. 设定服装成衣规格的依据

设定服装成衣规格是推板之前必须要完成的事情，也是推板时设定规格差的参考，成衣规格的设定主要是参照国家服装号型标准，也可以根据市场上服装流行的特点或客户提供的规格为依据。由于国家服装号型标准中所规定的数据只是人体的基本数据,而不是服装的成衣规格,所以在具体的服装规格设定中,可以根据款式的特点和客户的要求,灵活应用号型标准中的数据,切忌照搬照抄。

男女服装号型系列分档数值请参照表5-1、表5-2。

表5-1 女性服装号型各系列分档数值表　　　　　　　　　　（单位:cm）

体型	Y							
部位	中间体		5.4系列		5.2系列		身高、胸围、腰围每增减1cm	
	计算数	采用数	计算数	采用数	计算数	采用数	计算数	采用数
身高	160	160	5	5	5	5	1	1
颈椎高	136.2	136	4.46	4			0.89	0.8
坐姿颈椎点高	62.6	62.5	1.66	2			0.33	0.4
全臂长	50.4	50.5	1.66	1.5			0.33	0.3
腰围高	98.2	98	3.34	3	3.34	3	0.67	0.6
胸围	84	84	4	4			1	1
颈围	33.4	33.4	0.73	0.8			0.18	0.2
总肩宽	39.9	40	0.7	1			0.18	0.25
腰围	63.6	64	4	4	2	2	1	1
臀围	89.2	90	3.12	3.6	1.56	1.8	0.78	0.9

体型	A							
部位	中间体		5.4系列		5.2系列		身高、胸围、腰围每增减1cm	
	计算数	采用数	计算数	采用数	计算数	采用数	计算数	采用数
身高	160	160	5	5	5	5	1	1
颈椎高	136	136	4.53	4			0.91	0.8
坐姿颈椎点高	62.6	62.5	1.65	2			0.33	0.4
全臂长	50.4	50.5	1.7	1.5			0.34	0.3
腰围高	98.1	98	3.37	3	3.37	3	0.68	0.6
胸围	84	84	4	4			1	1
颈围	33.7	33.6	0.78	0.8			0.2	0.2
总肩宽	39.9	39.4	0.64	1			0.16	0.25
腰围	68.2	68	4	4	2	2	1	1
臀围	90	90	3.18	3.6	1.6	1.8	0.8	0.9

(续表)

体型	B							
部位	中间体		5.4系列		5.2系列		身高、胸围、腰围每增减1cm	
	计算数	采用数	计算数	采用数	计算数	采用数	计算数	采用数
身高	160	160	5	5	5	5	1	1
颈椎点高	136.3	136.5	4.57	4			0.92	0.8
坐姿颈椎点高	63.2	63	1.81	2			0.36	0.4
全臂长	50.5	50.5	1.68	1.5			0.34	0.3
腰围高	98	98	3.34	3	3.3	3	0.67	0.6
胸围	88	88	4	4			1	1
颈围	34.7	34.6	0.81	0.8			0.2	0.2
总肩宽	40.3	39.8	0.69	1			0.17	0.25
腰围高	76.6	78	4	4	2	2	1	1
臀围	94.8	96	3.27	3.2	1.64	1.6	0.82	0.8

体型	C							
部位	中间体		5.4系列		5.2系列		身高、胸围、腰围每增减1cm	
	计算数	采用数	计算数	采用数	计算数	采用数	计算数	采用数
身高	160	160	5	5	5	5	1	1
颈椎点高	136.5	136.5	4.48	4			0.9	0.8
坐姿颈椎点高	62.7	62.5	1.8	2			0.35	0.4
全臂长	50.5	50.5	1.6	1.5			0.32	0.3
腰围高	98.2	98	3.27	3	3.27	3	0.65	0.6
胸围	88	88	4	4			1	1
颈围	34.9	34.8	0.75	0.8			0.19	0.2
总肩宽	40.5	39.2	0.69	1			0.17	0.25
腰围高	81.9	82	4	4	2	2	1	1
臀围	96	96	3.33	3.2	1.66	1.6	0.83	0.8

表 5－2 男性服装号型各系列分档数值表　　　　　　　（单位：cm）

体型	Y							
部位	中间体		5.4系列		5.2系列		身高、胸围、腰围每增减1cm	
	计算数	采用数	计算数	采用数	计算数	采用数	计算数	采用数
身高	170	170	5	5			1	1
颈椎点高	144.8	145	4.51	4			0.9	0.8
坐姿颈椎点高	66.2	66.5	1.64	2			0.33	0.4
全臂长	55.4	55.5	1.82	1.5			0.36	0.3
腰围高	102.6	103	3.35	3	3.35	3	0.67	0.6
胸围	88	88	4	4			1	1
颈围	36.3	36.4	0.89	1			0.22	0.25
总肩宽	43.6	44	1.97	1.2			0.27	0.3
腰围	69.1	70	4	4	2	2	1	1
臀围	87.9	90	2.99	3.2	1.5	1.6	0.75	0.8

体型	A							
部位	中间体		5.4系列		5.2系列		身高、胸围、腰围每增减1cm	
	计算数	采用数	计算数	采用数	计算数	采用数	计算数	采用数
身高	170	170	5	5	5	5	1	1
颈椎点高	145.1	145	4.5	4	4		0.9	0.8
坐姿颈椎点高	66.3	66.5	1.86	2			0.37	0.4
全臂长	55.3	55.5	1.71	1.5			0.34	0.3
腰围高	102.3	102.5	3.11	3	3.11	3	0.62	0.6
胸围	88	88	4	4			1	1
颈围	37	36.8	0.98	1			0.25	0.25
总肩宽	43.7	43.6	11.1	1.2			0.29	0.3
腰围	74.1	74	4	4	2	2	1	1
臀围	90.1	90	2.91	3.2	1.5	1.6	0.73	0.8

(续表)

体型	B							
部位	中间体		5.4系列		5.2系列		身高、胸围、腰围每增减1cm	
	计算数	采用数	计算数	采用数	计算数	采用数	计算数	采用数
身高	170	170	5	5	5	5	1	1
颈椎点高	145.4	145.5	4.54	4			0.9	0.8
坐姿颈椎点高	66.9	67	2.01	2			0.47	0.4
全臂长	55.3	55.5	1.72	1.5			0.34	0.3
腰围高	101.9	102	2.98	3	2.98	3	0.6	0.6
胸围	92	92	4	4			1	1
颈围	38.2	38.2	1.13	1			0.28	0.25
总肩宽	44.5	44.4	1.13	1.2			0.28	0.3
腰围	82.8	84	4	4	2	2	1	1
臀围	94.1	95	3.04	2.8	1.52	1.4	0.76	0.7

体型	C							
部位	中间体		5.4系列		5.2系列		身高、胸围、腰围每增减1cm	
	计算数	采用数	计算数	采用数	计算数	采用数	计算数	采用数
身高	170	170	5	5	5	5	1	1
颈椎点高	146.1	146	4.57	4			0.91	0.8
坐姿颈椎点高	67.3	67.5	1.98	2			0.4	0.4
全臂长	55.4	55.5	1.84	1.5			0.37	0.3
腰围高	101.6	102	3	3	3	3	0.6	0.6
胸围	96	96	4	4			1	1
颈围	39.5	39.6	1.18	1			0.3	0.25
总肩宽	45.3	45.2	1.18	1.2			0.3	0.3
腰围	92.6	92	4	4	2	2	1	1
臀围	98.1	97	2.91	2.8	1.46	1.4	0.73	0.7

二、工业推板操作步骤

1. 公共线的选择

公共线一般是选择两条相互垂直相交的直线,选用公共线主要是为了确立档差的分配方向和分配量。选择公共线时,还要注意所选用的线要有利于推板,使推出的规格样板层次清晰。在不同的款式中,公共线的选用也会有所不同。推板时,公共线是基准线,是不可以随便移动的。

根据不同部位,公共线的经纬向一般有:

(1) 上装中纬向——上平线、胸围线、下边线;
(2) 上装中纵向——前后中心线、前胸宽线、后背宽线;
(3) 袖片中纬向——袖上平线、袖山深线;
(4) 袖片中纵向——袖中线、前弯曲线;
(5) 下装中纬向——腰口线、横裆线、脚口线;
(6) 下装中纵向——前后挺缝线、侧缝线。

2. 确立放码点与放码量

放码点一般是两条线的交叉点,也是影响衣片结构的关键点,根据衣片的不同,放码点也会有多有少,放码点越多,推板时的误差也就越小。推板时,可以根据自己的制板经验来确立放码点。

放码量是根据已经确定好的公共线,确立放码点档差的分配量。放码量的分配通常有经向和纬向两个方向,但在公共线上的放码点会出现只向一个方向的放码量。

3. 工业样板的修顺

当所有放码点按照一定的比例缩放以后,就得到了许多新的放码点,此时,用母板线形一次连接各规格的放码点,就会得到新的规格样板(图5—12)。

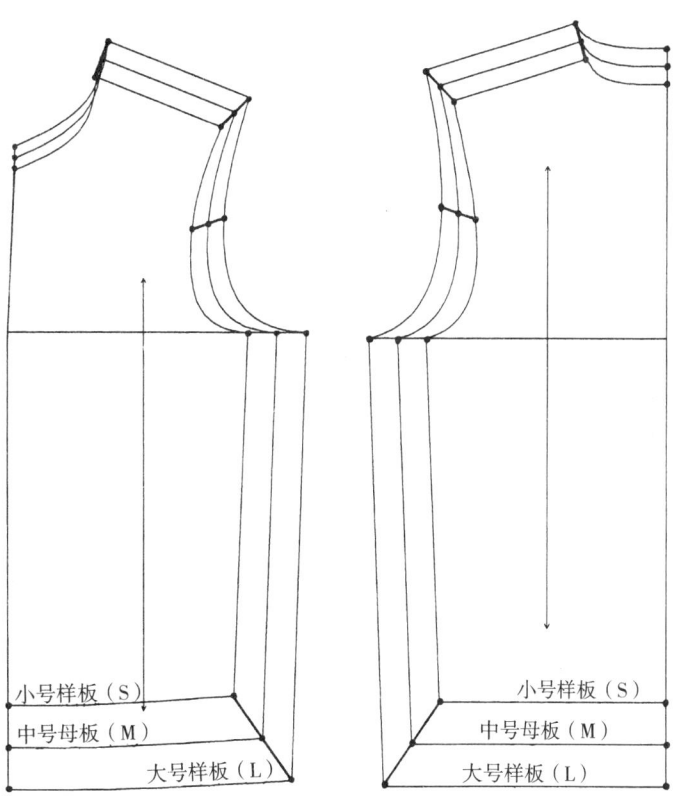

图 5-12

三、工业推板实例

1. 女衬衫推板

女上装基本样（前衣片）缩放数据表

放码点	经向	缩放量依据	纬向	缩放量依据
A	↕	$\frac{1}{5}$胸围差－0.2调节量	↔	$\frac{1}{5}$领围差
B	↕	A点缩放量－0.2×领围差	O	前中心线为公共线不推移
C	↕	保持肩缝线平行	↔	$\frac{1}{2}$肩宽差
D	↕	C点缩放量的$\frac{1}{2}$	↔	$\frac{1.5}{10}$×胸围差
E	O	胸围线为公共线不推移	↔	$\frac{1}{4}$×胸围差
F	↕	腰节档差(1cm)－A点缩放值	↔	$\frac{1}{4}$×腰围差
G	↕	同F点缩放值相同	O	前中心线为公共线不推移

女上装基本样（后衣片）缩放依据表

放码点	经向	缩放量依据	纬向	缩放量依据
A	↕	随前片A点缩放	↔	$\frac{1}{5}$领围差
B	↕	$\frac{1}{5}$领围差－$\frac{0.2\times领围差}{3}$	O	后中线为公共线不推移
C	↕	保持肩缝线平行	↔	$\frac{1}{2}$肩宽差
D	↕	C点缩放量的$\frac{1}{2}$	↔	$\frac{1.5}{10}$×胸围差
E	O	胸围线为公共线不推移	↔	$\frac{1}{4}$×胸围差
F	↕	随前片F点缩放	↔	$\frac{1}{4}$腰围差
G	↕	同F点一样	O	后中心线为公共线不推移

女上装基本样(袖片)缩放依据表

放码点	经向	缩放量依据	纬向	缩放量依据
A	↕	根据衣身肩高点缩放量	O	袖中线为公共线不推移
B、C	O	袖山深线为公共线不推移	↔	袖肥档差
D、E	↕	袖长差—袖山高缩放量	↔	袖口档差

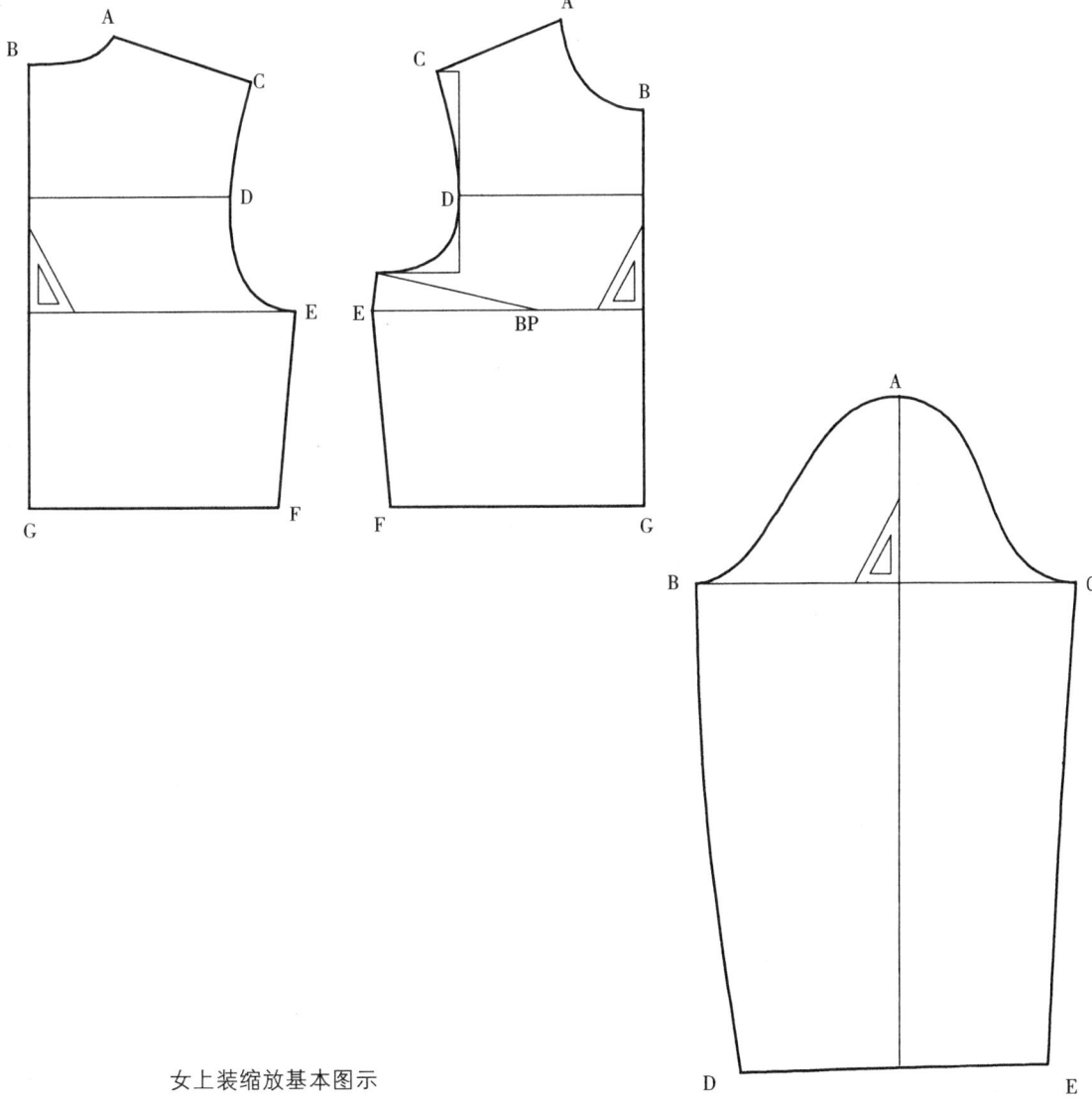

女上装缩放基本图示

女衬衫规格设置表 （单位：cm）

规格 号型 部位	160/76	160/80	160/84	160/88	160/92	档差数值
衣长	65	65.5	66	66.5	67	0.5
胸围	86	90	94	98	102	4
肩宽	38	39	40	41	42	1
袖长	56.5	56.5	56.5	56.5	56.5	0
袖口	24.4	25	25.6	26.2	26.8	0.6
领围	38	39	40	41	42	1
腰节长	40.5	40.5	40.5	40.5	40.5	1

注：此为不规则推板。

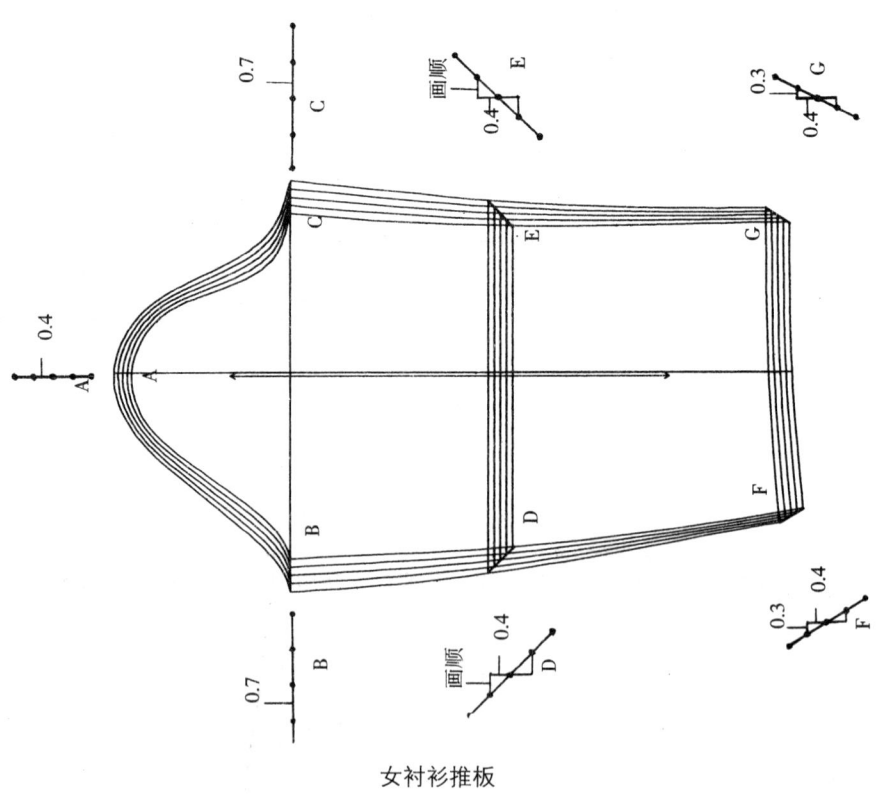

女衬衫推板

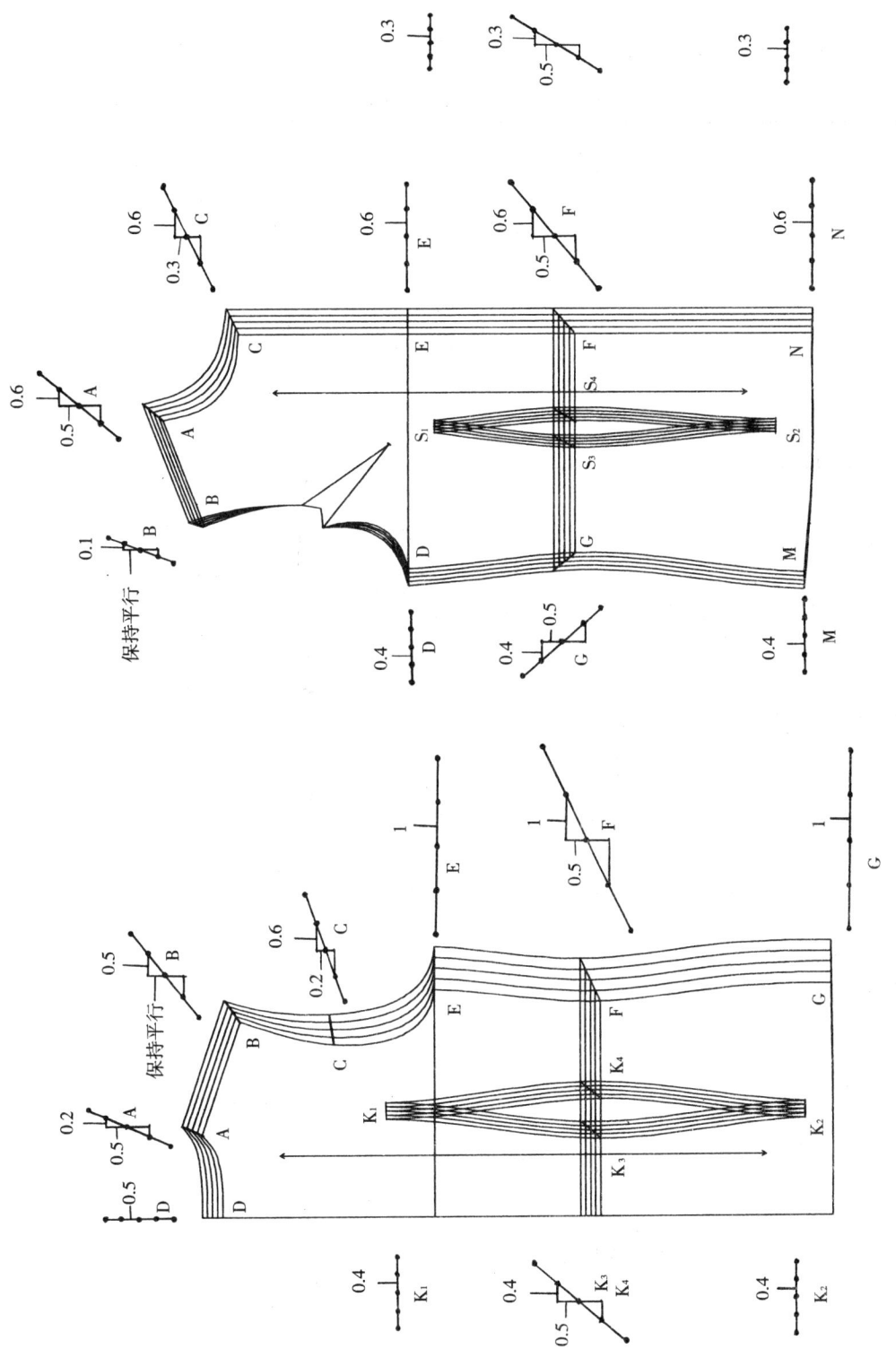

女衬衫推板

2. 女"T"字刀上装推板

5.4 系列女"T"字刀上装规格设置表 （单位：cm）

规格\部位	型号	150/76A	155/80A	160/84A	165/88A	170/92A	档差数值	
衣长		60	62	64	66	68	2	
胸围		82	86	90	94	98	4	
肩宽		36.5	37.5	38.5	39.5	40.5	1	
袖长		53	54.5	56	57.5	59	1.5	
袖口		12	12	12.5	12.5	13	0.5	两规格一档
腰节长		38.5	39.5	40.5	41.5	42.5	1	

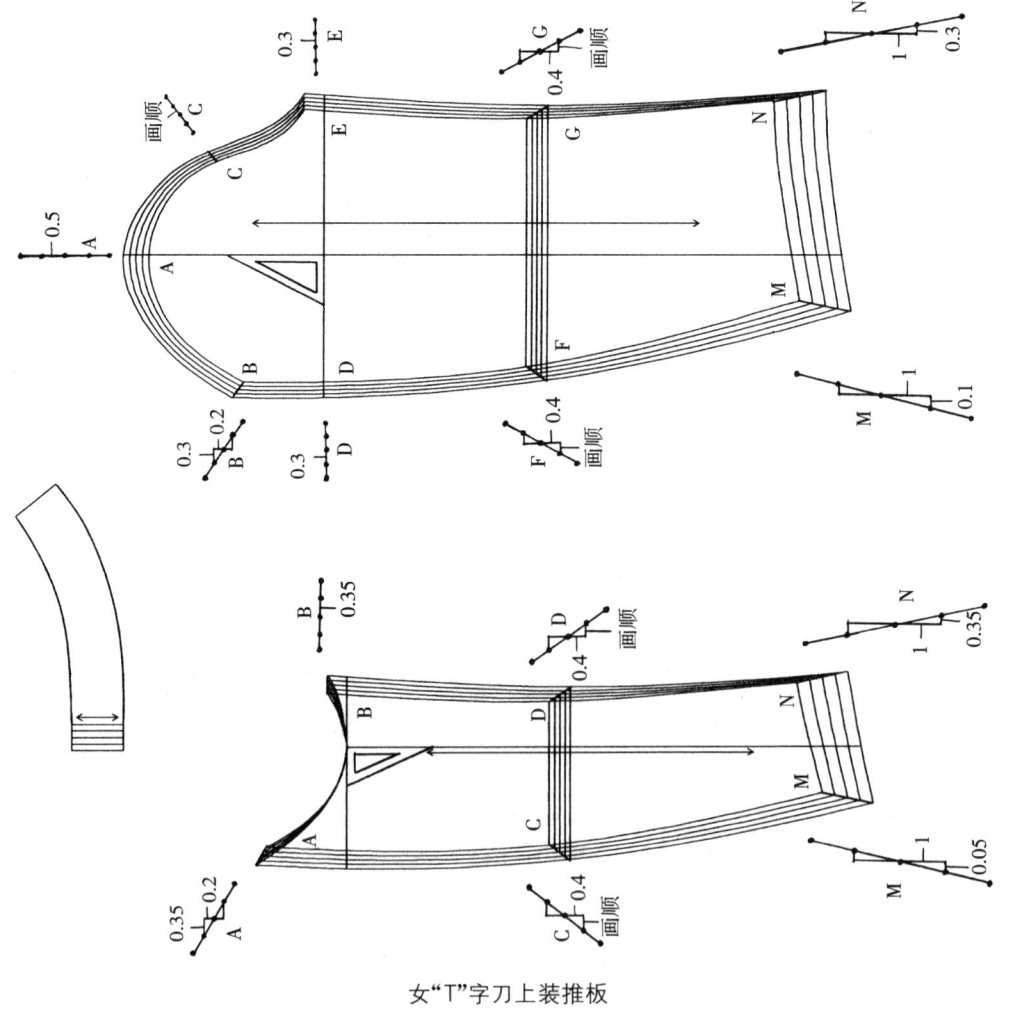

女"T"字刀上装推板

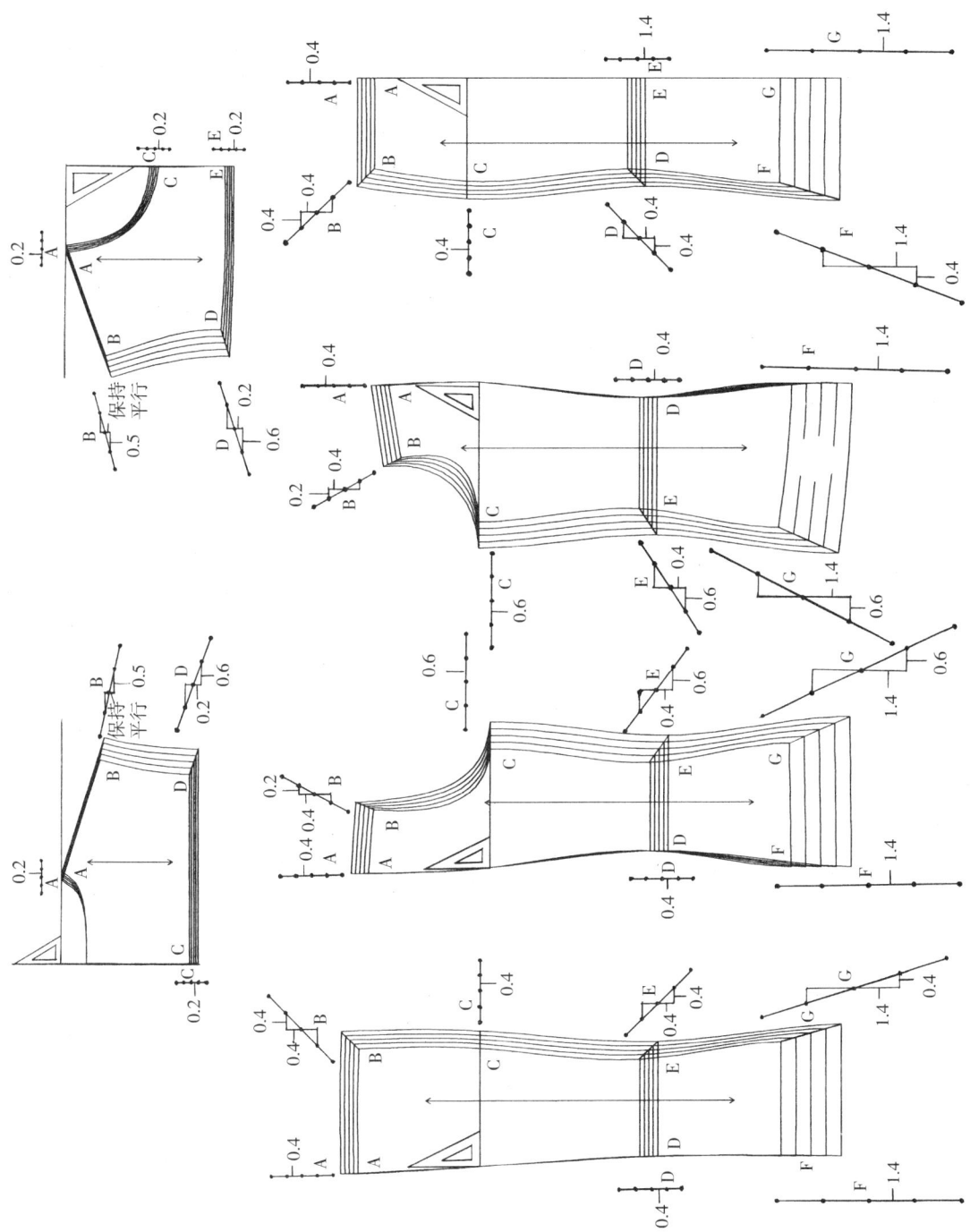

女"T"字刀上装推板

3. 女弯刀背上装推板

5.4 系列女弯刀背上装规格设置表　　　　（单位:cm）

规格 部位 \ 号型	150/76A	155/80A	160/84A	165/88A	170/92A	档差数值	备注
衣长	60	62	64	66	68	2	
胸围	86	90	94	98	102	4	
肩宽	37.5	38.5	39.5	40.5	41.5	1	
袖长	53.5	55	56.5	58	59.5	1.5	
袖口	12.5	13	13	13.5	13.5	0.5	两规格一档
腰节长	38.5	39.5	40.5	41.5	42.5	1	

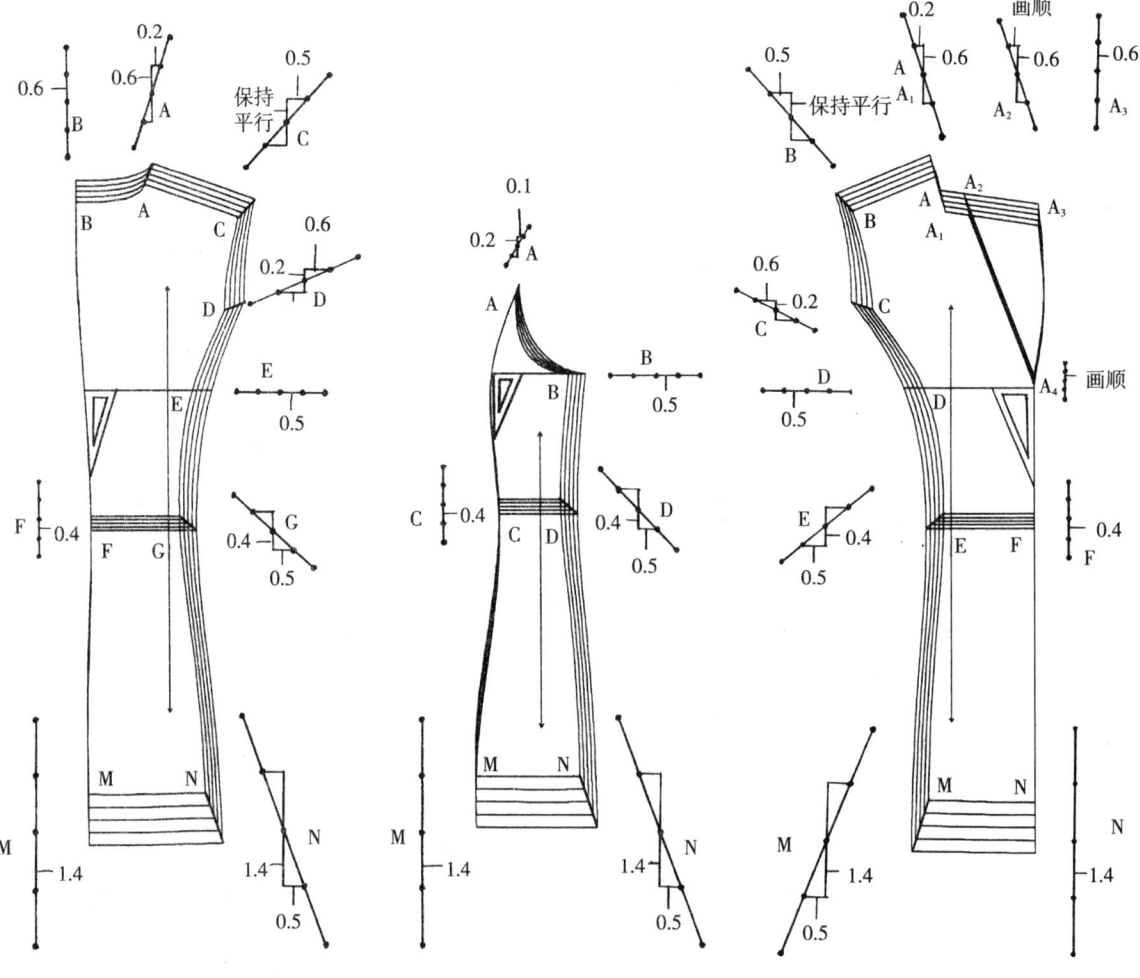

女弯刀背上装推板

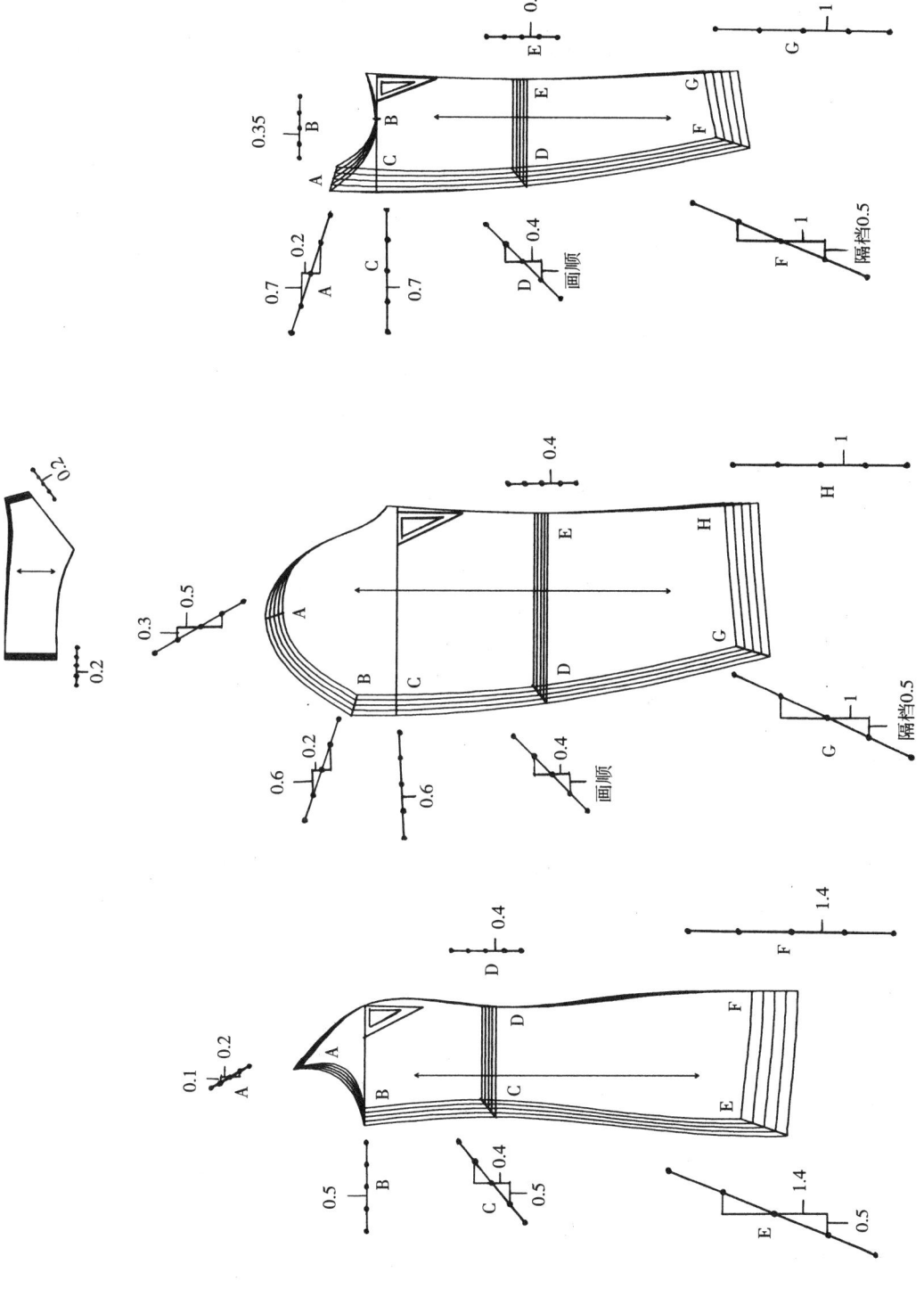

女弯刀背上装推板

4. 女连身袖上衣推板

连身袖上衣规格设置表 （单位:cm）

规格部位	150/76A	155/80A	160/84A	165/88A	170/92A	档差
衣长	64	66	68	70	72	2
胸围	90	94	98	102	106	4
肩宽	38.5	39.5	40.5	41.5	42.5	1
袖长	53.5	55	56.5	58	59.5	1.5
袖口	12.8	13.2	14	14.4	14.8	0.4
领围	40	41	42	43	44	1
腰节长	38.5	39.5	40.5	41.5	42.5	1

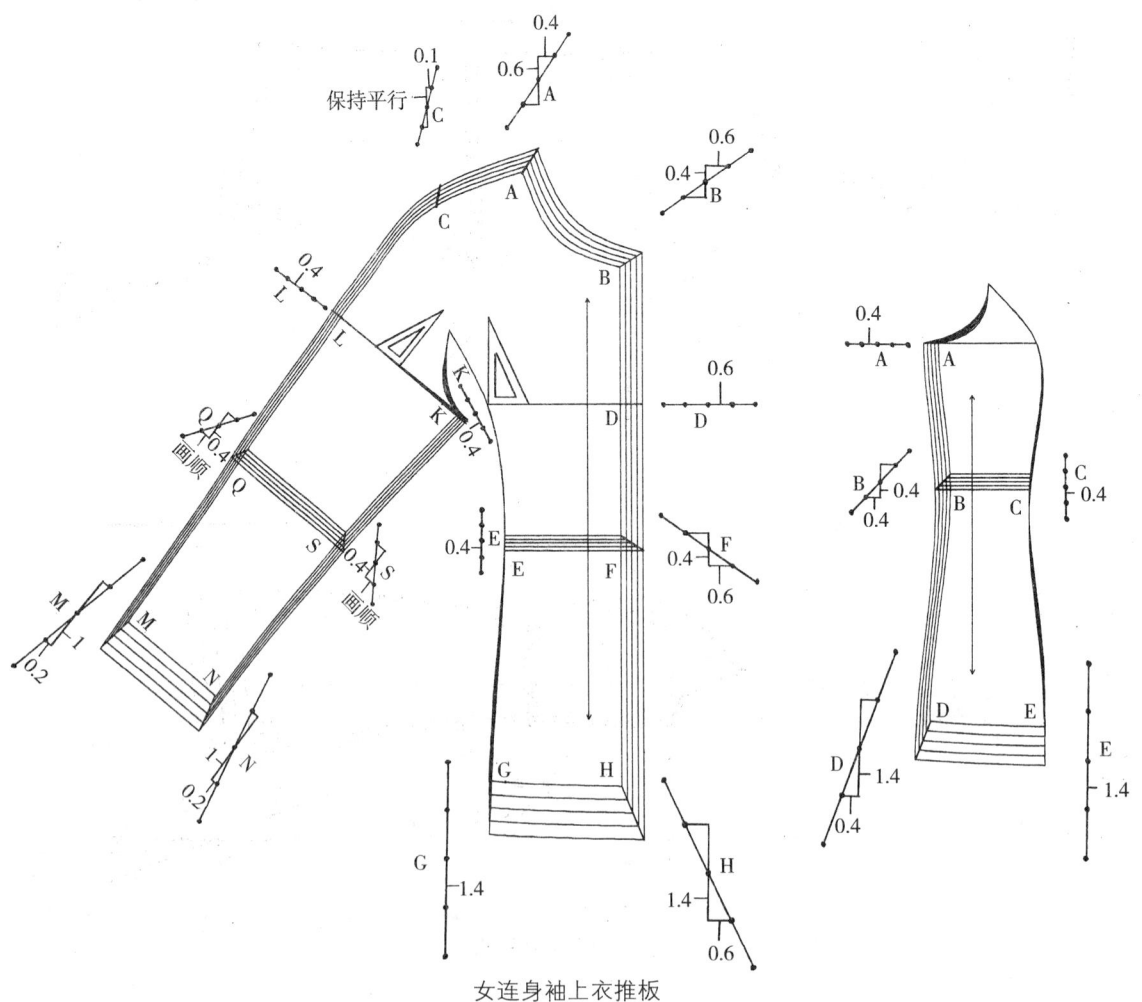

女连身袖上衣推板

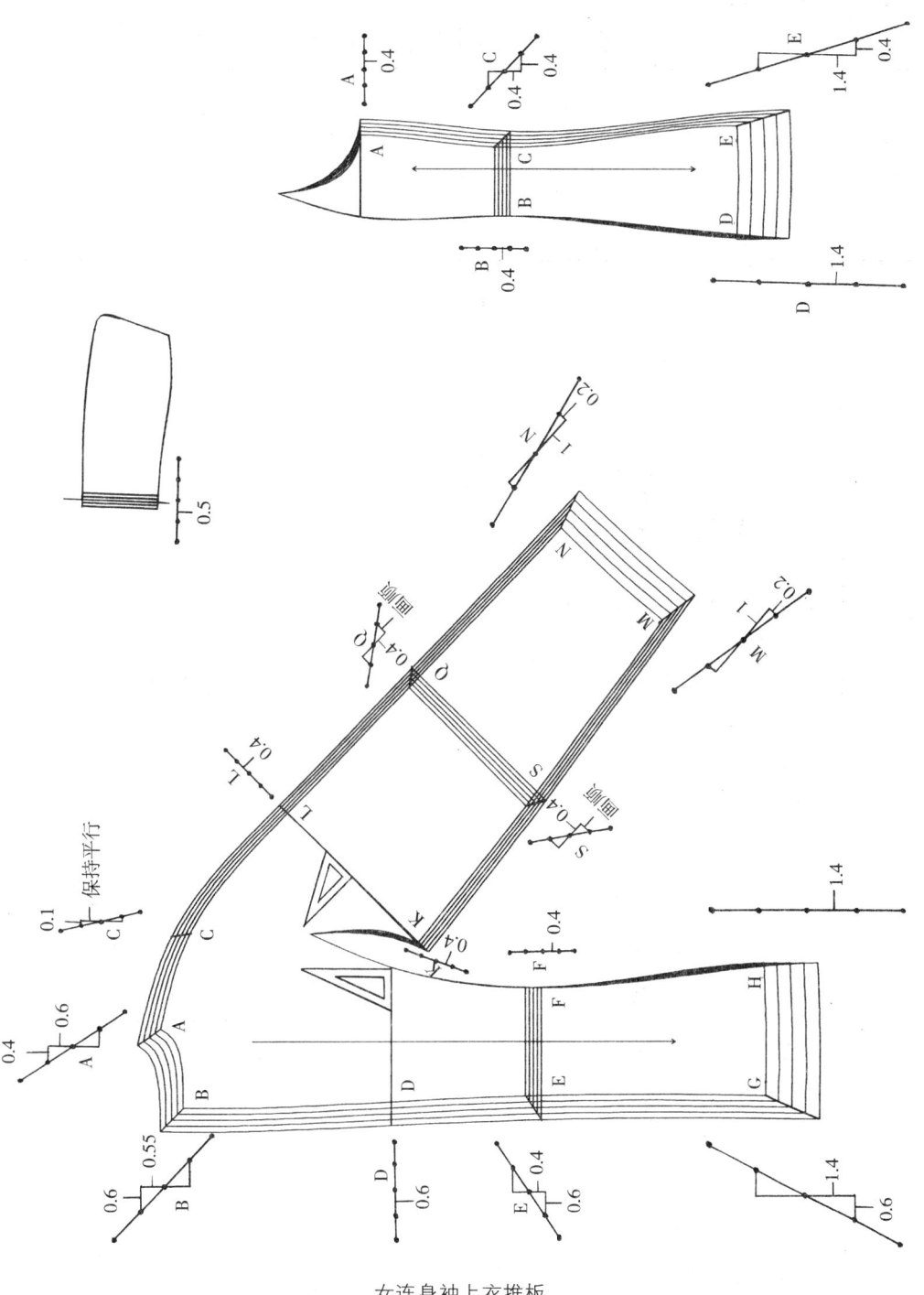

女连身袖上衣推板

5. 女一步裙推板

5.4 系列女一步裙规格设置表　　　　　　　　（单位：cm）

规格 部位	150/58A	155/62A	160/66A	165/70A	170/74A	档差数值
裙长	52	54	56	58	60	2
腰围	60	64	68	72	76	4
臀围	84	88	92	96	100	4

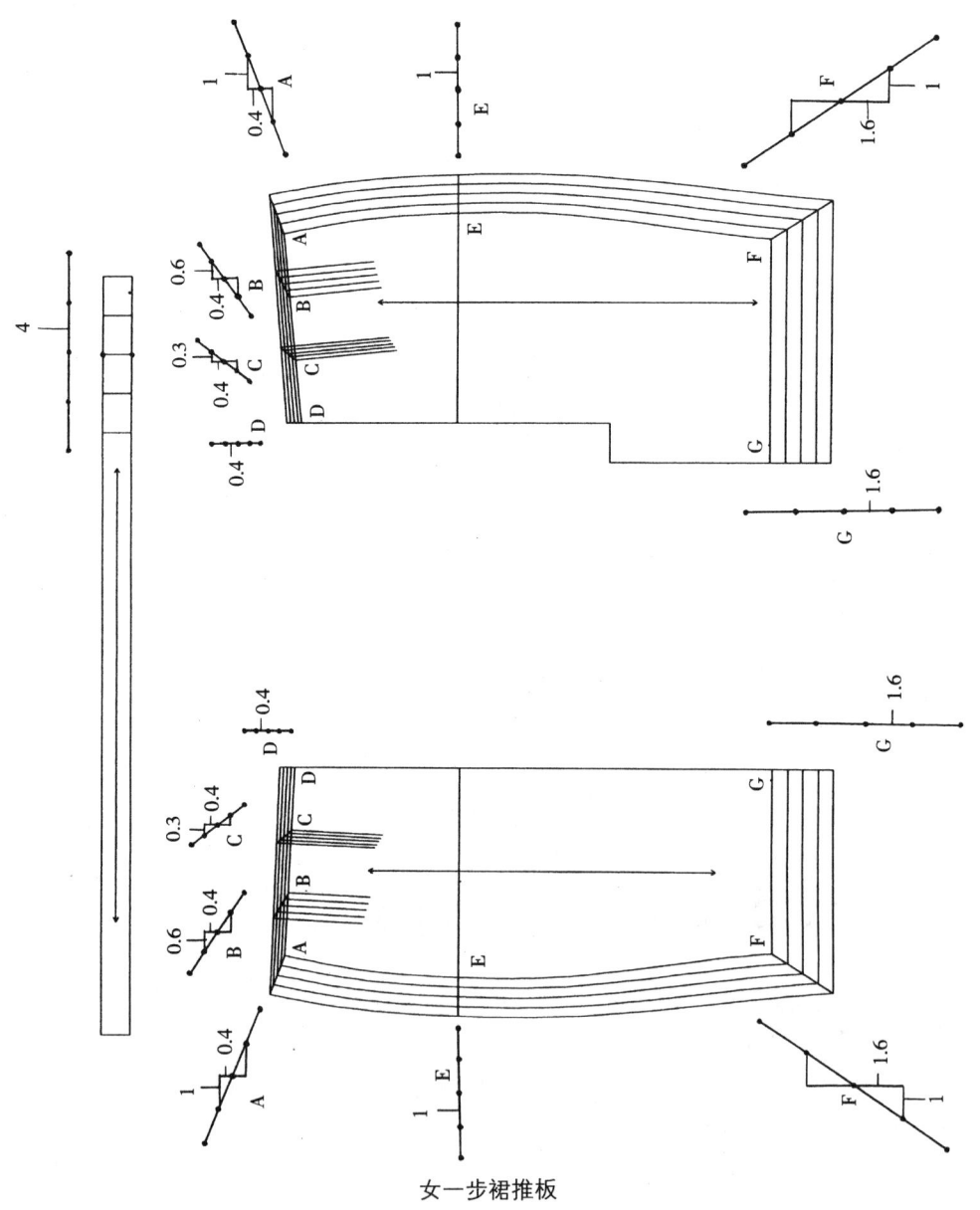

女一步裙推板

6. 男西裤推板

5.4 系列男式西裤规格设置表

单位:cm

规格\部位 \ 号型	160/68A	165/72A	170/76A	175/80A	180/84A	档差量
裤长	97	99.5	102	104.5	107	2.5
腰围	70	74	78	82	86	4
臀围	96	100	104	108	112	4
直裆深	27.4	28	28.6	29.2	29.8	0.6
脚口	21.4	22.2	23	23.8	24.6	0.8

男西裤基本样(前片)缩放依据表

放码点	纵向放缩量	缩放量依据	纬向放缩量	缩放量依据
A	0.6	直裆深档差	0.4	随C点放缩
B	0.6	直裆深档差	0.6	$\frac{腰围差}{4}$ —C点放缩量
C	0.2	直裆深差的 $\frac{1}{3}$	0.4	$\frac{臀围差}{4}$ —D点放缩量
D	0.2	直裆深差的 $\frac{1}{3}$	0.6	随F点放缩
E	0	公共线不放缩	0.6	(前龙门档差 + $\frac{臀围档差}{4}$)的 $\frac{1}{2}$
F	0	公共线不放缩	0.6	(前龙门档差 + $\frac{臀围档差}{4}$)的 $\frac{1}{2}$
G	0.85	(脚口线推2.4—臀围线推0.2)的 $\frac{1}{2}$	0.4	随脚口放缩
H	0.85	(脚口线推2.4—臀围线推0.2)的 $\frac{1}{2}$	0.4	随脚口放缩
M	1.9	裤长档差—直裆深档差	0.4	脚口档差的 $\frac{1}{2}$
N	1.9	裤长档差—直裆深档差	0.4	脚口档差的 $\frac{1}{2}$

男西裤基本样(后片)缩放依据表

放码点	纬向放缩量	缩放量依据	放码点	纬向放缩量	缩放量依据
A	0.3	随C点放缩	F	0.7	(后窿门档差 + $\frac{臀围档差}{4}$)的 $\frac{1}{2}$
B	0.7	$\frac{腰围差}{4}$ —A点放缩量	G	0.4	随脚口放缩
C	0.3	$\frac{臀围差}{4}$ —D点放缩量	H	0.4	随脚口放缩
D	0.7	随E点放缩	M	0.4	脚口档差的 $\frac{1}{2}$
E	0.7	(后窿门档差 + $\frac{臀围档差}{4}$)的 $\frac{1}{2}$	N	0.4	脚口档差的 $\frac{1}{2}$

注:纵向放缩量与前片相同。

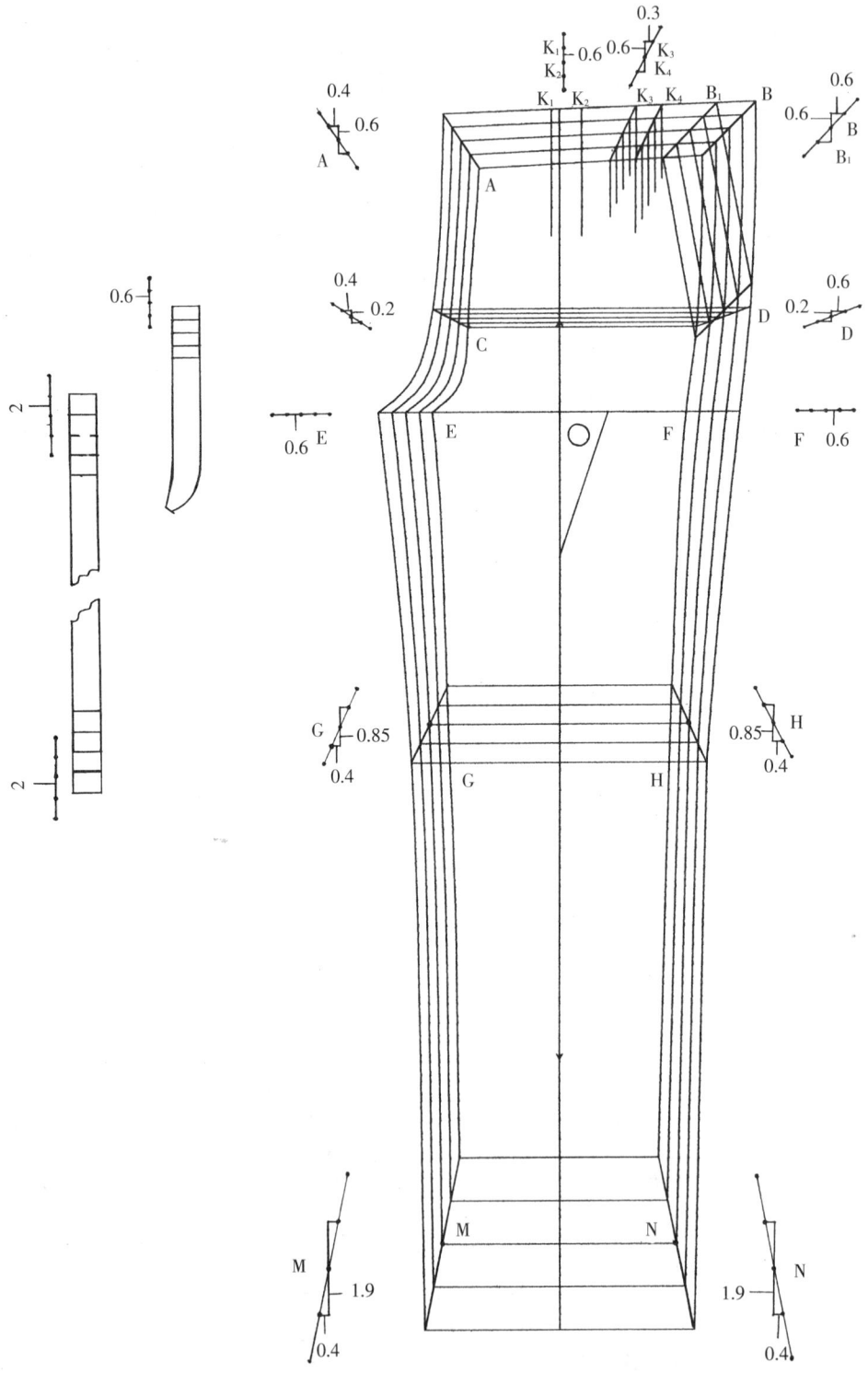

男西裤前片推板

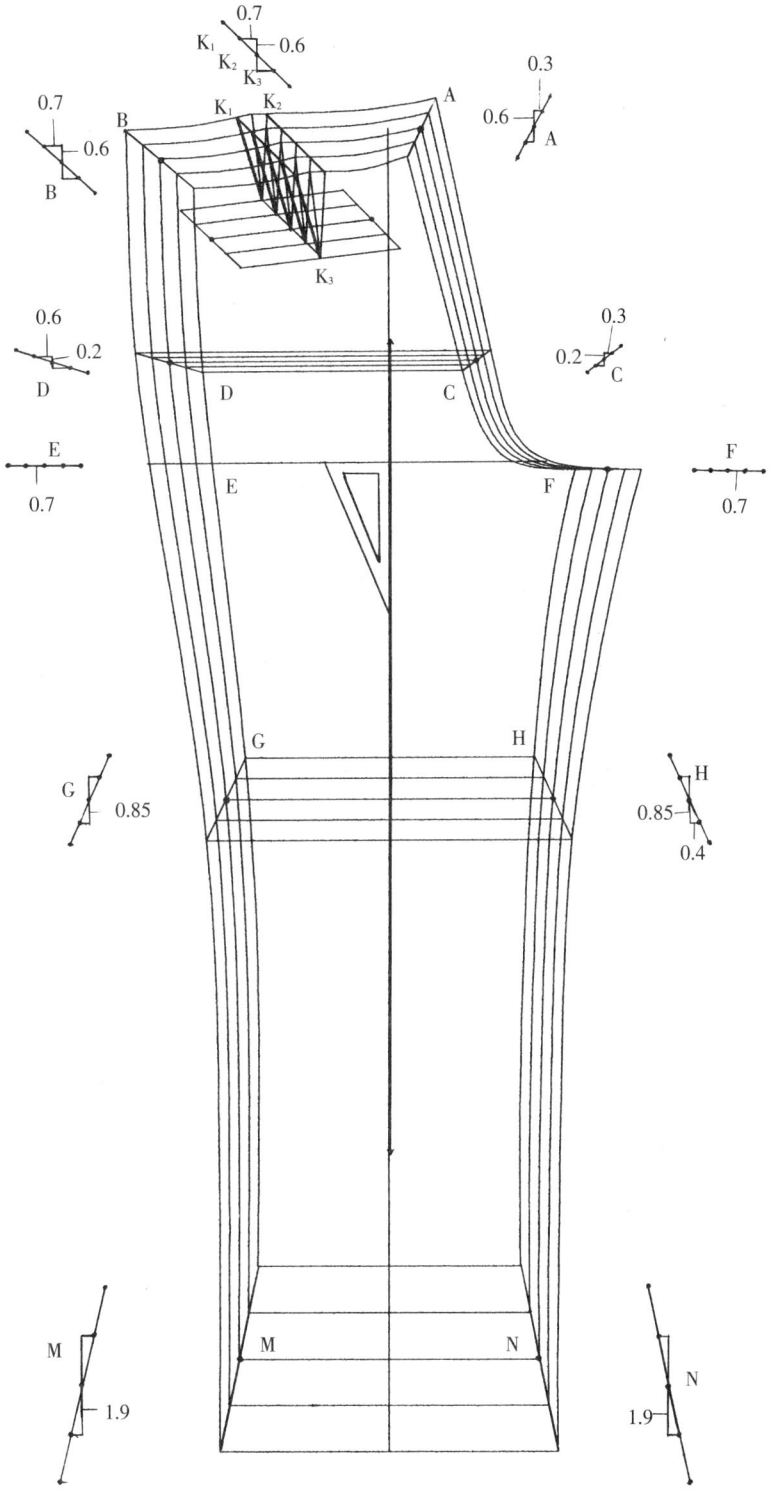

男西裤后片推板

7. 男长裤推板

男长裤规格设置表 （单位：cm）

规格\号型\部位	170/68	170/72	170/76	170/80	170/84	档差
裤长	102	102	102	102	102	0
腰围	70	74	78	82	86	4
臀围	96	100	104	108	112	4
直裆深	28.6	28.6	28.6	28.6	28.6	0
脚口	21.4	22.2	23	23.8	24.6	0.8

注：此为不规则推板

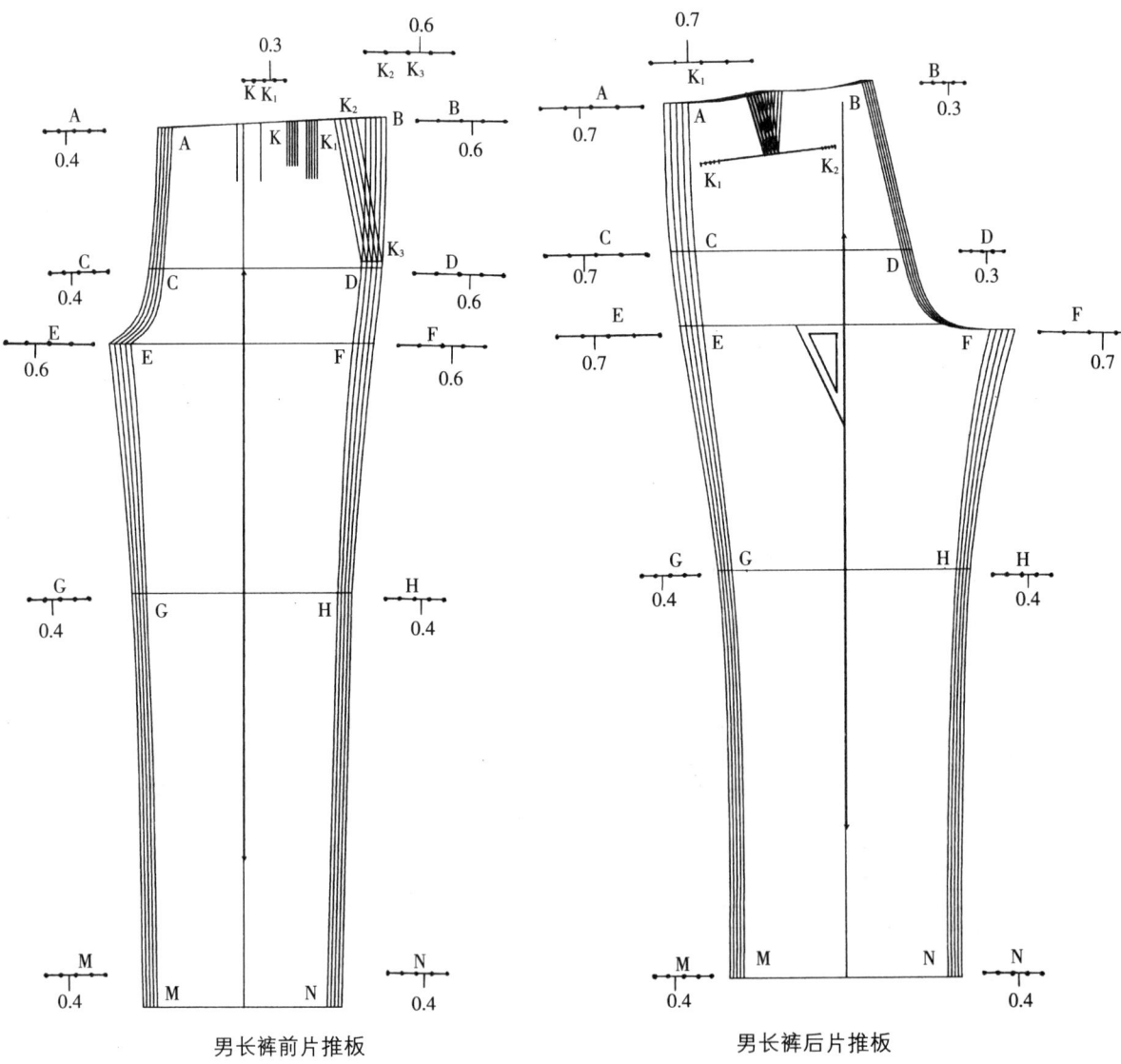

男长裤前片推板　　　男长裤后片推板

8. 男衬衫推板

5.4 系列男衬衫规格设置表 （单位：cm）

规格\部位	号型	160/80A	165/84A	170/88A	175/92A	180/96A	档差数值
衣长		70	72	74	76	78	2
胸围		102	106	110	114	118	4
肩宽		44.6	45.8	47	48.2	49.6	1.2
袖长		56	57.5	59	60.5	62	1.5
克夫长		23.4	24.2	25	25.8	26.6	0.8
领围		38	39	40	41	42	1

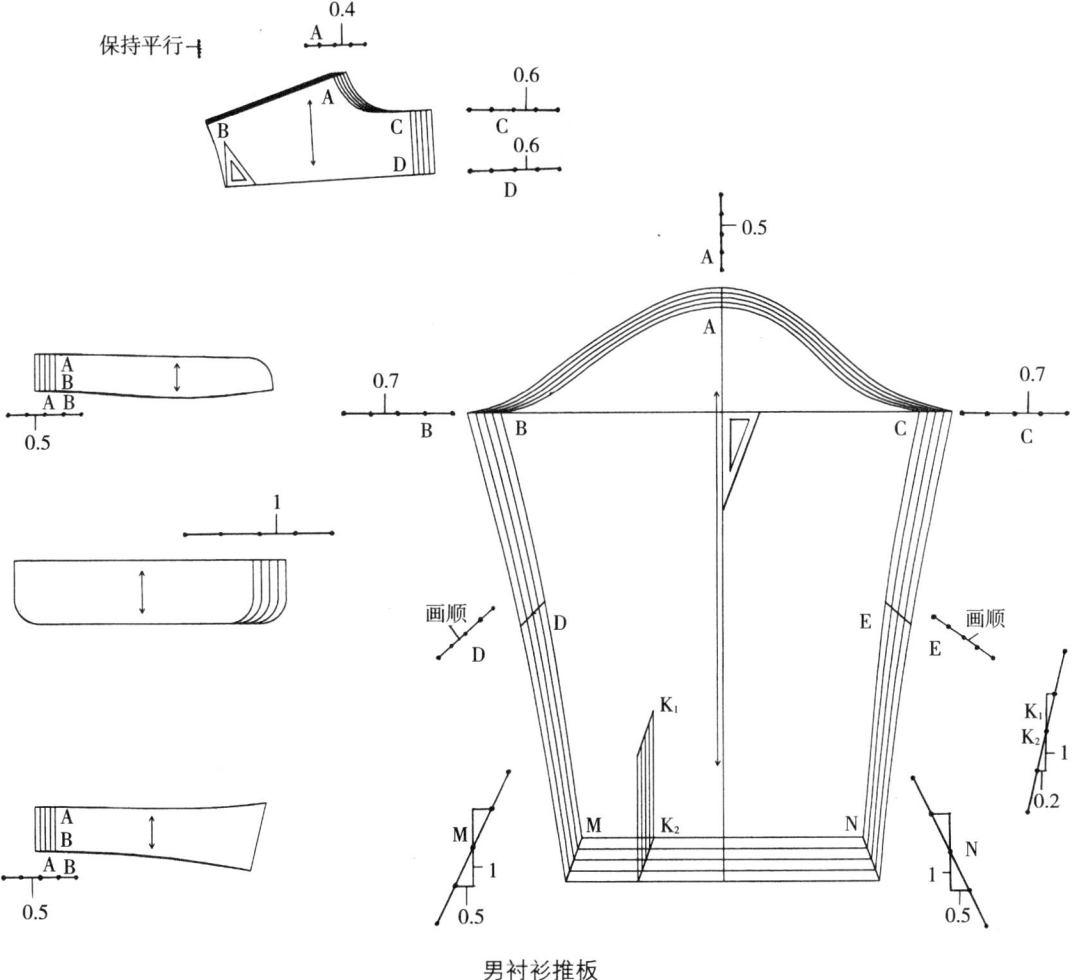

男衬衫推板

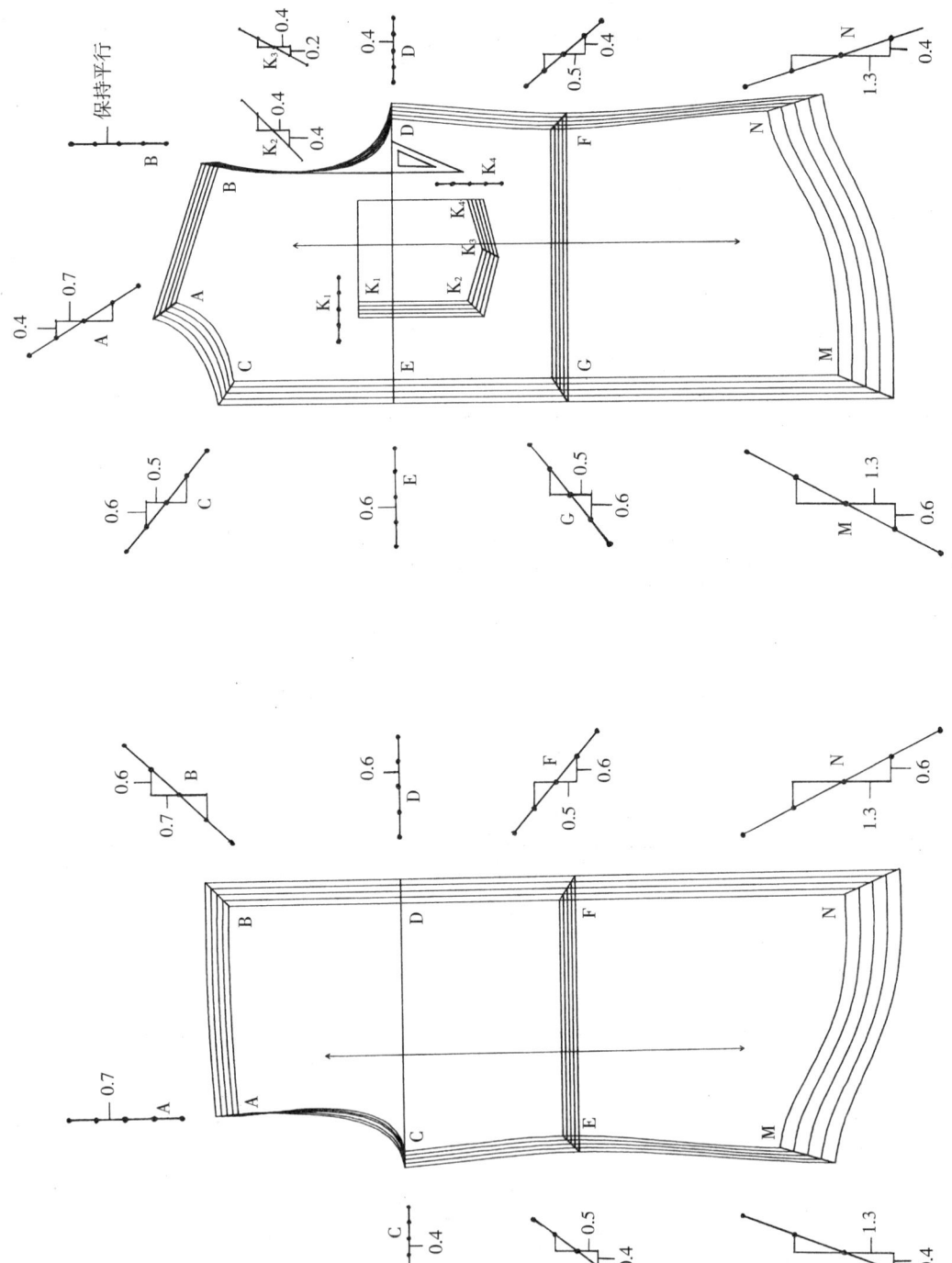

男衬衫推板

9. 男茄克衫推板

5.4 系列男茄克衫规格设置表　　　　　（单位：cm）

规格 部位 \ 号型	160/80A	165/84A	170/88A	175/92A	180/96A	档差数值
衣长	68	70	72	74	76	2
胸围	104	108	112	116	120	4
肩宽	45.6	46.8	48	49.2	50.4	1.2
袖长	56	57.5	59	60.5	62	1.5
袖口	15.2	15.6	16	16.4	16.8	0.4
领围	43	44	45	46	47	1

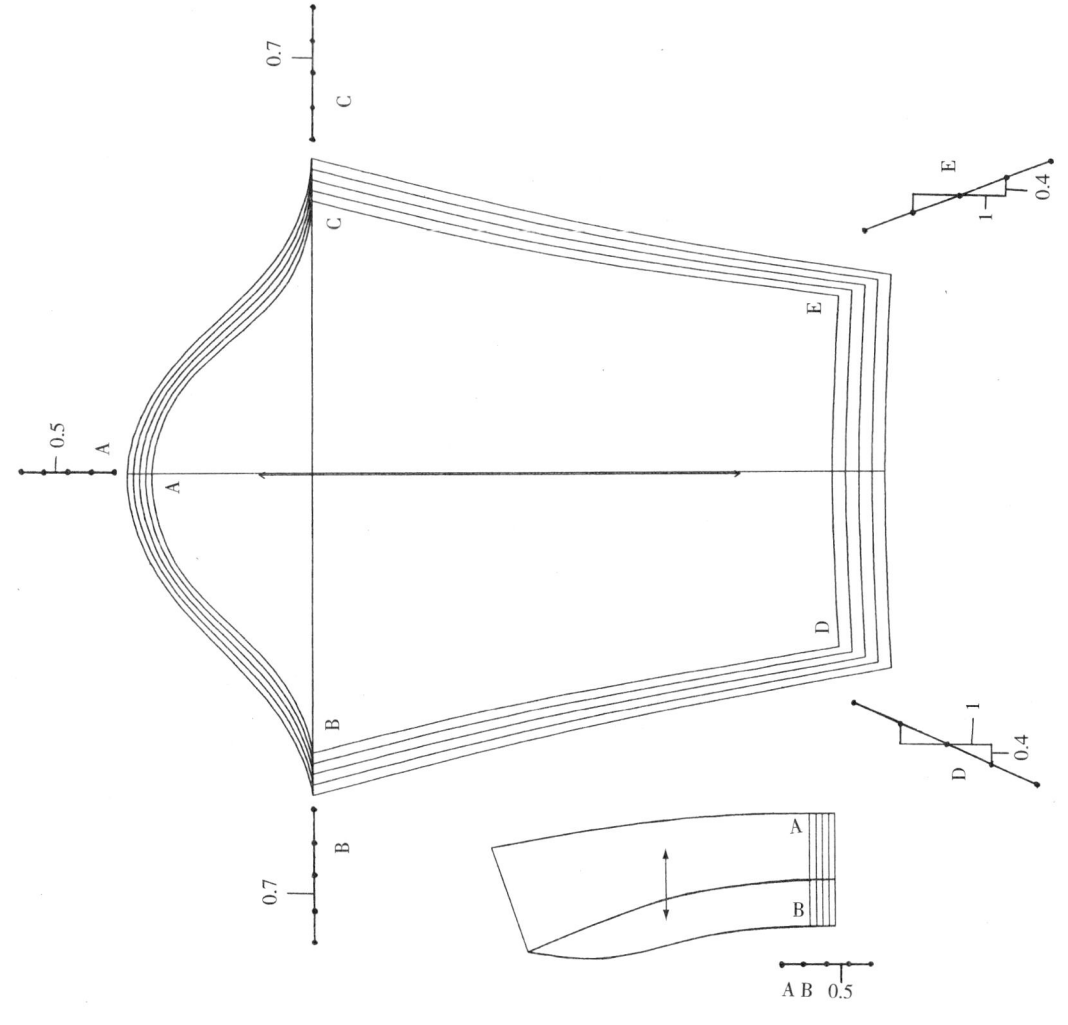

男茄克衫推板

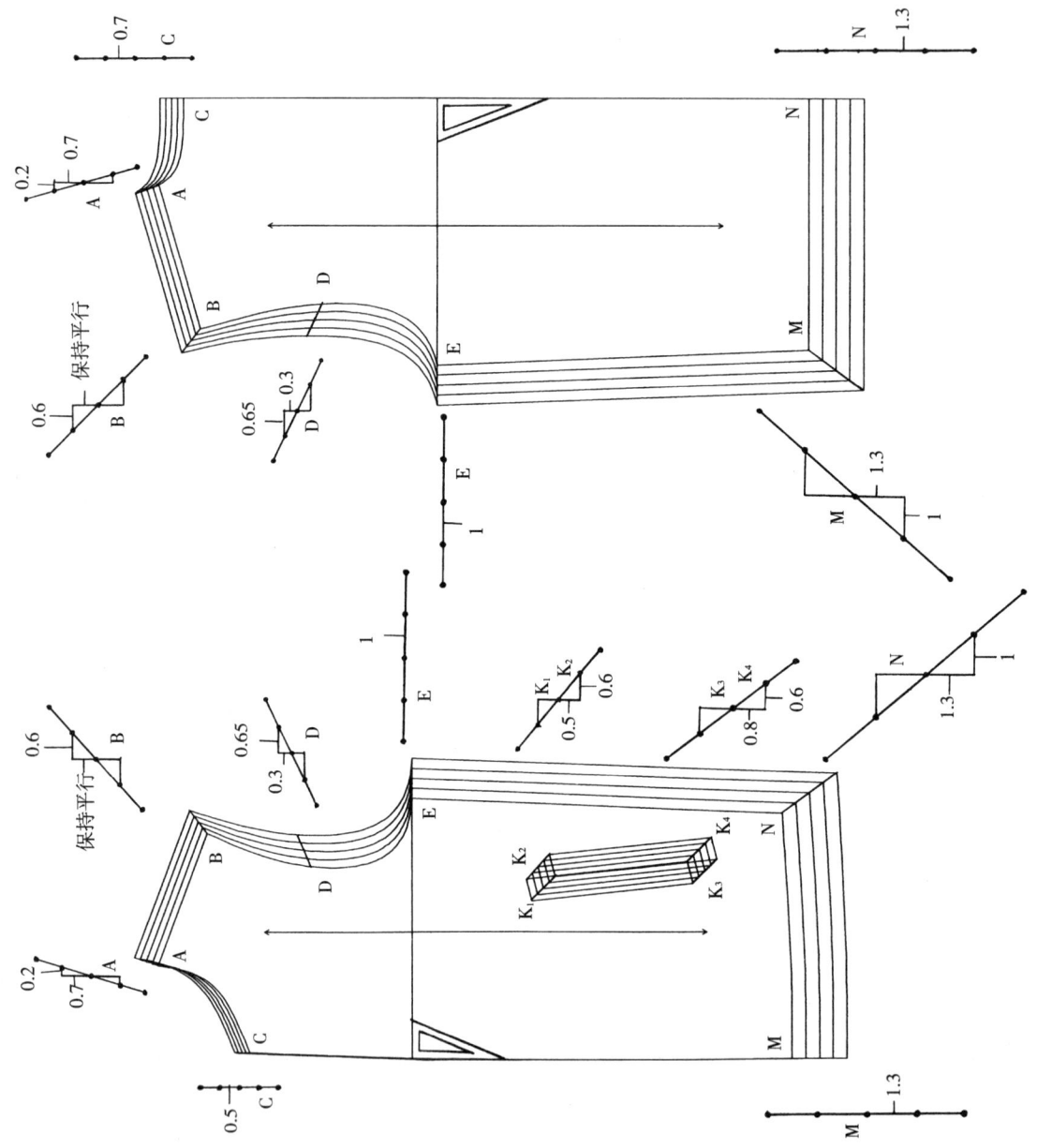

男茄克衫推板

10. 男西服推板

5.4 系列男西服规格设置表　　　　　（单位：cm）

规格\部位	号型 160/80A	165/84A	170/88A	175/92A	180/96A	档差数值	备注
衣长	72	74	76	78	80	2	
胸围	98	102	106	110	114	4	
肩宽	43.4	44.6	45.8	47	48.2	1.2	
袖长	56.5	58	59.5	61	62.5	1.5	
袖口	14.5	15	15	15.5	15.5	0.5	两规格一档
腰节长	40.5	41.5	42.5	43.5	44.5	1	
开袋长	14.5	15	15	15.5	15.5	0.5	两规格一档

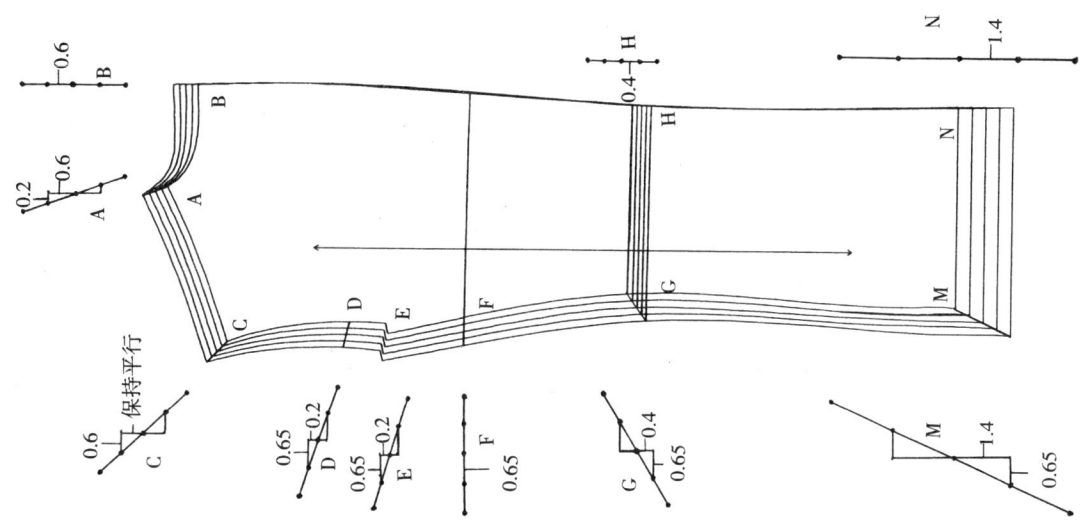

男西服推板

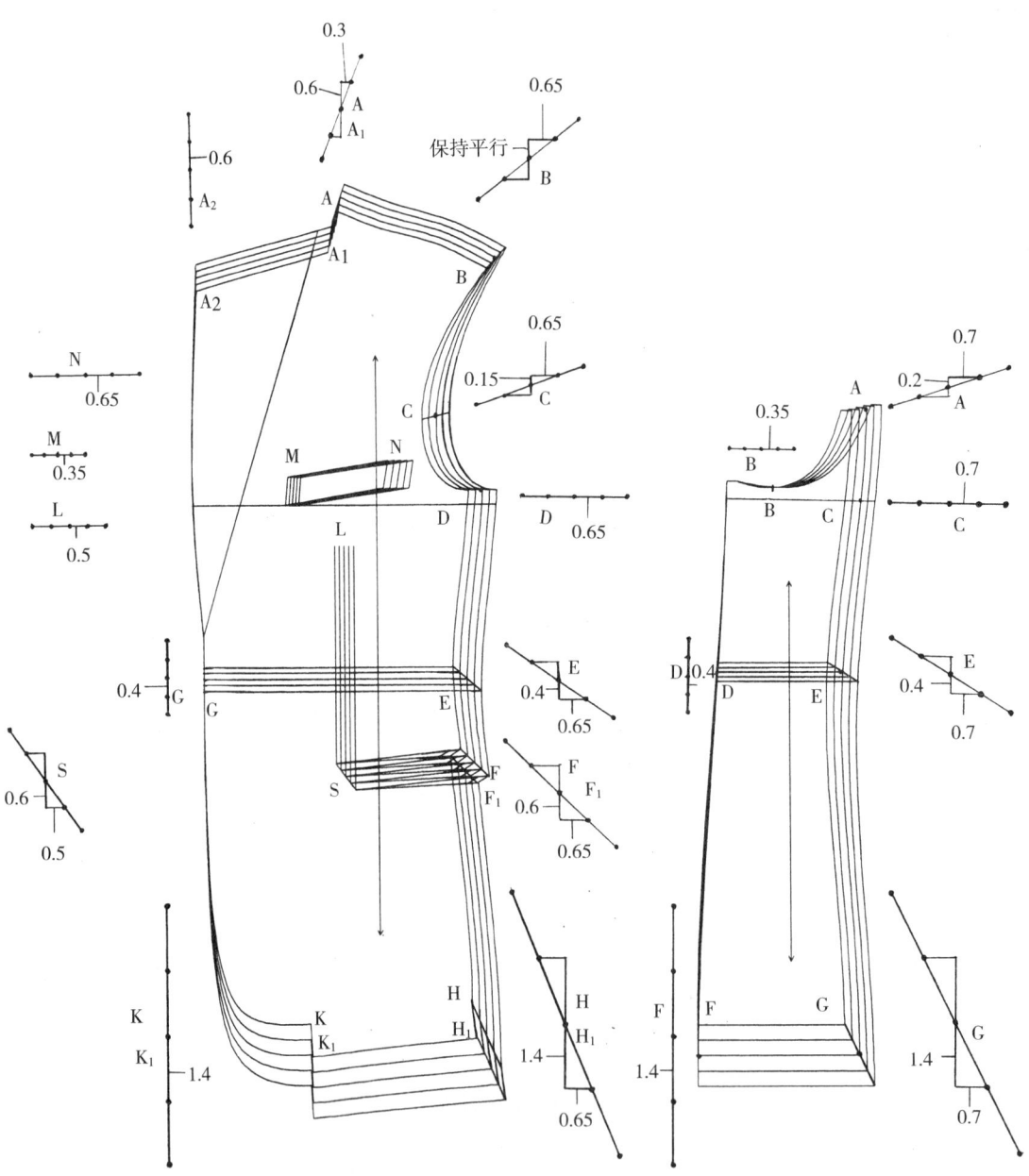

男西服推板

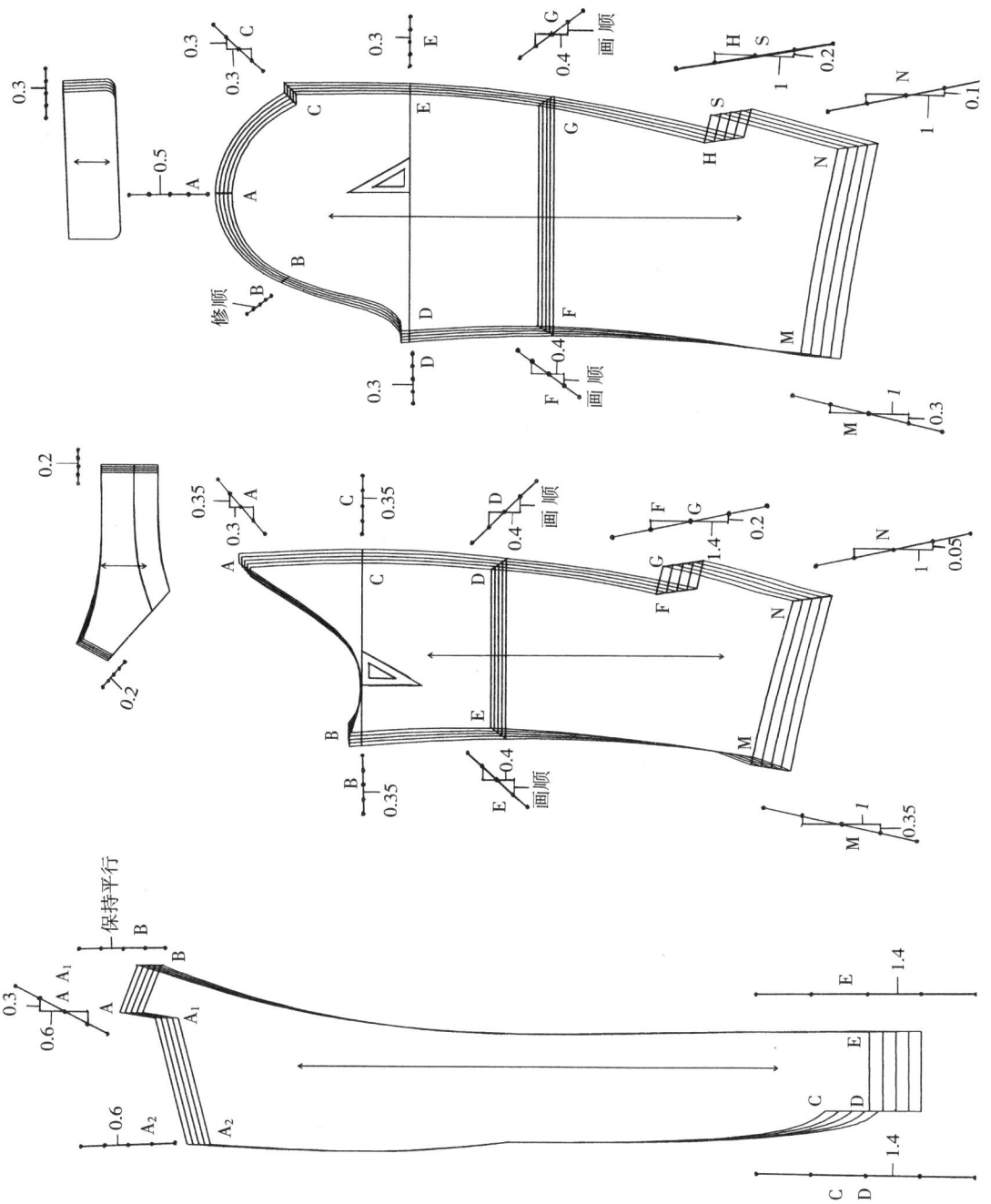

男西服推板

11. 男插肩袖大衣推板

5.4系列男插肩袖大衣规格设置表 （单位：cm）

规格\部位	号型	160/80A	165/84A	170/88A	175/92A	180/96A	档差数值	
衣长		104	107	110	113	116	3	
胸围		108	112	116	120	124	4	
肩宽		45.6	46.8	48	49.2	50.4	1.2	
袖长		56.5	58	59.5	61	62.5	1.5	
袖口		16.2	16.6	17	17.4	17.8	0.4	
领围		44	45	46	47	48	1	
插袋长		16.6	17	17	17.4	17.4	0.4	两档为一个规格
腰节长		41	42	43	44	45	1	

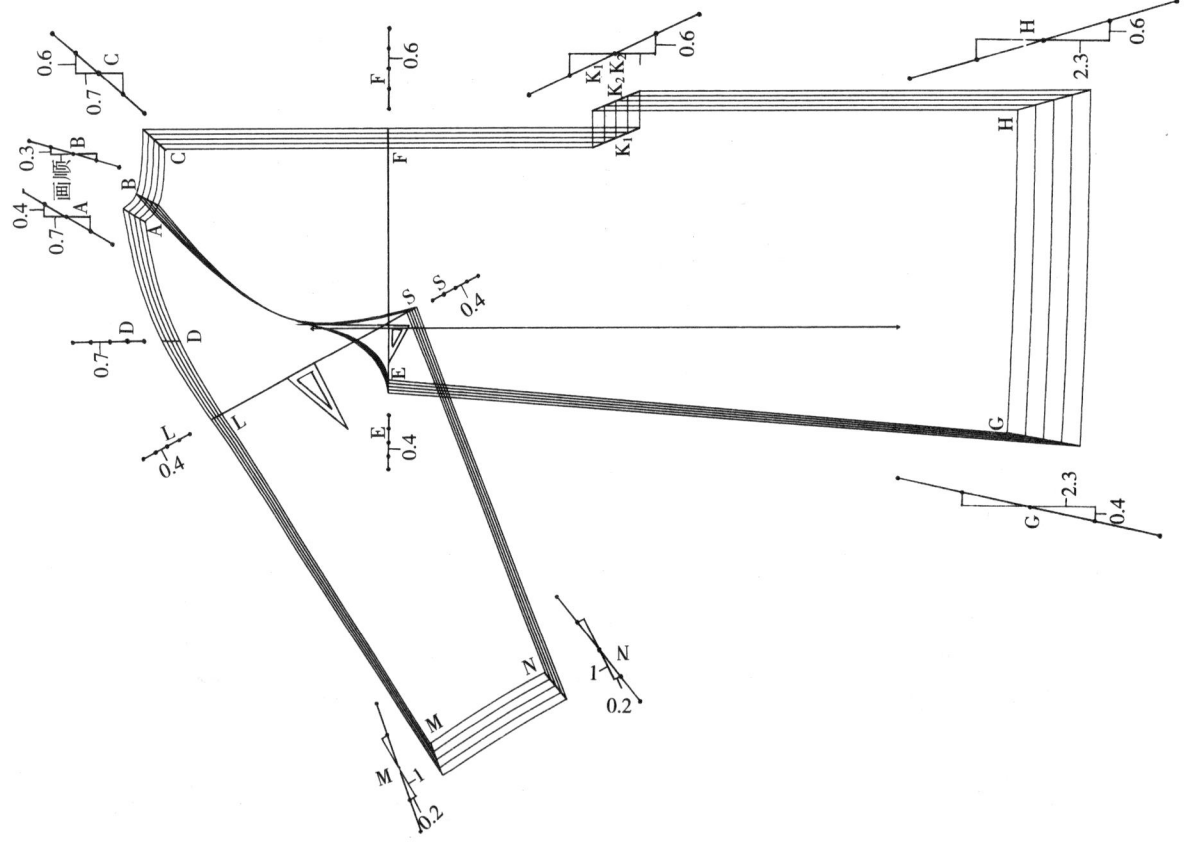

男插肩袖大衣推板

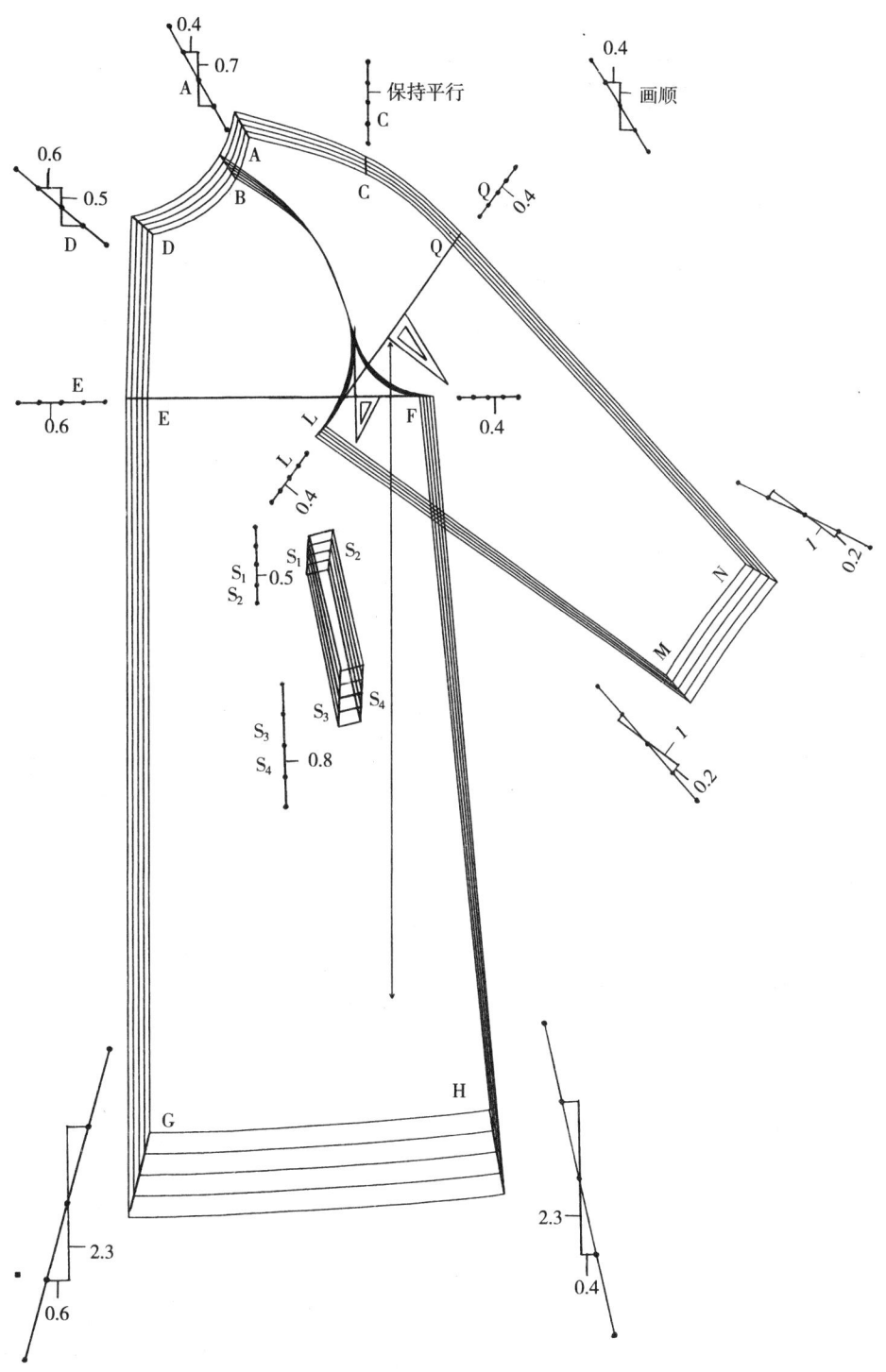

男插肩袖大衣推板

第三节 工业制板(外贸)实例

一、女西装

后中长：58
胸围：96
肩宽：40
袖长：60
袖口：13.5
腰围：78
前胸围大：50

后胸围大：46
后背宽：36
前胸宽：33
袖笼深：25.2
前腰节长：43
后肩斜：3.2
前肩斜：4.5

袖壮：18.5
后横开领：8.2
后直开领：2.3
前横开领：7.9
乳距：18
领座高：3
翻领宽：4.5

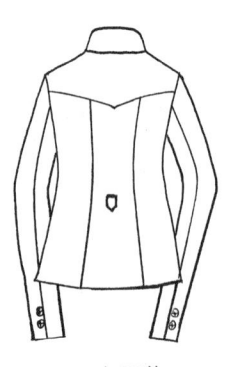

女西装

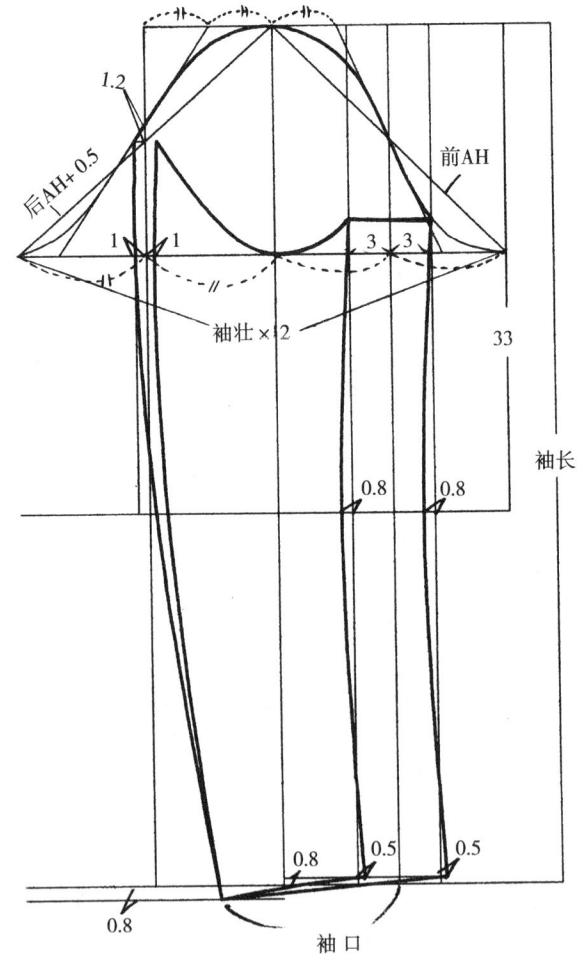

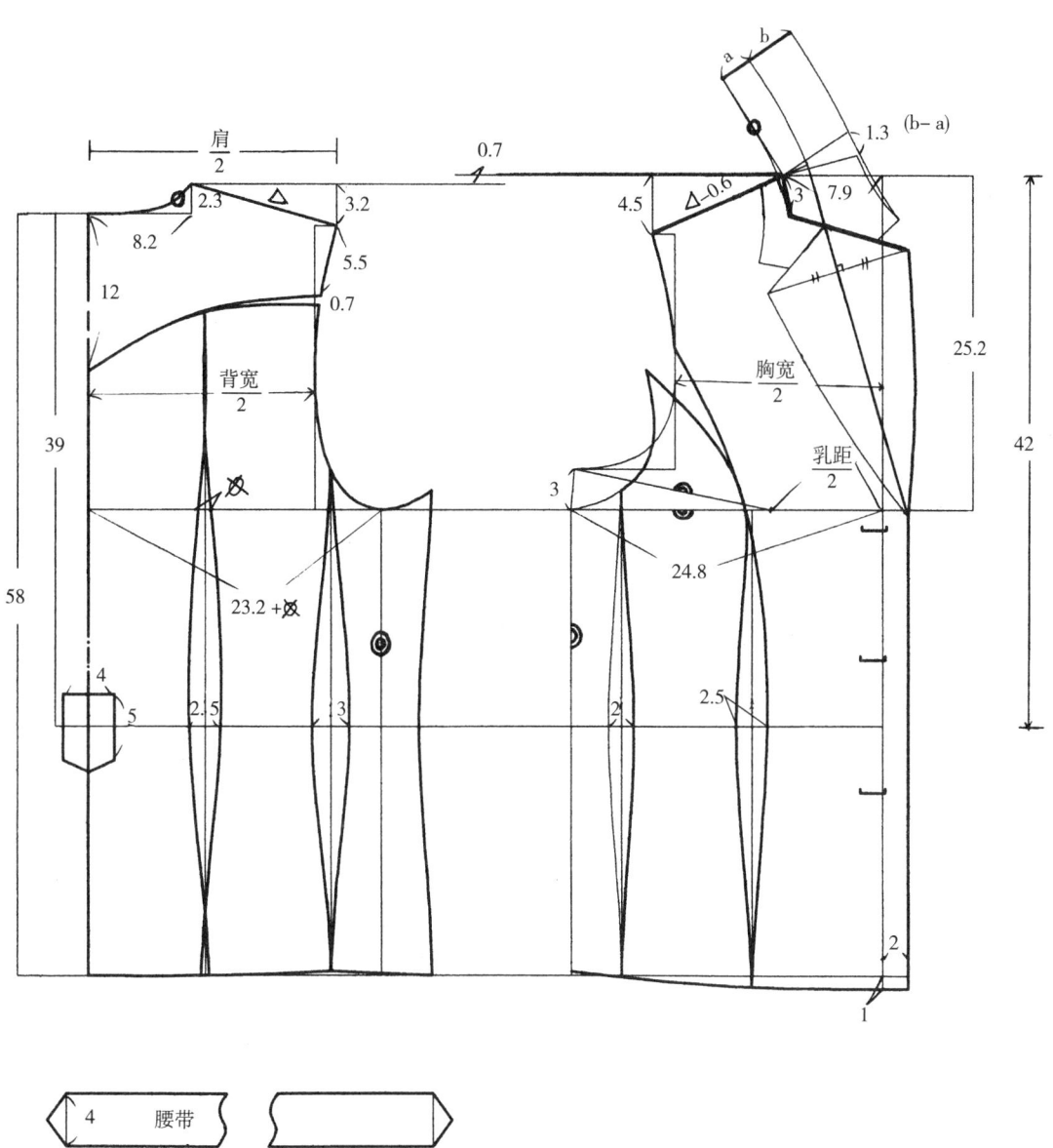

二、女短外套

后中长：59
胸围：94
肩宽：39.5
袖长：60
袖口：13
腰围：77
前胸围大：49
后胸围大：45
后背宽：35.5
前胸宽：33
袖笼深：24.8
前腰节长：42
后肩斜：3.7
前肩斜：4.5
袖壮：18
后横开领：8
后直开领：2.3
前横开领：7.7
乳距：18
领座高：3.5
翻领宽：4.8

女短外套

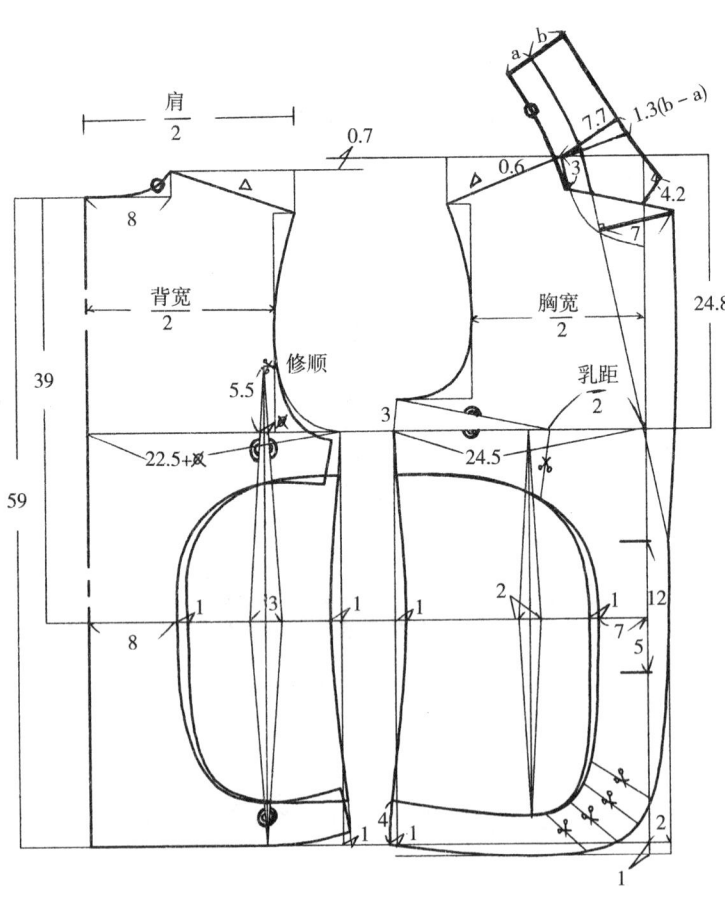

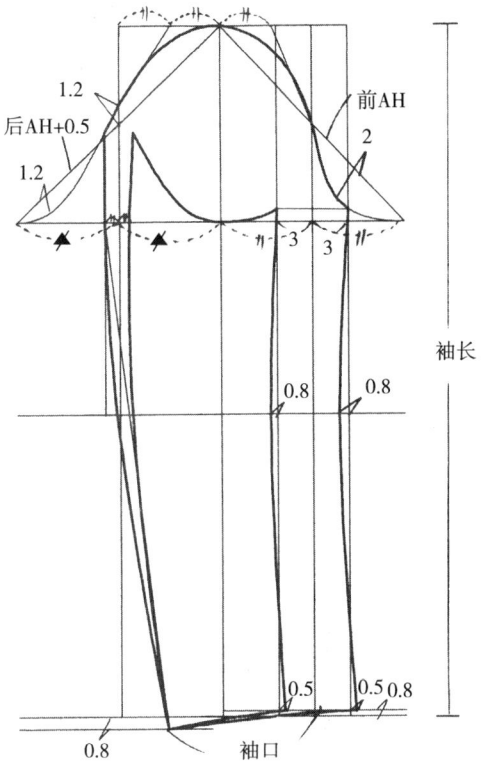
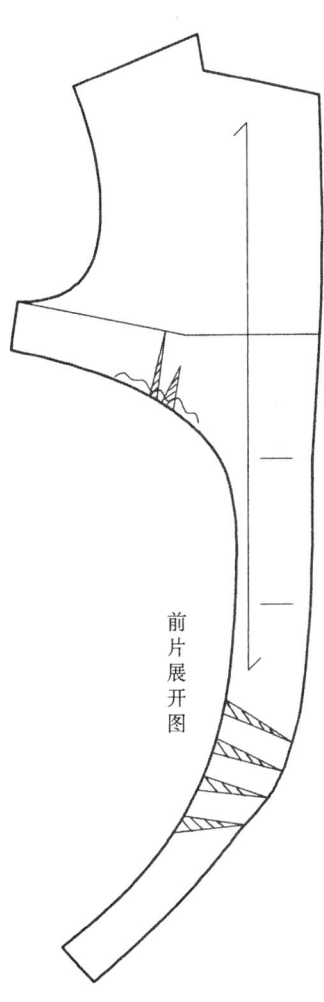
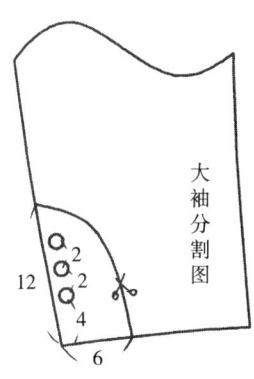

三、大翻领女便装

后中长：52　　　后胸围大：44　　　袖壮：17.5
胸围：92　　　　后背宽：35　　　　后横开领：8.8
肩宽：39　　　　前胸宽：32.5　　　后直开领：2.3
袖长：60　　　　袖笼深：24.5　　　前横开领：8.5
袖口：13　　　　前腰节长：41　　　乳距：18
腰围：76　　　　后肩斜：3.7　　　　领座高：4
前胸围大：48　　前肩斜：4.5　　　　翻领宽：8

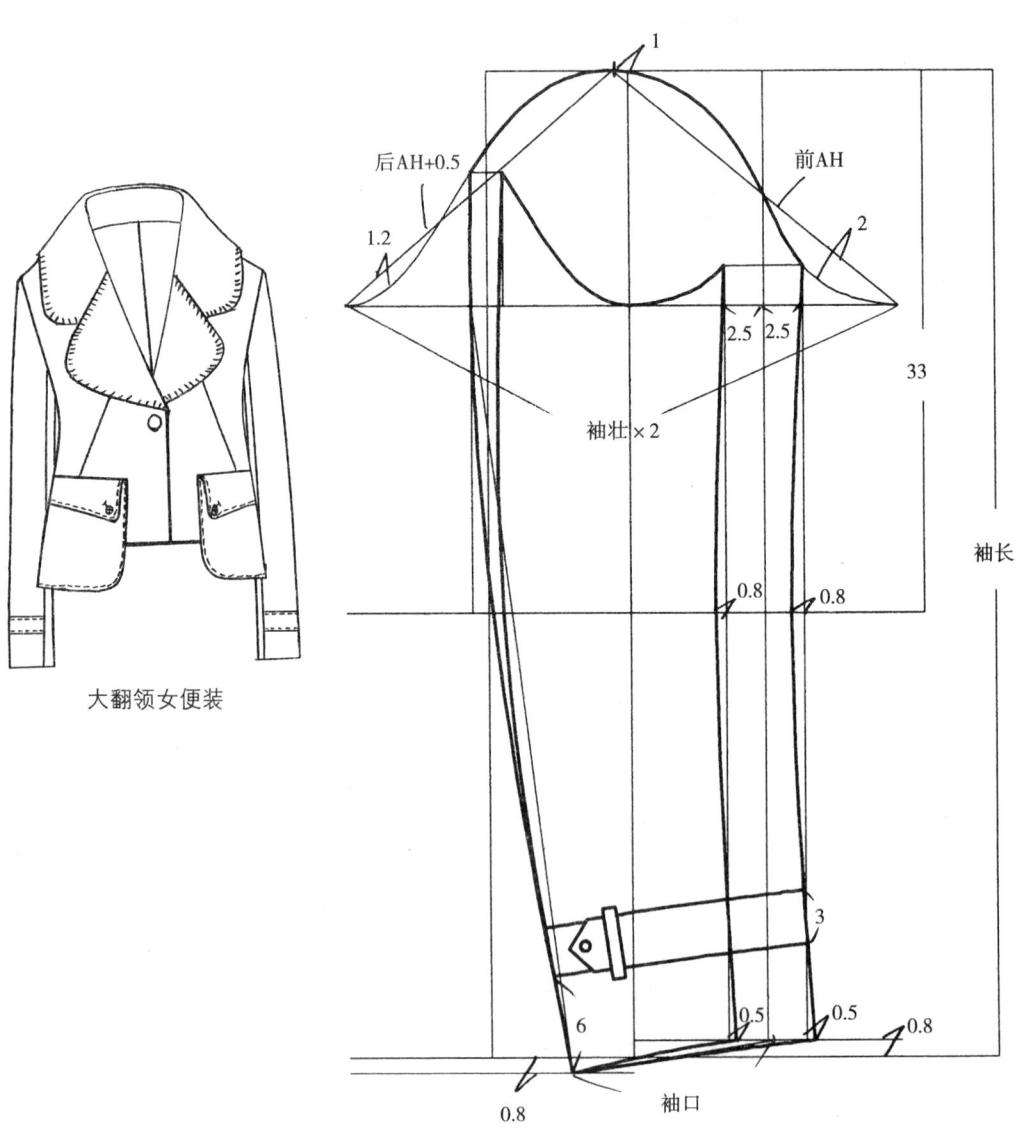

大翻领女便装

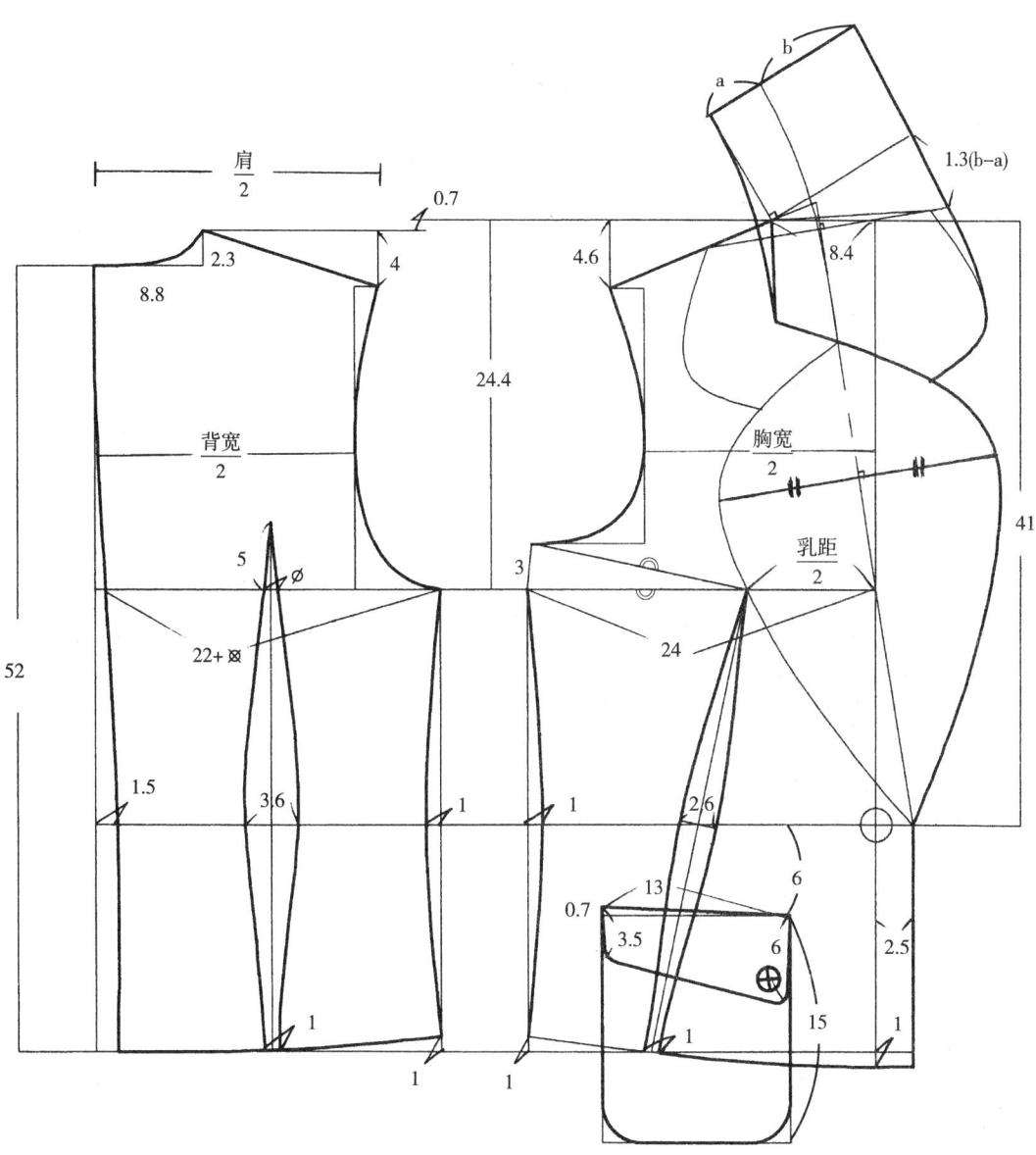

四、收腰式女装

后中长：56
胸围：96
肩宽：40
袖长：60
袖口：13
腰围：82
前胸围大：50
后胸围大：46
背宽：36
胸宽：33.5
袖笼深：25.2
前腰节长：41.5
后肩斜：3.7
前肩斜：4.5
袖壮：18
后横开领：8
后直开领：2.3
前横开领：7.7
乳距：18
领座高：3
翻领宽：4.5

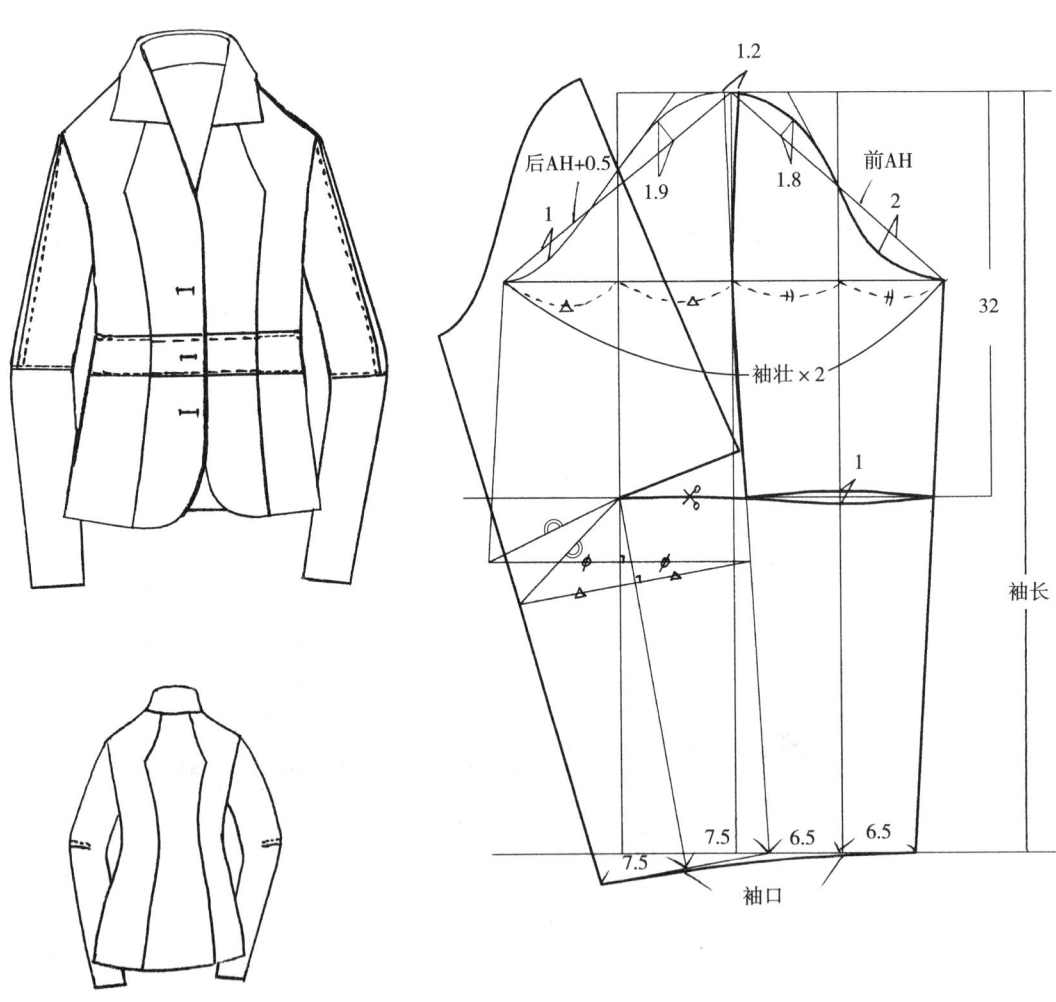

收腰式女装

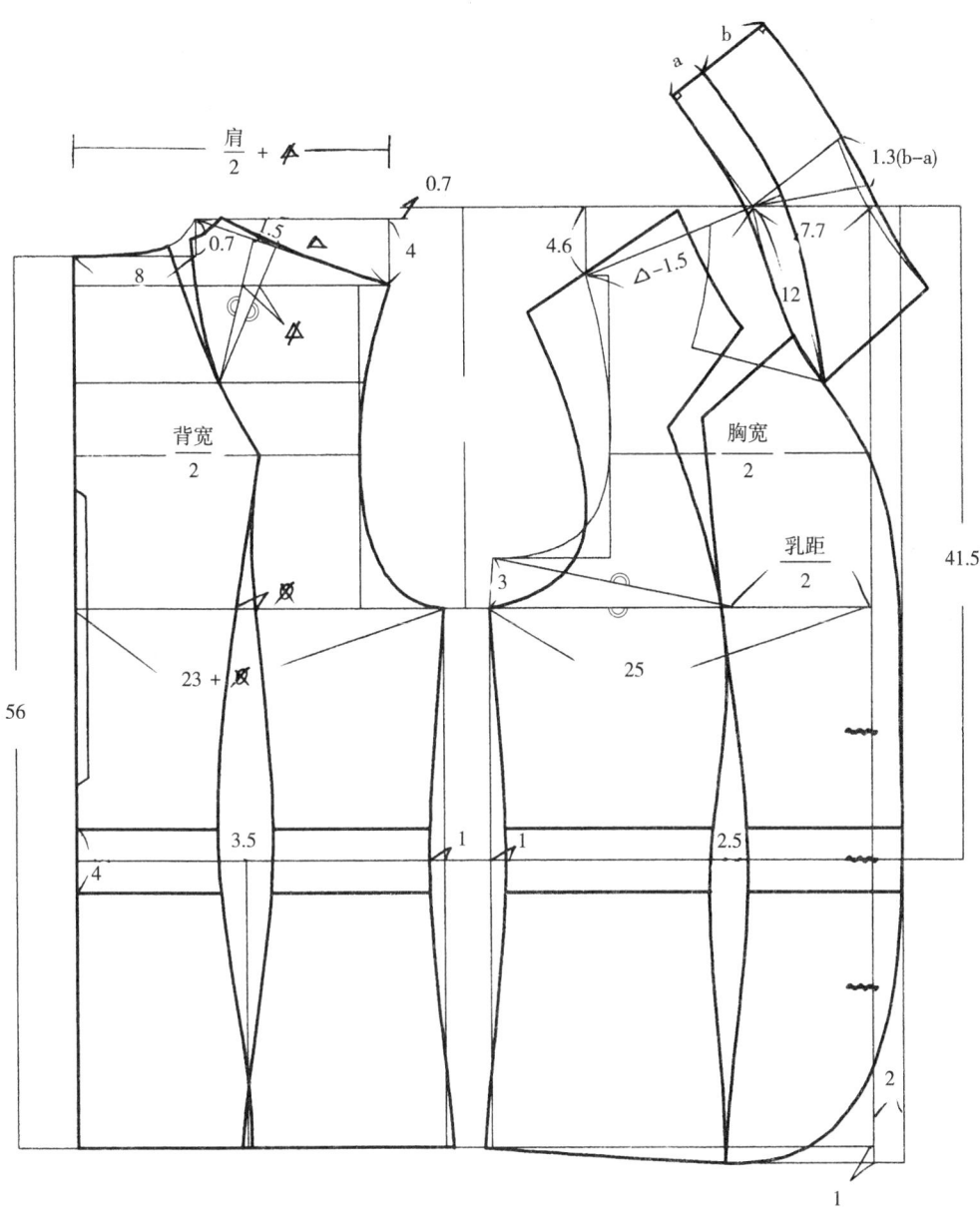

五、分割式女装

后中长：58　　后胸围大：47　　袖壮：18.5
胸围：98　　　后背宽：37　　　后横开领：8.3
肩宽：41　　　前胸宽：34.5　　后直开领：2.3
袖长：60　　　袖笼深：25.6　　前横开领：8
袖口：12.5　　前腰节长：41.5　乳距：18
腰围：82　　　后肩斜：4　　　领座高：3
前胸围大：51　前肩斜：4.8　　翻领宽：4.5

分割式女装

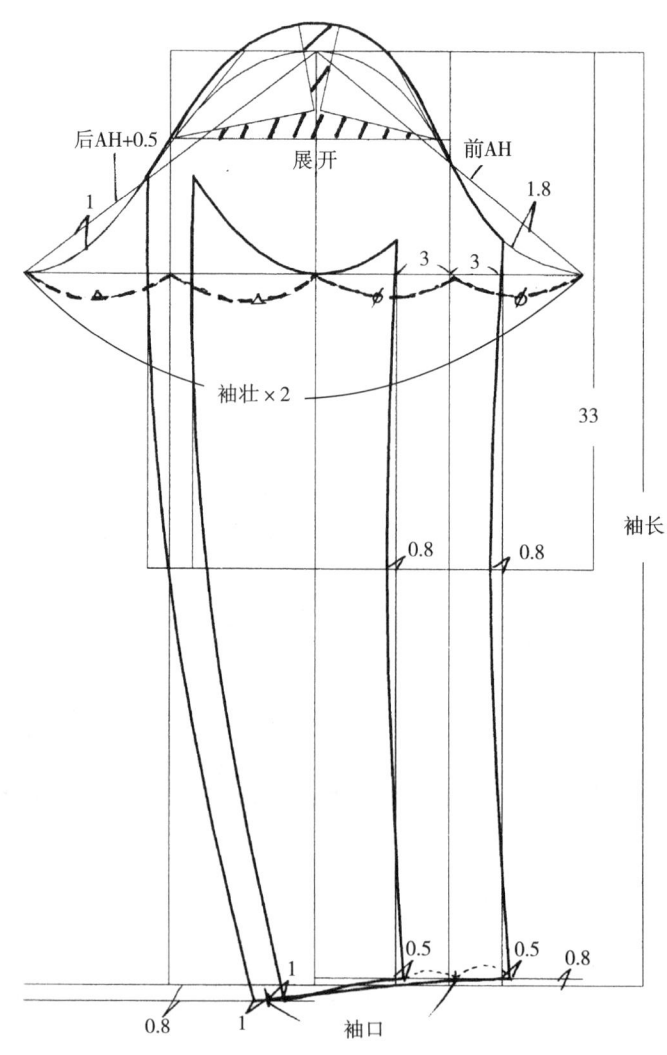

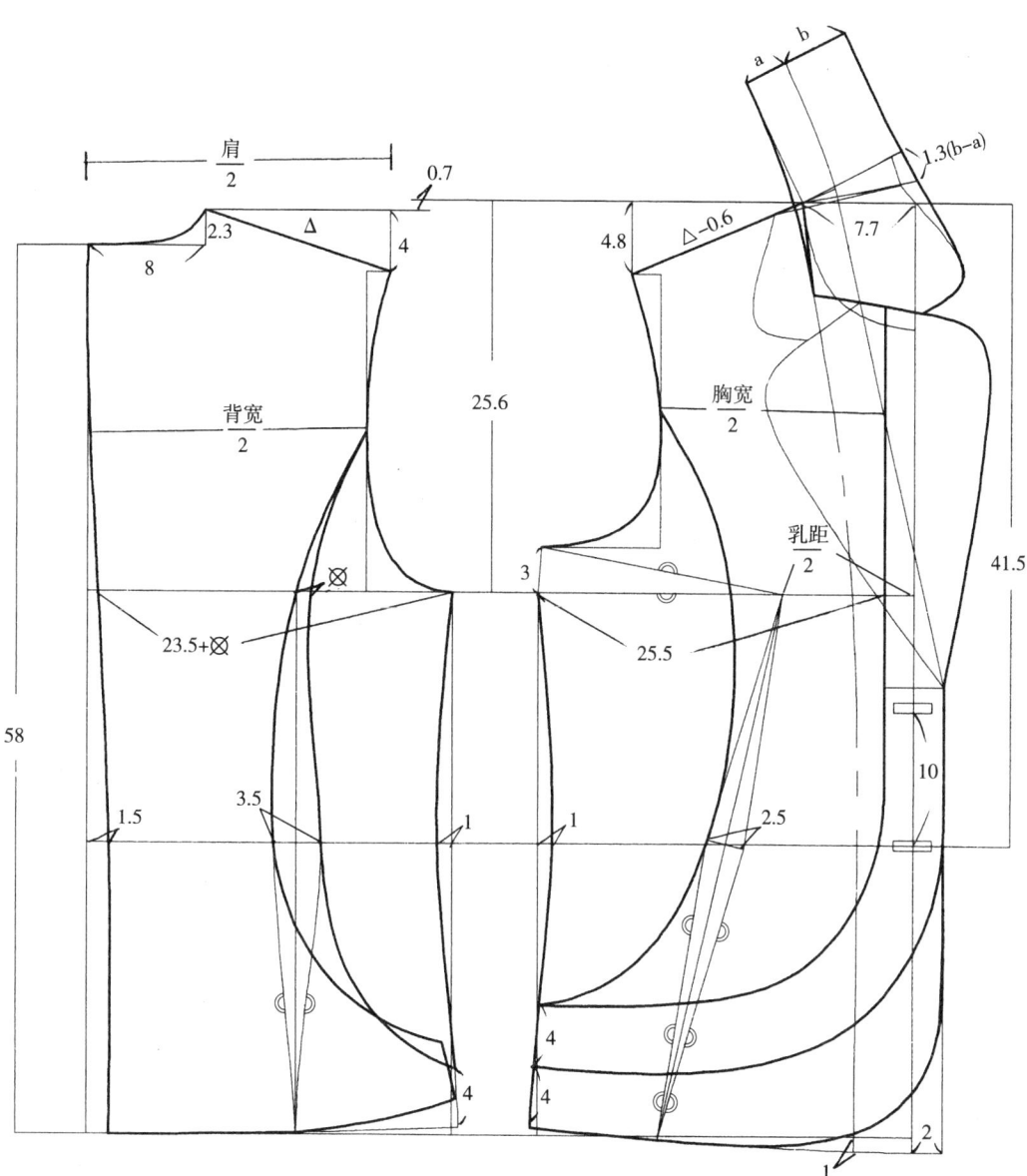

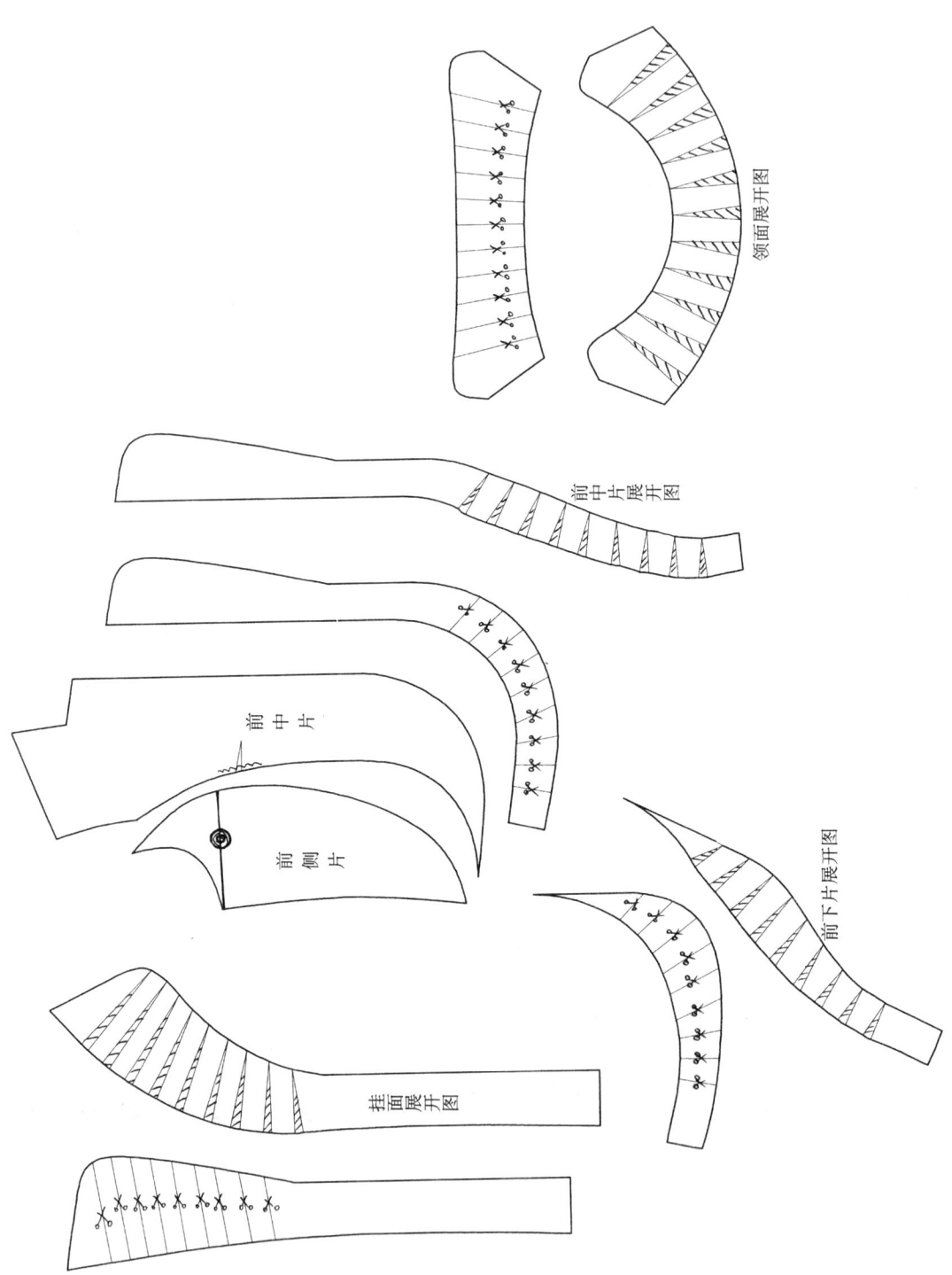

六、女风衣

后中长：105
胸围：104
肩宽：42.5
袖长：60.5
袖口：14
腰围：90
前胸围大：54
后胸围大：50
背宽：39
胸宽：36.5
袖笼深：26.2
前腰节长：42
后肩斜：4
前肩斜：4.8
袖壮：18.5
后横开领：8.7
后直开领：2.5
前横开领：8.4
乳距：18.5
领座高：3.5
翻领宽：6

女风衣

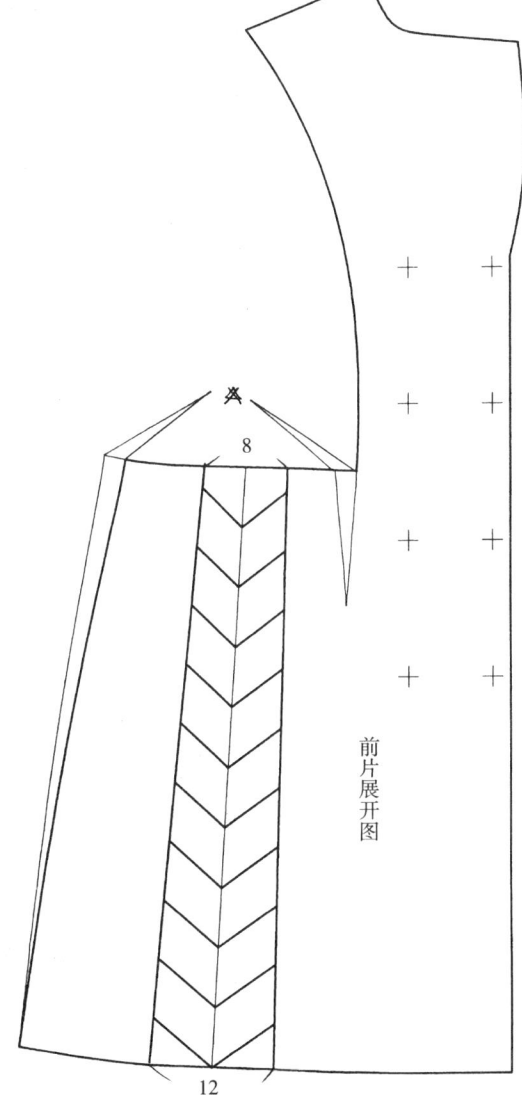

前片展开图

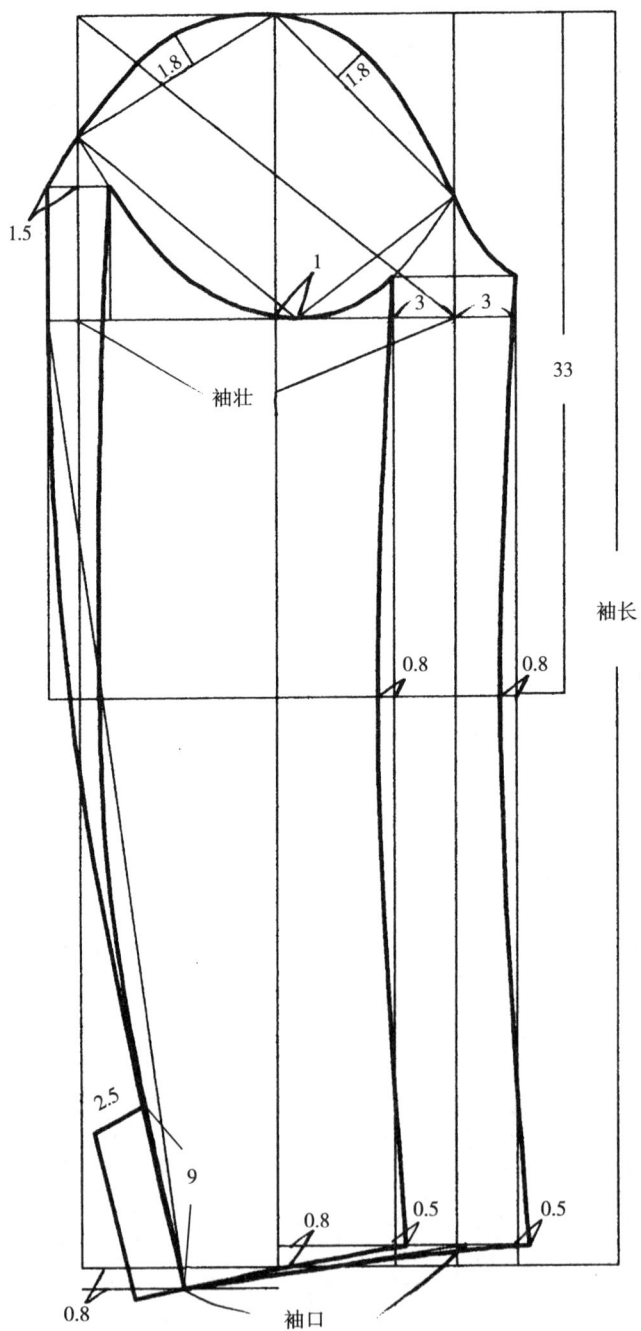

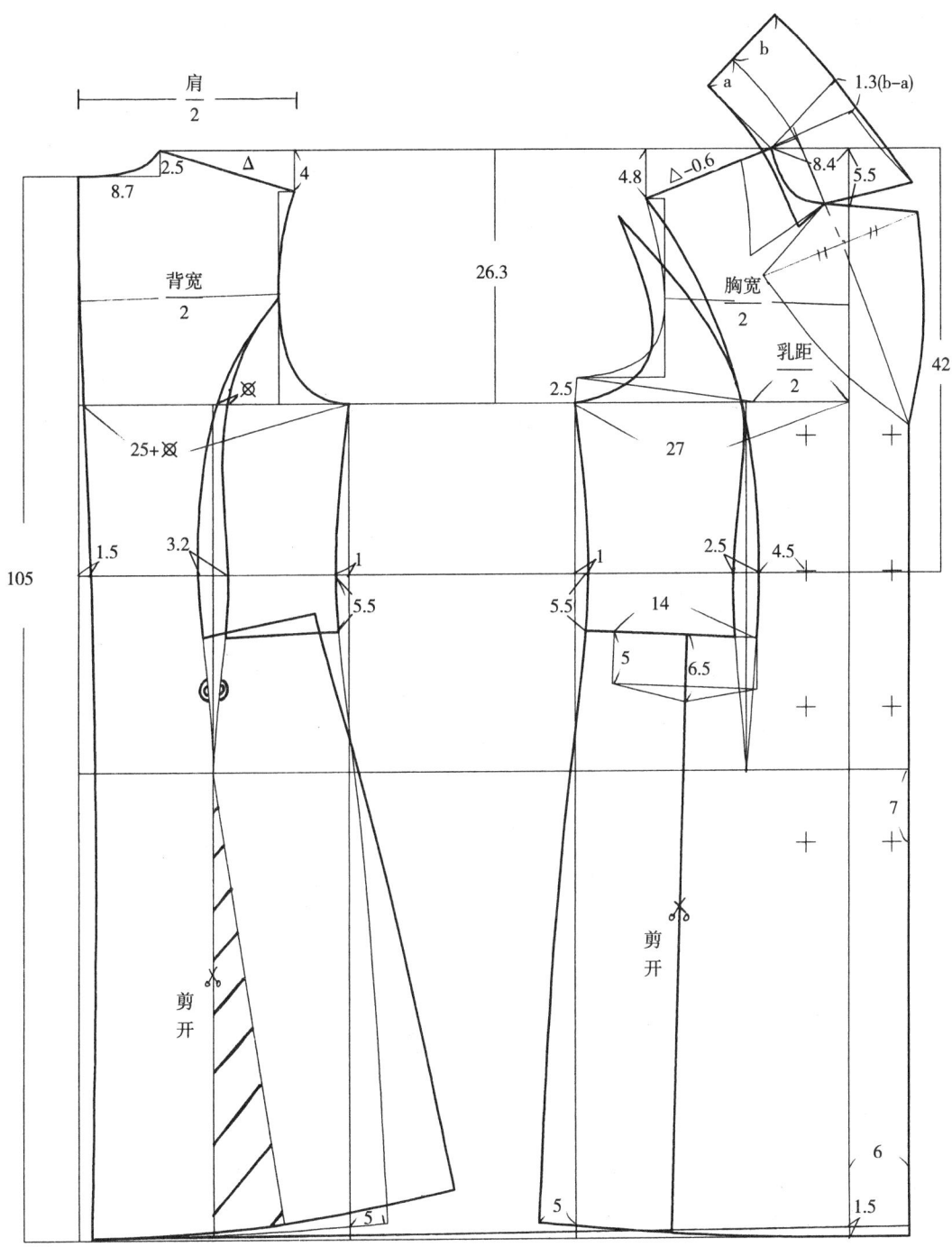

七、女牛仔装

后中长：55　　摆缝长：33　　后直开领：2.3
胸围：94　　　后肩斜：3.2　　前横开领：7.3
肩宽：38.5　　前肩斜：4.5　　前直开领：8.3
腰围：82　　　袖长：59　　　领座高：3.5
后背宽：36　　袖壮：18　　　翻领宽：5
前胸宽：34　　后横开领：7.7

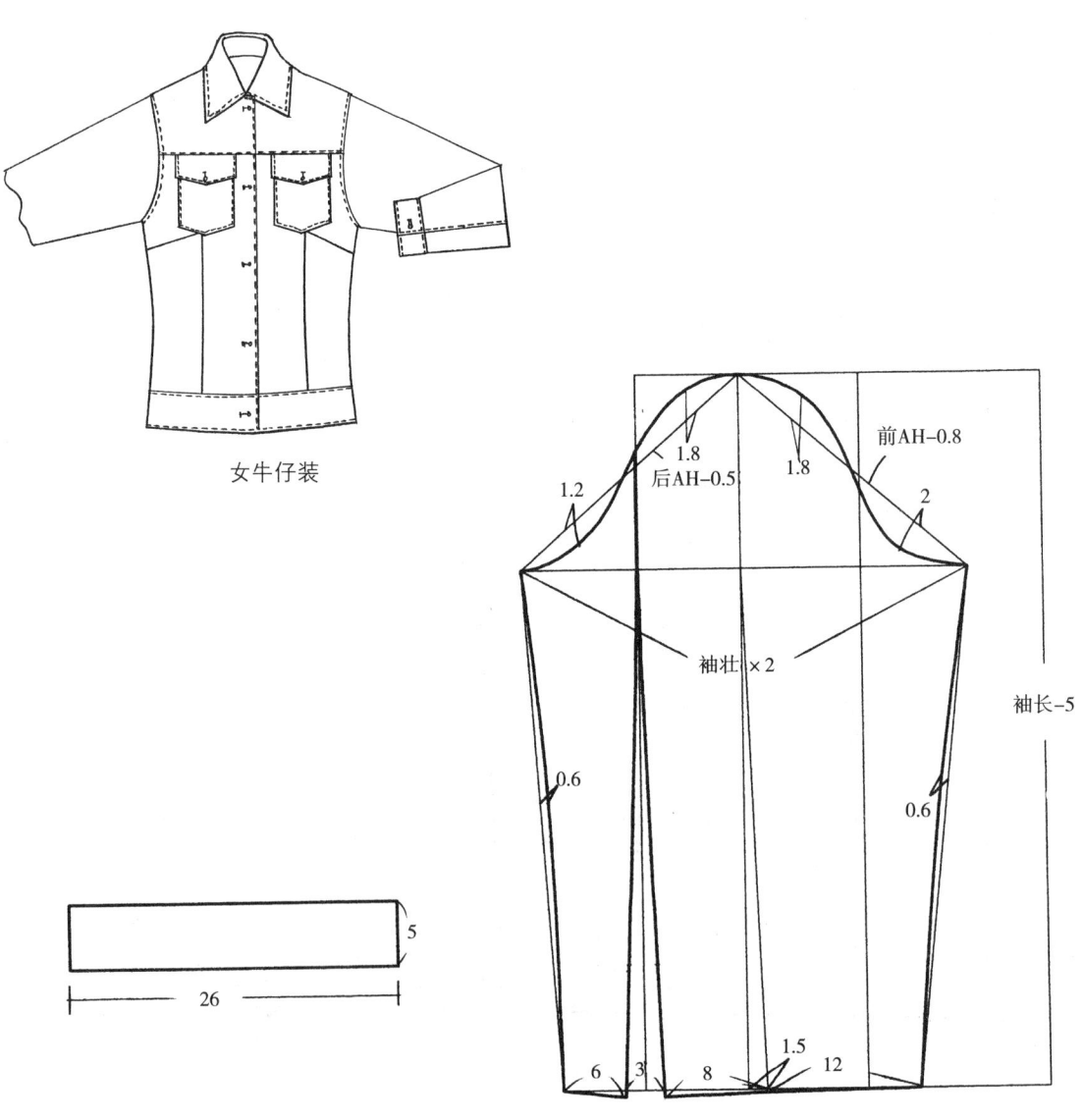

女牛仔装

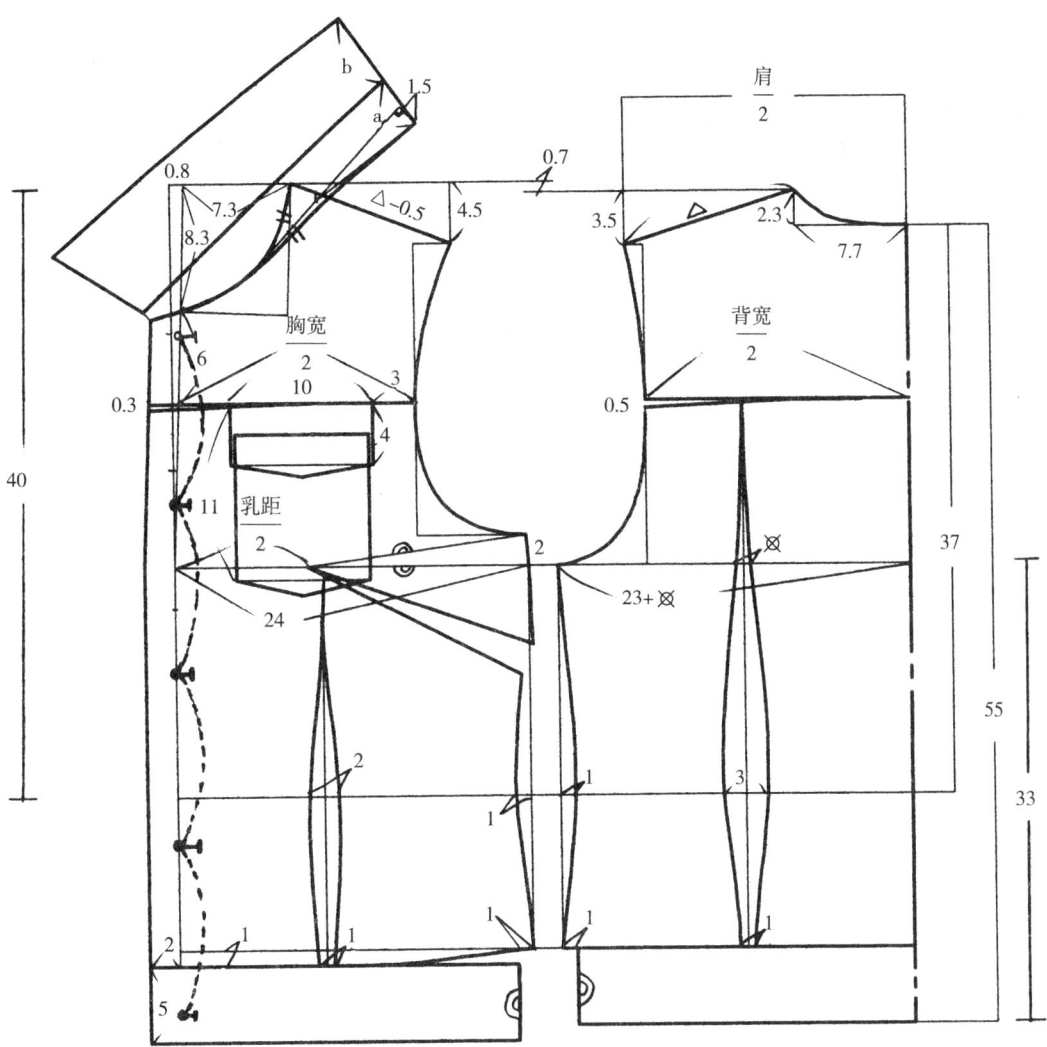

后 记

经过长期的服装制板和服装教学的工作积累,以及近三年来的研究总结和编撰修改,本书即将付梓,我们感到十分高兴。

本书综合了其他服装类图书的一些优点,从基础知识入手,比较详细地介绍了服装工业打板的基本原理,使读者充分了解成衣样板的制作过程。这同时,我们又结合自己对服装工业样板制作的理解,并与服装教学理论相匹配,全面阐述了工业板型与人体之间的复合关系,以及工业样板的变化规律、部位分析和成衣依据等。书中内容丰富实用,打板方法简便易懂,能使读者正确认识人体与服装的结构关系,真正掌握服装工业打板的技术方法。

本书在编写过程中,得到了资深服装专家倪湜老师许多宝贵的意见和建议,在此表示衷心的感谢。另外,也要感谢王再永同学和其他一些朋友,他们为本书的编写出版提供了许多支持和帮助。

由于作者水平的局限,书中错误在所难免,在此恳请广大读者在阅读之余,提出批评或指正。

编 者